Kryptogamenflora
für Anfänger.

Eine Einführung
in das Studium der blütenlosen Gewächse
für Studierende und Liebhaber.

Herausgegeben von

Prof. Dr. Gustav Lindau,

Privatdozent der Botanik an der Universität Berlin.
Kustos am Kgl. Botan. Museum zu Dahlem.

Zweiter Band.

Die mikroskopischen Pilze.

Springer-Verlag
Berlin Heidelberg GmbH 1912

Die mikroskopischen Pilze.

Von

Prof. Dr. Gustav Lindau,

Privatdozent der Botanik an der Universität Berlin.
Kustos am Kgl. Botan. Museum zu Dahlem.

Mit 558 Figuren im Text.

Springer-Verlag
Berlin Heidelberg GmbH 1912

ISBN 978-3-662-24035-9   ISBN 978-3-662-26147-7 (eBook)
DOI 10.1007/978-3-662-26147-7

Vorwort.

Die Begrenzung des vorliegenden 2. Bandes der Kryptogamenflora für Anfänger geschah nach rein praktischen Gesichtspunkten,
indem hier alle diejenigen Pilze behandelt werden, für deren Be-
wertung der Gebrauch des Mikroskopes eine unerläßliche Vorbe-
dingung ist. Das richtige Maß darin zu finden, wie weit man in der
Beschreibung der Arten zu gehen hat, bot die größten Schwierigkeiten,
denn der Anfänger soll nicht Spezialstudien treiben, sondern sich erst
in die Formenkreise einarbeiten und einleben. Die Behandlung der
einzelnen Gruppen mag deshalb etwas ungleichmäßig ausgefallen
sein, was besonders dem Spezialisten auffallen wird.· Aber ich habe
nach reiflicher Überlegung verschiedene Gruppen, namentlich die der
Parasiten, deren nähere Unterscheidung ja doch nur durch die Nährpflanzen möglich ist, weniger eingehend in bezug auf ihre mikroskopischen Merkmale behandelt. Auch größere Gattungen der Pyrenomyceten, deren Arten nur dem Spezialforscher klar vor Augen stehen,
sind etwas skizzenhaft behandelt. Man wird mich deshalb kaum tadeln
können, da eine eingehende Bearbeitung weit über den gesteckten
Rahmen hinausgegangen wäre und dem Anfänger doch nicht die
volle Klärung gebracht hätte. Will sich also jemand näher mit
einzelnen Gruppen befassen, so muß er die Spezialliteratur berück-
sichtigen, wofür ich einige Hinweise in den einleitenden Kapiteln
gegeben habe.

Die sogenannten Fungi imperfecti habe ich nicht behandelt,
weil dadurch der Umfang des Bandes allzusehr angeschwollen wäre.
Sollte sich das Bedürfnis, auch diese Pilzformen dem Anfänger zu-
gänglich zu machen, herausstellen, so kann das später immer noch
geschehen.

Herr Prof. Dr. Jahn hat auf meine Bitte sich der Mühe unter-
zogen, die Myxomyceten im Manuskript durchzusehen, wofür ich
ihm meinen Dank ausspreche.

Dem Anfänger, der diesen Band benutzt, möchte ich besonders sagen, daß die hier behandelten Pilzabteilungen in der Wissenschaft noch durchaus nicht in allen Punkten geklärt sind. Ob das jetzt angenommene System überall der späteren Kritik standhält, dürfte man mit Recht bei der unablässig tätigen Spezialkritik als zweifelhaft annehmen. Viele Gruppen sind überhaupt noch nie einer großzügigen systematischen Kritik unterworfen worden, viele sind durch die intensive Arbeit der vielen Forscher mehr verbreitert als vertieft worden. Wenn deshalb der Anfänger glauben mag, daß manches aphoristisch und vielleicht etwas unklar für ihn behandelt worden ist, so möge er sich die Schwierigkeit der Bearbeitung vor Augen halten, die möglichst viel bringen soll, dem Anfänger nicht Unfaßbares bieten darf und doch sich auf der wissenschaftlichen Höhe halten muß, die den Grundsatz hat, daß gerade das Beste gut genug ist, um zur Einführung zu dienen. Ich meine, daß es auch nicht notwendig ist, überall Abgeschlossenes bringen zu müssen, es ist im Gegenteil besser, manche Unklarheiten zu lassen wie sie sind, weil gerade diese Punkte zum Weiterarbeiten mehr Anregung zu geben imstande sind, als es abgeschlossene Gebiete können, die viel zu sehr ins einzelne gehen, als daß sie zur Einführung geeignet wären.

Für die Ausstattung bin ich der Verlagsbuchhandlung zu Dank verpflichtet. Die Figuren, deren Herstellung ungleich schwieriger als beim 1. Bande war, hat Herr J. Pohl mit gewohnter Meisterschaft nach meinen Angaben gezeichnet.

Groß - Lichterfelde, im Februar 1912.

G. Lindau.

Inhaltsverzeichnis.

A. Allgemeiner Teil.

B. Spezieller Teil.

I. Die mikroskopische Untersuchung.

Im ersten Bande dieser Flora war bereits kurz darauf hingewiesen worden, in welcher Weise der Anfänger sich die notwendigen Kenntnisse im Mikroskopieren und in der mikroskopischen Technik aneignen kann. Im allgemeinen kommt er bei den höheren Pilzen, namentlich bei den hutförmigen Basidiomyceten, mit den elementarsten Kenntnissen aus. Anders nun wird es bei den mikroskopischen Formen der Pilze. Hier häufen sich für den Anfänger die Schwierigkeiten dadurch, daß die Beobachtungsgabe mit der Technik Schritt halten muß, wenn überhaupt die Bestimmung gelingen soll. In erster Linie also gehört ein etwas geschulter Blick dazu, um alles sehen zu können, was für die einzelnen Gruppen in Betracht kommt. Diese Übung wird wohl jeder bald bekommen, der etwas Lust und Liebe zur Sache mitbringt.

Anders aber steht es mit der Präparationstechnik. Bei allen niederen Pilzen wollen die Objekte erst zur Beobachtung hergerichtet sein. Diese Präparation erfordert große Übung, aber der Anfänger lasse sich durch anfängliche Mißerfolge nicht abschrecken. Häufig wird ein großer Fehler gemacht, indem versucht wird, ein bestimmtes vorliegendes Objekt nach allen Richtungen einwandsfrei zu präparieren, so daß alle Verhältnisse daran hervortreten. Das möge der Geübtere machen, der Anfänger dagegen darf sich darauf nicht einlassen, sondern für ihn muß als Hauptregel gelten, daß er zuerst überhaupt einmal etwas sieht. Wenn er also bei einer Art nicht sofort das Charakteristische findet, so möge er lieber eine andere untersuchen. Schließlich wird er doch finden, was er sehen möchte und sehen muß, und dann wird es ihm ein Leichtes sein, auch an dem ersten Objekt das Gewünschte zu sehen.

Bevor man bei den mikroskopischen Pilzen an das genaue Untersuchen, Zeichnen und Bestimmen geht, empfiehlt es sich außerordentlich, erst eine vorläufige Untersuchung anzustellen. Diese soll den Zweck haben, festzustellen, ob das erforderliche Reifestadium bereits vorhanden ist. Sind die Exemplare noch nicht reif, was sich bei einiger Übung sofort berurteilen läßt, so kann man sie zum Nachreifen auslegen, also etwa Holzstücke mit Ascomyceten oder Myxomyceten im Garten, Wasserpilze in einer Glasschale oder Aquarium usw., wovon weiter unten noch die Rede sein wird.

Zu dieser vorläufigen Untersuchung genügt die Präparation mit Nadeln bei den fädigen Wasserpilzen, das Abkratzen von Sporen bei

Uredineen und Ustilagineen, das Abnehmen eines Stückes der Schlauchschicht bei den Ascomyceten usw. Die so gewonnenen Stückchen werden in Wasser, dem etwa $^1/_3$—$^1/_2$ gewöhnlicher Alkohol zugesetzt ist, gelegt und mit einem Deckglase bedeckt. Um die Undurchsichtigkeit der Stücke zu vermindern, drückt man dann das Deckglas vorsichtig fest und verschiebt es etwas hin und her. In den meisten Fällen genügen diese Quetschpräparate, um beurteilen zu können, ob das richtige Stadium vorliegt. Der Geübtere wird an solchen Präparaten allerdings noch etwas mehr sehen als der Anfänger, so daß in vielen Fällen sich für ihn eine weitere Präparation erübrigt, denn die Messung der Sporen im Verein mit den Lupenmerkmalen werden ihm vielfach schon Hinweise auf die Gattung geben.

Sobald diese vorläufige Untersuchung die Brauchbarkeit des Materials gezeigt hat, muß nun die Präparation mittels feinerer Methoden beginnen. Hierzu ist das Schneiden mit dem Rasiermesser erforderlich. Der Anfänger lasse sich deshalb die Handhabung des Messers zeigen und versuche durch fortwährenden Gebrauch möglichst große Übung zu erlangen. Jedes Objekt bietet andere Schwierigkeiten, so daß man sich in jedem Falle erst einschneiden muß, ehe es möglich ist, brauchbare und möglichst dünne Schnitte zu erlangen.

Viele Objekte wird man in angefeuchtetem Zustande ohne weitere Präparation schneiden können (z. B. Stengel, Holz), andere dagegen, besonders Blätter, Halme usw., wird man zwischen Kork- oder Hollundermarkblättchen schneiden. Ganz kleine oder bröcklige Objekte bettet man am besten ein (vgl. dazu die Vorschrift auf S. (16)).

Die Schnitte werden in Wasser mit Alkohol auf den Objektträger gelegt. In den meisten Fällen wird die Durchsichtigkeit zu wünschen übrig lassen. Trotzdem ist es zweckmäßig, in diesem Zustande das Messen der Sporen und Schläuche vorzunehmen. Um den Schnitt durchsichtiger zu machen, fügt man einen Tropfen einer Lösung von Chloralhydrat (1 Teil Wasser auf 4 Teile Chloralhydrat) hinzu und saugt das überschießende Wasser mit Fließpapier ab. Schon jetzt tritt meist eine wesentliche Aufhellung ein, die noch größer wird, wenn man etwas Glyzerin hinzufügt und das Präparat bis zum nächsten Tage liegen läßt.

Wenn man gelungene Schnitte hat, an denen man alles Wünschenswerte sieht, empfiehlt es sich, sie als Dauerpräparate aufzuheben. Zu diesem Zwecke setzt man dem Präparate an einem Rande des Deckglases etwas Glyzeringelatine zu, wie man sie käuflich aus den Handlungen beziehen kann, und erhitzt dann vorsichtig über einer Flamme, bis die Glyzeringelatine schmilzt und unter das Deckglas fließt. Durch Saugen mit Fließpapier wird das Durchströmen beschleunigt. Nach dem Erkalten ist das Präparat fertig. Man kann das Deckglas noch mit einem schwarzen Lackring umziehen, damit das Präparat besser aussieht. Um bei der betreffenden Art im Herbar das Präparat immer zur Hand zu haben, legt man es in kleine, käufliche Pappkästchen, die man den Exemplaren gleich beifügt. Das Anlegen einer besonderen Präparatensammlung empfehle ich nicht.

Ebenso wichtig ist, daß der Anfänger von vornherein alles zeichnet, was er sieht und sich sofort dabei die Maße notiert. Auch farbige Skizzen werden dem Gedächtnis besonders dann zu Hilfe kommen, wenn, wie etwa bei Discomyceten, die Exemplare durch das Eintrocknen sich verfärben und verändern. Bei genauen Zeichnungen nach mikroskopischen Präparaten ist ein Zeichenapparat notwendig, in dessen Gebrauch man sich durch einen Geübteren einführen lassen möge.

Wie ich schon in der Einleitung zum ersten Bande hervorhob, muß sich der Anfänger zuerst einem Geübteren anschließen, der ihm die gewöhnlichsten Formen und die Technik ihrer Untersuchung zeigt. Hat man von jeder Gruppe erst eine Form unter Anleitung untersucht und bestimmt, so wird es nicht schwer, die einzelnen Gruppen wiederzuerkennen. Zweifellos wird das sofortige Erkennen der Ordnung oder Reihe dem Anfänger am schwersten fallen, denn die Formenfülle wird ihn überraschen und die Beschreibungen ihn häufig da verlassen, wo seine Unsicherheit sich noch an sie anklammert. Das läßt sich aber nicht ändern, da es unmöglich ist, die großen Abteilungen nach allen Richtungen hin erschöpfend zu diagnostizieren

Es wäre ja sehr wünschenswert, wenn der Anfänger, bevor er die einzelnen Arten kennen lernt, die Entwicklungsgeschichte der hauptsächlichsten Typen studieren könnte. Eine Schilderung davon, so wünschenswert sie auch wäre, kann hier nicht im einzelnen gegeben werden, denn sie würde den Umfang des Buches zu sehr anschwellen lassen. Um so mehr möge aber jeder, der sich in die mikroskopischen Pilze vertiefen will, bemüht sein, sich durch Lektüre und selbständige Untersuchungen diese breitere Basis anzueignen. Der Zauber, der sich um diese Studien schlingt, hat noch jeden gepackt, der mit offenem Auge und regem Interesse sich diesen Formenkreisen zugewendet hat.

II. Die Schleimpilze (Myxomyceten).

Trotz ihrer meist sehr geringen Größe gehören die Schleimpilze zu den zierlichsten organischen Gebilden, die wir kennen. Äußerlich erscheint ihr Bau sehr einfach, denn die meisten bilden ungestaltete Lager oder besitzen auf kurzem Stiel einen kugligen oder länglichen Kopf. Erst bei der Präparation sehen wir dann unter dem Mikroskop den feinen Bau des Kapillitiums, der Kalkinkrustationen, Sporen usw. Aus den Sporen, welche in den Sporangien gbildet werden, kriechen kleine Amöben heraus, welche sich nach kurzer Zeit zu einem Plasmodium vereinigen. Dieses ernährt sich eine Zeitlang, indem es auf oder in dem Substrat herumkriecht, und schreitet dann zur Fruchtbildung. Die einzelnen zusammengeflossenen Amöben, welche sich noch geteilt haben, bilden die verschiedenen Teile des Fruchtkörpers, die einen den Stiel, an dem die anderen emporkriechen, um das Kapillitium und die Sporen zu bilden. Auf den feineren Bau, die Kernteilungen usw. braucht der Anfänger nicht zu achten.

Bei ganz reifen Fruchtkörpern, deren Sporen schon auszustäuben beginnen, ist eine Präparation kaum notwendig, sie werden mit einer Nadel abgehoben und in Wasser mit Alkohol auf den Objektträger gelegt. In schwierigeren Fällen hilft vorheriges Aufzupfen mit den Nadeln. Bei den großen Fruchtkörpern können natürlich nur kleine Partien unters Mikroskop kommen. Wenn die Sporangien noch nicht ganz reif sind, so läßt man sie in der Botanisierkapsel oder in Glasschalen etwa einen Tag nachreifen. Oft aber kann man bei vorsichtigem Zerlegen mit der Nadel den inneren Bau sehen, auch wenn die Ausstäubung der Sporen noch nicht begonnen hat.

Die Myxomyceten finden sich überall, wo faulende Vegetabilien liegen, also im Laube, auf Stümpfen, auf faulenden Ästen, auf Komposthaufen, Lohe, Gartenerde usw. Sie sind zu jeder Jahreszeit vorhanden, fruchten allerdings in der Zeit der größten Hitze und bei Frost nicht. Sobald aber im Sommer ein Regen eintritt oder der Frost nachläßt, wird man gewisse Formen nicht vergeblich suchen.

Mit wenigen Ausnahmen, etwa Fuligo, Spumaria, Lycogala u. a. sind sie sehr unscheinbar, so daß nur bei genauem Suchen die kleinen kopfigen Sporangien zu sehen sind. Hat man erst einige selbst beobachtet, so fällt es nicht schwer, auch andere, schwerer sichtbare zu finden. Vielfach wird man nicht die Sporangien, sondern die Plasmodien, die häufig durch auffällige Färbung hervortreten, an Laub und Holz auffinden. Da es in den meisten Fällen unmöglich ist, solche vegetative Formen zu benennen, so kann man versuchen, sie zu Fruchtkörpern zu erziehen. Man nimmt zu diesem Zweck das Plasmodium samt dem Substrat vorsichtig auf und steckt es in eine Glastube oder Blechhülse, oft tut denselben Dienst auch vorsichtiges Verpacken in Papier. Zu Haus legt man das Material in Glasschalen, die bedeckt werden und nicht zu warm und im Halbdunkel aufzubewahren sind. Wenn das Plasmodium nicht zu sehr gestört worden ist, fruchtet es meist bald in der Schale. Man lasse sich durch anfängliche Mißerfolge nicht beirren, sondern probiere unter den gegebenen Verhältnissen so lange, bis es gelingt.

Da die zarten Fruchtkörper sehr leicht zerbrechen, so können die Exemplare nur ausnahmsweise in Papierkapseln allein aufbewahrt werden. Am besten nimmt man flache Schächtelchen, sog. Apothekerschachteln, oder auch Streichholzschachteln und klebt mit etwas Gummi die Exemplare am Boden der Schachtel fest. Die Schachteln kann man dann in Papierkapseln tun und dem Herbar einverleiben oder zu einer besonderen Abteilung vereinigen, indem man die Schachteln oben mit Namen, Fundort und Bemerkungen versieht.

Das eingehende Beobachten der Myxomyceten bildet ein besonderes Studium, das nicht leicht ist. Dazu bedarf es dann weiterer literarischer Hilfsmittel. Als solche wären in erster Linie zu nennen die Bearbeitung von Schroeter in der Schlesischen Kryptogamenflora im 1. Bande der Pilze und die Monographie von Lister, A monograph of the Mycetozoa, London 1894 mit Abbildungen fast aller Arten der Welt (2. Aufl. 1911).

III. Die Algenpilze (Phycomyceten).

Zu den hier zu besprechenden Formen gehören die gesamten Phycomyceten (vgl. die Übersicht S. (18)), ich trenne aber aus Zweckmäßigkeitsgründen die Peronosporeen, Synchytrium und die Cladochytriaceen ab und weise sie dem nächsten Kapitel zu, weil sie als Parasiten von Landpflanzen besser dort mit behandelt werden.

Wenden wir uns zuerst den Wasserformen der Chytridiineen, Ancylistineen, Monoblepharidineen und Saprolegniaceen zu, so muß vorausgeschickt werden, daß mit Ausnahme etwa von Leptomitus keine einzige Art makroskopisch auffällig in die Erscheinung tritt. Freilich können gewisse Saprolegniaceen an Holz, Fischen, Insekten als zarte weiße Räschen auch mit bloßem Auge noch gerade gesehen werden, aber die übrigen Formen sind meist auch mit der Lupe unsichtbar und das Suchen muß deshalb, namentlich beim Beginn des Studiums mit dem Mikroskop geschehen. Hat man erst die nötige Übung, so weiß man, wo man zu suchen hat und wird auch bei diesen Formen nicht mehr auf den blinden Zufall angewiesen sein.

Die Chytridiaceen (ebenso die Ancylistineen und Monoblepharidineen, die weiterhin nicht besonders erwähnt werden sollen) finden sich hauptsächlich an allen möglichen Wasseralgen. Man nehme also Algenrasen in Glastuben mit und untersuche zu Haus, ob sich diese Parasiten daran finden. Häufig wird man zuerst nichts entdecken, aber wenn man die Algen eine Zeitlang aufbewahrt, so stellen sich häufig diese Pilze noch ein. Man werfe deshalb eine mitgenommene Algenprobe nach negativem Befunde nie sofort weg, sondern halte sie in Wasser in einer Kulturschale noch einige Zeit im halbdunklen Zimmer.

Wenn man Chytridiineen sicher bestimmen will, so gehört dazu die Kenntnis des gesamten Entwicklungsganges von der Keimung des Schwärmers an bis wieder zur Sporangien- oder Dauersporenbildung. Oft läßt sich die ganze Entwicklung innerhalb weniger Tage verfolgen, bisweilen aber bleiben die Beobachtungen lückenhaft, so daß dann häufig die Bestimmung unmöglich oder unsicher wird. Man darf sich dadurch nicht abschrecken lassen, denn die Eigenart der Beobachtung belohnt reichlich die Mühe, wenn auch schließlich sich kein sicherer Name ergibt. Vor allen Dingen zeichne man bei jeder Beobachtung und mache sich Präparate. Beides dient oft dazu, eine Art doch noch später bestimmen zu können, wenn sie gelegentlich wieder aufgefunden wird und dann die fehlenden Stadien zeigt.

Man hat vielfach versucht, diese Pilze einzufangen und zu kultivieren. Ich verweise auf das, was weiter unten von den Saprolegniaceen zu sagen ist.

Die Saprolegniaceen stellen fädige Wasserpilze dar, die am häufigsten auf toten Insekten, daneben aber auch an Holz, Fischen, Früchten im Wasser gefunden werden. Sie bilden weiße, schlaffe oder abstehende Räschen von kaum 1—2 mm Höhe und sind leicht zu übersehen. Auffälliger treten sie bisweilen an Fischen auf, wo sie weiße, lange Rasen bilden, und in Abwässern, wo der Leptomitus lacteus lange, flutende Vliesse erzeugt. Alle übrigen aber kann man erst würdigen, wenn man sie in Glastuben in Wasser mitnimmt und zu Haus in Glasschalen weiter kultiviert. Häufig gelingt es, bei solchen einfachen Kulturen Fruktifikationsorgane zu erzielen, welche die Bestimmung ermöglichen. Häufig aber erhält man nur Schwärmsporangien, durch die man höchstens bis auf die Gattung kommt. Aber auch wenn nicht der ganze Entwicklungsgang sich darlegen läßt, so gehören die Saprolegniaceen doch zu den anziehendsten Beobachtungsobjekten unter den Pilzen. Die Beobachtung eines Schwärmsporangiums kurz vor und nach dem Öffnen bietet so viele Anregung, daß der Anfänger sich mit solchen Objekten möglichst eingehend beschäftigen sollte. Er schärft daran seine Beobachtungsgabe und wird es nicht als verlorene Zeit rechnen, wenn er einige Stunden darauf wartet, bis das Ausschwärmen unter dem Deckglase beginnt.

Um möglichst lückenlose Beobachtungen des Entwicklungsganges zu erhalten, wird in vielen Fällen die Reihenkultur notwendig sein. Die ersten Rasen sterben häufig durch Bakterienwachstum ab, so daß die geschlechtliche Fortpflanzung nicht zur Entwicklung kommt; häufig auch bilden sich diese erst nach dem Abblühen mehrerer Generationen von Schwärmsporangien. Zur Erzielung von Reinkulturen verfährt man im allgemeinen so, daß man in die Ausgangskultur durch Auskochen sterilisierte Beine von Fliegen, Mücken, Ameiseneier oder auch kleine Stückchen von Schweinsblase wirft und wartet, bis sich daran feine Räschen zu bilden beginnen. Man fischt diese Stückchen heraus und legt sie in Petrischalen, die mit abgekochtem Wasser beschickt sind. In diese Kulturen kann man dann abermals sterilisierte Ameiseneier usw. legen, die wiederum in steriles Wasser übertragen werden. Schließlich wird man, wenn gleichzeitig mit dem Mikroskop Kontrolle ausgeübt wird, Kulturen von einer einzigen Art erhalten, die man dann weiter studieren kann.

Im allgemeinen wird man auf diese Weise immer noch keine völlig bakterienfreie Kulturen bekommen: dies ist erst bei Anwendung von festem Substrat, etwa Gelatine, möglich. Wenn es auch nicht Sache des Anfängers sein kann, sich mit solchen subtilen Untersuchungen zu beschäftigen, so möchte ich doch, weil die Methodik sehr einfach ist, hier nach freundlichen Mitteilungen von Prof. Dr. Claussen darauf eingehen. Man gießt in der gewöhnlichen Weise eine durch Auskochen sterilisierte Petrischale mit einer dünnen Gelatineschicht aus. Aus dem mehrmals umgezüchteten Material wird dann ein Ameisenei usw. auf die Gelatineschicht unter Anwendung von möglichst aseptischer Methodik (sterilisierte Nadel, möglichst schnelles Übertragen, geringes Lüften des Deckels der Petrischale usw.) übertragen. Schon nach kurzer Zeit wächst ein großer Rasen um das Substratstückchen. Aber auch dann werden noch Bakterien im Rasen sich finden und ihn in kurzer Zeit zerstören. Man verfährt dann weiter so, daß man die Petrischale senkrecht stellt.

Finden sich noch Bakterien, so wird die von ihnen verflüssigte Gelatine nach unten sinken und die nach oben wachsenden Saprolegnienfäden werden rein bleiben. Man schneidet dann von diesem reinen Teil mit sterilem Messer ein kleines Gelatinestückchen heraus und überträgt auf eine sterile Petrischale. Sollte der Rasen dann noch nicht rein sein, so verfährt man, wenn er erwachsen ist, noch einmal in derselben Weise. So kann man innerhalb von wenigen Tagen zu absolut reinen Kulturen gelangen.

Voraussetzung für die oben geschilderte Methode war, daß bereits voll ausgewachsene Rasen als Ausgangsmaterial dienten. Man kann nun aber auch von einzelnen Schwärmern, wie sie sich in jedem Wasser, besonders aber von Teichen, Gräben usw. vorfinden, ausgehen. Man nimmt sich etwas Wasser von einem solchen Standort mit, tut es in eine sterilisierte Schale und wirft sterile Ameiseneier, Fliegenbeine usw. hinein. Dann wird man ebenfalls nach einigen Tagen Saprolegnienrasen erhalten und kann nun von diesem, meist viel reinerem Material aus mit derselben Methodik zu Reinkulturen gelangen. Auch Chytridineen kann man oft auf solche Weise erlangen, wenn man winzige Apfelstückchen als Köder benutzt.

Da die ganze Methode nur einfacher Hilfsmittel bedarf, so wird derjenige, der sich für Wasserpilze interessiert, sie auch ohne den Apparat eines Laboratoriums zur Anwendung bringen können. Die geringe Mühe wird ihm reichlich gelohnt durch das anziehende und lehrreiche Studium, das er diesen Pilzen widmen kann.

Der andere Zweig der Phycomyceten, der sich dem Landleben ausschließlich angepaßt hat, umfaßt die Mucorineen und Entomophthorineen. Für das Studium der ersteren Gruppe geht der Anfänger zweckmäßig von Kulturen aus, die er sich mit Pferdemist einrichtet.

Unter eine größere Glocke wird möglichst frischer und feuchter Pferdemist gelegt. · Am besten legt man die Schale oben und unten mit Fließpapier aus, das man je nach Bedarf mit Wasser anfeuchtet, um immer einen dampfgesättigten Raum zu haben. Schon nach wenigen Tagen wird sich der gemeine Kopfschimmel zeigen (Mucor mucedo), bald treten die verschiedenen auf ihm parasitisch lebenden Arten von Thamnidium, Chaetocladium u. a. auf, den Beschluß bilden Piptocephalis, Syncephalis u. a. Nicht jede Kultur verläuft mit gleichem Artenreichtum, aber im allgemeinen wird man immer 5—6 verschiedene Arten auf ihr beobachten können. Wenn dann die Coprinus-Arten und die Sordariaceen oder Ascobolaceen erscheinen, ist die Mucorineenflora erschöpft.

Stellt man in gleicher Weise stark befeuchtete Brotscheiben unter eine Glocke, so erhält man neben dem Mucor mucedo andere Arten von Mucor oder Rhizopus, bis dann Penicillium oder Aspergillus diese Flora überwuchert. Auch faulendes Obst oder andere Nahrungsmittel kann man als Ausgangspunkte von Mucorineenkulturen benutzen.

In der freien Natur wird man solche Formen nur ausnahmsweise in sichtbarer Entwicklung antreffen, aber wer sie sucht, findet schließlich doch manches.

Auf die weitere Methodik der Reinzüchtung von Mucorineen kann ich mich hier nicht einlassen, man findet näheres darüber bei Brefeld in dem unten angegebenen Werke.

Die Entomophthorineen endlich finden sich hauptsächlich auf Insekten und ihren Larven. Als bestes Studienobjekt möchte ich den Pilz der Stubenfliege, der sie im Herbst vernichtet, empfehlen. Auch Raupen, die man in Glasschalen in größerer Menge hält, werden häufig von solchen Parasiten befallen.

Die Literatur über die in diesem Kapitel behandelten Pilze ist außerordentlich reichhaltig, aber es sind nur wenige zusammenfassende Werke vorhanden. Für die gesamten Phycomyceten kommen in Betracht die Bearbeitungen von A. Fischer, Phycomyceten in Rabenhorsts Kryptogamenflora von Deutschland und Schroeter in der Kryptogamenflora von Schlesien. Die Chytridiineen u. Saprolegniaceen behandelt v. Minden in der Kryptogamenflora der Mark Brandenburg. Die Kultur und Entwicklung einzelner Zygomyceten hat Brefeld in seinen Mykologischen Untersuchungen Heft I, IV, VI, IX, XIV geschildert. Wer sich weiter in diese interessanten Kapitel der Mykologie einarbeiten will, wird von diesen Werken ausgehend, die weitere Literatur finden.

IV. Die parasitischen Pilze.
(Synchytriaceen, Cladochytriaceen, Peronosporaceen, Ustilagineen, Uredineen.)

Die hier behandelten Pilzgruppen gehören ganz verschiedenen Reihen an, bieten aber bei der Technik des Einsammelns u. Präparierens so viele gemeinsame Züge, daß sie zweckmäßig zusammen behandelt werden. Ihre parasitische Lebensweise haben sie mit vielen Ascomyceten u. Basidiomyceten gemein, sie unterscheiden sich aber von diesen doch wesentlich durch ihr Auftreten. Wenn wir von den beiden blattbewohnenden Familien der Exoascaceen (s. S. 67) und Exobasidiaceen (s. B.d. I S. 6) absehen, so bieten nur ganz wenige Ascomyceten ähnliche Züge (etwa Polystigma, Rhytisma usw.) im Habitus.

Für den Anfänger wird das Suchen der Parasiten nicht leicht. Es bieten sich gewiß viele auffällige Formen, wie die Getreidebrande, der Maisbrand, viele Rostpilze, aber die meisten sind so unscheinbar, daß schon ein geübtes Auge dazu gehört, um sie selbst auf kleinere Entfernungen zu sehen. Dazu kommt noch, daß die allermeisten ihre etwas auffälligeren Fortpflanzungsorgane auf der Unterseite der Blätter ausbilden. Und doch bietet gerade das Suchen solcher Formen die größte Abwechslung und die meiste Befriedigung, denn der

Sammler wird während der Vegetationsdauer der Blätter, also vom April bis tief in den Herbst, stets mit reicher Beute von seinen Exkursionen zurückkehren. So ziemlich jede Pflanze unserer heimischen Flora hat auch ihre spezifischen Parasiten, die fast stets da auftreten, wo sich die Nährpflanze in größeren Mengen vorfindet. Die Arten sind meistens weit verbreitet und kommen deshalb überall vor, allerdings nicht immer gleich häufig und manchmal nach der Gunst der Witterung in manchen Jahren wechselnd. Das Gebirge, namentlich die Hochalpen, hat natürlich entsprechend der von der Ebene verschiedenen Flora, seine spezifischen Formen, die aber meist auch wieder weitere Verbreitung und nur in seltenen Fällen enge Lokalisierung zeigen. Wenn manche Arten der Ebene heute noch für selten gelten, so liegt dies häufig daran, daß die floristische Durchforschung vieler Gegenden erst ganz oberflächlich vorgenommen worden ist. Gut durchsuchte Gegenden, etwa wie die Gebiete von Berlin, Leipzig, Königstein, Hamburg, Rheingau, Schlesien, Böhmen, viele Alpentäler usw. zeigen denn auch einen sehr großen Reichtum an Parasiten, was sicher nicht bloß darauf beruht, daß diese Gebiete als besonders günstig für diese Pilze zu gelten haben.

Der Sammler beginne bereits im zeitigen Frühjahr und suche die Blätter der Frühlingspflanzen, wie Anemone-Arten, Ficaria, Polygonatum, Gagea, Luzula, Carex usw. genau ab. Sodann werden ihm Pflanzen wie Aegopodium, Alnus, Populus, Rhamnus, Ranunculaceen usw. eine reiche Ausbeute liefern, bis dann im Sommer das Heer der Sympetalen u. Gramineen ihm täglich neue Arten vor Augen führt. Die reichhaltigste Ausbeute werden immer Felder u. Waldränder, Wiesen und Wälle bieten, während der Hochwald mit seiner mehr einförmigen Flora weniger Formen beherbergt. In den trockneren Formationen werden hauptsächlich die Peronosporineen, Brand- und Rostpilze, in den feuchten dagegen mehr die oben genannten Chytridiineen wachsen, aber auch typische Wasserpflanzen besitzen noch Arten von Brandpilzen (Doassansia).

Die meisten Parasiten bilden Blattflecken, die sich durch Verfärbung ins Bleichgrüne, Gelbliche, Rötliche, Graue oder Braune auszeichnen. Man wird also an solchen verfärbten Blattstellen, die auch auf der Oberseite des Blattes gewöhnlich deutlich sichtbar sind, die Anwesenheit eines Parasiten vermuten können. Auf der Unterseite kommen dann die Aecidien oder Teleutosporen, Konidienträger bei den Peronosporaceen, Brandlager bei den Ustilagineen usw. zur Ausbildung. Leichter zu erkennen sind solche Parasiten, welche Verkrümmungen oder Gallenbildungen an Blättern u. Stengeln verursachen oder die Blüten verbilden. Häufig erkennt man von Parasiten befallene Pflanzen schon von weitem daran, daß sie viel höher sind, als die normalen Exemplare u. ein etwas bleicheres Grün besitzen z. B. Euphorbia cyparissias mit Rostpilzen, Anemone mit Rostpilzen, Hafer mit Brandpilzen usw. Schon äußerlich mit bloßem Auge erkennt man die Brandpilze an ihren schwarzstäubenden Lagern, die

Rostpilze an der goldgelben Färbung der Aecidien, der Uredolager und an den schwarzbraunen, meist kleinen Lagern der Teleutosporen. Die Peronosporeen haben auf den Blattflecken einen meist grauen Schimmelüberzug, Albugo weiße, sehr auffallende, ausgedehnte Lager auf Cruciferen. Schwieriger sind die Cladochytriaceen zu erkennen, die meist winzige Knötchen an den Blättern der Nährpflanzen verursachen. Auch die in Antheren u. Fruchtknoten lebenden Brandpilze sind meist schwer zu sehen, wenn sie nicht stäuben. Am seltensten wird der Anfänger auf Arten von Synchytrium, Entyloma und einige andere stoßen, weil hier die Sporen im Innern des Blattgewebes ausgebildet werden und äußerlich nur Flecken, die meist erst bei durchfallendem Lichte sich deutlicher abheben, zu sehen sind. Hat man aber alle diese schwieriger zu findenden Arten erst einmal lebend gesehen, so wird es nicht schwer werden, sie auch an anderen Stellen zu entdecken. Man suche vor allen Dingen die in Betracht kommenden Nährpflanzen ab.

Alle diese Pilze behandelt man beim Einsammeln wie die Phanerogamen. Nachdem die Blätter oder ganze Pflanzen gepreßt und getrocknet sind, tut man sie in Papierkapseln und verleibt sie dem Herbar ein. Zweckmäßig vergiftet man sie vor der Einreihung in die Sammlung (vgl. Bd. I, S. (12)).

Die Parasiten mit Ausnahme sehr vieler Rostpilze lassen sich auf ein und derselben Nährpflanze verfolgen, da sie meist lokalisiert am Blatt oder Stengel sitzen und hier ihre Hauptfruchtform ausbilden. Anders ist es aber bei den Uredineen. Diejenigen, welche nur Teleutosporen oder Uredo- und Teleutosporen ausbilden, können natürlich nicht verkannt werden, denn mit Hilfe der Teleutosporen läßt sich jederzeit eine solche Art festlegen. Anders aber, wenn nur Aecidien (gewöhnlich mit ihnen vergesellschaftet auch die Pycniden) vorhanden sind. Dann heißt es abwarten, ob sich auf derselben Nährpflanze dicht dabei auf demselben Blatte später Teleutosporen zeigen. In den meisten Fällen gehören dann diese Fruchtformen in denselben Entwicklungskreis und es läßt sich eine Bestimmung ausführen. Auf Grund der Aecidien allein ist dies nicht immer mit Sicherheit möglich. Bieten also diese sogenannten autözischen Formen schon gewisse Schwierigkeiten, so werden diese bei heterözischen noch vermehrt. Kommt auf einer Nährpflanze nur ein einziges Aecidium vor, das als zugehörig zu den auf einer anderen Nährpflanze wachsenden Teleutosporen sicher bekannt ist, so wird man ohne Zweifel ein solches Aecidium richtig unterbringen können. Sobald aber mehrere Aecidien neben einander vorkommen, läßt sich natürlich die Trennung dieser Fruchtformen und ihre Zuweisung zur richtigen Teleutosporenform nur vornehmen, wenn morphologische Merkmale eine Unterscheidung gestatten oder Kulturversuche den Zusammenhang erweisen können. Beides ist aber nicht Sache des Anfängers. Bei Gattungen, wie Melampsora, Coleosporium u. a. wird er deshalb in den meisten Fällen auf eine absolut richtige Bestimmung verzichten müssen. Er

mag sich aber trösten, denn die sichere Bestimmung von Herbar-
exemplaren ist in vielen Fällen auch unseren Autoritäten nicht
möglich.

Vielfach kann man ein Aecidium oder die Teleutosporenform
einer heteröcischen Uredinee auch finden, wenn man das eine gefunden
hat und nun die Umgebung nach der Nährpflanze der anderen Fruchtform absucht. Da sie nicht gleichzeitig vorzukommen pflegen, so
muß der Standort öfter besucht werden. Aber auch auf solche sehr
heiklen Untersuchungen möge sich der Anfänger nicht einlassen.
In den meisten Fällen wird es ihm möglich sein, nach der Teleutosporenform die Art zu bestimmen.

Wer sich weiter über die hier behandelten Pilze orientieren will,
für den seien für die Phykomyceten die im vorigen Kapitel genannten
Werke genannt. Auch Schroeters Bearbeitung wird noch gute
Dienste tun, besonders für die Peronosporeen und Ustilagineen. In
neuester Zeit haben E. Fischer die Uredineen der Schweiz und
Schellenberg die Ustilagineen desselben Gebietes bearbeitet
(Beiträge zur Kryptogamenflora der Schweiz Bd. II, III). Bubák
hat die Uredineen von Böhmen bearbeitet. P. Sydow u. H. Sydow
haben eine Monographie der Uredineen in Arbeit, von der Uromyces u.
Puccinia erschienen sind. Auch die demnächst erscheinenden Be-
arbeitungen der Peronosporineen, Ustilagineen und Uredineen in der
Kryptogamenflora der Mark Brandenburg wären hier zu nennen.
Als Hilfsmittel für das Sammeln dieser Pilze nenne ich: Lindau,
Hilfsbuch für das Sammeln parasitischer Pilze. Berlin 1901.

V. Die Schlauchpilze (Ascomyceten).

Die Zahl der im Gebiete beobachteten Ascomyceten übertrifft
die Gesamtsumme aller übrigen Pilze, wenn wir die Konidienformen
ausnehmen. Man kann fast 4000 Arten annehmen, während die höheren
Basidiomyceten noch nicht halb so viele umfassen. Aber trotz dieser
großen Zahl tritt die Ascomycetenflora gegen die Hutpilze zurück,
weil mit wenigen Ausnahmen nur mikroskopische Pilze hierher gehören, die wohl bisweilen auffällige Färbung besitzen und auf ganz
eng begrenzten Gebieten auffallen, aber niemals einer ganzen Gegend
zu gewissen Zeiten einen bestimmten Charakter aufzudrücken ver-
mögen. Wenn daher das Sammeln der Hutpilze nicht schwer ist,
weil sie sich auffällig in die Erscheinung drängen, so wollen die
Ascomyceten im Gegensatz dazu sorgfältig gesucht sein. Dazu reicht
oft das bloße Auge nicht aus, sondern es muß die Lupe zu Hilfe ge-
nommen werden, ja manche Arten sind so klein, daß sie im Freien
auch bei Lupenbetrachtung wenig auffallen und erst zu Haus bei sorg-
fältiger Betrachtung des Substrates richtig gewürdigt werden können.
Indessen gehen diese winzigen Formen vorläufig den Anfänger wenig

an, sondern ihm muß zuerst daran liegen, sich mit den etwas größeren, durch Farbe oder sonstige Merkmale auffälligeren Formen bekannt zu machen.

Es gibt unter den Discomyceten große Pilze, wie die Morcheln, Trüffeln, Pezizineen usw., die leicht auffindbar sind, zumal sie auf dem Erdboden wachsen und höchstens in ihrem Vorkommen von der Beschaffenheit des Bodens selbst abhängig sind (Lehm- und Sandboden, Humuserde, mit Gras bewachsener Boden usw.). Wenn wir aber von diesen Arten absehen, so erscheinen alle übrigen an ein bestimmtes, oft an ein einziges pflanzliches oder seltner tierisches Substrat gebunden. Deshalb wird der Sammler in erster Linie Rücksicht auf diese Anpassungen zu nehmen haben und nicht Arten an Standorten suchen, denen sie nicht angepaßt sind. Man wird deshalb Sordariaceen und Ascobolaceen nur auf Mist erwarten können, Exoascaceen nur auf lebenden Pflanzen, Cordiceps nur auf tierischem Substrat (Insekten und ihren Larven), viele stromatischen Pyrenomyceten nur auf faulem Holz, Mycosphaerellaceen nur auf Stengel und Blättern usw.

Wenn hier ganz im allgemeinen von Ascomyceten gesprochen wird, so ist darunter nur die Schlauchform als die höchst ausgebildete und den Entwicklungskreis abschließende Fruchtform zu verstehen. Bei den meisten gehen aber noch niedrigere Fruchtformen (Konidien mit allen ihren verschiedenen Typen) voraus. Wenn wir auch von den meisten Schlauchformen noch nicht wissen, mit welchen Konidienformen sie zusammenhängen, so kennen wir doch wenigstens von vielen ihren Entwicklungskreis und wissen, welche andere Fruchtformen zu ihnen gehören. Erleichtert wird diese Erkenntnis, wenn die Konidienbehälter oder -lager sich auf demselben Stroma wie die Schlauchfrüchte finden (Valsaceen und verwandte Familien). Als ganz allgemeine Regeln können wir feststellen, daß mit ganz wenigen Ausnahmen die Schlauchfrüchte sich stets im oder am toten Substrat finden, höchst selten schon in der lebenden Pflanze. Viele Konidienfruchtformen dagegen kommen nur auf der lebenden Pflanze vor. Wir haben also hier die eigentümliche Erscheinung, daß eine Art während des ersten Teiles ihres Entwicklungsganges parasitisch wächst: das Myzel lebt also im lebenden Blatt- oder Stengelgewebe und bringt hier Konidien hervor. Wenn das Substrat dann abgestorben ist, wächst das Myzel im toten Gewebe weiter und bringt als Abschluß die Schlauchfrüchte hervor. Im zweiten Teile des Lebenskreises wird also der Pilz zum Saprophyten und in diesem Zustande lernen wir ihn denn auch gewöhnlich kennen. Als besonders auffälliges Beispiel für dieses Verhalten nenne ich die bekannten schwarzen Flecken der Ahornblätter, die durch Rhytisma acerinum verursacht werden. Bis zum Abfallen der Blätter finden sich nur die Konidienlager, erst im Frühjahr kommen dann bei den am Boden liegenden, vermoderten Blättern die Schlauchfrüchte zur Reife.

Wir sehen aus diesem Beispiele, dem sich noch viele andere anfügen ließen, daß bei solchen parasitisch-saprophytischen Arten die

Schläuche erst im Frühjahr reif werden, wenn die Sporen Gelegenheit haben, wieder junge Blätter zu infizieren. Die Schlauchformen aller dieser Pilze, die auf Blättern und Stengeln vorkommen, wird man deshalb vielfach erst im Frühjahr reif antreffen.

Bei den ausschließlich saprophytischen Holzformen findet meist die Überwinterung der reifen Fruchtkörper statt. Deshalb trifft man reife Pyrenomyceten und Discomyceten besonders im Herbst bei feuchter und warmer Witterung. Bei vielen aber scheint die Entwicklung während des Winters still zu stehen und erst im Frühjahr wieder einzusetzen. Man findet sie daher in schönster Entwicklung im Frühjahr, besonders die alpinen Formen, bei denen der lange Winter die Fortentwicklung unterbricht. Für die meisten Arten sind diese biologischen Verhältnisse noch unbekannt, daher bietet sich selbst dem Anfänger, sobald er nur einige Formen sicher kennt, noch ein reiches Feld der Beobachtung.

Auf alle Fälle mache es sich der Anfänger zur Regel, nur wirklich reife Schlauchfrüchte zur Bestimmung zu verwenden. Es ist selbst bei geringer Übung leicht zu erkennen, ob ein Fruchtkörper reife Schläuche besitzt. Sobald die Sporen scharf umgrenzt sind und ihre gut ausgebildete Öltropfen enthalten oder dunkel gefärbt oder mit deutlichen Scheidewänden versehen erscheinen, kann man sie als reif ansprechen. Solange die Schläuche noch unklar erscheinen und in ihrem Innern undeutlich ausgebildete Sporen und viele Öltropfen zeigen, wird meist keine sichere Bestimmung auszuführen sein, wenn nicht etwa andere spezifische Merkmale noch vorhanden sind. Bisweilen reifen die Fruchtkörper noch nach, wenn sie ins Freie gelegt werden (unter etwa feuchtes Laub), meist ist aber die Mühe vergebens. Ebenso sind auch zu alte Perithecien unbrauchbar für den Anfänger, während der Kenner natürlich damit noch etwas anzufangen weiß. Bei den Discomyceten kann man auf Ausreifung von vornherein rechnen, wenn die Scheibe ganz geöffnet ist.

Aus dem Gesagten geht hervor, daß man Ascomyceten eigentlich überall erwarten kann. Man suche deshalb in erster Linie Mist ab, der im Freien liegt (für Sordariaceen und Ascobolaceen), ferner lehmige, feuchte Waldböden, besonders Wegeabstiche (für Discomyceten), tiefgründige Humuserde, namentlich auf kalkigen Böden (nach hypogaeischen Arten), Gebüsche und wenig bewachsene Waldstellen (nach Helvellaceen im Frühjahr), feuchte Moosrasen und ähnliche Standorte (nach Cordiceps, Geoglossaceen usw.) Besonders aber sind Blätter, Stengel u. Holz zu beachten. Man wird auf offenen Formationen (wie Heideflächen, alpinen Wiesen, Niederungswiesen, Dämmen usw.) gewiß stets die Arten finden, welche an den dort wachsenden Pflanzen vorkommen, wenn man zur richtigen Jahreszeit kommt, ebenso an alleinstehenden hohlen Bäumen, wie Weiden, Pappeln usw. selten vergeblich nach Pyrenomyceten suchen, aber die Hauptfundstelle wird doch der Wald bleiben u. zwar ein solcher, der möglichst viele verschiedenartige Bäume in sich birgt und eine dicke, feuchte Laubdecke besitzt. Demnach wird ein Mischwald mit tiefgründiger, feuchter Laubdecke stets die reichste Ausbeute gewähren. Schon in feuchten Sommermonaten wird man kaum einen faulen Ast, eine Frucht oder feuchtes Laub aufnehmen, woran nicht irgend ein Discomycet oder Pyrenomycet sitzt, im günstigen Herbst entwickelt sich dann das Pilzleben zu einer unheimlichen Fülle. Man möge es sich zur feststehenden Regel bei Exkursionen machen, jedes Stück Holz aufzunehmen u. zu betrachten, jeden Stumpf genau zu untersuchen, häufig eine Hand voll Laub, namentlich aus den unteren Schichten aufzuheben, immer wird das Auge auf neue und zierliche Formen stoßen. Wenn man auch wiederholt auf dieselbe Art trifft, so schadet das nicht, sondern das Auge gewöhnt sich allmählich an die Formenfülle und wird bald die charakteristischen Unterschiede erfassen u. behalten. Ferner mache man sich zur Regel, möglichst viel und verschiedenerlei Material mitzunehmen. Bei ruhiger Untersuchung zu Haus gibt sich doch manche, vielleicht einer anderen äußerlich gleichsehende Art als etwas Verschiedenes zu erkennen, nach der Untersuchung kann man dann das Material immer noch vernichten. Auch sammle man nie zu wenig Material, sondern suche möglichst reichlich von derselben Art zu erlangen, damit man für die Untersuchung und Sammlung zu Haus das Beste aussuchen kann.

Zum Transport auf der Exkursion wickle man jedes Exemplar in Papier. Wenn große u. zarte Fruchtkörper von Discomyceten in Frage kommen, so kann man sie zweckmäßig in Moos verpacken. Größere Zweige kann man an Ort und Stelle mit einem starken Messer (am besten Gärtnerhippe) zurechtschneiden. Bei den allermeisten Objekten braucht man keine besondere Sorgfalt auf das Einpacken zu verwenden. Die Papierkonvolute mag man dann in eine Botanisierkapsel oder auch in die Tasche stecken. Zweckmäßig ist es, sich an Ort u. Stelle Notizen zu machen u. diese gleich mit in das Paketchen zu legen. Wichtig ist vor allen Dingen die Feststellung der Holzart. Dies läßt sich im Walde meist leicht vornehmen, da man die in der Nähe des Fundortes wachsenden Bäume sieht. Schwierig bleibt es immer einen entrindeten Ast sicher zu bestimmen. Viele Holzarten haben ja sehr charakteristische anatomische Merkmale, aber es ist oft sehr zeitraubend, aus diesen Merkmalen allein die Baumart festzustellen. Deshalb möge man besonders darauf achten, möglichst berindete Stücke mitzunehmen, weil sich durch die Rindenmerkmale gewöhnlich die Holzart leichter ausmachen läßt, besonders wenn man festgestellt hat, welche Hölzer an der Fundstelle vorhanden sind. Sammelt man Stengel, so wird man danach suchen müssen, von welchen Pflanzen sie stammen. Das wird oft leicht sein, aber im Frühjahr wird es doch seine Schwierigkeiten haben und man wird oft gezwungen sein, den Fundort während der Vegetationszeit der Kräuter noch einmal zu besuchen, um die Art zweifelsfrei festzustellen. Deshalb möge gerade der Anfänger alle diese Punkte beachten, weil dadurch die Beobachtungsgabe gestärkt und die spätere Bestimmung erleichtert wird.

Da das Einsammeln und Beobachten im Freien eine große geistige Anspannung bedeutet, so mache man namentlich im Anfange des Studiums niemals örtlich u. zeitlich zu ausgedehnte Exkursionen. Eine intensive, zweistündige Exkursion genügt allermeist, namentlich wenn es sich um Lokalitäten handelt, die man bequem von einem Standort erreichen kann. Dafür aber kann man umso öfter gehen, wenn man Ascomyceten sucht, da das Material nicht sofort bearbeitet zu werden braucht. Hat man genügendes Material im Herbst angehäuft, so kann man die Wintermonate, in denen nur wenig zu finden ist, für die Untersuchung verwenden.

Wie schon oben hervorgehoben wurde, kann man unreifes Material im Freien oder unter Glasglocken im kühlen Raume zum Nachreifen auslegen, wenn auch bei manchen Arten der Erfolg ausbleiben wird. Bei mistbewohnenden Formen wird man dies zur Regel machen müssen, da erst im Laufe der Zeit alles zum Vorschein kommt, was auf dem betreffenden Mist vorhanden ist. Wer sich also für diese Arten interessiert, der nehme möglichst von verschiedenen Fundorten u. Tieren Mist mit u. lege ihn unter Glasglocken aus. Man muß aber dabei beachten, daß der Mist einen möglichst gleichmäßigen und den Verhältnissen im Freien entsprechenden Feuchtigkeitsgrad behält. Deshalb lege man die Schalen unten und oben mit Fließpapier aus und halte dieses feucht. Den Mist befeuchte man höchstens beim Beginn der Kultur tüchtig, nachher aber nicht mehr. Derartige Mistkulturen sind sehr interessant und bieten gewöhnlich eine Fülle von verschiedenen Arten, die nach einander zum Vorschein kommen. Man könnte ja Äste und Laub in ähnlicher Weise in Kultur nehmen, aber für den Anfänger ist es nicht ratsam, solche Kulturen anzusetzen, weil gewöhnlich mehr Schimmelpilze als Ascomyceten zum Vorschein kommen.

Hat man von der Exkursion seine Schätze nach Haus gebracht, so müssen sie untersucht werden. Läßt sich dies nicht sofort machen, so schadet es nicht, aber es ist dann notwendig, die Papierkonvolute zuöffnen und die Substrate austrocknen zu lassen, da sie sonst schimmeln. Bei Zimmertemperatur geht dies in wenigen Tagen vor sich. Wenn dabei die Fruchtkörper der Discomyceten einschrumpfen, so kann man sie später mit Wasser leicht wieder vollständig zur Entfaltung bringen. Bei den Pyrenomyceten bringt das Eintrocknen keinerlei Schaden mit sich. Blattbewohnende Formen, wie die Exoascaceen, Polystigma, Rhytisma usw. müssen wie Phanerogamen gepreßt und behandelt werden.

Für die Untersuchung gilt es in erster Linie, das Reifestadium festzustellen. Zu diesem Behufe nehme man ein Perithecium oder ein Stück eines Apotheciums und zerdrücke es mit der Nadel oder dem Deckglase. In den meisten Fällen wird man dadurch beobachten können, ob reife Stadien vorhanden sind. Niemals aber wende man diese rohe Methodik für die Bestimmung und nähere Untersuchung an, weil dabei zu oft Fehlerquellen unterlaufen. Deshalb gewöhne sich der Anfänger an den Gebrauch des Rasiermessers, mit dem er möglichst feine Schnitte durch den Fruchtkörper und das Substrat machen muß. Bei einiger Übung wird man bald den Vorteil dieser etwas umständlichen Präparation einsehen. Die Schnitte müssen senkrecht durch die Fruchtkörper, bei Perithecien möglichst durch die Mündung, bei Apothecien durch die Mitte der Scheibe geführt werden. Sie kommen dann in Wasser, dem man unter Umständen etwas Chloralhydrat zusetzen kann (siehe oben S. (2)). Man sei aber mit diesem Aufhellungsmittel vorsichtig, da häufig zu starke Quellungen eintreten, die das Messen problematisch machen. Man messe deshalb Sporen und Schläuche stets in Wasser. Ist man erst geübt, so kann man auch Sporenmessungen an Quetschpräparaten vornehmen. Bei der Untersuchung der Stromaverhältnisse läßt sich ohne Schnitte überhaupt nicht auskommen (Valsaceen und ähnliche stromatische Familien).

Will man trockenes Material zur Präparation verwenden, so muß es vorher mit Wasser aufgeweicht werden. Man kann dem Wasser von vornherein etwas Alkohol zusetzen oder die Fruchtkörper erst in Alkohol u. dann in reines Wasser legen. Da nun häufig, namentlich bei Discomyceten und in der Rinde nistenden Pyrenomyceten, das Material sehr bröcklich wird u. beim Schneiden ausspringen würde, so kann man es mit Gummi arabicum auf kleine dünne Korkstückchen aufkleben. Man nimmt die zu schneidenden, in Wasser mit Alkohol luftfrei gemachten Fruchtkörper oder Substratstücke und klebt sie mit Gummi arabicum auf Kork fest. Zweckmäßig bereitet man sich dazu eine wässerige Lösung aus feinstem Gummi arabicum, wie es gepulvert in jeder Drogenhandlung zu haben ist, und setzt einige Tropfen Glyzerin zu, um zu verhindern, daß das Gummi zu spröde wird. Bereitet man sich eine größere Menge vor, so empfehle ich, um das Schimmeln zu verhüten, den Zusatz von einem Tropfen Phenol oder Lysol. Man muß ausprobieren, wieviel Glyzerin man zusetzen muß. Beim Schneiden muß durch Anhauchen die Schnittfläche jedesmal angefeuchtet werden. Das zu schneidende Material muß ganz in Gummi eingebettet sein. Die Schnitte werden zuerst in einen großen Tropfen Wasser gelegt, das unter Umständen mehrmals erneuert und abgesaugt werden muß, bis das Gummi ganz herausgelöst ist. Wenn das Material von vornherein bröcklig ist, nimmt man diese Prozedur unter dem Deckglas vor.

Nachdem man die mikroskopische Beobachtung (event. unter Zusetzung von wenig Chloralhydrat) gemacht und die Messungen vorgenommen hat, setze man, namentlich für Discomyceten wichtig, etwas wässrige Jodlösung zu, um zu beobachten, ob die Schläuche sich bläuen. Dies ist für die Bestimmung von Pezizaceen unerläßlich, weil sich auf der Bläuung oder Nichtbläuung die Gattungsunterschiede aufbauen. Im Text ist diese Reaktion durch J + oder J — bezeichnet.

Für die Sammlung bedarf es keiner weiteren Präparation, als daß man die Zweige oder Holzstücke spaltet oder zurechtschneidet, damit sie nicht allzusehr auftragen. Die Exemplare werden am besten in Kapseln von festem, dünnem oder dickerem Papier gelegt, die dann dem Herbar einverleibt werden. Man achte ja darauf, daß die Exemplare ganz steril ins Herbar kommen, da häufig im Holz Insekten oder ihre Larven sitzen, die später ihre verderbliche Tätigkeit entfalten. Es müssen deshalb die Exemplare vergiftet werden und zwar am schnellsten und sichersten nach der im 1. Bande S. (12) angegebenen Methode. Die Gefahr, daß später bei trockener Aufbewahrung noch Insekten in die Sammlung kommen, ist gering. Man tut am besten, wenn man gleich nach der Sterilisierung ein wenig Naphthalin in jede Kapsel oder aber in einer Kapsel eine größere Menge in jede Mappe hineintut. Sollte sich trotzdem einmal Fraß zeigen, so muß der Prozeß in der Vergiftungskiste wiederholt werden.

Als größere Handbücher für die Ascomyceten sind zu empfehlen; Schroeter in der Schlesischen Kryptogamenflora, Kirschstein in der Kryptogamenflora der Mark (im Erscheinen), Winter u. Rehm in Rabenhorsts Kryptogamenflora von Deutschland. Als Hilfsbuch für das Sammeln kann zweckmäßig: Lindau, Hilfsbuch für das Sammeln der Ascomyceten (Berlin 1903) in Betracht gezogen werden.

VI. System und Bestimmungstabelle der Hauptgruppen.

Wenn wir das Pflanzenreich in einen grünen und einen nicht grünen Stamm zerlegen, so gehören zu letzterem Stamme alle diejenigen Abteilungen, welche man gemeinhin als Pilze bezeichnet. Das gemeinsame Merkmal der hierher gehörigen 3 Abteilungen ist das Fehlen des Chlorophylls, im übrigen gehen sie weit auseinander in ihren Merkmalen und zeigen dadurch, daß sie verwandtschaftlich nichts miteinander zu tun haben.

Die erste Abteilung umfaßt die Schizomyceten (Spaltpilze, Bakterien). Sie konnten nur in wenigen auffälligen Formen berührt werden, da die Beschäftigung mit diesen winzigen Organismen eine große Vorbildung und einen nicht überall zur Verfügung stehenden Laboratoriumsapparat als Voraussetzung hat.

Die zweite Abteilung, die Myxomyceten (Mycetozoen, Schleimpilze), ist charakterisiert durch den eigenartigen vegetativen Zustand, den man als Plasmodium bezeichnet. Das Plasmodium kriecht auf dem Substrat hin und her und umfließt nach Art der Amoeben die aufzufressende Nahrung. Bei der Fruktifikation entstehen meist sporangienartige, oft hoch organisierte Gebilde, die mit außerordentlich zierlichen Netzgeweben, Kapillitiumfasern usw. ausgerüstet sein können. Man muß aber festhalten, daß alle fadenartigen

Stücke aus einzelnen Amoebenzellen gebildet werden, die sich zu Strängen zusammenschließen.

Im Gegensatz zu den beiden ersten Abteilungen zeigt nun die der Eumycetes (Fadenpilze) Faden- oder Hyphenbildung mit echter Verzweigung. Der gesamte vegetative Teil, der Thallus sowie die Fruchtkörper werden also lediglich aus Fäden aufgebaut, die durch mannigfache Verflechtung einen großen Reichtum von verschiedenen Flechtgeweben (Plectenchymen) hervorbringen[1]). Da der größte Teil der Fadenpilze nur mikroskopisch zu würdigen ist, so behandelt der vorliegende Band alle diese kleinen Formen und von den Basidiomyceten noch die im 1. Band angegebenen Brand- u. Rostpilze. Ihrer systematischen Einteilung gelten die folgenden Zeilen.

Bereits im 1. Bande S.(12) u. ff. hatte ich das heute in der Wissenschaft geltende System der Pilze in den Hauptabteilungen charakterisiert. Es waren die beiden Hauptabteilungen der Phycomyceten und Mycomyceten unterschieden worden, letztere zerfielen wieder, wie wir sahen, in die Ascomyceten u. Basidiomyceten. Mit den Basidiomyceten haben wir uns hier nur in so weit zu beschäftigen, als die Brand- u. Rostpilze im 1. Bande von der Behandlung ausgeschlossen wurden, weil sie zu den mikroskopischen Formen gehören.

Demnach umfassen die zu behandelnden Familien die gesamten Phycomyceten, Ascomyceten und von den Basidiomyceten die parasitischen Ustilagineen und Uredineen.

I. Klasse: **Phycomycetes.**

Myzel wenig entwickelt oder wenn entwickelt, dann stets ohne Scheidewände. Häufig geschlechtliche Fortpflanzung. Bei den Wasserformen Schwärmsporangien, bei den Landformen Sporangien oder Konidien.

I. Unterklasse: **Oomycetes.**

Myzel entweder wenig entwickelt oder sich auf eine Zelle reduzierend oder häufiger schlauchförmig, verzweigt oder nicht, unseptiert. Geschlechtliche Fortpflanzung durch Oosporenbildung. Meist Wasserformen (außer Peronosporineen). Schwärmsporangien oder bei Landformen auch Konidien.

A. Myzel meist sehr dünn, zart, oft wenig entwickelt oder auf eine Zelle reduziert. Wasserformen.
   a) Thallus meist nur ein Sporangium bildend, seltner mehrere an demselben Thallus. Geschlechtliche Fortpflanzung sehr selten, meist nur Schwärmsporen oder Dauersporenbildung.
      1. Reihe **Chytridiineae** (Seite 24)

---

[1]) Wenn der Anfänger sich über die anatomischen und biologischen Verhältnisse unterrichten will, so möge er die einleitenden Kapitel zu: Lindau, Die Pilze (Sammlung Göschen, Heft 574) lesen.

b) Thallus meist restlos durch Querteilung in eine Kette von Zellen zerteilt, die teils zu Schwärmsporangien, teils zu Antheridien u. Oogonien werden. Im Oogon nur eine Oospore.

2. Reihe **Ancylistineae** (Seite 43)

B. Myzel schlauchförmig, stets deutlich vorhanden.

a) Antheridien bewegliche Spermatozoiden bildend, die in das Oogon eindringen. Wasserformen.

3. Reihe **Monoblepharidineae** (Seite 44).

b) Keine beweglichen Spermatozoiden gebildet.

I. Wasserformen. Schwärmsporangienbildung. Oogon mit mehreren Eizellen.

4. Reihe **Saprolegniineae** (Seite 45).

II. Landformen. Konidienbildung an Trägern, oft die Konidien sich in Schwärmsporangien umbildend. Oogon mit einer Eizelle.

5. Reihe **Peronosporineae** (Seite 49).

II. Unterklasse: **Zygomycetes.**

Myzel schlauchförmig, meist reich verzweigt, im allgemeinen unseptiert. Geschlechtliche Fortpflanzung durch Zygosporenbildung. Ungeschlechtliche durch Sporangien oder Konidien, oft auch Chlamydosporen vorhanden. Landformen.

A. Zygosporenbildung. Sporangien oder Konidien. Saprophyten auf Mist und Abfällen.

1. Reihe **Mucorineae** (Seite 56).

B. Zygosporenbildung im Schwinden begriffen, daher meist nur Azygosporen. Sporangien fehlen. Konidien einzeln endständig auf myzelialen Sterigmen, meist durch Abschleudern frei werdend. Parasiten auf Tieren, seltner auf anderen Substraten.

2. Reihe **Entomophthorineae** (Seite 62).

II. Klasse: **Mycomycetes.**

Myzel reich verzweigt, septiert, selten auf Sproßzellen reduziert. Geschlechtliche Fortpflanzung fehlt (im Sinne der Phycomyceten). Ungeschlechtliche Fortpflanzung durch Konidien und Konidienfrüchte oder Chlamydosporen, Oidien, Gemmen. Landformen.

III. Unterklasse: **Ascomycetes.**

Hauptfruktifikation in Schläuchen (Asci). Nebenfruchtform wie vorher.

A. Schläuche ganz unverhüllt.

a) Schläuche noch ohne den typischen Charakter, etwas unregelmäßig in Form u. Sporenzahl.

1. Reihe **Hemiascineae** (Seite 63)

    b) Schläuche typisch, regelmäßig, einzeln oder in nackten Lagern

                2. Reihe **Exoascineae** (Seite 64).

B. Schläuche mit irgend welcher Umhüllung, daher Fruchtkomplexe, Schlauchfrüchte, bildend.

    a) Schläuche im ganzen Fruchtkörper an beliebigen Stellen als seitliche Zweige der Hyphen entstehend. Umhüllung locker fädig oder fest geschlossen.

                3. Reihe **Plectascineae** (Seite 68).

    b) Schläuche nur am Grunde des geschlossenen Fruchtkörpers (Perithecium) an bestimmten Stellen entstehend. Umhüllung des Fruchtkörpers ± kuglig, fest.

                4. Reihe **Pyrenomycetes** (Seite 72).

    I. Perithecium ± kuglig, geschlossen bleibend, schwarz.

                1. Unterreihe **Perisporiineae** (Seite 73).

    II. Perithecium ± kuglig, oft schnabelartig ausgezogen, an der Spitze mit Loch sich öffnend

        α) Perithecienwandung weich, hell gefärbt. Mit oder ohne Stroma.

                2. Unterreihe **Hypocreineae** (Seite 78).

        β) Perithecienwandung sich vom Gewebe des Stromas nicht abhebend.

                3. Unterreihe **Dothideineae** (Seite 86).

        γ) Perithecienwandung stets typisch ausgebildet, schwarz, ledrig bis brüchig kohlig. Mit oder ohne Stroma.

                4. Unterreihe **Sphaeriineae** (Seite 88).

   III. Perithecien länglich, strichförmig oder senkrecht abstehend, muschel- oder stäbchenförmig, sich am Scheitel mit Längsriß öffnend, schwarz.

                5. Unterreihe **Hysteriineae** (Seite 135).

    c) Schläuche am Grunde des zuletzt weit offenen Fruchtkörpers (Apothecium) oder in einer flachen Schicht von vorn herein offen liegend oder Kammern bei hypogaeischen Fruchtkörpern auskleidend.   5. Reihe **Discomycetes** (Seite 139).

    I. Apothecien zuerst geschlossen, dann sich ± weit napfig oder schüsselförmig öffnend.

      1. Apothecien sich am Scheitel lappig öffnend, indem eine Deckhülle (die oft noch mit dem deckenden Substrat verwachsen sein kann) einreißt u. sich zurückklappt.

                1. Unterreihe **Phacidiineae** (Seite 139).

      2. Apothecien am Scheitel mit einem Loch geöffnet, das sich gleichmäßig erweitert, so daß zuletzt das Hymenium frei steht, ohne von Lappen umgeben zu sein.

                2. Unterreihe **Pezizineae** (Seite 150).

    II. Fruchtkörper ± kuglig geschlossen bleibend, im Innern Kammern enthaltend, die von der Schlauchschicht ausgekleidet werden. Unterirdische Pilze.

                3. Unterreihe **Tuberineae** (Seite 190).

III. Fruchtkörper von vorn herein mit offener Fruchtschicht, meist gestielt. 4. Unterreihe **Helvellineae** (Seite 194).

IV. Unterklasse: **Basidiomycetes.**

Hauptfruktifikation mit Basidien. Nebenfruchtformen Chlamydosporen oder Konidien.

A. Konidienträger nur basidienähnlich, aus Chlamydosporen hervorgehend, die durch Zerteilung des Myzels entstehen. Parasiten.

1. Reihe **Ustilagineae** (Hemibasidii) (Seite 202).

B. Echte Basidien vorhanden.

a) Basidien mehrzellig (Protobasidiomycetes).

I. Basidien fädig, in 4 Zellen quer geteilt.

1. Basidien aus Chlamydosporen hervorwachsend. Daneben noch andere Chlamydosporen vorhanden. Parasiten.

2. Reihe **Uredineae** (Seite 215).

2. Basidien nicht aus Chlamydosporen hervorgehend.

3. Reihe **Auriculariineae** (s. Bd. I).

II. Basidien fast kuglig, über Kreuz in 4 Zellen geteilt.

4. Reihe **Tremellineae** (s. Bd. I)

b) Basidien einzellig (Autobasidiomycetes).

(S. Bd. I).

Man hat die Nebenfruchtformen, also die Konidienfrüchte, Konidienlager, Konidienträger usw., ebenfalls in ein System gebracht, wodurch ihre Bestimmung ermöglicht wird. Die Untersuchung dieser Formen bietet viele Schwierigkeiten und dürfte dem Anfänger nicht die nötige Befriedigung gewähren. Dazu kommt, daß die Zahl dieser Fungi imperfecti die aller übrigen Pilze bei weitem übertrifft, so daß sie einen Band für sich füllen würden. Ich bin deshalb auf diese Gruppe nicht eingegangen, sondern habe nur an wenigen Stellen bei den Ascomyceten auf sie hingewiesen, wo es nötig war.

VII. Erklärung der wichtigsten Kunstausdrücke.

Unter Thallus versteht man den gesamten Pilzkörper, der aus Hyphen gebildet wird. Bei größeren Formen unterscheidet man noch den vegetativen Hyphenteil, das Myzel, und den fruktifikativen Teil. Dieser letztere trägt zwar im allgemeinen den Namen Fruchtkörper, aber man belegt ihn bei den einzelnen Gruppen noch mit besonderen Benennungen, wenn er eine charakteristische makroskopische Ausbildung zeigt z. B. Hut, Perithecium, Apothecium usw. Die Hyphen verflechten sich und bilden ein Plectenchym. Bei dichterer Verflechtung entstehen zellenartige Gewebe, man unterscheidet paraplectenchymatische Gewebe mit ungefähr isodiametrischen Zellen und prosoplectenchymatische mit langgestreckten Zellen. Dazwischen finden sich alle Übergänge. Bei der Fruktifikation unterscheidet man Hauptfruchtformen z. B. Schläuche, Basidien, geschlechtliche Fruchtformen und Nebenfruchtformen, wozu die verschiedenen Arten der Konidienfruktifikation und die Sporangien gehören. Demnach hat jede Art nur eine Hauptfruchtform, aber unter Umständen mehrere Nebenfruchtformen.

Myxomyceten. Aus der Spore geht ein Schwärmer hervor, der bald zur Ruhe kommt und zur Amoebe wird, die sich mit Pseudopodien fortbewegt u. ihre Nahrung umfließt. Die zusammenfließenden Amoeben bilden das bewegliche Plasmodium, das sich eine Zeitlang ernährt und dann zur Fruktifikation schreitet. Bisweilen wird nicht das ganze Plasmodium zur Fruktifikation verbraucht, sondern ein Teil wird zum Hypothallus. Die übrigen Amoeben kriechen auf einander und aneinander hoch und bilden den Stiel des Sporangiums, der sich oft in einer Columella im Innern des Sporangiums fortsetzt. Auch die Wandung des Sporangiums, die Kapillitiumfasern, welche im Innern zwischen den Sporen liegen und zur Sporenausstreuung dienen, sowie die Sporen entstehen aus Amöben. Bei manchen Arten kommen flache Sporangien vor (plasmodiokarpe Sporangien). Die bei vielen Arten vorhandenen Kalkinkrustationen auf der Sporangienwand, den Kapillitiumfasern usw. können amorph oder kristallinisch sein. Die großen Fruchtkörper, die außen keinerlei Differenzierungen besitzen, bezeichnet man auch als Aethalien (z. B. Fuligo).

Oomyceten. Das unseptierte Myzel bringt als ungeschlechtliche Fortpflanzungsform Schwärmsporangien (Zoosporangien) mit beweglichen Schwärmsporen (Zoosporen) hervor. Daneben finden sich oft Dauersporen (bei Chytridiineen besonders), welche nach der Ruhepause ebenfalls Schwärmsporen bilden. Als weibliche Organe dienen die Oogonien, welche ein bis mehrere Oosphaeren (Eizellen) enthalten, aus denen nach der Befruchtung die Oosporen hervorgehen. Die männlichen Organe Antheridien sind meist fädig, verzweigt und legen sich an das Oogon an, mit einem Ast hineinwachsend, sich auch verzweigend und den Kern in die Oosphären übertreten lassend. Sehr selten (Monoblepharis) bilden die Antheridien bewegliche Antherozoiden aus, die nach Art der Schwärmsporen ausschwärmen und in das Oogon eindringen. Konidienträger verschiedener Art kommen nur bei den Peronosporineen vor. Die an ihnen gebildeten Konidien keimen mit Keimschlauch aus oder bilden sich häufiger zu einem Schwärmsporangium aus.

Zygomyceten. Die ungeschlechtlichen Nebenfruchtformen können Konidien oder Sporangien sein, beide an einfachen oder zusammengesetzten Trägern. Die Columella in manchen Sporangien entsteht hier durch einfache Einstülpung der Scheidewand, welche das eigentliche Sporangium von dem Stiel trennt. Selten kommen daneben auf Trägern gebildete Myzelkonidien vor, die zu den Chlamydosporen einen Übergang bilden. Am Myzel finden sich häufig

Dauerzellen, Chlamydosporen oder Gemmen, von denen erstere ruhende Fruchtstände sind, da sie sofort in Sporangien auskeimen (vgl. nachher bei den Uredineen). Die geschlechtliche Fortpflanzung entsteht, indem 2 Seitenzweige gegen einander wachsen (Suspensoren); von diesen teilen sich die beiden Enden durch Scheidewand ab (Zygonten) und bilden durch Vereinigung die Zygospore. Häufig sind Azygosporen, bei denen der eine Entstehungsast fortfällt. Die Keimung der Zygospore erfolgt durch Keimschlauch, oft mit unmittelbarer Bildung eines Sporangiums.

Ascomyceten. Aus der keimenden Schlauchspore oder Konidie geht ein septiertes Myzel hervor, das im Substrat (parasitisch oder saprophytisch) wächst. Bei vielen Gattungen wird, bevor die Fruchtkörperbildung vor sich geht, ein festes, aus dicht verflochtenen Hyphen bestehendes Gewebe erzeugt, das Stroma genannt wird. In oder auf ihm entstehen die Schlauchfruchtkörper oder Konidienbehälter oder -lager. Auf die verschiedenen Arten der Stromata kann hier nicht eingegangen werden. Viel seltener (z. B. Claviceps) werden Sklerotien gebildet, die ebenfalls aus direkt verflochtenen Hyphen bestehen, aber vor ihrer Auskeimung eine Ruheperiode durchmachen müssen. Meistens gehen nun der Hauptfruchtform (Schlauchfrüchte, Ascusfrüchte) Nebenfruchtformen voraus, die aus Konidienlagern oder Konidienbehältnissen (Pykniden mit Pyknosporen) bestehen können. Man nennt diese Erscheinung Pleomorphie od. Pleomorphismus. Als Abschluß des Entwicklungsganges erscheinen dann bei der Pyrenomycetenreihe die Perithecien, bei der Discomycetenreihe die Apothecien. Die Perithecien sind geschlossene Fruchtkörper, die von einem festen Gehäuse (von sehr verschiedener Konsistenz je nach der Art) umgeben werden. Das Gehäuse ist entweder ganz geschlossen oder oben mit einer lochartigen oder mehr weniger halsartig vorgezogenen Mündung (Ostiolum) versehen. Im Innern werden an der Basis, wo das Gehäuse oft und besonders in der Jugend unterbrochen ist und mit dem übrigen Myzel in Verbindung steht, die Schläuche aus dem ascogenen Gewebe erzeugt. Der Ascus (Schlauch) ist ein in allen seinen Teilen regelmäßig gewordenes Sporangium. Zwischen die Schläuche eingemischt stehen meist Paraphysen, einfache oder verzweigte zarte Fäden. An der Mündung stehen oft nach innen hin zarte Fäden (Periphysen). Die Zahl der Sporen (Ascosporen) beträgt meist 8, seltner 16, 32, 64 usw. od. nur 2, 4, 6, ist aber konstant für die Art. Das Apothecium ist ein Fruchtkörper, der zwar angiokarp entsteht, aber zuletzt weit geöffnet ist und die Scheibe (Discus), die aus Schläuchen und Paraphysen besteht, weit entblößt. Das Apothecium ist außen von einer meist besonders ausgebildeten halbkugligen Hülle (Gehäuse, auch bloß Rand genannt) umgeben. Unter der Scheibe befindet sich ein zartes Gewebe, aus dem die ascogenen Hyphen ihren Ursprung nehmen u. unter diesen ein weit abweichend zusammengesetztes Gewebe (Hypothecium). Die Paraphysen ragen sehr häufig über die Schläuche hinaus, verzweigen sich und bilden eine Schutzschicht (Epithecium), die oft charakteristisch gefärbt ist.

Bei der kleinen Abteilung der Hemiascineen nennt man den sporangienartigen Schlauch auch Hemiascus.

Ustilagineen. Das parasitische Myzel zerteilt sich am Ort der Fruktifikation in Einzelstücke, aus denen Einzelsporen oder Sporenhaufen hervorgehen. Diese Brandsporen sind Chlamydosporen, denn sie keimen fast ausschließlich fruktifikativ mit einer Hemibasidie aus. Diese ist entweder quer geteilt und jede Zelle bildet eine Spore oder sie ist ungeteilt und an der Spitze entstehen die Sporen. Bei der Auskeimung bilden diese Sporen bei saprophytischer Ernährung Sproßkonidien (Hefekonidien) oder dringen, wenn die Gelegenheit sich bietet, mit Keimschlauch in die Nährpflanze ein.

Uredineen. Das Myzel wächst parasitisch. Zuerst bilden sich an ihm die Pykniden (s. oben bei den Ascomyceten) und meist gleichzeitig die Aecidien. Dies sind anfangs geschlossene Fruchtkörper, die sich bald becherförmig öffnen und von einer festen Hülle (Peridium) umgeben sind oder nur Hüllfäden besitzen oder ganz nackt sind. Die Aecidiensporen entstehen reihenweise auf kurzen Sterigmen, die dicht nebeneinander stehen. Im weiteren Verlauf der Entwicklung werden dann besondere Lager angelegt, welche Uredo genannt werden und die Uredosporen erzeugen. Dieses Lager ist nackt oder von Hüllfäden umgeben, die Sporen stehen einzeln am Ende von meist längeren Sterigmen und besitzen meist mehrere Keimporen. In denselben oder in wieder anderen Lagern entstehen dann zuletzt die Teleutosporen, die ein- oder mehrzellig sind und auf meist langen Sterigmen endständig erzeugt werden. Aecidio-, Uredo- und Teleutosporen müssen als Chlamydosporen aufgefaßt werden. Während aber die beiden ersteren nur vegetativ keimen, erzeugen die Teleutosporen die Hauptfruktifikation der Uredineen, die quergestielten, 4 zelligen Basidien, durch ihre Auskeimung, die meist erst nach einer Ruhepause erfolgt. An den Basidien entstehen die Basidiensporen (oder auch Sporidien genannt), die dann vegetativ auskeimen und die Nährpflanze von neuem infizieren. Nicht alle diese Sporenformen sind bei jeder Rostart vorhanden, wohl aber müssen stets die Teleutosporen vorhanden sein, weil sie die Hauptfruchtform, die Basidie, erzeugen.

Wenn alle oder wenigstens die vorhandenen Fruchtformen auf derselbn Nährpflanze zur Ausbildung kommen, so spricht man von einer autözischen Art (Autözie). Wenn aber Pykniden und Aecidien auf der einen, Uredo- und Teleutosporen dagegen auf einer anderen Nährpflanze auftreten, so nennt man solche Arten heterözisch (Heterözie).

Abkürzungen im Text.

Fk.	= Fruchtkörper.	H.	= Herbst.
Th.	= Thallus.	W.	= Winter.
f.	= -förmig.	Lb.	= Laubholz, Laub.
br.	= breit.	Nd.	= Nadelholz, Nadel.
lg.	= lang.	u.	= und.
F.	= Frühjahr.	od.	= oder.
S.	= Sommer.	±	= mehr od. weniger.

I. Abteilung: **Schizomycetes** (Bakterien, Spaltpilze).

Sehr kleine, farblose Organismen, die sich von den echten Pilzen nur durch das Fehlen des Zellkernes sicher unterscheiden lassen. Zellen einzeln, verschieden gestaltet od. in Fäden zusammenhängend, die unverzweigt sind od. sogen. falsche Verzweigungen besitzen. Die Zellen wachsen bis zu einer gewissen Größe heran und teilen sich dann in zwei, sie besitzen Geißeln od. sind bewegungslos. Sporenbildung im Innern der Zellen. — Von den zahllosen Arten, die sich überall finden, können hier nur wenige auffallende berücksichtigt werden, da die weitere Unterscheidung nur durch Kultur- und Färbungsmethoden möglich ist, was ein Spezialstudium erfordert.

Übersicht der Familien und wichtigsten Gattungen.

A. Zellen kuglig, selten über 1—2 μ groß, bewegungslos und ohne Sporenbildung. **Fam. Coccaceae.**

    a) Teilung der Zellen immer in derselben Richtung, so daß perlschnurartige Fäden entstehen. **Streptococcus.**

    b) Teilung der Zellen abwechselnd in zwei auf einander senkrechten Richtungen einer Ebene, so daß Zellplatten entstehen **Micrococcus.**

    c) Teilung in 3 zueinander senkrechten Richtungen des Raumes, so daß Zellpakete od. unregelmäßige Zellhaufen entstehen. **Sarcina.**

B. Zellen stäbchenf., beweglich od. nicht, mit od. ohne Sporenbildung. **Fam.: Bacteriaceae.**

    a) Zellen bewegungslos. **Bacterium.**

    b) Zellen beweglich.

I. Geißeln über den ganzen Körper zerstreut. **Bacillus.**

II. Geißeln nur an den Polen **Pseudomonas.**

C. Zellen korkzieherf., mehrere od. nur einen Teil einer Windung umfassend. Geißeln polar od. fehlend. **Fam.: Spirillaceae.**

  a) Zellen unbeweglich. **Spirosoma.**

  b) Zellen beweglich.

    I. Zellen mit meist nur einer polaren Geißel. **Microspira.**

    II. Zellen mit polaren Geißelbüscheln. **Spirillum.**

D. Zellen zu Fäden vereinigt, mit od. ohne Scheide. Vermehrung durch einzelne Fadenstücke (Hormogonien) od. durch bewegliche od. unbewegliche Sporen, die durch Teilung vegetativer Zellen entstehen. **Fam.: Chlamydobacteriaceae.**

  a) Fäden unverzweigt, meist Eisen speichernd, daher meist braun gefärbt.

    I. Fäden nur sehr dünn, höchstens einige μ dick.

      α) Fäden fast stets gerade. **Chlamydothrix.**

      β) Fäden schraubig gewunden. **Gallionella.**

    II. Fäden, mindestens im oberen Teil, 10 u. mehr μ dick **Crenothrix.**

  b) Fäden mit unechten Verzweigungen.

    I. Fäden zu flutenden Rasen verbunden, wenig verzweigt, in stark verschmutztem Wasser. **Sphaerotilus.**

    II. Fäden nicht zu solchen Rasen vereinigt, fast dichotom verzweigt, in reinem Wasser. **Cladothrix.**

E. Fäden unverzweigt, mit amorphen Schwefelkörnchen in den Zellen, stets mit gleitender, bohrender Bewegung. **Fam. Beggiatoaceae. Beggiatoa.**

Von den genannten Gattungen wird man bei Untersuchung von Wasser, faulenden Pflanzenteilen usw. fast immer Vertreter finden, aber sie werden sich selten in auffälliger Weise bemerkbar machen. Auf Fleisch u. Fischen trifft man häufig Bakterien, die schleimige, im Dunkeln phosphoreszierende Überzüge bilden (z. B. Microc. phosphorescens), auf Brot den roten Farbstoff erzeugenden Bacillus prodigiosus, in faulenden Flüssigkeiten häufig neben Kokken u. Stäbchen Spirillum undula. Auffälliger sind die fadenf. Chlamydobacteriaceen, von denen einige Arten genannt sein mögen.

Chlamydothrix ochracea (Kütz.). Fäden mit Scheide, nur wenig über 1 μ dick, zuerst farblos, dann durch Einlagerung von Eisenoxyd mit brauner Scheide. In eisenhaltigen Grund- und Grabenwässern, häufig.

Chlamydothrix epiphytica Mig. Fäden kurz, mit dicker gallertiger Scheide, auf Wasseralgen festsitzend. Häufig.

Gallionella ferruginea Ehrenb. Fäden c. 1 μ dick, schraubig um u. in einander gewunden. In eisenhaltigen Wässern, häufig.

Crenothrix polyspora Cohn. Fäden wenige mm lg., unten bis 5 μ, oben über 6 μ dick, Scheiden farblos od. durch Eisenoxydeinlagerungen braun. Dicke Rasen in Wasserleitungsröhren, Brunnen, Gräben usw. bildend, oft sehr häufig und lästig.

Sphaerotilus natans Kütz. Fäden festsitzend, mit schleimiger Scheide, 6—10 μ dick, zu schleimigen, zottigen od. flutenden Rasen vereinigt, von Leptomitus leicht mikroskopisch unterscheidbar. Sehr häufig in stark bewegten u. verschmutzten Wasserläufen, Rieselgräben, Zuckerfabrikabwässern usw. festsitzend an Holz, Wasserpflanzen usw. (Fig. 1.)

Cladothrix dichotoma Cohn. Fäden durch falsche Verzweigungen fast dichotomisch, zart bescheidet, mit Haftscheibe festsitzend. Einzeln od. in sammetarten, feinen Überzügen in reinerem Wasser auf Pflanzenteilen, häufig.

Beggiatoa alba (Vaucher). Fäden 2,5—4 μ dick. Im Schlamm sitzend u. durch die auffällige Bewegung leicht unter dem Mikroskop zu sehen, häufig.

Beggiatoa leptomitiformis (Menegh.). Wie vor. Art, aber die Fäden nur 1,5—2,5 μ dick.

In verschmutzten Wässern findet man an Holz, Schilf usw. häufig die Zoogloea ramigera Itzigs. Sie stellt geweihartig verzweigte Gallertbäumchen von 1—1,5 mm Länge dar, die zahllose in Schleim gebettete Stäbchen enthalten. Die Zugehörigkeit ist unbekannt.

Eine Zwischenstellung zwischen den eigentlichen Schizomyceten und den Acrasiineen nehmen die

Myxobacteriaceae

ein. Im vegetativen Zustande bestehen sie aus einem Schwarm von Stäbchen, der von einer Schleimhülle umgeben ist. Im fruktifikativen Zustande kriechen sie übereinander u. bilden Häufchen od. gestielte Fk.

Bestimmungstabelle der Gattungen.

A. Vegetative Stäbchen sich verkürzend u. in kugelf. Sporen umwandelnd. Die Fk. bestehen aus Anhäufungen von Sporen, die in Schleim eingebettet sind. **1. Myxococcus.**

B. Vegetative Stäbchen sich nur wenig verkürzend, in echte Cysten von bestimmter Form u. Größe eingebettet.

    a) Cysten frei, einzeln od. neben einander liegend od. zu mehreren auf gemeinsamem Stiel. **2. Chondromyces.**

b) Cysten noch einmal von einer gemeinsamen
Hülle umgeben.   **3. Polyangium.**

1. Gattung: **Myxococcus** Thaxter.

Fk. weißlich bis dunkel bräunlich rot, bis 1 mm br.   Auf altem
Mist von Pflanzenfressern, häufig,   **M. fulvus** (Cohn)

2. Gattung: **Chondromyces** Berkeley.

Fk. aus gekröseartig verschlungenen Schläuchen bestehend, bis
1 mm br., dunkelrot bis bräunlich.   Auf Kaninchenmist, zerstreut.
       C. serpens Thaxt.

Fk. mit oft verzweigtem Stiel, Cysten rundlich, hell orangerot,
30 μ lg., 10—15 μ br., in kugligen Köpfchen.   Auf Mist von Damwild
usw., zerstreut. (Fig. 2.)   **C. crocatus** (Berk. et Curt.)

3. Gattung: **Polyangium** Link.

Cysten gehäuft, weiß, später braunrot, meist von einer gemeinsamen weißlichen Hülle umgeben, 50—150 μ lg., 70 μ br.   Auf altem
Mist, häufig.   **P. fuscum** (Schroet.)

Cysten 100—300 μ groß, eif., goldgelb, zu 6—8 in einer weißlichen
Hülle eingebettet. Auf altem, feucht liegendem Holz, zerstreut. (Fig. 3)
       P. vitellinum Link

2. Abteilung: **Myxomycetes** (Schleimpilze).

Vegetative Zustände durch hautlose bewegliche Protoplasmen-
massen (Plasmodien) gebildet, deren einzelne Zellen verschmelzen od.
unter sich getrennt bleiben. Sporen frei od. in geschlossenen Behältern
gebildet.   Fk. sehr verschiedenartig, bis auf wenige Ausnahmen sehr
klein. Sporen in Schwärmer auskeimend, die zu beweglichen Amoeben
werden, aus deren Zusammenschluß wieder Plasmodien resultieren.

Übersicht der Reihen.

A. Reife Fruchtzustände nur aus Anhäufungen freier Sporen be-
stehend.
    a) Saprophyten.   Die Amoeben bleiben getrennt von einander u.
       bilden nur Aggregatplasmodien.   **I. Acrasiinae.**
    b) Parasiten im Innern von Pflanzenzellen.
       Echte Plasmodien in den Zellen bildend.   **II. Phytomyxinae.**
B. Sporen in geschlossenem Fk. gebildet. Echte
Plasmodien, die meist oberflächlich leben   **III. Myxogasteres.**

I. Reihe: **Acrasiinae.**

Die Amoeben treten zu Plasmodien zusammen, verschmelzen
aber nicht. Sporen in Ballen gebildet, die hüllenlos sind und häufig
von Stielen getragen werden.

Bestimmungstabelle der Gattungen.

A. Sporenhaufen ungestielt od. kaum gestielt.
   (Fam. Guttulinaceae).
   a) Amoeben mit lappigen Pseudopodien.　　**1. Guttulinopsis.**
   b) Amoeben ohne Pseudopodien.　　　　　**2. Guttulina.**
B. Sporenhaufen deutlich gestielt.　(Fam. Dictyosteliaceae).
   a) Stiele nicht od. nur wenig u. unregel-
      mäßig verzweigt.　　　　　　　　　　**3. Dictyostelium.**
   b) Stiele sehr reichlich u. ± regelmäßig ver-
      zweigt.　　　　　　　　　　　　　　**4. Polysphondylium.**

1. Gattung: **Guttulinopsis** Olive.

Sporenhaufen oft etwas gestielt. Sporen unregelmäßig kuglig, die des Stiels meist etwas länglich.

Haufen 150—500 μ hoch und 150—400 μ br., weiß bis gelblich. Auf Tiermist, zerstreut.　　　　　　　　**G. vulgaris** Olive

2. Gattung: **Guttulina** Link.

Kleine, tröpfchenähnliche Schleimklumpen, die sich später zu Sporen umbilden u. von einem kurzen Stiel getragen werden.

Rote, kaum 1 mm große Köpfchen mit kurzem Stiel. Auf faulem Holz., zerstreut.　　　　　　　　　　　　**G. rosea** Link

3. Gattung: **Dictyostelium** Bref.

Fk. weiß, lang gestielt. Stiele selten etwas verzweigt, schaumig netzartig aussehend.

Stiel 3—8 mm lang, Sporenhäufchen kuglig. Auf altem Mist nicht selten. (Fig. 4.)　　　　　　　　**D. mucoroides** Bref.

4. Gattung: **Polysphondylium** Bref.

Fk. violett, lg. gestielt u. verzweigt. Sporen in Köpfchen am Ende der Äste u. des Stieles.

Stiel bis 1 cm lg., von der Mitte aus mit wirteligen Ästen. Auf Mist in Südeuropa, vielleicht auch im südlichen Gebiet. (Fig. 5.)
　　　　　　　　　　　　　　　P. violaceum Bref.

II. Reihe: **Phytomyxinae.**

Parasiten in lebenden Zellen, zuerst Plasmodien bildend, die sich durch Teilung zu Sporenhaufen umformen. Gallen verursachend.

Einzige Familie **Plasmodiophoraceae.**
Bestimmungstabelle der Gattungen.

A. Sporen in größeren unregelmäßigen Ballen
   verbunden, unter sich frei.　　　　　　**1. Plasmodiophora.**
B. Sporen zu kleineren Gruppen vereinigt, die
   durch eine zarte Haut umschlossen werden.

a) Sporen zu 4 in einer Gruppe vereinigt. **2. Tetramyxa.**
b) Sporen in größerer Zahl zu Hohlkugeln
vereinigt. **3. Sorosphaera.**

1. Gattung: **Plasmodiophora** Woronin.

Plasmodien in den Parenchymzellen der Wurzeln, die von dem Sporenhaufen fast völlig ausgefüllt werden.

In Wurzeln des Kohls ± unregelmäßige, knollige Anschwellungen verursachend (Kohlhernie), häufig. **P. brassicae Wor.**

2. Gattung: **Tetramyxa** Göbel.

Plasmodien in den Zellen, bei der Sporenbildung in einzelne Teile zerfallend, die zuletzt aus 4 Sporen zusammengesetzt sind.

An Stämmchen u. Blütenstielen von Wasserpflanzen z. B. Ruppia kleine Knötchen bildend, zerstreut. **T. parasitica Göb.**

3. Gattung: **Sorosphaera** Schroeter.

Sporen ellipsoidisch keilf., in größerer Zahl zu Hohlkugeln verbunden.

An Stengeln u. Blattstielen von Veronica-Arten Auftreibungen u. Verbiegungen verursachend, zerstreut. **S. veronicae Schroet.**

III. Reihe: **Myxogasteres.**

Sporen in eingeißlige Schwärmer auskeimend, die später zu echten Amöben werden u. durch Zusammenfließen echte Plasmodien bilden. Die Plasmodien sind beweglich und bilden nach einer Zeit vegetativer Ernährung Sporen aus. Die Sporen sind zuletzt entweder frei od. von einer strukturlosen Haut umgeben, bilden also eine Art Sporangium. Meist befinden sich in den Sporangien Kapillitiumfasern od. säulenf. Gebilde (Kolumella), die aus Amöben entstehen, oft ist das Sporangium gestielt. Saprophyten.

Bestimmungstabelle der Familien.

A. Sporen frei entstehend, nicht in Sporangien
(Exosporeae). 1. Fam.: **Ceratio-
myxaceae.**

B. Sporen innerhalb eines Sporangiums entstehend (Endosporeae).
  a) Sporen verschieden gefärbt, aber niemals dunkel violett.
    I. Kapillitium ganz fehlend od. kein
System von ganz gleichmäßigen
Fäden bildend.
      1. Sporangien gestielt od. nicht, stets
getrennt von einander, einzeln
stehend od. zu Gruppen ver-

bunden, aber nicht zu gleichf.
Äthalien vereinigt.

α) Sporangienmembran häutig.

§ Sporangienmembran mit
mikroskopischen rundlichen
Körnchen besetzt. Sporan-
gien einzeln (exkl. Lindbladia
u. Cribraria argillacea)   2. Fam.: **Hetero-
                                       dermataceae.**

§§ Sporangienmembran nackt.
Sporangien dicht gehäuft.   3. Fam.: **Tubuli-
                                        naceae.**

β) Sporangienmembran knorpe-
lig, härter. Sporangien einzeln   4. Fam.: **Liceaceae.**

2. Sporangien zu einem gleichmäßigen Äthalium zusammen-
fließend.   5. Fam.: **Reticula-
                                        riaceae.**

II. Kapillitium stets vorhanden, ein
Geflecht von gleichmäßigen Fäden
bildend.

1. Sporangien kein Äthalium bildend. Kapillitiumfäden mit spi-
raligen od. ringf. od. stachligen
Verdickungen.

α) Kapillitium mit Spiral- od.
Ringverdickungen, aus freien
od. lose netzf. verbundenen
Fäden (vgl. Hemitrichia) be-
stehend.   6. Fam.: **Trichia-
                                       ceae.**

β) Kapillitium mit Fächern, Warzen, Halbringen versehen,
stets ein vollständiges Netz-
werk bildend.   7. Fam.: **Arcyria-
                                       ceae.**

2. Sporangien zu einem gleichmäßigen Äthalium zusammenfließend. Kapillitiumfasern glatt
od. unregelmäßig schrumpfig.   8. Fam.: **Lycogala-
                                       ceae.**

b) Sporen stets dunkelviolett gefärbt, wenn
nicht (Stemonitis u. Comatricha) dann
Sporangien gestielt mit netzf. Kapillitium.

I. Sporangien mit Einlagerungen von
kohlensaurem Kalk versehen.

<table>
<tr><td>

1. Kalk in kleinen amorphen Körnchen.
2. Kalk in kristallisierten Ablagerungen.

II. Sporangien ohne Kalkeinlagerungen.
   1. Sporangien getrennt von einander (vgl. Stem. flaccida)

   2. Sporangien zu einem Äthalium vereinigt.

</td><td>

9. Fam.: **Physaraceae.**
10. Fam.: **Didymiaceae.**

11. Fam.: **Stemonitaceae.**

12. Fam.: **Amaurochaetaceae.**

</td></tr>
</table>

1. Familie: **Ceratiomyxaceae.**

Reife Fk. säulen- od. plattenf., zu mehreren büschel- od. zellenartig zusammentrtend, auf feinen Stielchen außen die Sporen bildend.

Einzige Gattung: **Ceratiomyxa** Schroet.

Plasmodien farblos, in moderndem Holz. Fk. feine Büschel von 1 mm Höhe od. mehr wabenf. aus stumpfen Platten bestehend (var. porioides), rein weiß, sehr zart schleimig. Häufig. (Fig. 6.)

C. mucida (Pers.)

2. Familie: **Heterodermataceae.**

Kapillitium fehlend. Sporangien entweder dicht zusammenstehend od. einzeln stehend, gestielt. Sporangienmembran undurchbrochen od. netzf. durchbrochen, häutig.

A. Sporangien dicht vereinigt, Membran nicht durchbrochen.   **1. Lindbladia.**

B. Sporangien einzeln, gestielt, Membran fein durchbrochen.
  a) Sporangienwand im obern Teil zart netzf. durchbrochen.   **2. Cribraria.**
  b) Sporangienwand bis zum Grunde in zarte Parallelrippen aufgelöst, die durch feine Fädchen verbunden werden.   **3. Dictydium.**

1. Gattung: **Lindbladia** Fries.

Sporangien zu einem äthalienartigen, polsterf. od. ausgebreiteten Gebilde vereinigt, 1—10 mm dick. Membran ganz, gelbbraun, mit dunklen Körnchen besetzt. Auf moderndem Holz, selten. (Fig. 7.)

L. effusa (Ehrbg.)

2. Gattung: **Cribraria** Pers.

Sporangien kuglig od. fast birnf., gestielt. Sporangienwandung in der unteren Hälfte ganz, in der oberen zuletzt ein feines Netzwerk mit Knoten in den Ecken bildend.

1. Knoten des Netzwerkes nicht ausgedehnt. 2.
   Knoten des Netzwerkes ausgedehnt. 3.
2. Sporangien lehmfarben, kuglig, mit Stiel bis 1,5 mm lg. Auf altem Holz, zerstreut. (Fig. 8.) **C. argillacea** Pers.
   Sporangien rotbraun, fast kuglig od. kreiself., mit Stiel bis 2 mm lg. Auf altem Holz, zerstreut. **C. rufa** (Roth)
3. Sporangien nußbraun. 4.
   Sporangien purpur- od. rotbraun. 6.
4. Unterer Teil der Sporangienwandung ganz bleibend, nur oben nach dem Rande zu durchbrochen od. nicht. 5.
   Unterer Teil der Sporangienwandung bis zum Grunde rippenf. durchbrochen, Netzknoten breit. Sporangien kuglig, mit Stiel 1,5 mm hoch. Auf faulem Tannenholz, selten. **C. splendens** Pers.
5. Unterer Teil der Sporangienwandung ganz, oben in das Netzwerk mit feinen Strängen übergehend, Netzknoten verbreitert, eckig, sich verzweigend u. in die feinen Stränge übergehend. Sporangien kuglig, mit Stiel 1—2 mm hoch, herdig. Auf faulem Tannenholz, nicht selten. (Fig. 9.) **C. aurantiaca** Schrad.
   Unterer Teil der Sporangienwandung am oberen Rand durchbrochen u. allmählich in das Netz übergehend, Netzknoten verbreitert, verzweigt. Sporangien kuglig oder kreiself., 2 mm hoch mit Stiel. Auf faulem Tannenholz, selten. **C. macrocarpa** Schrad.
6. Stiel 2 bis 3 mal länger als das kugel- od. kreiself. Sporangium, im ganzen 1—1,7 mm hoch. Auf faulem Tannenholz, selten. **C. piriformis** Schrad.
   Stiel 4 bis 6 mal länger als das kuglige Sporangium, im ganzen 0,7—2 mm hoch. Auf faulem Holz, selten. **C. microcarpa** Pers.

3. Gattung: **Dictydium** Schrader.

Sporangien gestielt, kuglig, Wandung bis zum Grunde in feine Rippen aufgelöst, die durch feine Querfädchen verbunden werden. Plasmodium purpurn. Gesamthöhe 1—2 mm. Auf faulem Holz, zerstreut. (Fig. 10.) **D. cancellatum** (Batsch)

3. Familie: **Tubulinaceae.**

Sporangien röhrig, sitzend, dicht zusammengedrängt. Sporangienmembran häutig, blaß rötlich, ohne Körnchen. Sporen fein netzig. Kapillitium fehlend.

Einzige Gattung: **Tubulina** Persoon.

Sporangien 3 mm lg., 0,4 mm br., zu einer braunrötlichen, honigähnlichen, 2—7 cm großen Masse vereinigt. Auf faulem Holz, zerstreut. (Fig. 11.) **T. fragiformis** Pers.

4. Familie: **Liceaceae.**

Sporangien einzeln stehend, sitzend, mit horniger Membran. Kapillitium fehlend.

Einzige Gattung: **Licea** Schrader.

Sporangien dunkelbraun, kuglig od. plasmodienähnlich unregelmäßig.

Sporangien kissenf. flach od. verlängerte plasmodienf. Körper bildend, 2—4 mm lg. Sporen warzig. Plasmodium dunkelgelb. Auf faulem Holz, selten. (Fig. 12.)   **L. flexuosa** Pers.

Sporangien halbkuglig od. kissenf., 0,6—1 mm im Durchm. Sporen glatt. Auf faulem Holz, selten.   **L. pusilla** Schrad.

5. Familie: **Reticulariaceae.**

Sporangien röhrig od. faltig, zu einem Äthalium zusammenfließend. Wandungen der einzelnen Sporangien seitlich durchbohrt. Kapillitium fehlend od. nur unvollkommen ausgebildet.

Bestimmungstabelle der Gattungen.

A. Seitenwände der Sporangien lochf. durchbrochen, wodurch im Innern des Äthaliums ein maschiges Gerüst entsteht, in dem die Sporen liegen.   **1. Enteridium.**

B. Seitenwände der Sporangien unvollständig, nur zahlreiche anastomisierende Fäden davon übrig bleibend.   **2. Reticularia.**

1. Gattung: **Enteridium** Ehrenb.

Sporangien gewunden. Kapillitium fehlend. Sporen meist in fest verbundenen Ballen.

Plasmodium rosenrot. Äthalium 1—3 cm br., dunkel olivengrün, glatt od. rauh. Auf faulem Holz, zerstreut. (Fig. 13.)

E. olivaceum Ehrenb.

2. Gattung: **Reticularia** Bulliard.

Äthalien aus gewundenen, dicht verwebten Sporangien entstehend, deren Seitenwände z. T. verschwinden, z. T. als kapillitiumartige Fasern bleiben. Sporen einzeln, warzig.

Plasmodien weiß. Äthalien 2—6 cm br., kissenf., von einer silberglänzenden Haut umgeben, dunkelbraun. Auf totem Holz, über Moosen, besonders auf Stümpfen, gemein. (Fig. 14.)

R. lycoperdon Bull.

6. Familie: **Trichiaceae.**

Sporangien einzeln. Kapillitium aus freien Fäden bestehend od. zu einem Netzwerk verbunden, mit Spiral- od. Ringverdickungen.

Bestimmungstabelle der Gattungen.

A. Kapillitiumfasern frei.
  a) Kapillitiumfasern mit regelmäßigen Spiralverdickungen.   **1. Trichia.**
  b) Kapillitiumfasern mit unvollständigen u. unregelmäßigen Spiralverdickungen   **2. Oligonema.**
B. Kapillitiumfasern zu einem Netzwerk verbunden
  a) Mit Spiralverdickungen   **3. Hemitrichia.**
  b) Mit Ringverdickungen.   **4. Cornuvia.**

1. Gattung: **Trichia** Haller.

Sporangien gestielt od. sitzend. Kapillitiumfasern braun od. gelb, beidendig zugespitzt, mit 2—5 Spiralbändern versehen. Sporen netzig od. warzig.

1. Sporen mit regelmäßiger oder unterbrochener Netzzeichnung   2.
   Sporen fein warzig.   4.
2. Kapillitiumfasern 7—8 μ br. Sporangien kuglig, eif. od. keulig, gedrängt stehend, sitzend od. kurz gestielt, braungelb, 0,6—0,7 mm br. Sporenmasse gelborange. Sporen netzig. Auf faulem Holz, ziemlich selten.   **T. favoginea** (Batsch)
   Kapillitiumfasern 4—6 μ br. Sporangien sitzend, kuglig, gehäuft.   3.
3. Plasmodium weißlich. Sporangien 0,6—1 mm im Durchm., gold- oder braungelb. Sporenmasse glänzend gelb. Sporen netzig. Auf faulem Holz, selten.   **T. affinis** de By.
   Plasmodium weißlich. Sporangien 0,5—0,8 mm im Durchm., braun od. gelbbraun, glänzend. Sporenmasse gelb od. gelbbraun. Sporen durchbrochen netzig od. unregelmäßig warzig. Auf faulem Holz, stellenweise nicht selten.   **T. persimilis** Karst.
   Plasmodium weißlich. Sporangien 0,6—0,9 mm im Durchmesser, gelbbraun. Sporenmasse glänzend orangegelb. Sporen $\pm$ unregelmäßig netzig. Auf faulem Holz, zerstreut.   **T. scabra** Rostaf.
4. Kapillitiumfasern mit 3 od. mehr Spiralbändern.   5.
   Kapillitiumfasern mit 2 Spiralbändern, mit gebogenen Enden. Plasmodien weiß. Sporangien kuglig bis eif., sitzend oder gestielt, 0,6—0,9 mm im Durchm., meist gehäuft. Auf faulem Holz, häufig. (Fig. 15.)   **T. varia** Pers.
5. Kapillitiumfasern ganz allmählich beidendig zugespitzt.   6.
   Kapilitiumfasern kurz zugespitzt, oft mit Höckern versehen. Plasmodien weißlich. Sporangien $\pm$ kuglig sitzend, meist gehäuft,

0,5—0,8 mm im Durchm. od. selten plasmodienartige, gewundene Körper bildend, dunkel gelb- oder rotbraun. Sporenmasse gelb od. braun. Auf faulem Holz u. Rinde nicht selten. (Fig. 16.)

T. contorta (Ditm.)

6. Plasmodien rosa od weiß Sporangien kreiself., oliv- od gelbgrün, mit Stiel 1,5—3 mm hoch, Stiel hohl, mit sporenähnlichen Zellen erfüllt. Sporen feinwarzig od. auf einer Seite entfernt netzig. Auf faulem Holz, nicht selten. **T. fallax** Pers.

Plasmodien purpurbraun. Sporangien birn- od. kreiself., einzeln od. zu mehreren auf einem soliden Stiel, 0,6—0,8 mm im Durchm., mit Stiel 1,5—5 mm hoch. Sporenmasse gelbbraun od. rötlichbraun. Sporen fein stachlig. Auf faulem Holz, besonders sehr alter Stümpfe, nicht häufig. (Fig. 17.) **T. botrytis** Pers.

2. Gattung: **Oligonema** Rostafinski.

Sporangien dicht gehäuft, sitzend. Kapillitiumfasern mit unregelmäßigen od. undeutlichen Spiralverdickungen. Sporen engnetzig.

Sporangien 0,3—0,4 mm im Durchm., gelb od. grünlichgelb. Auf faulem Holz, selten. **O. nitens** (Eib.)

3. Gattung: **Hemitrichia** Rostafinski.

Sporangien gestielt od. sitzend. Kapillitium ein Netzwerk von $\pm$ verzweigten Fäden mit 2—6 Spiralbändern bildend. Sporen fein warzig od. netzig.

1. Sporen fast glatt od. fein warzig. 2.

Sporen netzig. Sporangien längliche, gewundene, oft verzweigte Körper bildend, 0,4—0,6 mm br., oft netzartig verbunden, goldgelb. Auf faulem Holz und Blättern, sehr selten. **H. serpula** (Scop.)

2. Plasmodien purpurrot. Sporangien keulig bis fast zylindrisch, sitzend od. gestielt, gehäuft, mit Stiel 1,3—2,5 mm hoch, dunkelrot, rot- od. grünbraun. Sporen warzig. Auf faulem Holz, zerstreut. (Fig. 18.) **H. rubiformis** (Pers.)

Plasmodium weißlich. Sporangien keulig od. kreiself., gestielt, herdig, mit Stiel 1—3 mm hoch, braun od. grüngelb. Sporen feinwarzig. Auf faulem Holz, zerstreut. **H. clavata** (Pers.)

4. Gattung: **Cornuvia** Rostafinski.

Sporangien sitzend. Kapillitiumfasern ein Netzwerk bildend, mit Ringfasern. Sporen netzig.

Sporangien gebogen od. verzweigt, ca. 0,3 mm br. od. etwas kuglig, goldgelb. Auf Lohe, selten. (Fig. 19.)

C. serpula (Wiegand)

7. Familie: **Arcyriaceae.**

Sporangien einzeln od. herdig, sitzend od. gestielt. Kapillitium ein vollkommenes Netzwerk bildend, mit Verdickungen in Form von Halbringen, Zähnen od. Warzen.

Bestimmungstabelle der Gattungen.

A. Sporangien sitzend.
  a) Sporangienwand bleibend, ohne eckige Knötchen.   **1. Lachnobolus.**
  b) Sporangienwand doppelt, außen mit dunklen, eckigen Körnchen.   **2. Perichaena.**
B. Sporangien gestielt. Oberer Teil der Sporangienwandung schwindend.   **3. Arcyria.**

1. Gattung: **Lachnobolus** Fries.

Sporangien gehäuft. Sporangienwand einfach, ohne Knötchen. Kapillitiumfasern mit dicht stehenden Wärzchen.

Sporangien fast kuglig, 0,5—0,8 mm im Durchm. ockerbraun. Sporen blaßgelb, glatt od. mit einzelnen Wärzchen. Auf faulem Holz, zerstreut. (Fig. 20.)   **L. incarnatus** (Alb. et Schw.)

2. Gattung: **Perichaena** Fries.

Sporangien etwas kuglig od. plasmodienähnlich. Sporangienmembran zweischichtig, die äußere Schicht mit dunklen eckigen Körnchen besetzt. Kapillitiumfasern stachlig, feinwarzig od. fast glatt, mit unregelmäßigen Einschnürungen. Sporen gelb, feinwarzig.

1. Sporangien mehr rötlichbraun. Innere Schicht der Wandung glatt.   2.

    Sporangien kuglig, 0,5 mm im Durchm. od. bisweilen plasmodienartig gekrümmt od. netzig, bräunlichgelb od. dunkelbraun, innere Schicht papillös. Sporen 10—15 μ im Durchm. Auf Holz, häufiger auf alten Rübenstrünken u. Kartoffelkraut.

    P. vermiculare (Schwein.)

2. Sporangien gehäuft, eckig, niedergedrückt, 0,5—1 mm im Durchm., purpur- od. rotbraun, am Rande mit Spalte aufspringend. Sporen 8—12 μ im Durchm. Auf faulem Holz u. Rinde, selten.

    P. depressa Libert

    Sporangien kuglig, flachgedrückt od. bandf., gehäuft, 0,5—1 mm im Durchm., dunkel purpur- od. rötlichbraun, nußbraun od. grau od. weiß, horizontal od. lappig aufreißend. Sporen 12—14 μ im Durchm. Auf faulem Holz u. Rinde, zerstreut. (Fig. 21.)

    P. corticale (Batsch)

3. Gattung: **Arcyria** Hill.

Sporangien meist gesellig, gestielt. Sporangienmembran oben verschwindend, unten als Becher stehenbleibend. Kapillitiumfasern mit Halbringen, Zähnen, Dornen.

1. Sporangien irgend wie rot.   2.
    Sporangien grau od. gelblich.   4.

2. Sporen 9—11 μ im Durchm. Plasmodien rosenrot. Sporangien eif.,
herdig, mit Stiel 1—2 mm hoch, ziegelrot, verblassend, blaß gelbbraun. Auf faulem Holz, nicht häufig.

A. ferruginea Sauter

    Sporen 6—8 μ im Durchm.   3.

3. Plasmodien weiß. Sporangien eif. od. etwas zylindrisch, herdig,
karminrot, mit Stiel 2—3 mm hoch. Kapillitiumfasern hier und da
am Becher befestigt. Auf faulem Holz, häufig. (Fig. 22)

A. punicea Pers.

    Plasmodium weiß. Sporangien ellipsoidisch od. fast zylindrisch,
mit Stiel 1—1,8 mm hoch, fleischfarben. Kapillitiumfasern nicht
am Becher angeheftet. Auf faulem Holz, Rinde, unter Blättern usw.,
häufig.   **A. incarnata** Pers.

4. Plasmodium grau. Sporangien eif. bis zylindrisch, blaßgrau od.
graurötlich, seltner gelb, mit Stiel 0,8—4 mm lg. Kapillitiumfasern
am Becher befestigt. Auf faulem Holz u. Pflanzenresten, zerstreut.

A. cinerea (Bull.)

    Plasmodium weißlich. Sporangien zylindrisch, herdig, 1,5—2 mm
lg., bräunlichgelb. Kapillitiumfasern frei vom Becher. Auf faulem
Holz, zerstreut.   **A. nutans** (Bull.)

8. Familie: **Lycogalaceae.**

Sporangien zu einem Äthalium zusammenfließend. Kapillitiumfasern aus glatten od. schrumpfigen, verzweigten Röhren bestehend.

Einzige Gattung: **Lycogala** Micheli.

Äthalium fast kuglig, oft mehrere dicht beisammenstehend.
Äthalien abgerundet, sitzend od. kurz gestielt, außen glatt od.
fein areoliert, 2—5 cm im Durchm., ocker- od. purpurbraun. Auf
faulem Holz, selten.   **L. flavofuscum** (Pers.)

    Plasmodium rot. Äthalien fast kuglig, sitzend, meist herdig,
0,2—1 cm im Durchm., außen warzig, graugrün, gelb- od. rotbraun.
Auf faulem Holz, besonders auf Stümpfen, häufig. (Fig. 23.)

L. epidendrum (L.)

9. Familie: **Physaraceae.**

Sporen dunkelviolett. Kalkablagerungen in kleinen amorphen
Körnchen in der Sporangienwandung, oft in blasenf. Anschwellungen
des Kapillitiums, im Stiel od. der Columella. Sporangien getrennt,
selten zu Äthalien vereinigt.

Bestimmungstabelle der Gattungen.

A. Sporangien zu einem Äthalium zusammen-
    fließend.   **1. Fuligo.**

B. Sporangien getrennt voneinander.
  a) Kapillitiumfasern ein grobes Netzwerk bildend, das ganz mit Kalkkörnchen erfüllt ist.   **2. Badhamia.**
  b) Kapillitiumfasern ein feines Netzwerk bildend, das keine Kalkablagerungen od. solche nur in den Netzecken enthält.
    I. Kapillitium in den Netzecken mit unregelmäßigen Anschwellungen, in denen Kalkkörnchen abgelagert sind.
      1. Sporangien ungestielt, plasmodienartig (vgl. auch Physarum 2)   **3. Cienkowskia.**
      2. Sporangien gestielt, kopfig od. becherf.
        α) Sporangien wie lackiert aussehend, eif., meist hängend.   **4. Leocarpus.**
        β) Sporangien nicht wie lackiert aussehend, fast immer aufrecht.
          § Sporangien $\pm$ becherf. Kapillitium aus dicken, unregelmäßigen Auftreibungen mit Kalkablagerungen bestehend, die durch wenige hervortretende feine Stränge verbunden werden.   **5. Craterium.**
          §§ Sporangien nicht becherf., kuglig, eif. od. plasmodienartig (P. bivalve u. diderma). Kapillitium aus feinen Fäden bestehend, die an den Netzecken sich in kleine, kalkführende Anschwellungen erweitern.   **6. Physarum.**
    II. Kapillitium ohne erweiterte Netzecken u. ohne Kalkablagerungen.
      1. Kalkablagerungen nur in der Sporangienwandung.   **7. Chondrioderma.**
      2. Kalkablagerungen nur im Stiel u. in der Kolumella.   **8. Diachea.**

1. Gattung: **Fuligo** Haller.

Sporangien ein Äthalium bildend. Kapillitium mit Netzknoten u. darin Kalkablagerungen.

Plasmodium gelb. Äthalium verschieden gestaltet, 0,2—20 cm br., gelb, rötlich od. rötlichbraun. Sporen glatt. Auf altem Laub, besonders aber auf Lohe, häufig. (Fig. 24.)   **F. septica** Gmelin

2. Gattung: **Badhamia** Berkeley.

Sporangien sitzend od. seltener gestielt, dicht gehäuft. Kolumella meist fehlend. Kapillitium ein grobes, von Kalkkörnchen erfülltes Netzwerk bildend.

1. Sporen in Ballen zusammenhängend.   2.
   Sporen einzeln, nicht Ballen bildend.   3.
2. Sporen in Ballen von 8—20. Plasmodium chromgelb. Sporangien kuglig od. birnf., sitzend od. gestielt, 0,7—1,5 mm br., grauweiß. Auf Nd., zerstreut. (Fig. 25.)   **B. hyalina** (Pers.)
   Sporen in Ballen von 7—10. Plasmodium chromgelb. Sporangien eif. kuglig od. zusammenfließend u. gelappt, 0,5—1 mm br., grau od. irisierend violett, sitzend od. an einem strohfarbenen, häutigen Stiel hängend. Hauptsächlich an faulenden Hutpilzen, zerstreut.
                              B. utricularis (Bull.)
3. Sporangien fleischrot, seltner weißlich, fast kuglig, 0,5 mm im Durchm., sehr selten kurz gestielt, sonst sitzend, herdig. Plasmodium glänzend gelb. Auf Moosen u. Pflanzenabfällen, Zweigen usw., selten.   **B. lilacina** (Fr.)
   Sporangien weiß od. grau.   4.
4. Sporangien gestielt od. sitzend, fast kuglig, herdig, 0,5—1 mm im Durchm., weiß. Sporen deutlich fein u. dicht stachelig. Auf faulem Holz, selten.   **B. macrocarpa** (Ces.)
   Sporangien nur sitzend. Sporen sehr fein warzig, fast glatt.   5.
5. Plasmodien gelb. Sporangien halbkuglig, 0,5—1 mm br., seltner birnf. auf einem winzigen, braunen Stiel, dunkelgrau bis violett irisierend. An faulenden Blättern, sehr zerstreut.
                              B. foliicola Lister
   Plasmodium weiß. Sporangien fast kuglig, 0,4—1,2 mm im Durchm., meist herdig, weiß od. grau. An Ulmenrinde u. über Laub, selten.
                              B. panicea (Fr.)

3. Gattung: **Cienkowskia** Rostafinski.

Sporangien plasmodienartig, verzweigt, bandartig. Kapillitium ein lockeres Netzwerk von starren Fäden mit vielen freien, gebogenen u. scharf zugespitzten Ästen bildend, die mit flachen kalkhaltigen durchbohrten Platten in Verbindung stehen.

Sporangien 0,5 mm br., gelbbraun, blaß querstreifig, rotfleckig. Sporen fein stachelig. Auf faulem Holz, selten. (Fig. 26.)
                    C. reticulata (Alb. et Schw.)

4. Gattung: **Leocarpus** Link.

Sporangien wie lackiert aussehend, mit 2 Membranen, die äußere knorpelig u. kalkhaltig, die innere hyalin. Kapillitium $\pm$ in 2 Systeme getrennt, das eine ein Netzwerk von starren, hyalinen Fäden bildend, das andere grob verzweigt u. mit braunen Kalkkörnchen. Sporen stachelig.

Plasmodium orangegelb. Sporangien 2—4 mm lg., kuglig od. obovat, meist kurz weißstielig, meist gehäuft u. hängend. Über Blättern, Moosen, Stengeln usw., häufig. (Fig. 27.)

L. fragilis (Dicks.)

5. Gattung: **Craterium** Trentepohl.

Sporangien gestielt, aufrecht becherf., mit einem dünneren Deckel od. fast kuglig, rauh, Wandung mit Kalkkörnchen u. knorpelig, wenigstens am Grunde. Kapillitium mit großen Kalkknoten, die durch $\pm$ verzweigte hyaline Fäden verbunden sind. In der Mitte des Sporangiums mehr Kalkknötchen, so daß eine Art Columella zustande kommt.

Plasmodium gelb. Sporangien gestielt, aufrecht becherf., 0,7 bis 1,5 mm hoch mit Stiel, glatt, ocker- bis nußbraun od. grünlich braun. Auf faulem Holz, Laub usw., zerstreut. (Fig. 28.)

L. minutum (Leers)

Plasmodium gelb. Sporangien gestielt, eif. od. kreiself., 1 mm hoch mit Stiel, rotbraun mit weißen Kalkablagerungen u. gelben Warzen auf der oberen Hälfte. Auf faulem Laub, nicht selten.

C. leucocephalum (Pers.)

6. Gattung: **Physarum** Person.

Sporangien gestielt, sitzend od. plasmodienartig. Wandung doppelt, Kalkkörnchen gruppenweise eingelagert. Kapillitium ein hyalines Netzwerk mit kalkhaltigen Netzknoten.

1. Sporangien sitzend.   2.
   Sporangien gestielt.   6.
2. Kalkablagerungen gelb. Plasmodien lehmgelb. Sporangien fast kuglig od. $\pm$ eif., 0,2—0,8 mm br., dicht gedrängt, rauh od. fast glatt, blaß gelblichgrün, gelb. Auf Laub, Gras, Holzstückchen usw., zerstreut.   **P. virescens** Ditm.
   Kalkablagerungen weiß. Sporangien fast kuglig od. häufiger länglich, gewunden, verzweigt, etwa plasmodienartig.   3.
3. Sporangienwandung einfach, weiß od. grau, $\pm$ warzig od. aderig. Plasmodium weißlich. Sporangien 0,3—0,5 mm br., einzeln od. herdig. Auf Laub u. Pflanzenabfällen usw , nicht selten. (Fig. 29.)
    P. cinereum (Batsch)
   Sporangienwandung doppelt.   4.
4. Sporangien dicht gedrängt, glatt, gelblich weiß od. ockerfarben, 0,4—0,6 mm im Durchm. Plasmodium gelb. Auf Laub u. Pflanzenabfällen, zerstreut.   **P. contextum** Pers.
   Sporangien vereinzelt, Plasmodien weiß.   5.
5. Sporangien weiß, grau od. gelblich, innere Sporangienmembran zerbrechlich. Sporen 8—10 μ. Auf Laub usw., selten.
    P. sinuosum (Bull.)
   Sporangien weiß od. braungelb, innere Sporenmembran bleibend. Sporen 10—12 μ. Auf Laub usw., selten.   **P. diderma** Rost.

6. Kalkablagerungen weiß. 7.

   Kalkablagerungen nicht weiß. 8.

7. Plasmodium wäßrig od. gelbgrau. Sporangien fast kuglig, mit Stiel 1—1,5 mm hoch, weiß, grau- oder violettweiß, herdig, seltner einmal ungestielt. Sporen hell violettbraun. Auf alten Stümpfen u. über Pflanzenabfällen, nicht selten. (Fig. 30.) **P. nutans** Pers.

   Plasmodium weiß. Sporangien nierenf. od. unregelmäßig eif., zusammengedrückt, mit Stiel 1—1,5 mm hoch, weiß od. grau, einfach od. herdig, rauh od. warzig, seltner einmal ungestielt u. plasmodienähnlich. Sporen schwarz. Auf Holz, Laub usw., zerstreut. **P. compressum** Alb. et Schw.

8. Plasmodium orange. Sporangien kuglig od. etwas niedergedrückt, herdig, mit Stiel 1 mm hoch, purpurblau, rotfleckig, irisierend, Stiel zinnoberrot. Kalkablagerungen orange. Auf faulem Holz, selten. **P. psittacinum** Ditm.

   Plasmodium gelb. Sporangien kuglig, mit Stiel 1 mm hoch, gelb, grünlich od. orange. Kalkablagerungen gelb od. orange. Auf faulem Holz, nicht selten. **P. viride** (Gmel.)

7. Gattung: **Chondrioderma** Rostafinski.

Sporangium sitzend od. gestielt, Wandung zweischichtig, die äußere ± mit Kalkablagerungen bedeckt u. sich von der inneren abtrennend od. nicht. Kapillitium ohne Kalkknoten. Columella meist halbkuglig.

1. Äußere Sporangienmembran mit einer glatten Kruste von kugligen Kalkkörnchen bedeckt, von der inneren Membran sich ± trennend (Euchondrioderma). 2.

   Äußere Sporangienwandung ± mit feinen, eingewachsenen Kalkkörnchen versehen, von der inneren sich nicht trennend (Leangium). 4.

2. Sporangien weiß. 3.

   Sporangien rot, sitzend, 0,8 mm im Durchschm., glatt. Columella fleischrot. Auf faulem Laub, selten. (Fig. 31.) **C. testaceum** (Schrad.)

3. Plasmodium weiß. Sporangien flach, scheibenf., zentral gestielt, selten ungestielt, 1—1,25 mm br., weiß. Columella fleischrot. Auf faulem Laub, nicht selten. **C. depressum** (Schum.)

   Plasmodium weiß. Sporangien herdig, 0,5—1 mm im Durchm. weiß. Columella weiß od. blaß fleischrot. Auf Laub usw., zerstreut. **C. spumarioides** (Fries.)

4. Plasmodium blaßgelb. Sporangien fast kuglig, abgeflacht od. genabelt, gestielt od. sitzend, 0,7—1 mm hoch mit Stiel, blaßgrau od. bräunlich od. rotbraun, herdig od. einzeln. Zwischen Laub, Zweigen, Lohe usw., nicht selten. (Fig. 32.) **C. radiatum** (L.)

   Plasmodium grauweiß. Sporangien kuglig, gestielt, herdig, 1—2 mm hoch mit Stiel, weiß bis ockerbraun. Auf Eichenstümpfen, selten. **C. floriforme** (Bull.)

8. Gattung: **Diachea** Fries.

Sporangienmembran hyalin, irisierend, ohne Kalk. Stiel u. Columella mit Kalkablagerungen. Kapillitium ein purpurnes Netzwerk ohne Kalkablagerungen bildend.

Plasmodium weiß. Sporangien zylindrisch, stumpf od. fast kuglig, mit Stiel 1—1,3 mm hoch, blau irisierend. Auf Laub, zerstreut. (Fig. 33.)

D. leucopoda (Bull.)

10. Familie: **Didymiaceae.**

Kalbkablagerungen kristallinisch od. linsenf. auf der Sporangienmembran. Kapillitium ohne Kalk. Sporangien getrennt od. in ein Äthalium zusammenfließend.

Bestimmungstabelle der Gattungen.

A. Sporangien ein Äthalium bildend.   **1. Spumaria.**
B. Sporangien einzeln.
   a) Kalkkristalle sternf.   **2. Didymium.**
   b) Kalkkristalle linsenf., radiärstreifig.   **3. Lepidoderma.**

1. Gattung: **Spumaria** Persoon.

Kalkkristalle sternf.

Plasmodium weiß. Äthalium sehr verschieden gestaltet, 2—4 cm im Durchm., ganz weiß von der Kalkbedeckung, Membran rötlich od. weiß. Kapillitium weit netzf., purpurbraun. Auf Laub, Moosen, Gräsern usw., häufig. (Fig. 34.)   **S. alba** (Bull.)

2. Gattung: **Didymium** Schrader.

Sporangien gestielt, sitzend od. plasmodienähnlich. Kalkkristalle zerstreut auf der Oberfläche. Kapillitium netzf. mit Verdickungen, aber ohne Kalk.

1. Sporangien niemals plasmodienähnlich, stets gestielt.   2.
   Sporangien niemals gestielt, stets plasmodienähnlich od. polsterf.   3.
   Sporangien sitzend od. plasmodienähnlich od. gestielt, niemals aber dann scheibig od. der Stiel hornartig.   4.
2. Plasmodium grau. Sporangien vereinzelt, scheibig, auf zentralem Stiel, 0,4—0,8 mm mit Stiel hoch, grauweiß, mit einzelnen braunen Kristallhaufen. Stiel blaßbraun od. schwarz, längsstreifig. Columella ± fehlend. Auf Laub, Moos usw., selten.

D. clavus (Alb. et Schw.)

Plasmodium grau. Sporangien halbkuglig, genabelt, herdig, 1—1,5 mm mit Stiel hoch, weiß. Stiel tief dunkelgrünbraun bis orange, hornartig durchscheinend, längsstreifig. Columella halbkuglig. Auf Laub, zerstreut.   **D. nigripes** (Link)

3. Plasmodium farblos od. blaßgelb. Sporangien kissenf. od. unregelmäßig verlängert u. plasmodienartig, bis 2 mm lang, glatt, weiß,
außen mit einer zusammenhängenden, porzellanartigen Lage von
Kalkkristallen überzogen. Sporen 11—14 μ. Über Laub, Stengeln
usw., zerstreut. **D. difforme** (Pers.)

Plasmodium lehmgelb. Sporangien niedergedrückt, ausgebreitet
plasmodienähnlich, 2—8 mm br., od. netzf., wurmf., grau, außen
mit zerstreuten Kristallablagerungen. Sporen 7—9 μ. Auf Laub,
zerstreut. (Fig. 35.) **D. complanatum** (Batsch)

4. Plasmodium grau. Sporangien halbkuglig, tief genabelt, gestielt,
herdig, 0,5—1 mm hoch, od. fast sitzend u. zusammenfließend, weiß
od. grau, außen mit zerstreuten braunroten Kristallhaufen. Stiel u.
Columella dunkelbraun. Auf Laub, Rinde usw., nicht selten.
D. farinaceum Schrad.

Plasmodium grauweiß. Sporangien halbkuglig, genabelt, gestielt
od. sitzend, 0,5 —1 mm hoch, od. ausgebreitet plasmodienähnlich,
herdig, schneeweiß durch die locker zusammenhängenden Kristallablagerungen od. grau, wenn die Kristalle spärlicher aufsitzen.
Stiel u. Columella weiß. Auf Laub, häufig. (Fig. 36.)
D. squamulosum (Alb. et Schw.)

3. Gattung: **Lepidoderma** de Bary.

Sporangien gestielt, Membran knorpelig, zweischichtig, mit oberflächlichen Kristallablagerungen. Kapillitium verflochten, ohne Kalk.

Sporangien fast kuglig, sitzend od. gestielt, 1—1,5 μ im Durchm.,
grün od. purpurgrau. Über Moosen, Rinde, Blättern usw., selten.
(Fig. 37.) **L. tigrinum** (Schrad.)

11. Familie: **Stemonitaceae.**

Sporangien einzeln, gestielt, Membran zart, meist bald vergehend.
Stiel sich als Columella in das Sporangium erstreckend, von der die
verzweigten Fäden des Kapillitiums ihren Ursprung nehmen.

Bestimmungstabelle der Gattungen.

A. Stiel nur bis etwa zur Hälfte des Sporangiums
als Columella durchgehend, Membran z. T.
erhalten bleibend. **1. Lamproderma.**
B. Stiel bis zum Scheitel des Sporangiums als
Columella durchgehend. Membran vergäng-
lich.
   a) Kapillitiumfäden am Ende der etwas
     verbreiterten Columella entspringend. **2. Enerthenema.**
   b) Kapillitiumfäden an der ganzen Colu-
     mella entspringend.

I. Kapillitiumfasern nicht netzf. auf der Außenseite abschließend od. nur teilweise ein solches Netz bildend. Sporangien kuglig bis zylindrisch. **3. Comatricha.**

II. Kapillitiumfasern außen zu einem vollständigen Netz zusammenschließend, Sporangien nur zylindrisch. **4. Stemonitis.**

1. Gattung: **Lamproderma** Rostafinski.

Sporangien gestielt, kuglig od. ellipsoidisch, Membran häutig, z. T. stehen bleibend, Stiel schwarz. Columella bis zur Mitte des Sporangiums gehend. Kapillitium aus verzweigten, anastomosierenden Fäden bestehend, die vom Scheitel der Columella ausstrahlen.

1. Sporangien 1—1,5 mm hoch. 2.

Sporangien mit Stiel 2—3 mm hoch, purpurschwarz. Kapillitium purpurbraun, selten blasser. Auf Lohe, Moosen usw., zerstreut. (Fig. 38.) **L. physaroides** (Alb. et Schw.)

2. Plasmodium weißlich. Sporangien mit Stiel 1—1,5 mm hoch, stahlblau od. bronzefarben, irisierend. Kapillitium schwarz od. purpurbraun, an der Basis blasser. Auf faulem Laub, stellenweise nicht selten. **L. scintillans** (Berk. et Br.)

Plasmodium weißlich. Sporangien mit Stiel 0,6—1,5 mm hoch, violett od. bronzefarben. Kapillitium farblos, seltner dunkler, an der Basis nicht blasser. Auf faulem Holz, Laub usw., zerstreut. **L. arcyrioides** (Somm.)

2. Gattung: **Enerthenema** Bowman.

Sporangien gestielt. Columella durchgehend, vom Scheitel ihres erweiterten Endes entspringend.

Plasmodium weißlich. Sporangien kuglig, mit Stiel 1—1,5 mm hoch, schwarz. Stiel u. Kapillitium schwarz. Auf faulem Holz, selten. (Fig. 39.) **E. papillata** (Pers.)

3. Gattung: **Comatricha** Preuß.

Sporangien zylindrisch bis kuglig, herdig od. einzeln. Columella bis etwa zur Spitze sich erstreckend, auf ihrer ganzen Länge die Kapillitiumfasern entstehend, die sich netzf. vereinigen, aber kein oberflächliches Netzwerk bilden. Stiel schwarz.

Plasmodium weißlich. Sporangien kuglig bis zylindrisch, mit Stiel 1—6 mm hoch, purpurbraun. Kapillitium purpurbraun. Sporen fast glatt, 7—11 μ. Auf faulem Holz, zerstreut. (Fig. 40.) **C. nigra** (Pers.)

Plasmodium weißlich. Sporangien zylindrisch, stumpf, mit Stiel 2—3 mm hoch, silbrig, dann braun, herdig. Kapillitium blaß braun. Sporen mit wenigen Wärzchen, 3,5—7 μ. Auf faulem Holz, häufig. **C. typhina** (Wiggers)

4. Gattung: **Stemonitis** Gleditsch.

Sporangien zylindrisch, gestielt, herdig,. Stiel durchgehend, Kapillitium auf der ganzen Länge der Collumella ausstrahlend u. auch an der Oberfläche ein Netzwerk bildend. Stiel schwarz.

1. Sporen mit wenigen Wärzchen versehen. 2.

Plasmodium weiß. Sporangien purpurschwarz, mit Stiel 2—5 mm hoch, meist büschelig. Kapillitium dunkelbraun, an der Oberfläche mit einigen Netzmaschen. Sporen grau od. rotviolett, stachlig, mit $\pm$ netzf. Oberfläche. Auf Laub, Holz, Abfällen, häufig. (Fig. 41.)

S. fusca Roth

2. Plasmodium gelblich weiß. Sporangien purpurbraun, mit Stiel 6—12 mm hoch, zuerst büschlig. Kapillitium purpurbraun, an der Oberfläche mit rundlichen Netzmaschen und anhängenden Resten der Sporangienwand. Sporen blaß rötlich purpurn, fast glatt. Auf faulem Holz, seltner. **S. flaccida** (List.)

Plasmodium zitronengelb. Sporangien kurz gestielt, zimmetbraun 5—7 mm mit Stiel hoch. Kapillitium braun, an der Oberfläche sehr fein eckige Netzmaschen bildend. Sporen blaß bräunlich, spärlich warzig. Auf Laub u. Holz, nicht selten.

S. flavogenita Jahn

12. Familie: **Amaurochaetaceae.**

Sporangien zu einem Äthalium zusammenfließend. Kapillitium tief dunkelbraun, einfach fädig od. mit zelligen Zwischenstücken.

Bestimmungstabelle der Gattungen.

A. Kapillitium aus unregelmäßig verzweigten Fäden bestehend. **1. Amaurochaete.**

B. Kapillitium aus nicht verzweigten Fäden bestehend, die im Verlauf zellige Zwischenstücke tragen. **2. Brefeldia.**

1. Gattung: **Amaurochaete** Rostafinski.

Äthalien kissenf. Kapillitium von der Basis entspringend, aus verzweigten, meist parallelen Strängen bestehend, die unregelmäßig dick sind u. anastomosieren. Sporen dunkel purpurn, stachlig.

Plasmodium gelblichweiß. Äthalien 0,2—4 cm br., bedeckt mit einer silberigen Haut. Auf Kiefern, nicht selten. (Fig. 42.)

A. atra (Alb. et Schw.)

2. Gattung: **Brefeldia** Rostafinski.

Äthalien kissenf., Einzelsporangien $\pm$ unregelmäßig durch Wandbildungen angedeutet. Kapillitium aus zahlreichen, $\pm$ parallelen Fäden bestehend, die im Verlauf zellenartige Zwischenstücke tragen.

Plasmodium weiß. Äthalien 2—16 mm br., 5—10 mm dick, purpurbraun. Sporen fein stachlig. Auf faulem Holz, zerstreut. (Fig. 43.)

B. maxima (Fr.)

3. Abteilung: **Eumycetes** (Fadenpilze).

Vegetativer Teil (Thallus) aus Fäden kestehend. Fk. sehr verschiedenartig; bei den niederen Formen geschlechtliche, bei den höheren
geschlechtslose Fortpflanzung.

1. Klasse: **Phycomycetes.**

Myzel nicht septiert. Fortpflanzung mannigfach, geschlechtliche
Befruchtung neben ungeschlechtlicher Fortpflanzung.

I. Unterklasse: **Oomycetes.**
I. Reihe: **Chytridiineae.**

Mikroskopische, meist im Wasser wohnende, parasitische od.
saprophytische Pilze. Thallus einzellig, restlos zum Schwärmsporangium
werdend od. Myzel u. Sporangien resp. Dauersporen bildend. Fortpflanzung durch Schwärmsporen, die in Sporangien od. Dauersporen
entstehen.

Bestimmungstabelle der Familien.

A. Thallus nie myzelartig, sondern anfangs aus
   nacktem Plasma bestehend, das sich erst
   kurz vor der Fruktifikation mit einer Haut
   umgibt, od. von anfang an mit feiner Haut,
   bei der Reife ein Sporangium od. eine
   Dauerpore od. einen Haufen derselben
   bildend.   **(Myxochytridiineae)**
   a) Th. lange nackt, amöboid, bei der Reife
      als ganzes od. in einzelnen Stücken zum
      Sporangium od. zur Dauerspore werdend.
      Schwärmsporen zweigeißlig.   **1. Woroninaceae.**
   b) Th. sehr frühzeitig mit Membran um-
      geben. Schwärmsporen fast stets ein-
      geißlig.
      I. Th. sich in ein einziges Sporangium
         resp. Dauerspore umwandelnd. Para-
         sitisch, meist auf Algen.   **2. Olpidiaceae.**
      II. Th. meist kuglig, gefärbt, bei der
          Reife in eine Dauerpore umgebildet
          od. nach Zerfall des Plasmas eine
          Anzahl von Sporangien bildend.
          Parasitisch, meist in Landpflanzen.   **3. Synchytriaceae.**

B. Th. in ein meist feines, dünnfädiges Myzel
u. in Sporangien u. Dauersporen gegliedert,
von Anfang an mit Membran   **(Mycochytridiineae)**
  a) Myzel dünnfädig, zart, wurzelartig ver-
     zweigt, mit spitzen Enden, wenig aus-
     gedehnt u. mit den Sporangien (wenig-
     stens anfangs) in offener Verbindung.
     Sporangien fast stets einzeln, selten
     mehrere durch Durchwachsung gebildet.
     Dauersporen ähnlich wie die Sporangien.
     Meist Parasiten.   **4. Rhizidiaceae.**
  b) Myzel mit stammartiger Hauptachse
     od. sehr reich verzweigt u. weit ausge-
     dehnt.
    I. Myzel aus Hauptstamm u. Seiten-
       zweigen bestehend, von den Spo-
       rangien durch Wand abgetrennt.
       Sporangien terminal, meist einzeln.
       Saprophyten.   **5. Hyphochytriaceae**
   II. Myzel dünn, reich verzweigt, sich
       weit erstreckend, stets mit inter-
       kalaren od. terminalen Anschwel-
       lungen versehen, die in 2 bis mehrere
       Sammelzellen geteilt werden. Para-
       siten u. Saprophyten.   **6. Cladochytriaceae.**

1. Familie: **Woroninaceae.**

Th. sehr lange aus nacktem Plasma bestehend, das oft von dem
der Nährzelle nicht abgesetzt ist u. es mit pseudopodienartigen Fortsätzen durchsetzt. Später umhüllt sich der Th. als ganzes mit einer
Membran oder zerfällt in mehrere Teilstücke, von denen jedes sich
mit Membran umhüllt, es bilden sich also Einzelsporangien (bzw. Einzel-
dauersporen) od. Sporangiensori (bzw. Cystosori). Schwärmsporen
zweigeißlig.

Bestimmungstabelle der Gattungen.

A. Th. sich in ein einziges Sporangium od.
   Dauerspore umwandelnd.
  a) Dauersporen mit Anhangszelle.   **1. Olpidiopsis.**
  b) Dauersporen ohne Anhangszelle.   **2. Pseudolpidium.**
B. Th. in Sporangien od. Cystosori zerfallend.
  a) Jedes Sporangium eines Sorus von dem
     Wirt in einem Fache eingeschlossen u. mit
     dessen Wandung verwachsend, daher
     zylindrisch. Dauerzellen einzeln, stachlig.   **3. Rozella.**

b) Alle Sporangien eines Sorus in einem vom Wirt gebildeten Fache, kuglig. Dauerzellen in Haufen.   **4. Woronina.**

1. Gattung: **Olpidiopsis** Cornu.

Th. nackt, dann sich zu einem Sporangium umbildend, das mit ein od. mehreren Entleerungsschläuchen versehen ist. Dauersporen dickzellig, warzig od. stachlig u. mit meist einer od. mehreren, kleinen, leeren Anhangszellen.

Sporangien zu mehreren in blasig aufgetriebenen Enden von Saprolegniaschläuchen, mit einem $\pm$ vorragenden Entleerungshals. Dauersporen dunkel graubraun, kuglig bis ellipsoidisch, warzig, 68—78 μ lg. u. br., mit kugliger Anhangszelle. In Saprolegniaarten, häufig.   **O. saprolegniae** Cornu

Sporangien ähnlich. Dauersporen kuglig, mit gelbbrauner, dicker Membran u. spitzen Stacheln, 40—60 μ Durchm., mit kugliger od. ellipsoidischer Anhangszelle. In Achlyaarten, selten. (Fig. 44.)   **O. minor** A. Fisch.

2. Gattung: **Pseudolpidium** A. Fisch.

Von vor. Gatt., durch das Fehlen der Anhangszellen bei den Dauersporen verschieden.

In Saprolegniaarten, nicht selten. (Fig. 45.)   **P. saprolegniae** (A. Br.)

In Achlyaarten, ebenso.   **P. fusiforme** (Cornu)

In Aphanomycesarten, ebenso.   **P. aphanomycis** (Cornu)

3. Gattung: **Rozella** Cornu.

Der Inhalt der Schwärmspore tritt in die Wirtszelle durch den feinen Infektionsschlauch ein u. teilt sich nach vollendetem Wachstum in viele Einzelpartien, die die Wirtszelle mit einer Wand voneinander abschließt. Jede so abgeschlossene Plasmaportion umgibt sich mit einer Wand, welche mit den von der Wirtszelle gebildeten Wandungen eng verwächst, u. wird zum Sporangium. Dauersporen lose in den Fächern einzeln liegend, braun, kleinstachlig.

In Saprolegnia, zerstreut.   **R. septigena** Cornu

4. Gattung: **Woronina** Cornu.

Der eingedrungene Parasit wird im ganzen durch Wandungen isoliert und bildet im Fach einen Sporangien- od. Cystosorus.

In Saprolegnia, nicht selten. (Fig. 46.)   **W. polycystis** Cornu

In Vaucheria terrestris u. sessilis, seltner.   **W. glomerata** (Cornu)

2. Familie: **Olpidiaceae.**

Th. sehr frühzeitig od. von Anfang an mit Membran umgeben u. vom Plasma des Wirtes abgegrenzt, bei der Reife sich in ein einziges Sporangium (bzw. Dauerspore) umwandelnd. Schwärmsporen eingeißlig.

Bestimmungstabelle der Gattungen.

A. Dauersporen mit Anhangszelle. **1. Pseudolpidiopsis.**
B. Dauersporen ohne Anhangszelle.
  a) Sporangien frei in der Nährzelle liegend.
    I. Sporangien mit vielen Entleerungsschläuchen.
      1. Sporangien schlauchf., Entleerungsschläuche kurz, in Reihen stehend. **2. Ectrogella.**
      2. Sporangien kuglig, Entleerungsschläuche lg., allseitig ausstrahlend **3. Pleotrachelus.**
    II. Sporangien mit wenigen (1—3) Entleerungsschläuchen.
      1. Sporangien meist mit 2 polar gelegenen, kurzen Entleerungspapillen. **4. Sphaerita.**
      2. Sporangien meist nur mit einem langen Entleerungshals. **5. Olpidium.**
  b) Sporangienwand mit der Wand der Nährzelle verwachsen. **6. Pleolpidium.**

1. Gattung: **Pseudolpidiopsis** v. Minden.

Th. von Anfang an mit feiner Membran umgeben und als ganzes zum Schwärmsporangium werdend, das einen ± langen Entleerungsschlauch besitzt. Dauersporen durch Vereinigung zweier Individuen entstehend, das Plasma des einen in das andere überfließend. Die leere Zelle bleibt dann als Anhangszelle den Dauersporen anhaften. Dauersporen glatt, dickwandig. In vegetativen od. Zygotenzellen von Konjugaten (Spirogyra, Mougeotia, Mesocarpus), zerstreut. (Fig. 47.) **P. Schenkiana** (Zopf)

2. Gattung: **Ectrogella** Zopf.

Th. meist wurmf., wohl von Anfang an mit Membran, sich zum wurmf. Sporangium mit mehreren kurzen Entleerungsschläuchen umbildend. Dauersporen unbekannt.
In Zellen von Synedra od. Pinnularia, selten.
E. bacillariacearum Zopf

3. Gattung: **Pleotrachelus** Zopf.

Th. nackt, mit pseudopodienartigen Fortsätzen, dann sich mit einer Membran umgebend u. ein Sporangium werdend, das meist kuglig ist und viele Entleerungsschläuche besitzt. Dauersporen unbekannt.

In dem Myzel u. Gemmen von Pilobolus cristallinus, selten. (Fig. 48.) **P. fulgens** Zopf

4. Gattung: **Sphaerita** Dang.

Th. kuglig, von Anfang an mit Häutchen umgeben, sich dann zu einem ellipsoidischen Sporangium umwandelnd, das an beiden Enden eine Entleerungspapille trägt. Dauersporen ähnlich, aber mit dickwandiger, bräunlicher, oft feinstachliger Membran.

Sporangien und Dauersporen ca. 12 μ lg., 8 μ br. In Euglena u. anderen Flagellaten, nicht häufig. **S. endogena** Dang.

5. Gattung: **Olpidium** A. Braun.

Th. nackt, sich später mit Membran umgebend u. zum Sporangium (bzw. Dauerspore) werdend. Sporangien kuglig od. ellipsoidisch, feinwandig, mit einem langen Entleerungshals. Dauersporen kuglig, glatt od. warzig.

1. In vegetativen Zellen von Phanerogamen vorkommend. 2.
   In Pollenkörnern u. Pilzsporen vorkommend. 3.
   In Algenzellen vorkommend. 5.
   In tierischen Eiern vorkommend. 7.
2. In den Zellen des Wurzelhalses junger Kohlpflanzen, die dadurch faulen u. umfallen (schwarze Beine des Kohls), bei zu dichtem Stande in den Frühbeeten, nicht selten. F. (Fig. 49.)

   O. brassicae (Woron.)

   In den Zellen von Blättern, Blatt- u. Blütenstielen von Trifolium repens, Schwielen u. Auftreibungen verursachend. Sehr zerstreut. **O. trifolii** Schroet.

   In den Zellen von Lemna minor u. polyrrhiza, selten.

   O. lemnae (Fisch)
3. In den Uredosporen von Puccinia-Arten selten.

   O. uredinis (Lagh.)

   In Pollenkörnern. 4.
4. Sporangien zu 1—12 in einem Pollenkern. Zoosporen 4—5 μ im Durchm. Dauersporen mit glatter, doppelt konturierter, dicker Membran. Auf Pinuspollen in Wasser, selten. (Fig. 50.)

   O. pendulum Zopf

   Sporangien zu 1—30 in einer Zelle. Zoosporen ca. 2 μ im Durchm. Dauersporen mit einer eng anliegenden Innenhaut u. weit davon abstehenden, glatten Außenhaut. Auf in Wasser liegenden Pollenkörnern der verschiedensten Pflanzen, häufig.

   O. luxurians (Tomasch.)

5. Entleerungshals der Sporangien nicht blasig anschwellend 6.

   Entleerunsghals der Sporangien vor dem Austritt aus der Nährzelle blasig anschwellend, dann wieder verengt. Dauersporen mit
   glatter Membran u. weiter, blasenf. Hülle. In Zellen von verschiedenen Desmidiaceen häufig. **O. endogenum** (A. Braun)
6. In Zellen von Zygnema, selten. **O. zygnemicola** Magn.

   In Zellen von Spirogyra, Cladophora, Vaucheria, nicht selten.
   O. entophytum A. Braun
7. Sporangien einzeln in einer Nährzelle, ellipsoidisch, 55 μ lg. u.
   30 μ br., mit sehr langem Entleerungshals. In Rotatorieneiern,
   selten. **O. macrosporum** (Nowak.)

   Sporangien zu 12 u. mehr in einer Nährzelle, kuglig bis ellipsoidisch, 30—70 μ im Durchm., mit sehr kurzem, schnabelf. Entleerungshals. In Rotatorieneiern zerstreut.

   O. gregarium (Nowak.)

6. Gattung: **Pleolpidium** A. Fisch.

Plasma aus der Schwärmspore in die Nährzelle durch einen kurzen
Keimschlauch übertretend u. eine kleine Anschwellung der Membran
bildend, nackt, später sich mit Membran umgebend, die mit der
Nährzelle vollständig verwächst. Dauersporen an demselben Ort
wie die Sporangien entstehend, kuglig, mit bräunlicher, fein stachliger
Membran.

Sporangien nur in den Sporangien der Wirtspflanze auftretend.
In Araiospora spinosa, selten. **P. araiosporae** (Cornu)

Sporangien in den Zellen der Nährpflanze tonnenf. Anschwellungen
erzeugend. In Monoblepharis polymorpha, selten. (Fig. 51.)

P. monoblepharidis (Cornu)

3. Familie: **Synchytriaceae.**

Th. sehr frühzeitig von einem feinen Häutchen umgeben, als ge-
färbter Körper vom Inhalt der Nährzelle unterscheidbar. Aus solchem
Th. entsteht nach dem Wachstum entweder eine Dauerspore oder durch
Zerklüftung des Inhaltes ein Sporangiensorus. Öfter tritt das Plasma
aus der ursprünglichen Thzelle heraus, umgibt sich mit einer Membran
und bildet durch Zerklüftung einen Sporangiensorus. Schwärmsporen
eingeißlig, gefärbt.

Einzige Gattung: **Synchytrium** de By. et Wor.

Der Th. eines Individiuums sitzt in einer Zelle u. füllt sie allmählich völlig aus. Meistens vergrößert sich die befallene Zelle abnorm
und ragt über ihre Umgebung hinaus, sehr häufig vergrößern sich auch
die Nebenzellen stark u. dadurch werden schwielenartige Anschwellungen od. Gallen gebildet, die meist noch gefärbt sind. Parasiten in
höheren Pflanzen auf feuchten Standorten.

1. Dauersporen u. Sporangiensori gebildet, die innerhalb der ursprünglichen Thzelle entstehen, Inhalt gelbrot (Eusynchytrium.
    Dauersporen u. Sporangiensori gebildet, letztere aber nach Austritt des Plasmas der ursprünglichen Thzelle entstehend. Inhalt gelbrot. (Mesochytrium).   3.
    Dauersporen allein vorhanden, keimend nach Hervortritt des Plasmas unter Bildung eines Sporangiensorus. (Pycnochytrium).   4.
2. Gallen knötchen- od. punktf., gelb-, orange- od. blutrot, einzeln od. zu Schwielen zusammentretend. Sporangiensori zu 1—4 in der Nährzelle, etwa kuglig, 40—250 μ im Durchm., rot. Dauersporen kuglig, braun, 50—80 μ im Durchm. Schwärmsporen rot. An allen oberirdischen Teilen von Taraxacum officinale, zerstreut.
                    S. taraxaci de By. et Wor.
    Gallen ähnlich. Sporangiensorus 60—100 μ im Durchm. Dauersporen ähnlich, 66—82 μ im Durchm. In den Blättern von Oenothera biennis, nicht häufig.   **S. fulgens** Schroet.
3. Gallen einzeln, als goldgelbe Punkte erscheinend od. zu Streifen u. Krusten verschmolzen. Hervortretende Plasmakörper rot, 100—170 μ im Durchm. Dauersporen mit brauner Membran u. rotem Inhalt. Schwärmsporen rot. Auf allen oberirdischen Teilen von Succisa pratensis, nicht selten. (Fig. 52.)
                    S. succisae de By. et Wor.
    Gallen länglich halbkuglig, einzeln punktf. oder zu Krusten zusammenfließend, gelbrot od. kastanienbraun, je nach dem Vorhandensein von Sporangiensori od. Dauersporen. Hervortretender Plasmakörper rot, 80—150 μ im Durchm. Dauersporen u. Schwärmsporen ähnlich. An den oberirdischen Teilen von Stellaria media u. nemorum, nicht häufig.
                    S. stellariae Fuck.
4. Inhalt der Dauersporen gelb od. rotgelb (Chrysochytrium) 5.
    Inhalt der Dauersporen farblos (Leucochytrium)   9.
5. Dauersporen die ganze Nährzelle voll ausfüllend. Gallen halbkuglig oder zylindrisch, zusammengesetzt.   6.
    Dauersporen lose in der Nährzelle liegend. Gallen klein, einfach, nur aus vergrößerten Epidermiszellen bestehend.   7.
6. Gallen knötchenf., orange- od. goldgelb, gleichmäßig verteilt, selten zusammenfließend. Dauersporen mit kastanienbrauner Membran u. goldgelbem Inhalt. Bei der Keimung tritt das Plasma in Form einer umrandeten Blase hervor u. zerfällt in zahlreiche Sporangien, die durch Platzen der Membran frei werden. Am häufigsten auf Lysimachia nummularia, aber daneben auf zahlreichen anderen Pflanzen feuchter Standorte, häufig.
                    S. aureum Schroet.
    Gallen halbkuglig bis zylindrisch, einzeln od. zusammenfließend, auf dem Scheitel mit einem Büschel einzelliger Haare. Dauer-

sporen ähnlich. Auf den oberirdischen Teilen von Potentilla tormentilla sehr zerstreut. **S. pilificum** Thomas

7. Gallen haarartig vorspringend. 8.

Gallen flach punktf., schwefel- bis goldgelb, nur aus einer einzigen, wenig vergrößerten Zelle bestehend. Dauersporen zu 1—3 locker in der Nährzelle, goldgelb, 28—200 μ im Durchm. Auf den oberirdischen Teilen von Gagea-Arten, nicht selten.
S. laetum Schroet.

8. Gallen aus haarartig auswachsenden Epidermiszellen bestehend, die oft krustige Knötchen bilden, gelbrot bis schwarzbraun. Dauersporen meist einzeln, 70—136 μ im Durchm., mit brauner Membran und rotem Inhalt. Auf Myosotis stricta u. Lithospermum arvense, selten. **S. myosotidis** Kühn

Gallen ähnlich haarartig, in W. od. F. bricht der obere Teil der Gallenzelle deckelartig ab u. es bleibt ein kleiner Becher zurück. Dauersporen 50—150 μ im Durchm., ähnlich wie vor. Auf Potentilla argentea u. Dryas octopetala, sehr zerstreut, in höheren Gebirgslagen häufiger. **S. potentillae** (Schroet.)

9. Auf Monokotyledonen. 10.

Auf Dikotyledonen. 11.

10. Gallen sehr klein, punktf., braun, aus einer wenig hervorragenden Epidermiszelle gebildet. Dauersporen 50—70 μ in Durchm. Auf den Blättern von Gagea pratensis, zerstreut.
S. punctatum Schroet.

Gallen schmutzig weiß, braun berandet, punktf., Dauersporen 50—160 μ im Durchm. Auf Ornithogalum umbellatum, selten.
S. Niesslii Bub.

11. Nährzellen mit rotem od. braunrotem Zellsaft erfüllt, oft auch noch die benachbarten Zellen. 12.

Nährzellen mit farblosem Zellsaft. 13.

12. Gallen rot punktf., nur aus einzelnen Epidermiszellen bestehend. Dauersporen kuglig, mit dicker, hellgrauer, unebener Membran. Auf Saxifraga granulata, selten. **S. rubrocinctum** Magn.

Gallen in Form kleiner, schwarzroter Knötchen, einzeln od. größere Schwielen bildend. Dauersporen kuglig, ca. 125—170 μ im Durchm., mit gelbbrauner, dicker, glatter od. wenig warziger Membran. Auf Anemone nemorosa u. ranunculoides, häufig.
S. anemones de By. et Wor.

12. Dauersporen sehr wechselnd in Form u. Größe. Gallen meist einfach, selten zusammengesetzt, aber dann wenig vorspringend. 13.

Dauersporen kuglig od. ellipsoidisch. Gallen zusammengesetzt, stets deutlich $\pm$ vorspringend. 14.

13. Auf Viola biflora in den Alpen. **S. alpinum** Thomas

Auf Adoxa, Ficaria, Isopyrum u. Rumex acetosa zerstreut.
S. anomalum Schroet.

14. Gallen halbkuglige Knötchen bildend, einzeln od. höckerigkrustig, braun. Dauersporen mit hellbrauner, glatter Membran

meist 60—80 μ im Durchm. Auf Viola-Arten, Veronica-Arten, Potentilla reptans, Galium mollugo, Sonchus asper, Cirsium oleraceum, Achillea millefolium, Myosotis palustris, nicht selten.

S. globosum Schroet.

Gallen glasperlenartig, $\pm$ kuglig, oft gestielt, einzeln od. krustig. Dauersporen mit streifiger Membran, meist kurz ellipsoidisch, 100—170 μ lg., 71—100 μ br., An den oberirdischen Teilen von Mercurialis perennis, zerstreut.

S. mercurialis (Lib.)

4. Familie: **Rhizidiaceae.**

Myzel dünn, zart, meist wurzelartig, mit spitzen Enden, wenig ausgedehnt, meist nur auf eine Nährzelle beschränkt, mit den Sporangien meist bis zur Reife in offener Verbindung. Sporangien stets in der Einzahl, selten mehrere durch Durchwachsung nacheinander. Dauersporen meist wie die Sporangien entstehend.

Bestimmungstabelle der Gattungen [1]).

A. Sporangien u. Dauersporen in der Nährzelle entstehend. (Entophlycteae).

    a) Dauersporen glatt. Sporangien u. Dauersporen ohne subsporangiale Blase.   **1. Entophlyctis.**

    b) Dauersporen stachlig. Subsporangiale Blase vorhanden.   **2. Diplophlyctis.**

B. Sporangien u. Dauersporen außerhalb des Substrates gebildet, selten letztere intramatrikal.

    a) Myzel nur aus dem zarten Stiel (Keimschlauch der Spore) u. einem winzigen scheibigen Haustor bestehend (Harpochytrieae).   **3. Harpochytrium.**

    b) Myzel verzweigt, fädig, zart od. gröber, wenn nur haustorienartig, dann gröber u. größer.

        I. Myzel äußerst zart, wurzelartig, wenig ausgedehnt, seltener aus büschligen Haustorien bestehend (Rhizophidieae).

           1. Myzel auf ein unverzweigtes, nadel- od. bläschenf. Haustor beschränkt.   **4. Phlyctidium.**

---

[1]) Da sich die Unterfamilien nur durch minimale Unterschiede charakterisieren, die oft noch variieren, so vergleiche man bei der Bestimmung die Abbildungen.

2. Myzel stets verzweigt wurzelartig.
α) Sporangien ohne subsporangiale Blase.
§ Schwärmsporen hüpfend,
Geißel nachschleppend. 5. **Rhizophidium.**
§§ Schwärmsporen nicht hüp-
fend, Geißel vorn befestigt. 6. **Latrostium.**
β) Sporangien mit einer sub-
sporangialen, meist intra-
matrikalen Blase. 7. **Phlyctochytrium.**
γ) Sporangium ohne Blase, aber
mit deutlichem Stiel.
§ Sporangien mit scheitel-
ständigem Stachel, mit dem
Stiel in offener Verbindung. 8. **Obelidium.**
§§ Sporangien stachellos, vom
Stiel durch eine Wand ge-
trennt. 9. **Podochytrium.**
II. Myzel schlauchf., dicker, einfach
od. wurzelartig verzweigt, weit
ausgedehnt, seltener extramatrikal.
1. Myzel nur intramatrikal, büsche-
lig-fädig od. dick schlauchf.
Sporangien aus den erstarkenden Sporen extramatrikal gebildet, Dauersporen intramatrikal
(Chytridieae).
α) Sporangien sich am Scheitel
mit Loch öffnend, Dauer-
sporen stachlig. 10. **Dangeardia.**
β) Sporangien sich am Scheitel
mit Deckel öffnend, Dauersporen glatt. 11. **Chytridium.**
2. Myzel intramatrikal, pfahlwurzelartig od. extramatrikal
u. nur mit den Spitzen eindringend, weit ausgebreitet. Sporangien aus der erstarkenden Spore
extramatrikal gebildet od. als
sackf. Auswüchse derselben entstehend. Dauersporen ähnlich
od. durch einen Fusionsprozeß
entstehend. (Rhizidieae).
α) Sporangien u. Dauersporen
direkt aus der erstarkenden
Spore entstehend.

<table>
<tr><td>§ Myzel pfahlwurzelartig, intramatrikal.</td><td>12. Rhizidium.</td></tr>
<tr><td>§§ Myzel extramatrikal, nur mit den äußersten Zweigenden eindringend.</td><td>13. Rhizophlyctis.</td></tr>
<tr><td>β) Sporangien als seitliche Aussackungen der Spore entstehend. Dauersporen durch Fusion gebildet.</td><td>14. Polyphagus.</td></tr>
</table>

1. Gattung: Entophlyctis A. Fischer.

Die keimende Schwärmspore umgibt sich mit einer Membran u. sendet einen feinen Keimschlauch in die Nährzelle, der am Ende zum Sporangium anschwillt u. von dem ein feinfädiges, wurzelartiges Myzel entspringt. Der Keimfaden wird zum Entleerungshals des Sporangiums. Dauersporen intramatrikal, wie die Sporangien entstehend, mit dicker, glatter, gelblicher od. bräunlicher Membran.

In Gloeococcus mucosus, zerstreut. F.

E. apiculata (A. Braun)

In Vaucheria u. Spirogyren, zerstreut. E. rhizina (Schenk)
In vegetativen Zellen von Spirogyra crassa, selten.

E. bulligera (Zopf)

In Cladophora, selten. (Fig. 53.) E. Cienkowskiana (Zopf)

2. Gattung: Diplophlyctis Schroet.

Wie vor. Gatt., aber die gekeimte Spore verschwindet, u. unterhalb des Sporangiums blidet sich zuerst eine blasige Anschwellung, von der die Rhizoiden ausgehen. Dauersporen wie bei vor. Gatt., aber stachlig.

In toten od. absterbenden Zellen von Nitella-Arten u. Chara polyacantha, selten. (Fig. 54.) D. intestina (Schenk)

3. Gattung: Harpochytrium Lagerheim.

Die zur Ruhe gekommene Schwärmspore bildet einen feinen, am Ende plattenartig anschwellenden Keimfaden u. bildet sich selbst zu einem langen, spindelf. gebogenen Sporangium um. Dauersporen unbekannt.

Sporangien 80—150 μ lg. u. 4—6 μ br. Auf Spirogyra, Zygnema u. Oedogonium, selten. (Fig. 55.) H. Hedenii Wille

4. Gattung: Phlyctidium A. Braun.

Die Schwärmspore entsendet in die Nährzelle ein unverzweigtes, meist kurzes Haustor u. bildet sich zu einem verschieden gestaltigen Sporangium mit einem oder mehreren Entleerungshälsen um. Dauersporen kuglig, dickwandig, ebenso gebildet.

Auf Ulothrix zonata, selten. P. laterale A. Braun

5. Gattung: **Rhizophidium** Schenk.

Wie vor. Gatt., aber ein zartfädiges, verzweigtes Wurzelsystem gebildet. Sporangien mit ein od. mehreren, meits etwas vorspringenden Löchern sich öffnend. Dauersporen ebenso gebildet, mit bräunlicher Membran.

1. Sporangien (besonders die größeren) sich stets mit 2—5 Löchern öffnend, die als Papillen od. Tüpfel erkennbar sind.   2.
   Sporangien sich stets nur mit einem Loch öffnend.   6.
2. Sporangien kuglig od. fast kuglig.   3.
   Sporangien durch die vorspringenden Entleerungswarzen eckig u. unregelmäßig gestaltet.   5.
3. Auf Algen.   4.
   Sporangien 8—36 μ im Durchm., mit 2—4 Löchern. Dauersporen dickwandig, farblos. Auf Pollen von Pinus, aber auch von anderen Pflanzen im Wasser, nicht selten. (Fig. 56.)

   R. pollinis (A. Braun)
4. Sporangien 15—50 (meist 25) μ im Durchm. mit 1—5 stumpflichen Entleerungswarzen. Dauersporen braun, kleinstachlig. Auf vielen Diatomeen, Desmidiaceen, Oedogonium, Cladophora, Sphaeroplea, nicht selten.   **R. globosum** (A. Braun)

   Sporangien bis 12 μ im Durchm., bald zusammenfallend, mit 1—3 Löchern. Auf einer Cyclotella-Art selten.

   R. cyclotellae Zopf
5. Sporangien eckig, mit 2—3 vorspringenden Entleerungswarzen, 20—25 μ im Durchm. Auf den Spitzen der Fäden von Oscillatoria u. Lyngbya, selten.   **R. subangulosum** (A. Braun)

   Sporangien durch zwei seitliche Entleerungspapillen quer, spindel- od. halbmondf. gekrümmt, ca. 17 μ Querdurchmesser. Auf Chlamydomonas pulvisculus u. obtusa, selten.

   R. transversum (A. Braun)
6. Sporangien kuglig od. etwas ellipsoidisch, mit flachem Loch od. mit ± vorgestrecktem Hals.   7.
   Sporangien spindelf. od. eckig.   11.
7. Auf Algen u. Flagellaten.   8.
   Sporangien kuglig, mit weitem Loch sich öffnend u. dann schüsself., höchstens 20 μ im Durchm. Auf den Oogonien von Saprolegnia u. Achlya, nicht häufig.   **R. carpophilum** Zopf
8. Sporangien nur mit Entleerungspapille.   9.
   Sporangien mit ± langem Entleerungshals.   10.
9. Sporangien kuglig bis zitronenf., 6—16 μ im Durchm. Auf Flagellaten, selten. W.   **R. acuforme** (Zopf)

   Sporangien birn- od. zitronenf., 12—30 μ lg., 11—22 μ br. Auf Coleochaete pulvinata, Conferva bombycina, Draparnaldia glomerata, Ulothrix zonata, Stigeoclonium, zerstreut.

   R. mamillatum (A. Braun)

10. Sporangien kochflaschenf., mit kugligem Anhängsel, 14 μ lg., 11 μ br. Auf Chlamydomonas, selten. **R. appendiculatum** (Zopf)
     Sporangien kuglig, 7 μ im Durchm., mit langem, in eine feine kugelf. Spitze auslaufendem Hals. Auf Mougeotia selten.   W.
R. ampullaceum. (A. Braun)

11. Sporangien spindelf.   12.
     Sporangien eckig.   13.
12. Auf Synedra, Cymbella u. Gomphonema, selten. **R. fusus** (Zopf)
     Auf Melosira, selten.   **R. lagenula** (A. Braun)
13. Sporangien mit buckelartigen od. hornartigen Auftreibungen.   14.
     Sporangien stumpfeckig kuglig od. birnf., 10—15 μ im Durchm. Auf Chroococcus turgidus in Moortümpeln des Riesengebirges.
R. agile (Zopf)

14. Sporangien ei-, birn- od. spindelf. im Umriß, mit mehreren buckelartigen Hervortreibungen, ca. 11 μ lg., 8 μ dick. Auf Desmidiaceen, Diatomeen, Palmellaceen u. Rotatorieneiern in Moortümpeln des Riesengebirges.   **R. gibbosum** (Zopf)
     Sporangien zuerst kuglig, dann mit $\pm$ zahlreichen, ungleich langen, oft gespaltenen, hornartigen Fortsätzen, dadurch sternf.-lappig erscheinend, 10—13 μ im Durchm. Auf Sphaerozyga circinnalis, selten.   S.   **R. cornutum** (A. Braun)

6. Gattung: Latrostium Zopf.

Sporangien aus der erstarkenden Spore entstehend, mit vielen zarten Würzelchen, seitlich sich mit einem Loch öffnend. Dauersporen mit sehr dicker, fein radial streifiger Wandung u. riesigem Fetttropfen. In den Oogonien von Vaucheria sessilis u. terrestris, selten.   F.
L. comprimens Zopf

7. Gattung: Phlyctochytrium Schroet.

Die zur Ruhe gekommene Schwärmspore treibt ins Innere der Nährpflanze einen feinen Schlauch, der am Ende blasig anschwillt u. an der Blase feine Würzelchen bildet. Sporangien aus der Spore hervorgehend, durch ein meist scheitelwärts gelegenes, oft gezähntes Loch sich öffnend. Dauersporen unbekannt.

1. Mündung der Sporangien ganz ungezähnt.   2.
     Mündung der Sporangien mit knopfiger Verdickung od. zahnf. Vorsprüngen.   3.
2. Auf Oedogonium, Bulbochaete, Spirogyra, Zygnema, Closterium u. Cladophora, zerstreut.   **P. Schenkii** (Dang.)
     Auf Hydrodictyon utriculatum, selten.
P. hydrodictyi (A. Braun)

     Auf Ruhezuständen von Euglena, selten.
P. euglenae (Schenk)

3. Auf Zygnema cruciatum u. stellinum, zerstreut.   W. F.
P. zygnematis (Rosen)

Auf Oedogonium rivulare, selten. W. (Fig. 57.)

P. quadricorne (de By.)

Auf Spirogyra orthospira, selten. **P. dentatum** (Rosen)

8. Gattung: **Obelidium** Nowakowski.

Die ausgekeimte Schwärmspore schickt in die Nährzelle 5—7 kräftige, verzweigte Rhizoiden u. bildet sich zu einem Sporangium mit Stiel u. solidem, spitzem Stachel am Scheitel um. Sporangien unter dem Scheitel mit Loch sich öffnend. Dauersporen unbekannt.

Sporangien 32—56 μ lg., 8—15 μ br. Auf leeren Hüllen von Mückenlarven, selten. (Fig. 58.) **O. mucronatum** Nowak.

9. Gattung: **Podochytrium** Pfitzer.

Schwärmspore in die Nährzelle ein wurzelartiges Myzel aus dem Keimschlauch entsendend, am Scheitel aber zu einem keulig anschwellenden, nicht mit Stachel versehenen Sporangium auswachsend. Sporangium sich durch eine Wand von der zum Stiel werdenden Schwärmspore abgrenzend, am Scheitel sich öffnend.

Auf Pinnularia-Zellen im Riesengebirge. (Fig. 59.)

P. clavatum Pfitz.

10. Gattung: **Dangeardia** Schröder.

Die Schwärmspore bildet einen feinen Keimschlauch, der sich mit der Schwärmsporenzelle zu einem flaschenf. Sporangium umbildet, das am Grunde büschelige Saugfäden besitzt. Dauersporen intramatrikal, ohne Saugwürzelchen, mit dicker, stachliger Membran.

Auf Pandorina morum, selten. (Fig. 60.) **D. mamillata** Schröd.

11. Gattung: **Chytridium** A. Braun.

Die Schwärmspore bildet ein Sporangium, der Keimfaden bildet direkt ein schlauchf. od. wurzelf. Myzel, selten erst eine Blase. Sporangien flaschen- od. eif., an der Spitze mit Deckel sich öffnend. Dauersporen intramatrikal.

1. Ohne subsporangiale Blase. 2.

Sporangien kuglig od. eif., durch einen zarten, die Membran der Nährzelle durchsetzenden Schlauch mit einer Blase in Verbindung stehend, von der wenige zarte Rhizoiden entspringen. Auf Zygnema stellinum, Spirogyra crassa, Oedogonium, Vaucheria u. Nitella flexilis, zerstreut. **C. lagenaria** Schenk

2. Auf Oogonien von Oedogonium-Arten, nicht selten. (Fig. 61.)

C. olla A. Braun

Auf Mesocarpus, selten. **C. mesocarpi** (Fisch)

Auf Epithemia zebra, selten. **C. epithemiae** Nowak.

12. Gattung: **Rhizidium** A. Braun.

Die Schwärmspore wird zum Sporangium u. der Keimschlauch bildet ein pfahlwurzelartig sich verzweigendes Wurzelsystem. Sporangien kuglig od. länglich, mit meist schnabelf. vorspringender Entleerungspapille. Schwärmsporen sich vor der Mündung ansammelnd u. dann einzeln fortschwimmend. Dauersporen wie die Sporangien entstehend, oft fein behaart.

Im Schleim von Chaetophora elegans, selten. (Fig. 62.)

R. mycophilum A. Braun

13. Gattung: **Rhizophlyctis** A. Fischer.

Sporangien aus der Schwärmspore hervorgehend, am Umfange mit mehreren Rhizoidenbüscheln versehen, deren Enden in die Nährzelle eindringen, am Scheitel mit vorgestrecktem Hals od. kurzer Entleerungspapille. Dauersporen mit dicker Membran. Die Pflänzchen sitzen frei auf u. die weit verbreiteten Rhizoiden dringen in mehrere Nährzellen ein.

Auf Diatomeen in Salzwasser, selten. (Fig. 63.) **R. Braunii** (Zopf)

Auf Mastigothrix aeruginea, die Zellen gelb färbend, selten.

R. mastigotrichis (Nowak.)

Auf sehr feuchten Blumentöpfen rosenrote Färbung verursachend, selten. **R. rosea** (de By. et Wor.)

14. Gattung: **Polyphagus** Nowakowski.

Aus der Schwärmspore entwickeln sich weithin kriechende Rhizoiden, die nur mit den äußersten Enden in die Nährzellen eindringen. Ebenfalls an der Schwärmspore tritt ein Schlauch heraus, der in beliebiger Form anschwillt, alles Plasma in sich aufnimmt u. sich durch eine Wand abschließt; aus ihm wird das Sporangium, das sich am Scheitel mit enger Öffnung auftut. Dauersporen durch die Vereinigung des Inhaltes eines kleineren u. größeren Pflänzchens gebildet, kuglig, glatt od. feinstachlig.

Auf Ruhezuständen von Euglena viridis, zerstreut. (Fig. 64.)

P. euglenae Nowak.

5. Familie: **Hyphochytriaceae.**

Myzel weitlumig, schlauchf., aus Hauptachse u. wurzelf., im Substrat sich ausbreitendem Teil bestehend. Sporangien durch Querwand abgetrennt, in Einzahl an einem Seitenzweig terminal gebildet, mit Deckel sich öffnend. Schwärmsporen eingeißlig. Saprophyten.

Gattung: **Macrochytrium** v. Minden.

Sporangien nur eines an jedem Pflänzchen, br. ellipsoidisch, bis 900 μ lg. u. 750 μ br. Auf faulenden, im Wasser liegenden Früchten z. B. Äpfeln, selten. (Fig. 65.) **M. botrydioides** v. Mind.

6. Familie: **Cladochytriaceae.**

Myzel dünn, reich verzweigt u. weit ausgebreitet, stets mit terminalen u. interkalaren Anschwellungen, die oft in 2 od. mehr

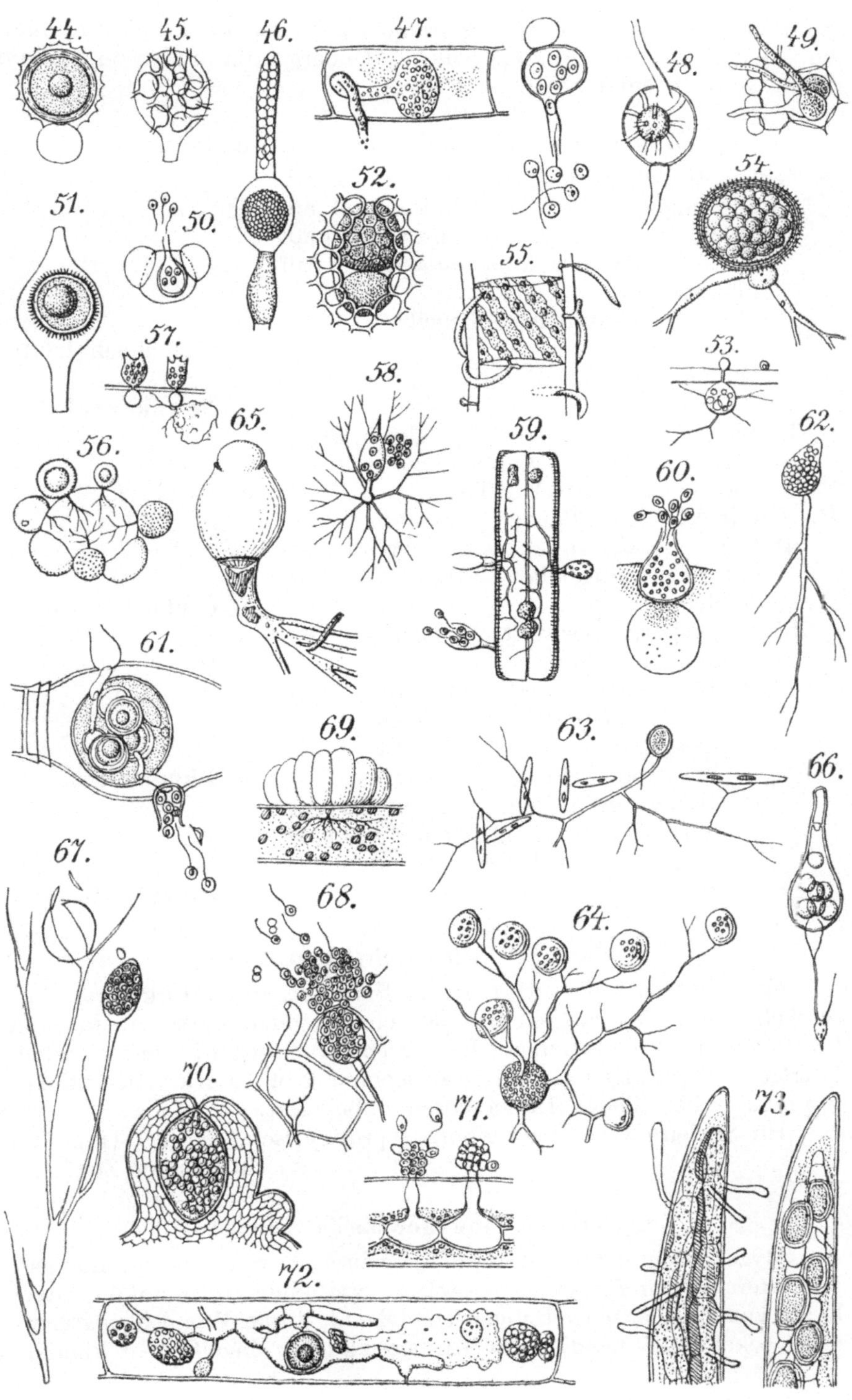

Sammelzellen geteilt werden. Sporangien zu vielen aus Anschwellungen entstehend, oft mit Anhangszellen. Dauersporen meist am selben Myzel ähnlich entstehend.

Bestimmungstabelle der Gattungen.

A. Nur in Kryptogamen od. Tieren wachsend.

  a) Sporangien interkalar od. terminal am Myzel aus Anschwellungen hervorgehend, nicht reihenweise hintereinander. Auf Chaetophora.

    I. Schwärmsporen unbegeißelt, stark amöboid. **1. Amoebochytrium.**

    II. Schwärmsporen eingeißlig, nicht amöboid. **2. Nowakowskiella.**

  b) Sporangien durch ziemlich gleich lange, kurz zylindrische Fadenstücke von einander getrennt. Auf Tieren u. Nitella. **3. Catenaria.**

B. Nur in höheren Pflanzen vorkommend.

  a) Dauersporen unbekannt. Sporangien mit Entleerungshals. Keine Gallen bildend. **4. Cladochytrium.**

  b) Dauersporen bekannt. Gallen od. Verfärbungen bildend.

    I. Dauersporen kuglig od. ellipsoidisch, seltener einseitig abgeflacht. Anhangszellen an beliebiger Stelle mit kürzerem Schlauch angeheftet. **5. Physoderma.**

    II. Dauersporen kuglig, stets einseitig flach u. vertieft u. hier mit einer an kurzem Stiel befestigten Anhangszelle. **6. Urophlyctis.**

1. Gattung: Amoebochytrium Zopf.

Myzel dünn, weit verbreitet im Substrat, mit interkalaren Anschwellungen. Sporangien aus der erstarkenden Spore u. aus den interkalaren Anschwellungen hervorgehend, flaschenf., mit ziemlich langem Entleerungshals. Schwärmsporen groß, stark amöboid beweglich, unbegeißelt. Dauersporen unbekannt.

Im Schleim von Chaetophora saprophytisch, selten. (Fig. 66.)

A. rhizidioides Zopf

2. Gattung: Nowakowskiella Schroet.

Myzel reich verzweigt, weit ausgebreitet, mit Anschwellungen, besonders an den Verzweigungsstellen. Sporangien terminal od. interkalar aus Myzelanschwellungen entstehend, durch Wand abgegrenzt, mit Deckel sich öffnend. Schwärmsporen kuglig, eingeißlig. Sekundär-

sporangien durch die leere Hülle des Primärsporangiums durchwachsend.

Dauersporen unbekannt. Im Schleim von Chaetophora elegans,
selten. (Fig. 67.) **N. elegans** (Nowak.)

3. Gattung: **Catenaria** Sorokin.

Myzel intramatrikal, aus zylindrischen, einzelligen Fäden bestehend, die an den Enden wurzelartig auslaufen, später spindel- od.
tonnenf. Anschwellungen zeigend, die durch dünnere, 1—2 zellige
Fadenstücke getrennt sind. Sporangien aus diesen Anschwellungen
hervorgehend, mit kurzem Entleerungshals. Schwärmsporen kuglig.
eingeißlig.

In Anguillula, Infusoriencysten, Rädertiereiern u. Nitella, sehr
zerstreut. **C. anguillulae** Sorok.

4. Gattung: **Cladochytrium** Nowakowski.

Myzel im Zellgewebe von Zelle zu Zelle ziehend, reich verzweigt.
Sporangien terminal od. interkalar im Substrat am Myzel gebildet,
entweder direkt aus den Anschwellungen hervorgehend od. erst nach
Zerfall der Anschwellungen in 2 Sammelzellen, von denen die eine zum
Sporangium wird, die andere dagegen als leere Anhangszelle bleibt.
Entleerungshals zylindrisch od. schnabelf. Dauersporen unbekannt.

Im Gewebe von Acorus, Iris pseudacorus, Glyceria fluitans
wachsend u. auch daraus hervortretend, zerstreut. (Fig. 68.)
C. tenue Nowak.

5. Gattung: **Physoderma** Wallr.

Myzel dünnfädig, von Zelle zu Zelle ziehend, oft einfache od. aus
2—3 Zellen bestehende Sammelzellen bildend. Sporangien wenig
bekannt, extramatrikal, wie ein Rhizophidium-Sporangium mit
Rhizoiden aufsitzend. Dauersporen meist allein bekannt, kuglig od.
ellipsoidisch, selten einseitig flach, meist mit einer Anhangszelle in
Verbindung, mit glatter, brauner Membran. Keimung mit oder ohne
Deckel, unter Schwärmsporenbildung. Nur Verfärbungen od. pustelf.
od. schwielenf. Anschwellungen erzeugend.

1. In Monokotyledonen. 2.
    In Dikotyledonen. 3.
2. Auf Alisma plantago u. ranunculoides bräunliche, kreisf. od.
    längliche Pusteln od. Flecken hervorbringend, häufig. (Fig. 69.)
P. maculare Wallr.
    Auf den Blättern von Butomus umbellatus balßgelbe, dann
dunkle Flecken erzeugend, zerstreut. **P. butomi** Schroet.
    Auf Phleum pratense, Dactylis glomerata u. Triticum repens
hellbraune, parallele Längsstreifen in den Blättern bildend, zerstreut. **P. graminis** (Büsgen)

Auf Phalaris arundinacea, Glyceria-Arten, Alopecurus pratensis längliche Flecken in Blättern u. Scheiden bildend, zerstreut.

P. Gerhardti Schroet.

Auf Scirpus maritimus schwarze Flecken od. Streifen bildend, selten.

P. Schroeteri Krieger

Auf Scirpus palustris flache Schwielen bildend, selten.

P. heleocharidis Schroet.

An den Blättern von Iris pseudacorus bräunlich schwärzliche Flecken bildend, selten.

P. iridis (de By.)

In den oberirdischen Teilen von Allium schoenoprasum schwarzbraune Schwielen bildend, selten.

P. allii Krieger

An Acorus calamus braune längliche Flecken erzeugend, selten.

P. calami Krieger

3. Auf Ranunculaceen, Umbelliferen, Potentilla anserina, Nasturtium amphibium Pusteln, Schwielen u. Verkrümmungen od. Verkümmerungen bildend, zerstreut.

P. vagans Schroet.

Auf den langgestielten Wasserblättern von Ranunculus flammula schwarzbraune Pusteln od. Flecken bildend, selten.

P. flammulae (Büsgen)

Auf den Blattstielen u. Blättern flache od. punktf. Schwielen erzeugend, selten.

P. Magnusianum Krieger

Auf den Blättern u. Blattstielen von Menyanthes trifoliata weißliche, rötliche, zuletzt dunkelbraune Schwielen bildend.

P. menyanthis de By.

An Blättern, Blattstielen u. Stengeln flache rötliche bis dunkelbraune Schwielen bildend, selten.

P. speciosum Schroet.

An den Stengeln von Mentha aquatica dicke, schwarzbraune Schwielen bildend, selten.

P. menthae Schroet.

6. Gattung: **Urophlyctis** Schroeter.

Myzel dünn, reich verzweigt, mit Anschwellungen versehen, entweder in einer sich stark vergrößernden Wirtszelle lokalisiert od. sich über viele Zellen ausbreitend, oft große Gewebepartien ganz zerstörend. Sporangien sehr selten, aufsitzend, aber stets im Gewebe eingesenkt. Dauersporen durch Kopulation zweier Anschwellungen entstehend, kuglig od. ellipsoidisch, einseitig abgeflacht u. hier mit einer Anhangszelle (wenigstens in der Jugend) in Verbindung, mit brauner, glatter Membran. Parasiten in ober- od. unterirdischen Organen höherer Pflanzen, z. T. große Gallen, Deformationen usw. verursachend.

1. Myzel auf eine sich riesig vergrößernde Wirtszelle beschränkt bleibend, nicht in die Nachbarzellen übergehend. 2.

Myzel in die Nachbarzellen unter charakteristischen Durchbrechungen der Membranen übertretend, große Hohlräume durch Zerstörung der Zellen entstehend. 3.

2. Glashelle, knotige od. perlähnliche Gallen mit dunklem Kern auf den oberirdischen Organen von Carum carvi erzeugend, zerstreut. (Fig. 70.) **U. Kriegeriana** Magnus

In Rübenwurzeln riesige knollige, lepraartige Anschwellungen bildend, vielleicht im Westen des Gebietes. **U. leproidea** (Trabut)
3. In oberirdischen Organen. 4.
   In unterirdischen Organen. 5.
4. Auf Blättern u. Stengeln von Chenopodium glaucum, rubrum, urbicum u. Atriplex patulum, hastatum Auftreibungen u. Verkrümmungen verursachend, zerstreut. **U. pulposa** (Wallr.)
   Auf den Blättern u. Stengeln von Rumex acetosa, arifolius u. maritimus rotbraune, halbkuglige, kleine Pusteln bildend, selten.
   U. major Schroet.
5. An den Wurzeln von Rumex scutatus knollige Auswüchse bildend, selten. **U. Rübsaameni** Magnus
   Am Stengelgrund und den oberen Wurzelteilen von Medicago sativa erbsengroße Anschwellungen, die zu traubigen Gebilden zusammentreten, erzeugend, selten. **U. alfalfae** (Lagh.)

II. Reihe: **Ancylistineae.**

Myzel intramatrikal, schlauchf., selten verzweigt, durch Querwände in Zellen zerfallend, die entweder zu Sporangien od. zu Oogonien u. Antheridien werden. Sporangien mit Entleerungsschlauch. Antheridien u. Oogonien abwechselnd entstehend, durch einen Kopulationsschlauch in Verbindung tretend. Oosporen stets in der Einzahl, mit Schwärmern od. Keimschlauch auskeimend. Schwärmer zweigeißlig.

Einzige Familie: **Ancylistaceae.**

Bestimmungstabelle der Gattungen.
A. Th. restlos in Sporangien od. Geschlechtszellen zerfallend. Sporangien u. Oosporen nur Schwärmsporen bildend.
   a) Schwärmsporen im Sporangium gebildet u. sich vor der Mündung häutend. **1. Achlyogeton.**
   b) Inhalt der Sporangien in einer Blase austretend u. erst dann in Schwärmsporen zerfallend.
      I. Th. ganz unverzweigt. **2. Myzocytium.**
      II. Th. mit Seitenästchen od. Anstülpungen **3. Lagenidium.**
B. Thglieder u. Oosporen vegetativ in Hyphen auskeimend. Schwärmsporen ganz fehlend. **4. Ancylistes.**

1. Gattung: **Achlyogeton** Schenk.

Th. schlauchf., mit Querwänden. Jede Zelle wird zum Sporangium, das mit einem Entleerungsschlauch nach außen mündet. Schwärmsporen ausschlüpfend und vor der Mündung sich ansammelnd u. häutend. Geschlechtszellen unbekannt.
In Cladophora-Zellen, selten. (Fig. 71.)
A. entophytum Schenk

2. Gattung: **Myzocytium** Schenk.

Wie vor. Gatt., aber der Inhalt der Sporangien in einer Blase austretend u. sich dann erst in Schwärmsporen sondernd. Geschlechtszellen nebeneinander, Oosporen in Schwärmsporen auskeimend.

In den Zellen von Conjugaten, Oedogonium u. Cladophora, nicht selten. **M. proliferum** Schenk

In Anguillula, zerstreut. **M. vermicolum** (Zopf)

3. Gattung: **Lagenidium** Schenk.

Th. schlauchf. mit kurzen Seitenästchen u. Ausstülpungen, ebenso in Sporangien od. Geschlechtszellen ohne Einschnürung zerfallend. Schwärmsporenbildung beim Sporangium wie bei vor. Gattung. Antheridien zylindrisch, schlauchf., Oogonien meist + kuglig, beide auf derselben od. auf verschiedenen Pflanzen.

In den vegetativen Zellen von Spirogyra, Mesocarpus, Mougeotia, nicht selten. (Fig. 72.) **L. Rabenhorstii** Zopf

In den Zygoten von Spirogyra, zerstreut.

L. entophytum (Pringsh.)

In Oedogonium Boscii, selten. **L. syncytiorum** Kleb.

In größeren Diatomeen, zerstreut. **L. enecans** Zopf

In Pinuspollen, selten. **L. pygmaeum** Zopf

4. Gattung: **Ancylistes** Pfitzer.

Th. schlauchf., unverzweigt, in einzelne Teilstücke zerfallend, jedes die Wandung durchbohrend, auswachsend u. in neue Zellen eindringend. Diözisch. Oosporen mit Keimschlauch keimend.

In Closterium-Zellen, zerstreut. (Fig. 73.)

A. closterii Pfitz.

III. Reihe: **Monoblepharidineae.**

Myzel dünn, wenig verzweigt, Sporangien zylindrisch, Schwärmsporen fertig ausschwärmend, eingeißlig. Oogonien an der Spitze der Fäden gebildet, mit einer Oospore. Antheridien zylindrisch, unterhalb der Oogonien, in ihnen eingeißlige Spermatozoiden gebildet, welche am sich öffnenden Scheitel des Oogons eindringen u. die Oosphäre befruchten. Oospore kuglig, meist warzig, mit Schlauch auskeimend.

Einzige Familie: **Monoblepharidaceae.**

Gattung: **Monoblepharis** Cornu.

Oogonien einzeln od. zu mehreren, oft reihenweise. Antheridien als kleine Zelle am Oogon ansitzend, seltener unter demselben. Auf untergetauchten Zweigen, selten. (Fig. 74.)

M. polymorpha Cornu

Oogonien reihenweise, viele hintereinander. Antheridien an od. unter den Oogonien, bisweilen reihenweise u. dann getrennt von den Oogonien. Ebenda. **M. macrandra** (Lagh.)

IV. Reihe: Saprolegniineae.

Myzel schlauchf., verzweigt, nur zur Abgrenzung der Fruktifikationsorgane mit Querwänden. Schwärmsporangien $+$ lg., zylindrisch. Schwärmsporen zweigeißlig. Oogonien an kurzen Seitenästen, gewöhnlich mit mehreren Oosphären. Antheridien fädig, unterhalb der Oogonien od. an anderen Individuen (diözisch) entstehend, in die Oogonien hineinwachsend u. sich verzweigend. Die Befruchtung erfolgt durch Austreten der Kerne aus den Antheridialästen u. Vereinigung mit denen der Oosphären. Wasserpilze auf Tieren u. Pflanzenresten.

Bestimmungstabelle der Familien und Gattungen.

A. Myzel überall gleich dick, ganz ungegliedert. — Fam. **Saprolegniaceae.**
 a) Schwärmsporen aus dem Sporangium ausschwärmend.
  I. Sporangien keulig, Schwärmsporen in mehreren Reihen liegend.
   1. Schwärmsporen sich nach dem Austritt sofort zerstreuend, Sporangien durchwachsend. — **1. Saprolegnia.**
   2. Schwärmsporen sich vor der Öffnung sammelnd u. dann erst ausschwärmend. Sporangien nicht durchwachsend. — **2. Achlya.**
   3. Schwärmsporen nicht durch eine gemeinsame Öffnung austretend, sondern jede einzelne die Membran durchbohrend. — **3. Dictyuchus.**
  II. Sporangien fädig, Schwärmsporen nur in einer Reihe liegend.
   1. Schwärmsporen nach dem Austritt sich zerstreuend. — **4. Leptolegnia.**
   2. Schwärmsporen nach dem Austritt zuerst als Köpfchen liegen bleibend. — **5. Aphanomyces.**
 b) Schwärmsporen bereits im Sporangium mit Keimschlauch keimend. — **6. Aplanes.**
B. Myzel durch Einschnürungen in einzelne Partien abgeteilt. — Fam. **Leptomitaceae.**
 a) Schwärmsporen bei ihrem Austritt sofort sich entfernend. — **7. Leptomitus**
 b) Schwärmsporen vor der Öffnung zuerst liegen bleibend. — **8. Apodachlya.**

1. Gattung: Saprolegnia Nees.

Myzelschlauch dick, + verzweigt, strahlig vom Substrat abstehend. Sporangien endständig, zylindrisch od. keulenf., am Scheitel mit Loch sich öffnend, nach der Entleerung ein neues Sporangium das leere durchwachsend, so daß oft viele ineinander stecken.

1. Oogonien morgensternartig mit Vorsprüngen versehen, eineiig. Antheridien an Ende von Ästen, die dicht am Oogon entspringen. Sporangien durchwachsend. Auf toten Fliegen im Wasser, sehr zerstreut.   **S. asterophora** de By.
   Oogonien nicht mit Vorsprüngen, vieleiig.   2.
2. Oogonien am Ende der Fäden, seltener an Seitenästchen hintereinander entstehend, bei der Reife abfallend. Antheridien unbekannt. Sporangien durchwachsend od. durch zymöse Sprossung sich erneuernd. Auf Fliegen usw. sehr selten. (Fig. 75.)
                                    S. monilifera de By.
   Oogonien nicht abfallend. Sporangien nur durchwachsend. 3.
3. Antheridien stets vorhanden, selten fehlend.   4.
   Antheridien fehlend, höchst selten vorhanden.   6.
4. Antheridien unmittelbar unter dem Oogon entspringend, oft nur die Scheidewand sich in das Oogon verstülpend, nie an Nebenästen. Oogonien terminal, + kuglig od. interkalar, tonnenf. Auf toten Insekten in Wasser, auch auf toten Krebsen, verbreitet.
                                    S. hypogyna (Pringsh.)
   Antheridien entfernt vom Oogon entspringend, am Ende langer, oft windender, dünnerer Nebenstämme od. -äste.   5.
5. Rasen schlaff abstehend, Oogonien terminal od. interkalar, einzeln od. mehrere hintereinander, an den Hauptfäden. Antheridien sehr zahlreich, auf Nebenästen, die an dünneren, besonderen Hauptästen entspringen. Oosporen bis 20 in einem Oogon, kuglig. Auf Insekten im stehenden Wasser, häufig.   **S. dioica** de By.
   Rasen bis 1 cm br., straff abstehend außerhalb des Wassers. Oogonien am Ende kurzer Nebenäste, die traubig aus dem Hauptstamm entspringen. Antheridien am Ende von Nebenästen, welche aus dem Hauptstamme in der Nähe des Oogons entspringen. Oosporen meist zu 5—10 im Oogon, kuglig. Auf toten Insekten, Fischen, Krebsen im Wasser, häufig.   **S. monoica** (Pringsh.)
6. Rasen bis 1,5 cm br., straff abstehend außerhalb des Wasser. Oogonien terminal, einzeln an Haupt- u. Nebenästen, nicht traubig. Oosporen fast stets zahlreich im Oogon. Wie vor., häufig. (Fig. 76.)
                                    S. Thureti de By.
   Rasen bis 1 cm br., schlaff, Fäden am Ende mit keuligen Sporangien, später in mehrere, durch Wände abgegrenzte Teilstücke gegliedert, welche zu reihenweise liegenden Sporangien, Oogonien od. Dauerzellen werden. Oogonien reihenweise aus den Anschwellungen hervorgehend. Antheridien sehr selten vorhanden. Oosporen zu mehreren im Oogon. Auf toten Insekten, im Wasser, zerstreut.   **S. torulosa** de By.

2. Gattung: **Achlya** Nees.

Sporangien nicht durchwachsend, sondern unterhalb des entleerten Sporangiums seitlich ein neues emporwachsend. Schwärmsporen sich vor der Öffnung sammelnd, sich häutend u. dann erst fortschwärmend. Alles übrige wie bei vor. Gatt. Rasen meist mit starr abstehenden Ästen.

1. Oogonien durch Ausstülpungen unregelmäßig stachlig. Antheridien immer vorhanden. Oosporen meist 4—8 im Oogon. Auf Fliegen im Wasser, selten. **A. oligacantha** de By.
Oogonien ganz glatt od. höchstens einmal mit einer Ausstülpung. Antheridien stets vorhanden, auf Nebenästen. 2.

2. Antheridien niemals an denselben Hauptschläuchen wie die Oogonien entspringend. Oogonien auf langen Stielen traubig am Hauptast entspringend. Oosporen zahlreich. In stehendem Wasser auf Insekten usw., häufig. **A. prolifera** Nees
Antheridien vom Stiel des Oogons od. den dasselbe tragenden Hauptschläuchen entspringend. 3.

3. Nebenäste mit den Antheridien vom Stiel der Oogonien entspringend. 4.
Nebenäste nicht von den Oogonstielen, sondern vom Hauptschlauch selbst entspringend. 5.

4. Oogonien kurz gestielt, Stiele am Tragfaden traubig dicht stehend. Antheridien an jedem Oogon 1—2, aus unverzweigten Nebenästen, die sich henkelartig zum Oogon hinbiegen, entspringend. Oosporen zu 1—6. Auf Tieren u. pflanzlichen Abfallstoffen im Wasser, häufig. (Fig. 77.) **A. racemosa** Hildeb.
Oogonien wie bei vor. Art, aber die Stiele viel dünner, hakig gekrümmt u. viel länger. Antheridien auf reichlich verzweigten, nicht henkelf. gebogenen Nebenästen. Oosporen zahlreich. Auf Insekten im Wasser, selten. **A. gracilipes** de By.

5. Oogonien an kurzen, oft hakig gekrümmten Stielen, die traubig am Faden stehen, länglich eif., mit scharfem Spitzchen am Scheitel. Antheridien auf dünnen, wenig verzweigten Nebenästen, die am Hauptfaden in der Nähe des Oogonstieles entspringen. Oosporen 1—6, kuglig, ca. 38—50 μ im Durchm. Auf Insekten im Wasser, selten. **A. apiculata** de By.
Oogonien auf kurzen, traubig am Tragfaden stehenden Stielen, kuglig. Antheridien auf dünnen, vielfach gewundenen Nebenästen, die am Tragfaden entspringen. Oosporen meist 3—10, 18—25 μ im Durchm. Auf Insekten, Fischen, Krebsen im Wasser, häufig. **A. polyandra** Hildeb.

3. Gattung: **Dictyuchus** Leitgeb.

Sporangien wie bei Achlya, ebenso die Oogonien u. Antheridien. Schwärmsporen im Sporangium eine Membran bildend u. einzeln durch

48 Saprolegniineae.

die Sporangienmembran austretend, so daß ein Netzwerk darin zurückbleibt.

Auf faulenden Insekten u. Ästen im Wasser, selten. (Fig. 78.)

D. monosporus Leitgeb

4. Gattung: **Leptolegnia** de By.

Rasen schlaff. Sporangien terminal, fädig. Schwärmsporen einreihig liegend, am Scheitel ausschlüpfend, mit 2 endständigen Geißeln, dann zur Ruhe kommend, sich häutend u. mit 2 seitlichen Geißeln weiter schwärmend. Oogonien eineiig, sonst wie bei Saprolegnia, ebenso die Antheridien.

In Gebirgsseen, sonst selten **L. caudata** de By.

5. Gattung: **Aphanomyces** de By.

Rasen sehr feinfädig, wenig verzweigt. Sporangien fädig, Schwärmsporen einreihig, vor der Mündung sich sammelnd, u. nach Häutung fortschwimmend. Oogonien eineiig. Antheridien wie bei Achlya.

1. Oogonien glatt. Auf Insekten im Wasser, selten.

A. laevis de By.

Oogonien mit warzen- od. stachelf. Ausstülpungen. 2.

2. Auf in Wasser liegenden Insekten. 3.

Myzel parasitisch, in Spirogyren lebend, Sporangien u. Oogonien außerhalb der Wirtszellen. Oogonien an kurzen Fädchen. Antheridien am Ende von Nebenästen. Oosporen einzeln, kuglig. Selten.

A. phycophilus de By.

3. Oogonien feinwarzig rauh. **A. scaber** de By.

Oogonien mit großen, stumpf kegelf. Aussackungen, zerstreut. (Fig. 79.) **A. stellatus** de By.

6. Gattung: **Aplanes** de By.

Schwärmsporen nicht schwärmend, sondern im Sporangium auskeimend u. mit dem Keimschlauch die Wandung durchbohrend. Alles übrige wie bei Saprolegnia. Oosporen zahlreich.

Auf Insekten u. Pflanzenteilen im Wasser, selten. (Fig. 80.)

A. Braunii de By.

7. Gattung: **Leptomitus** Agardh.

Fäden verzweigt, in regelmäßigen Zwischenräumen ringf. eingeschnürt. In jedem Glied mehrere Zellulinkörner, welche das Fadenglied abschließen können (bewegliche Scheidewände). Sporangium zylindrisch, endständig, oft mehrere übereinander. Schwärmsporen mit 2 endständigen Geißeln. Oogonien unbekannt.

Große flutende, weiße, später schmutzig graue Rasen (Lämmerschwänze) an Holz u. Steinen bildend, nur in stark verschmutztem Wasser (Rieselfelder, Abwässer von Zucker- u. Stärkefabriken usw.), häufig. (Fig. 81.) **L lacteus** Ag.

8. Gattung: **Apodachlya** Pringsheim.

Fäden wie bei vor. Gatt. Sporangien terminal, kuglig od. birnf. Schwärmsporen sich vor der Mündung sammelnd u. nach Häutung fortschwimmend. Oogonien unbekannt.
Zwischen faulenden Characeen, auch in Abwässern, selten. (Fig.82.)
A. pirifera Zopf

V. Reihe: **Peronosporineae.**

Myzel schlauchf., meist in den Interzellularen der Nährpflanzen u. mit Haustorien versehen. Konidienträger verschieden. Konidien entweder zu Schwärmsporangien werdend od. mit Keimschlauch keimend. Oogonien an kurzen Seitenzweigen, stets eineiig. Antheridien an Seitenzweigen, kurzzellig, sich in das Oogon einbohrend. Außer wenigen Arten ausschließlich Parasiten von Landpflanzen.

Bestimmungstabelle der Familien u. Gattungen.

A. Schwärmsporangien vorhanden, welche ihren Inhalt in eine Blase entleeren u. darin die Schwärmer bilden Daneben oft Konidien, die mit Keimschlauch austreiben. Wasserbewohner od. Parasiten in feuchter Luft — Fam. **Pythiaceae.**

   a) Schwärmsporangien fadenf., nicht breiter als die Fäden. — **1. Nematosporangium.**

   b) Schwärmsporangien kuglig od. zitronenf. — **2. Pythium.**

B Besondere Schwärmsporangien fehlend. Nur Konidien vorhanden, die sich zu Schwärmsporangien umbilden od. mit Keimschlauch austreiben. Ausschließlich Parasiten auf höheren Landpflanzen.

   a) Konidienträger keulenf., unter der Epidermis entstehend, Konidien reihenweise gebildet — Fam. **Albuginaceae.** **3. Albugo.**

   b) Konidienträger über der Epidermis hervortretend, verzweigt. Konidien an den Enden der Äste einzeln gebildet, abfallend. — Fam. **Peronosporaceae.**

     I Konidien sofort Schwärmsporen bildend od. erst den Inhalt entleerend, der dann zu Schwärmern wird.

      1. Konidienträger unverzweigt, nach Bildung der 1. Konidie

weiter wachsend u. dann auch
bisweilen mit einigen Zweigen.   **4. Phytophthora.**
2. Konidienträger vor Bildung der
   Konidien fertig verzweigt,
   meist baumf.
   α) Auf Gramineen, die Blätter
      u. Blütenstände stark um-
      bildend. Oospore fest mit
      der Oogonwandung ver-
      wachsen.   **5. Sclerospora.**
   β) Nicht auf Gramineen, keine
      Verbildungen hervorrufend.
      Oospore frei ım Oogon.   **6. Plasmopara.**
II. Konidien nur mit Keimschlauch
    keimend.
    1. Konidien mit Scheitelpapille,
       durch die der Keimschlauch
       austritt.   **7. Bremia.**
    2. Konidien ohne Papille, an be-
       liebiger Stelle auskeimend. **8. Peronospora.**

1. Gattung: **Nematosporangium** A. Fischer.

Schwärmsporangien fädig, nicht breiter als die Myzelfäden, oft
nicht durch Wand abgetrennt. Konidien fehlen.

Schwärmsporangien nicht abgegrenzt durch Scheidewand.
Oosporen unbekannt. Parasitisch in Zellen von Spirogyra, Cladophora, Vaucheria, Bangia atropurpurea, sehr zerstreut.

N. gracile (Schenk)

Schwärmsporangien durch Wand abgegrenzt. Oogonien terminal od. dicht unter dem Astende gebildet u. deshalb wie geschnäbelt aussehend. Auf Fliegen u. Mehlwürmern im Wasser,
sehr zerstreut.   **N. monospermum** (Pringsh.)

2. Gattung: **Pythium** Pringsheim.

Schwärmsporangien kuglig od. zitronenf., breiter als die Fäden.
Konidien wie die Sporangien, abfallend, meist mit Keimschlauch
keimend. Oogonien kuglig, Antheridien kurz keulig.
1. Oogonien stachlig.   2.
   Oogonien glatt.   3.
2. Sporangien + kuglig. Keine Konidien vorhanden. Oogonien
   meist terminal, durch zahlreiche radiale, kegelf. Ausstülpungen
   stachlig. Antheridien von benachbarten Ästen entspringend.
   Saprophytisch in abgestorbenen Pflanzenteilen im Wasser, auch
   in feuchter Luft rasenbildend, zerstreut.

P. megalacanthum de By.

Sporangien u. Konidien unbekannt. Oogonien meist interkalar,
kuglig, ınit stachelspitzigen Ausstülpungen, nicht so dicht stachlig

wie bei vor. Antheridien aus angrenzenden Fadenstücken entstehend. Saprophytisch in abgestorbenen Pflanzenteilen, auch Kartoffeln, nicht selten. **P. hydnosporum** (Mont.)
3. Konidien ganz fehlend. 3.
   Konidien vorhanden. 4.
4. Sporangien kuglig od. br. eif., nach der Entleerung durchwachsend od. seitlich ein neues Sporangium bildend. Oogonien intramatrikal. Antheridien meist 2, auf ebenso vielen kleinen am Tragfaden des Oogons entspringenden Nebenästen. Auf toten Insekten u. Pflanzenteilen im Wasser, zerstreut.
P. proliferum de By.
   Sporangien usw. wie vor. Oogonien extramatrikal. Antheridien dicht unter dem Oogon am Tragfaden entstehend, nicht auf Nebenästen. Wie vor. **P. ferax** de By.
5. In Pflanzen. 5.
   Schwärmsporangien fehlen, nur Konidien reihenf. od. traubig gebildet. Oosporen sehr klein. In Anguillula aceti, nicht selten.
P. anguillulae aceti Sadeb.
6. Parasitisch. Sporangien nicht durchwachsend. Konidien abfallend, mit Keimschlauch keimend. Oogonien terminal, kuglig. Antheridien hakig gekrümmt, unter dem Oogon hervorwachsend. Parasitisch in Keimlingen höherer Pflanzen bei sehr feuchter Luft u. auch im Wasser auf Fliegen wachsend. Keimpflanzen umfallend u. faulend, häufig. (Fig. 83.)
P. de Baryanum Hesse
   Meist saprophytisch. Sporangienanlagen sich stets zu Konidien umbildend, kuglig, abfallend, reihenweise entstehend od. in fast traubigen Ständen. Oogonien unbekannt. Saprophytisch auf toten Keimpflanzen in Wasser od. sehr feuchter Luft, von da auch auf Fliegen od. auf lebende Prothallien übergehend, selten.
P. intermedium de By.

3. Gattung: **Albugo** Gray.

   Parasitisch, Myzel interzellular, Haustorien kuglig-blasenf Konidienträger keulig, dicht zusammenstehend, unter der Epidermis gebildet. Konidien reihenweise abgeschnürt, durch verquellende Zwischenstücke verbunden, mit Schwärmsporen auskeimend. Oogonien an Seitenästen terminal, Antheridien keulig, mit feinem Schlauch ins Oogon eindringend. Oosporen kuglig, mit mehrschichtiger Membran, in einer Blase auskeimend, in der Schwärmsporen entstehen.
   Auf vielen Cruciferen rein weiße, dicke, meist sehr ausgedehnte Überzüge auf allen oberirdischen Teilen bildend (weißer Rost), gemein. (Fig. 84.) **A. candida** (Pers.)
   Auf vielen Kompositen gelblichweiße, längliche od. rundliche Lager bildend, häufig. **A. tragopogonis** (Pers.)
   Auf Amarantus blitum u. retroflexus rundliche, gelblichweiße Lager bildend, seltner. **A. bliti** (Biv. Bernh.)

Auf Portulaca oleracea u. sativa kleine, gelblichweiße Pusteln bildend, zerstreut.   **A. portulacae** (DC.)

Auf Spergularia rubra u. salina dicke, gelbliche Lager bildend, zerstreut.   **A. lepigoni** de By.

4. Gattung: **Phytophthora** de By.

Parasiten. Haustorien fädig, oft fehlend. Konidienträger erst unverzweigt, nach Bildung der 1. Konidie weiterwachsend u. sich spärlich verzweigend. Konidien Schwärmer bildend. Oosporen mit Keimschlauch keimend. Konidienrasen äußerlich als weiße Fleckchen bemerkbar.

Oosporen bräunlich. Konidien zitronenf., 50—60 μ lg., 35 μ br. u. größer. Auf vielen krautartigen Pflanzen, namentlich ihren Sämlingen, besonders schädlich auf Gewächshauskakteen, Sämlingen der Waldbäume in Pflanzgärten usw., stets die Pflanzen vernichtend, häufig. (Fig. 85.)   **P. cactorum** (Cohn et Leb.)

Oosporen unbekannt. Konidien ähnlich, aber viel kleiner, meist 27—30 μ lg., 15—20 μ br. Auf Solanum-Arten, Anthocercis viscosa u. Schizanthus Grahami. Auf Kartoffeln die gefürchtete Kartoffelfäule hervorrufend, in nassen Jahren nicht selten.   (Fig. 86.)
P. infestans (Mont.)

5. Gattung: **Sclerospora** Schroet.

Parasiten. Konidienträger niedrig, Verzweigungen kurz gabelig od. dreiteilig, erst an der Spitze des Trägers beginnend. Konidien mit Schwärmsporen keimend. Oosporen mit der Oogonwandung verwachsend.

Auf Setaria-Arten die Blütenstände u. Blätter verbildend, zerstreut. (Fig. 87.)   **S. graminicola** (Sacc.)

6. Gattung: **Plasmopara** Schroet.

Parasiten. Haustorien bläschenf. Konidienträger büschlig zu den Spaltöffnungen hervorbrechend, rasenbildend, mit bäumchenf., oft spärlicher Verzweigung, Endästchen gerade, meist abgestutzt. Konidien mit Scheitelpapille, schwärmsporenbildend od. den Inhalt als ganzes ausstoßend, woraus dann die Schwärmer hervorgehen.

Auf Anemone-Arten, Isopyrum, Aconitum napellus niedrige, fleckenf., weiße Rasen bildend, nicht selten. F. S. (Fig. 88.)
P. pygmaea (Unger)

Auf Geranium-Arten schneeweiße, fleckenf. Rasen bildend, häufig. F. S.   **P. pusilla** (de By.)

Auf den Kotyledonen von Impatius nolitangere, die Unterseite überziehend, selten. F.   **P. obducens** Schroet.

Auf Epilobium palustre u. parvifolium weiße, + große Rasen bildend, zerstreut. S.   **P. epilobii** (Rabenh.)

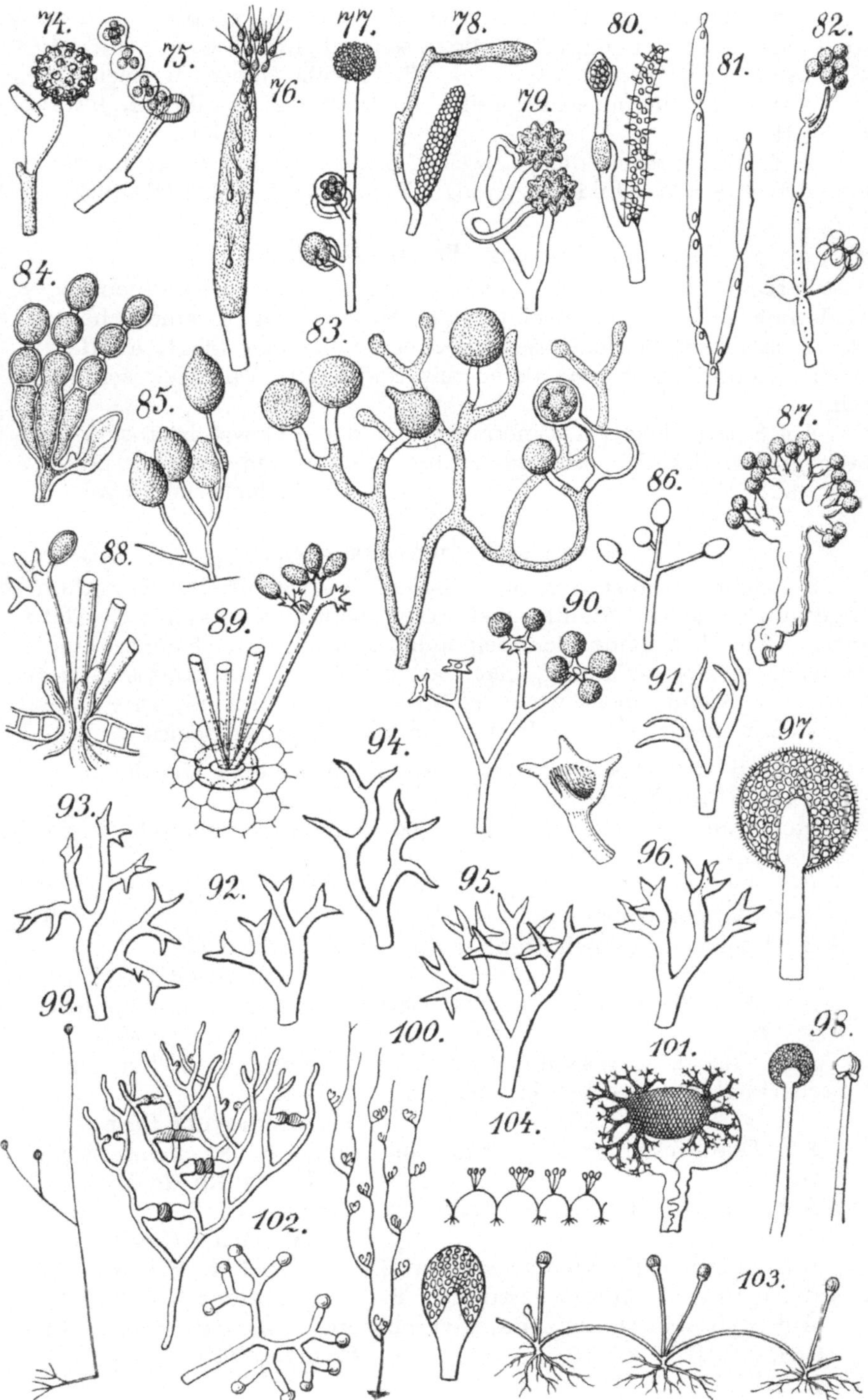

Auf Blättern u. Früchten der Weinstöcke, größere u. hohe, weißliche Rasen bildend, oft häufig u. sehr schädlich. S. H. (Falscher Mehltau.) (Fig. 89.)   **P. viticola** (Berk. et Curt.)

Auf Umbelliferen schneeweiße, niedrige Rasen bildend, häufig. F. S. H.   **P. nivea** (Ung.)

Auf Rhinantheen dichte, weiße, oft die ganze Blattunterseite überziehende Rasen bildend, häufig. F. S.   **P. densa** (Rabh.)

7. Gattung: **Bremia** Regel.

Parasiten.   Haustorien blasen- od. keulenf.   Konidienträger wiederholt dichotom verzweigt, letzte Auszweigung in eine schalenf. Platte erweitert, welche seitlich einige Spitzchen trägt, an denen je eine Konidie sitzt.   Konidien mit Endpapille, mit Keimschlauch keimend.

Auf Salat, Cichorien, Cinerarien u. anderen Gewächshauskompositen großen Schaden stiftend, zarte, weiße Rasen bildend, häufig. (Fig, 90.)   **B. lactucae** Regel

8. Gattung: **Peronospora** Corda.

Parasiten.   Haustorien meist fadenf., $\pm$ verzweigt.   Konidienträger aus einfachem Stamm, mehrmals dichotom verzweigt, Endäste spitz.   Konidien ohne Scheitelpapille, seitlich mit Keimschlauch keimend.   Oosporen kuglig, glatt od. skulptiert, mit Keimschlauch keimend.   Kleine, meist weiße od. graue Rasen bildend, selten weit ausgedehnt, meist auf der Blattunterseite hervorbrechend.

1. Membran der Oosporen mit warzen- od. leistenf. Verdickungen
   besetzt (Calothecae).   2.
       Membran der Oosporen glatt od. höchstens gefaltet (Leio-
   thecae).   5.
2. Auf Polypetalen.   3.
       Auf Sympetalen.   4.
3. Auf Holosteum umbellatum, nicht selten.   F.
                                              P. holostei Casp.
   Auf Arenaria serpyllifolia u. Moehringia trinervia, nicht selten.
   F. S. H.   **P. arenariae** (Berk.)
   Auf Alsine, Cerastium, Honckenya, Spergula, Scleranthus, Stellaria (besonders media), häufig.   F. S. H.
                                           P. alsinearum Casp.
   Auf Dianthus, Silene, Melandryum, Agrostemma, nicht selten.
   F. S. H.   **P. dianthi** de By.
   Auf Vicia, Lens, Pisum, Lathyrus, häufig.   F. S.
                                              P. viciae (Berk.)
   Auf Linum catharticum, selten.   S.   **P. lini** Schroet.
4. Auf Erythraea, Chlora, zerstreut.   S.   **P. chlorae** de By.
   Auf Myosotis, Omphalodes, Symphytum, Lithospermum, nicht selten.   F. S.   **P. myosotidis** de By.

Peronosporineae.

Auf Asperugo procumbens, selten. F. S.
P. asperuginis Schroet.
Auf Asperula, Galium, Sherardia, nicht selten. F. S. H.
P. calotheca de By.
5. Wand des Oogons dick, mehrschichtig, nach der Reife nicht
zusammenfallend (Parasiticae).   6.
Wand des Oogons dünn, zusammenfallend.   7.
6. Auf Corydalis-Arten, zerstreut. F.
P. corydalis de By.
Auf Cruciferen, besonders Capsella, oft mit Albugo candida
zusammen, häufig. F. S. (Fig. 91.) **P. parasitica** (Pers.)
7. Auf Monokotyledonen. Auf Allium cepa u. fistulosum, zerstreut.
P. Schleideni Unger

Auf Polypetalen.   8.
Auf Sympetalen.   9.
8. Auf Urtica dioica u. urens, nicht selten. F. S.
P. urticae (Lib.)
Auf Chenopodium, Atriplex, Spinacia, häufig.
P. effusa (Grev.)
Auf Beta vulgaris, zerstreut u. schädlich. S. (Fig. 92.)
P. Schachtii Fuck.
Auf Spergula arvensis u. pentandra, häufig. F. S.
P. obovata Bon.
Auf Ranunculus, Ficaria, Myosurus, nicht selten. F. S. H.
P. ficariae Tul.
Auf Eranthis hiemalis, selten. F.   **P. eranthidis** Pass.
Auf Papaver, häufig. F. S.   **P. arborescens** (Berk.)
Auf Fumaria, zerstreut. F. S.   **P. affinis** Roßmann
Auf Chrysosplenium alternifolium u. Saxifraga granulata, selten.
F. S.   **P. chrysosplenii** Fuck.
Auf Potentilla, Fragaria, Alchimilla, Agrimonia, Sanguisorba,
Poterium, Rubus, nicht selten. F. S. H.
P. potentillae de By.
Auf kultivierten Rosen, zerstreut. F. S.   **P. sparsa** Berk.
Auf Trifolium, Medicago, Melilotus, Lotus, Coronilla, Ononis,
nicht selten. F. S.   **P. trifoliorum** de By.
Auf Geranium, Erodium, nicht selten. S.
P. conglomerata Fuck.
Auf Euphorbia-Arten, zerstreut. S. (Fig. 93.)
P. euphorbiae Fuck.
Auf Viola-Arten, selten. F. S.   **P. violae** de By.
9. Auf Anagallis, Androsace, Primula veris, nicht selten. F. S. H.
P. candida Fuck.
Auf Valerianella, zerstreut. F. S. **P. valerianellae** Fuck.
Auf Vinca minor, selten. F.   **P. vincae** Schroet.
Auf Lamium, Salvia, Stachys, Calamintha, Thymus, zerstreut.
F. S. H.   **P. lamii** A. Braun

Auf Veronica-Arten, häufig. F. S. H.   **P. grisea** Unger
Auf Linaria, Digitalis, zerstreut. F. S. (Fig. 94.)
P. linariae Fuck.
Auf Antirrhinum orontium, selten. S. H.
P. antirrhini Schroet.
Auf Blättern von Dipsacus-Arten, nicht häufig. F. S. H.
P. dipsaci Tul.
Auf den Blütenköpfen von Dipsacus pilosus, Knautia, Succisa, nicht häufig. S.   **P. violacea** Berk.
Auf Phyteuma spicatum u. nigrum, selten S.
P. phyteumatis Fuck.
Auf Blättern, Hüllblättern u. Stengeln von Anthemis, Matricaria, Tanacetum, zerstreut. F. S. H. (Fig. 95.)
P. leptosperma de By.
Auf den Blütenköpfen von Anthemis, Chrysanthemum, Matricaria, selten. S. H. (Fig. 96.)   **P. radii** de By.

II. Unterklasse: **Zygomycetes.**

I. Reihe: **Mucorineae.**

Myzel stets reich entwickelt, verzweigt, unseptiert, höchstens an den Fruchtorganen mit Scheidewänden od. spärlich im Alter gekammert. Sporangien od. Konidien vorhanden. Geschlechtliche Fortpflanzung durch Vereinigung zweier gleicher Äste erfolgend, die Gameten vereinigen sich zur Zygospore u. bleiben durch die Suspensoren mit dem Myzel verbunden. Auch Azygosporen gebildet. Chlamydosporen u. sehr kleine Myzelkonidien bisweilen vorhanden.

Bestimmungstabelle der Familien.

A. Ungeschlechtliche Fortpflanzung nur durch Sporangien (höchstens Myzelkonidien vorhanden).
  a) Sporangien mit Columella. Zygosporen nackt od. locker umhüllt.   **1. Mucoraceae.**
  b) Sporangien ohne Columella. Zygosporen mit dichter Hülle.   **2. Mortierellaceae.**
B. Ungeschlechtliche Fortpflanzung durch Konidien.
  a) Konidien einzeln entstehend.   **3. Chaetocladiaceae.**
  b) Konidien reihenweise entstehend.   **4. Piptocephalidaceae.**

1. Familie: **Mucoraceae.**

Bestimmungstabelle der Gattungen.

A. Sporangienmembran gleichmäßig, zerfließend od. zerbrechend, nicht kutikularisiert. Sporangien nicht abquellend od. abgeschleudert.

a) Sporangien alle gleichartig, vielsporig (Mu-
 coreae).
  I. Myzel ohne rhizoidentragende Ausläufer,
    Sporangienträger einzeln am Myzel ent-
    springend.
    1. Sporangienträger unverzweigt od. ver-
     zweigt, aber nicht gablig. Zygosporen
     am Myzel, nicht an besonderen
     Trägern.
     α) Substrat- u. Luftmyzel gleich.
      Zygosporen am Substratmyzel.
      § Sporangienträger grau od. bräun-
       lich, meist weiß, matt. Suspen-
       soren dornenlos.
       † Sporangienträger stets mit
        Sporangium abschließend.   **1. Mucor.**
       †† Sporangienträger steril endi-
        gend. Sporangien an den
        Ästen nickend.   **2. Circinella.**
      §§ Sporangienträger grünlich od.
       olivenfarben, metallglänzend.
       Suspensoren mit dornigen An-
       hängseln.   **3. Phycomyces.**
     β) Substratmyzel farblos, Luftmyzel
      braun, dornig. Zygosporen nur am
      Luftmyzel.   **4. Spinellus.**
    2. Sporangienträger gablig, baumf. ver-
     zweigt. Zygosporen an besonderen
     Trägern.   **5. Sporodinia.**
  II. Myzel mit rhizoidentragenden Aus-
    läufern. Sporangienträger meist büschlig
    1. Sporangienträger nur an den Aus-
     läuferknoten entstehend. Zygosporen
     nackt.   **6. Rhizopus.**
    2. Sporangienträger auf dem Scheitel
     der Ausläuferinternodien büschlig ent-
     stehend. Zygosporen mit dorniger
     Hülle.   **7. Absidia.**
b) Sporangien mit zerfließender Membran u.
 vielen Sporen. Sporangiolen mit nicht zerfließender Membran, wenigen Sporen u. meist
 fehlender Columella. (Thamnidieae).
  I. Sporangiolen auf geraden Stielen.
    1. Seitenäste gablig verzweigt, alle Äste
     mit Sporangiolen abschließend.   **8. Thamnidium.**
    2. Seitenäste steril borstenf. endigend,
     an ihrer angeschwollenen Mitte die

<table>
<tr><td>wirtelig gestellten Sporangiolen tragend.</td><td>9. Chaetostylum.</td></tr>
<tr><td>II. Sporangiolen auf bischofstabf. eingekrümmten Ästchen.</td><td>10. Helicostylum.</td></tr>
</table>

B. Sporangienmembran im oberen Teil nicht zerfließend od. zerbrechend, sondern kutikularisiert, an der Basis aufquellbar, alle Sporangien gleichartig, vielsporig (Pilobcleae).

    a) Sporangienträger schlaff, oben nicht geschwollen, Sporangien unter Zurücklassung der Columella abquellend.   **11. Pilaira.**

    b) Sporangienträger steif aufrecht, oben angeschwollen, Sporangien mit der Columella abgeschleudert.   **12. Pilobolus.**

1. Gattung: Mucor Micheli.

Sporangienstiele einfach od. verzweigt, an der Spitze in ein Sporangium endigend. Sporangienwand zerfließend od. zerbrechend. Suspensoren glatt.

1. Sporangienträger unverzweigt, selten einmal eine gelegentliche seitliche Auszweigung.   2.

    Sporangienträger traubig verzweigt, monopodial.   4.

    Sporangienträger zymös verzweigt, $\pm$ sympodial, wicklig.   5.

2. Sporangienstiele lg., jedenfalls über 1 mm, Rasen nicht rosenrot.   3.

    Sporangienstiele bis 1 mm hoch, Sporangien kupferfarben. Rasen rosenrot. Im Waldboden häufig. (Fig. 98.)

M. Ramannianus Möller

3. Sporangienwand sehr schnell zerfließend, wenig Quellsubstanz vorhanden, Columella mit orangegelbem Inhalt. Auf Mist, sich zersetzenden organischen Stoffen, überall gemein. (Fig. 97.)

M. mucedo L.

    Sporangienwand langsam zerfließend, viel Quellsubstanz vorhanden, Columella farblos. Auf Pferdemist, häufig.

M. mucilagineus Bref.

4. Verzweigung rein traubig, Seitenäste stets kürzer als die Hauptaxe. Mit Chlamydosporen. Sporangien gelblich bis hellbräunlich. Auf Mist u. faulender Substanz, überall häufig. (Fig. 99.)

M. racemosus Fresen.

    Verzweigung doldentraubig, Nebenäste so lg. wie die Hauptaxe. Sporangien fast schwarz. Auf Weißbrot, auch pathogen im Kaninchen.   M. pusillus Lindt

5. Columellawandung ganz glatt.   6.

    Columellawandung mit einigen geraden od. gebogenen Ausstülpungen. Sporangien schwarz od. dunkelbraun, feinstachlig. Auf Pferdemist, Brot, Kartoffeln usw., häufig.

M. spinosus van Tiegh.

6. Rasen dunkelgrau. Ältere zuerst gebildete Sporangien zerfließend,
jüngere kleinere fest.   Auf Pferdemist u. faulen Kartoffeln, zerstreut.   **M. circinelloides** van Tiegh.
   Rasen schwarz. Alle Sporangien nicht mit zerfließlicher, sondern
zerbrechlicher Wandung.   Auf Brot, Kleister, zerstreut.
                                            M. brevipes Riess

2. Gattung: **Circinella** van Tiegh. et Le Monnier.

Sporangienträger weiterwachsend, steril an der Spitze, seitlich
Sporangien in verschiedenen Anordnung tragend, nickend.

Sporangien seitlich zu mehreren doldig stehend, Auf Mist u.
Pflanzenteilen, selten.   (Fig. 100.)
                            C. umbellata van Tiegh. et Le Monn.

3. Gattung: **Phycomyces** Kunze.

Sporangienträger einfach, dunkelgrün od. olivfarben, metallisch
stark glänzend, sehr dicht u. hoch. Suspensoren mit Dornen.

Auf öligen Substanzen, auch auf Brot, Mist usw., in den Labo-
ratorien, nicht selten.   (Fig. 101.)   **P. nitens** (Agardh)

4. Gattung: **Spinellus** van Tiegh.

Substratmyzel farblos, ohne Dornen. Luftmyzel braun, filzig,
mit kurzen, dornigen Ästchen. Sporangienträger einfach, mit zer-
fließendem Sporangium abschließend.

Luftmyzel dickfilzig. Sporangien schwarz. Auf Hutpilzen, nicht
selten. S. H.   **S. fusiger** (Link)

5. Gattung: **Sporodinia** Link.

Sporangienträger aufrecht, mehrfach gablig verzweigt, Äste mit
einem zerfließenden Sporangium endigend. Zygosporen stets vorhanden, auf besonderen, ebenfalls gablig verzweigten Trägern. Azygosporen oft vorhanden.

Auf fleischigen Hutpilzen, zerstreut.   (Fig. 102.)
                                        S. aspergillus (Scop.)

6. Gattung: **Rhizopus** Ehrenberg.

Luftmyzel Ausläufer bildend u. diese an den Knoten wurzelnd
u. hier meist ein Büschel von Sporangienträgern bildend. Träger
einfach od. höchstens traubig verzweigt, mit einem Sporangium
abschließend. Zygosporen nackt.

Sporen unregelmäßig kuglig od. br. eif., meist mit 1—2 stumpfen
Ecken, gestreift. Auf vegetabilischen Abfällen, gemein. (Fig. 103.)
                                        R. nigricans Ehrenb.

Sporen kuglig, ohne Ecken. Auf keimendem Samen von Bohnen,
Erbsen u. Mais.   **R. elegans** Eidam

7. Gattung: **Absidia** van Tiegh.

Myzel mit Ausläufern wie bei vor. Gatt. Sporangienträger büschlig, in der Mitte der Internodien entstehend. Zygosporen von braunen Fäden eingehüllt.

Sporangienträger unter dem Sporangium allmählich erweitert, in die kegelf. Columella mit blauschwarzer Membran übergehend. Auf Pferdemist, zerstreut. (Fig. 104.)   **A. capillata** van Tiegh.

8. Gattung: **Thamnidium** Link.

Sporangienträger mit großem Sporangium abschließend, unterhalb einzelne od. quirlig gestellte Äste tragend, die mehrfach gabelteilig sind u. an den Enden kleine Sporangien (Sporangiolen) mit wenigen Sporen tragend. Zygosporen nackt.

Auf Pferdemist, Brot, Kartoffeln, Pilzen usw., nicht selten. (Fig. 105.)   **T. elegans** Link

9. Gattung: **Chaetostylum** van Tiegh. et Le Monn.

Sporangienträger wie bei vor. Gatt., aber die Seitenäste steril endigend u. die Sporangiolen quirlig in der Mitte tragend.
Auf Mist, zerstreut.   (Fig. 106.)
                   C. Fresenii van Tiegh. et Le Monn.

10. Gattung: **Helicostylum** Corda.

Sporangienträger mit Sporangium abschließend, mit verschieden angeordneten Seitenästen, die bischofstabf. eingekrümmt sind u. am Ende mit einer Sporangiole abschließen.
Auf verschiedenen faulenden Substraten, selten.   (Fig. 107.)
                          H. elegans Corda

11. Gattung: **Pilaira** van Tiegh.

Sporangienträger einzeln, schlaff. Sporangienwand im oberen Teil schwarz, kutikularisiert, nicht zerfließend, im unteren farblos, zart, verquellend u. damit das Sporangium von der Columella lösend. Columella br., knopff.
Auf Mist von Pflanzenfressern zerstreut.   (Fig. 108.)
                          P. anomala (Cesati)

12. Gattung: **Pilobolus** Tode.

Sporangienträger einfach, einzeln, straff bleibend, unter dem Sporangium aufgeschwollen. Sporangienwand kutikularisiert, fest, schwarz. Sporangien mit großer Gewalt abgeschleudert.
1. Sporen orange gefärbt.   2.
Sporen farblos, ellipsoidisch, ca. 5—10 μ lg.   Auf Mist von Pflanzenfressern, häufig. (Fig. 109.) **P. cristallinus** (Wiggers)

2. Sporen kuglig od. ellipsoidisch, 12—20 μ lg. Ebenda, aber seltner.
P. Kleinii van Tiegh.
Sporen kuglig, mit derber, zweischichtiger Membran, 8—14 μ
im Durchm. Auf Mist, seltner. **P. oedipus** Montagne

2. Familie: **Mortierellaceae.**

Sporangien ohne Columella. Zygosporen in ein Gewebegehäuse
eingeschlossen. Träger einfach od. verzweigt, mit Sporangien abschließend.

Gattung: **Mortierella** Coemans.

1. Sporangienträger verzweigt. 2.
Sporangienträger unverzweigt. Sporangien weiß. Sporen
ellipsoidisch 6 μ lg., 5 μ br. Auf Pferdemist, nicht häufig. (Fig. 110.)
M. Rostafinskii Bref.
2. Hauptstamm mit Sporangien abschließend, Seitenäste abstehend,
einzeln od. wirtelig, mit kleineren Sporangien abschließend. Auf
Mist, modernden Pflanzenteilen u. holzigen Schwämmen, selten.
M. polycephala Coemans
Sporangienträger zymös verzweigt, Seitenäste sich bogig ab-
krümmend u. dann senkrecht aufwachsend, den Hauptstamm über-
wipfelnd, das ganze kandelaberartig. Sporen etwa kuglig, ca. 6 μ
im Durchm. Auf Mist, modernden Pflanzen u. Hutpilzen, selten.
M. candelabrum van Tiegh. et Le Monn.

3. Familie: **Chaetocladiaceae.**

Konidienträger verzweigt, ähnlich den Seitenästen von Chae-
tostylum, meist rankend. Konidien einzeln an den letzten Spitzchen
der Zweige sitzend. Zygosporen nackt.

Gattung: **Chaetocladium** Fresenius.
Konidien kuglig, 6,5—10 μ im Durchm. Parasitisch auf den
Trägern anderer Mucorineen, nicht selten. (Fig. 111.)
C. Jonesii Fresen.
In allen Teilen kleiner, Konidien nur 2—5 μ im Durchm. Ebenda,
aber seltner. **C. Brefeldi** van Tiegh. et Le Monn.

4. Familie: **Piptocephalidaceae.**

Konidienträger einfach od. verzweigt. Konidien reihenweise
gebildet. Zygosporen nackt.

Gattung: **Piptocephalis** de Bary.
Konidienträger oben mehrfach gablig, später gebräunt u. mit
vielen Querrändern, Astenden mit einer etwa kugligen Anschwellung,
an deren Höckern die Konidienketten sitzen.

Konidien zylindrisch, 4—8 μ lg., 2—4 μ br. Parasitisch auf dem Myzel von Mucorineen, häufig. (Fig. 112.)

P. Freseniana de By.

Gattung: **Syncephis** van Tiegh. et Le Monn.

Konidienträger einfach od. höchstens einmal gegabelt, am Scheitel kantig od. kuglig angeschwollen. Auf der Blase stehen Zellen von charakteristischer Gestalt, auf deren Höckern je eine Konidienkette sitzt.

Konidienträger aufrecht, höchstens bis 3 mm hoch. Konidien zylindrisch tonnenf., 8—10 μ lg., 6 μ br. Auf Mucorineen u. Mist, von da auf andere Substrate übergehend, nicht selten. (Fig. 113.)

S. cordata van Tiegh. et Le Monn.

Konidienträger aufrecht, oben bogenf. gekrümmt od. eingerollt, bis 0,2 mm hoch. Konidien spindelf. od. ellipsoidisch, 10—12 μ lg., 4—6 μ kr. Parasitisch auf Mucorineen auf Mist, seltner. (Fig. 114.)

S. cornu van Tiegh. et Le Monn.

II. Reihe: **Entomophthorineae.**

Myzel reich entwickelt, schlauchf., parasitisch, später geteilt. Konidien am Ende von schlauchartigen Trägern gebildet u. abgeschleudert, einzellig. Zygosporen durch Vereinigung des Inhaltes von zwei Zellen im Innern des Substrates gebildet, häufiger Azygosporen vorkommend. Keimung durch Keimschläuche.

Bestimmungstabelle der Gattungen.

A. In Insekten lebend.
   a) Konidienträger unverzweigt. Zygosporen
      unbekannt, Azygosporen vorkommend.   **1. Empusa.**
   b) Konidienträger verzweigt. Zygosporen u.
      Azygosporen vorkommend.   **2. Entomophthora.**
B. In Pflanzen od. auf Mist.
   a) Myzel schwach entwickelt, in den Zellen.   **3. Completoria.**
   b) Myzel reich entwickelt, nicht in den Zellen.
      I. Auf Pilzen.   **4. Conidiobolus.**
      II. Auf Mist.   **5. Basidiobolus.**

1. Gattung: **Empusa** Cohn.

Myzel im Innern von Insekten, die einfachen Konidienträger hervorbrechend. Konidien kuglig od. eif., weit abfliegend. Azygosporen im Innern, dickwandig, braun.

Auf der Stubenfliege, sie im Spätsommer abtötend. (Fig. 115.)

E. muscae Cohn

Bei Raupen Epizootieen erzeugend.   **E. aulicae** Reich.

Auf Jassus sexnotatus.   **E. jassi** Cohn

Auf Aphis-Arten.   **E. Fresenii** Nowak.

2. Gattung: **Entomophthora** Fresenius.

Myzel im Innern von Insekten, als Luftmyzel austretend u. das Insekt an der Unterlage befestigend. Konidienträger verzweigt. Zygo- od. Azygosporen im Innern gebildet.

Auf Raupen. (Fig. 116.)   **E. sphaerosperma** Fresen.
Auf Mücken (Chironomus).   **E. conica** Nowak.
Auf Aphis-Arten.   **E. aphidis** Hoffm.

3 Gattung: **Completoria** Lohde.

Myzel in den Zellen. Konidienträger schlauchf., die Zellhaut durchbohrend. Konidien kuglig. Dauersporen in den Zellen.
In Epidermiszellen von Farnprothallien, nicht häufig. (Fig. 117.)
C. complens Lohde

4. Gattung: **Conidiobolus** Brefeld.

Myzel parasitisch. Konidienträger einfach, am Ende keulig. Zygosporen durch leiterf. Kopulation von Myzelfäden gebildet, kuglig, mit mehrschichtiger Membran.
Auf Gallertpilzen, z. B. Auricularia, parasitisch. (Fig. 118.)
C. utriculosus Bref.

5. Gattung: **Basidiobolus** Eidam.

Myzel dick, zuletzt vielzellig. Konidienträger einfach, am Ende keulig. Konidien kuglig od. eif., mit dem keuligen Ende des Trägers zusammen abgeschleudert. Zygosporen durch Kopulation zweier benachbarter Zellen entstehend, kuglig, dickwandig.
Auf Froschmist, nicht häufig. (Fig. 119.)
B. ranarum Eidam

2. Klasse: **Mycomycetes.**

Myzelfäden septiert. Fk. sehr mannigfaltig, dem Landleben ausschließlich angepaßt. Geschlechtliche äussere Fortpflanzung fehlt. Sporen in Schläuchen od. Basidien entstehend.

3. Unterklasse: **Ascomycetes.**

Hauptfruktifikation in Schläuchen, oft als Nebenfruchtform Konidien.

I. Reihe: **Hemiascineae.**

Sporangien noch nicht ganz regelmäßig, aber doch schon eine gewisse Regelmäßigkeit zeigend. Myzel gut entwickelt, septiert.

Bestimmungstabelle der Familien u. Gattungen.
A. Sporangien schlauchartig, durchwachsend. Konidien vorhanden.
Fam. **Ascoideaceae.**
1. Ascoidea.

B. Sporangien keglig ed. ellipsoidisch, frei stehend od. im Innern des Substrates. Konidien
fehlend.　　　　　　　　　　　　　　Fam. **Protomycetaceae**
  a) Myzel parasitisch, interzellular.　　　**2. Protomyces.**
  b) Myzel saprophytisch, nicht interzellular.　**3. Endogone.**

1. Gattung: **Ascoidea** Brefeld.

Myzel oberflächlich, große Klumpen bildend, dick, reich septiert.
Sporangien terminal, wie bei Saprolegnia durchwachsend.　Sporen
zahlreich, hutf., in einer Ranke entleert.　Konidien terminal u. seitlich ansitzend, länglich.

In Schleimflüssen von Rotbuchen dicke bräunliche Massen
bildend. S. Bisher nur in Westfalen gefunden.　(Fig. 120.)
　　　　　　　　　　　　　　　　　A. rubescens Bref. et Lindau

2. Gattung: **Protomyces** Unger.

Myzel interzellular, parasitisch, mit Haustorien.　Chlamydosporen mit dicker Wandung im Verlauf der Fäden gebildet, auskeimend in ein blasiges Sporangium, das die Sporen durch Zerreißen plötzlich ausschleudert.

Dicke Schwielen an Stengeln, Blättern usw. von Umbelliferen
bildend, besonders auf Aegopodium häufig.　(Fig. 121.)
　　　　　　　　　　　　　　　　　P. macrosporus Ung.
Ähnliche Schwielen an Taraxacum bildend, seltner.
　　　　　　　　　　　　　　P. pachydermus v. Thüm.

3. Gattung: **Endogone** Link.

Myzel oberflächlich, oft reichlich als Luftmyzel entwickelt, zuletzt zu Fk. mit lockerer Rinde verflochten.　Im Fk. viele kuglige
Sporangien, von denen Sporen nicht bekannt sind.

Fk. flach gewölbt, braun.　Zwischen Lb. in Wäldern, besonders
häufig auf Blumentöpfen.　(Fig. 122.)　　**E. macrocarpa** Tul.
Fk. fast kuglig, weißlich.　An denselben Standorten wie vor,
　　　　　　　　　　　　　　　E. pisiformis Link

II. Reihe: **Exoascineae.**

Myzel gar nicht entwickelt u. daher Zellen einzeln od. reichlich
entwickelt, verzweigt.　Schläuche durch Umbildung einer Zelle entstehend od. einzeln am Myzel od. in Lagern.

Bestimmungstabelle der Familien.

A. Myzel fehlend. Zellen einzeln od. Sproßkolonien bildend, Sporenbildung im
Innern einer vegetativen Zelle.　　　Fam. **Saccharomyce-**
　　　　　　　　　　　　　　　　　　　　　　taceae
B. Myzel stets vorhanden.
  a) Schläuche einzeln an den Myzelzweigen entstehend.　　　　　　　Fam. **Endomycetaceae.**

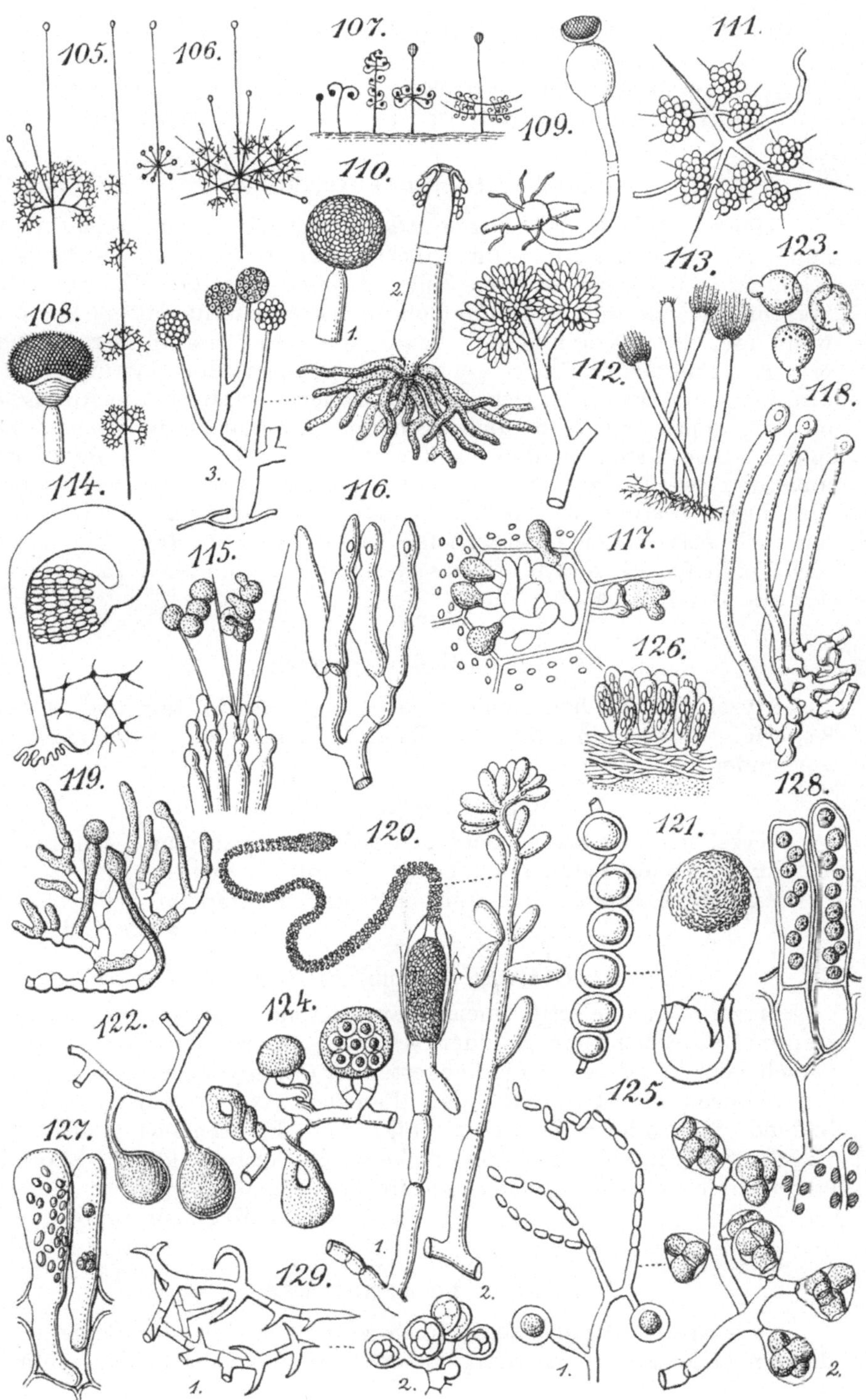

b) Schläuche lagerartig dicht nebenein-
   ander stehend.
   I. Saprophytisch auf Holz.   Fam. **Ascocorticiaceae.**
   II. Parasitisch in Blättern.   Fam. **Exoascaceae.**

Familie: **Saccharomycetaceae.**

Hefen. Myzelzellen einzeln od. zu Sproßkolonien zusammenhängend. Sporenbildung im Innern einer Zelle, nach vorheriger
Kopulation mit einer anderen Zelle od. ohne dieselbe. Sporen sehr
verschieden gestaltet. — Die Gattungen lassen sich nur unterscheiden,
wenn man ihre Sporenbildung kennt, die meist erst in der Kultur
erfolgt. Für den Anfänger genügt die Kenntnis der Gattung Sac-
charomyces Meyen, welche Sproßkolonien besitzt u. die kugligen
od. eif. Sporen zu 2—6 ohne vorherige Kopulation in einer Zelle
bildet. Die Arten werden nach der Gestalt der Zellen definiert,
außerdem werden zahlreiche Rassen bei den Arten unterschieden,
die durch bestimmte Gärungsprozesse charakterisiert sind. Als
Sammelspezies haben die Bierhefen (S. cerevisiae Mey., Fig. 123),
die Weinhefen (S. ellipsoideus Reeß), die Kahmhefen (S. myco-
derma Reeß) u. a. zu gelten.

Familie: **Endomycetaceae.**

Myzel oberflächlich, schimmelartig. Schläuche terminal, 4 bis
8 sporig. Sporen einzellig. Oft Chlamydosporen u. Konidienketten
vorhanden.

1. Gattung: **Eremascus** Eidam.

Myzel schimmelartig. Schlauch auf der Spitze von 2 schraubig
sich umfassenden Ästen entstehend. Sporen 8, kuglig.
Auf Malzextrakt, nur einmal in Schlesien gefunden. (Fig. 124.)
                                             E. albus Eid.

2. Gattung: **Endomyces** Reeß.

Myzel schimmelartig, meist parasitierend. Schläuche einzeln
terminal an Seitenästen gebildet, 4 sporig. Sporen einzellig, hyalin,
verschieden gestaltet. Konidienketten u. Chlamydosporen gebildet.
Schneeweiße Rasen auf den Lamellen von Armillaria mellea
bildend. Sporen hutf. Zerstreut. (Fig. 125.) **E. decipiens** (Tul.)
Im Schleimfluß von Eichen dicke weiße Polster bildend. Sporen
ellipsoidisch, warzig. Bisher nur in Thüringen.
                                          E. Magnusii Ludw.

Familie **Ascocorticiaceae.**

Vegetatives Myzel oberflächlich zart, auf ihm die Schläuche
dicht nebeneinander lagerartig stehend. Sporen 8, einzellig, hyalin.

Einzige Gattung: **Ascocorticium** Bref.

Grauweiß bis rötlich, 3—6 cm lg., 0,5—1 cm br. Auf der Rinde von Kiefernstümpfen, nicht häufig. (Fig. 126.)

A. albidum Bref. et v. Tav.

Familie **Exoascaceae.**

Myzel parasitisch, einjährig od. perennierend u. dann hexenbesen bildend, unter der Kutikula od. der Epidermis wachsend. Schläuche aus Myzelzellen lagerf. emporwachsend. Sporen 4, 6, 8, einzellig, hyalin, oft im Schlauch schon hefenartig sprossend.

Bestimmungstabelle der Gattungen.

A. Das ganze subkutikulare Myzel fast restlos in
   Schläuche sich umwandelnd. **1. Taphrina.**
B. Nur die Enden des interzellularen Myzels zu
   Schläuchen sich umwandelnd. **2. Magnusiella.**

1. Gattung: **Taphrina Fr.**

Schläuche die Kutikula durchbrechend u. ein freistehendes Lager bildend. Häufig Verbiegungen u. Ausbeulungen der Blätter od. Hexenbesen an Zweigen erzeugend.

1. Auf Farnen (Unterg. Taphrinopsis). 2.
   Auf höheren Pflanzen. 3.
2. Blattflecken auf Aspidium thelypteris bildend, selten.
   T. lutescens Rostr.
   Blattflecken auf Aspidium spinulosum bildend, selten.
   T. filicina Rostr.
3. Auf Julifloren (Unterg. Eutaphrina). 4.
   Auf Rosaceen (Unterg. Euexoascus). 12.
4. Auf Salicaceen. 5.
   Auf Betulaceen. 7.
   Auf Fagaceen. Auf Quercus-Arten graue od. bläuliche Blattflecken erzeugend, selten. **T. coerulescens** Tul.
5. Auf den Blättern von Populus nigra, pyramidalis u. a. blasige, auf der konkaven Unterseite gelb gefärbte Auftreibungen verursachend, nicht selten. (Fig. 127.) **T. aurea** (Pers.)
   Auf den Fruchtknoten von Populus-Arten. 6.
6. Auf P. tremula, häufig. **T. Johansoni** Sadeb.
   Auf P. alba, nicht selten. **T. rhizophora** Johans.
7. Auf Betula. 8.
   Auf Alnus. 10.
   Auf Carpinus, hexenbesenbildend, zerstreut.
   T. carpini Rostr.
8. Hexenbesenbildend. 9.
   Blattflecken bei Betula-Arten verursachend, nicht selten.
   T. betulae (Fuck.)

9. Schläuche oben ± abgerundet. Auf B. pubescens u. carpathica,
   zerstreut.   **T. betulina** Rostr.
      Schläuche oben rechteckig. Auf B. verrucosa, zerstreut.
                                                   T. turgida Sadeb.
10. Auf den Blättern von Alnus incana graue Überzüge erzeugend
    u. hexenbesenbildend, nicht selten.   **T. epiphylla** Sadeb.
      Auf den Blättern von A. glutinosa.   11.
      Auf den Zapfenschuppen von A. incana u. glutinosa Defor-
    mationen erzeugend, zerstreut.   **T. alni incanae** (Kühn)
11. Blattflecken rundlich, gelblich od. weiß. Stielzellen der Schläuche
    zwischen die Epidermiszellen nicht eingesenkt, Schläuche 41 bis
    55 µ lg. Zerstreut.   **T. Sadebeckii** Johans.
      Blattflecken grauweiß, ausgedehnt auf den vergrößerten Blättern.
    Stielzellen zwischen die Epidermiszellen eingesenkt, Schläuche
    31—37 µ lg. Zerstreut. (Fig. 128.)
                                            T. Tosquinetii (Westend.)
12. Auf Crataegus od. Pirus.   13.
      Auf Prunus od. Persica.   14.
      Auf Potentilla silvestris Flecken u. Anschwellungen der Achse
    u. der Blätter erzeugend, selten.   **T. potentillae** (Farl.)
13. Auf Crataegus oxyacantha u. monogyna an den Blättern Flecken
    u. Verkrümmungen erzeugend, zerstreut.
                                                   T. crataegi Sadeb.
      Auf Pirus communis u. japonica blasige Auftreibungen an
    den Blättern verursachend, zerstreut.
                                            T. bullata (Berk. et Br.)
14. Auf den Blättern.   15.
      Auf den Früchten.   17.
15. Auf Persica vulgaris, seltner auch Amygdalus Blattkräuselungen
    verursachend, nicht selten.   **T. deformans** (Berk.)
      Auf Prunus-Arten auf Blättern u. hexenbesenbildend.   16.
16. Auf Prunus insititia u. domestica graubereifte Blattflecken
    unterseits verursachend u. Hexenbesen, zerstreut.
                                                   T. insititiae (Sadeb.)
      Auf Prunus cerasus u. avium Blattdeformationen u. Hexen-
    besen bildend, zerstreut.   **T. cerasi** (Fuck.)
17. Deformationen der Früchte (Narrentaschen) bei P. domestica
    u. padus verursachend, häufig.   **T. pruni** Tul.
      Narrentaschen bei P. spinosa u. insititia erzeugend, zerstreut.
                                            T. Rostrupiana (Sadeb.)

III. Reihe: **Plectascineae.**

Fk. meist + kuglig, klein od. groß, von einer aus lockeren Fäden
gebildeten od. festen Hülle (Peridie) umgeben, die unregelmäßig
aufreißt. Schläuche an den die Fk. ausfüllenden Fäden an Seitenzweigen ganz unregelmäßig entstehend, meist ± kuglig, die Sporen
später meist pulverig.

Bestimmungstabelle der Familien.

A. Peridie nur aus wenigen lockeren Fäden
bestehend, daher die Schläuche durch-
scheinend.   **1. Gymnoascaceae.**
B. Peridie fest, geschlossen.
   a) Fk. oberirdisch.
     I. Fk. ungestielt, klein.   **2. Aspergillaceae.**
     II. Fk. gestielt, viel größer.   **3. Onygenaceae.**
   b) Fk. unterirdisch.
     I. Peridie nach dem Innern scharf ab-
     gesetzt. Sporen bei der Reife pul-
     verig.   **4. Elaphomycetaceae.**
     II. Peridie nach innen nicht scharf ab-
     gesetzt, in das schlauchbildende Ge-
     webe übergehend. Sporen bei der
     Reife nicht pulverig.   **5. Terfeziaceae.**

1. Familie: Gymnoascaceae.

Peridie locker, fädig. Schläuche das ganze Innere des Fk. ausfüllend, kuglig, 8 sporig.

Bestimmungstabelle der Gattungen.

A. Fäden der Peridie dünn, gleichartig.
   a) Sporen farblos od. lebhaft gefärbt.   **1. Arachniotus.**
   b) Sporen braun.   **2. Amauroascus.**
B. Peridie aus dickwandigen Fäden bestehend, die
  verbunden u. an den Endauszweigungen besonders gestaltet sind.
   a) Äste der Peridienfäden in Zacken od.
   Stacheln auslaufend.   **3. Gymnoascus.**
   b) Äste spiralig eingerollt.   **4. Myxotrichum.**
   c) Äste kammf.   **5. Ctenomyces.**

1. Gattung: Arachniotus Schroeter.

Fk. kuglig. Peridie aus feinen, spinnewebartigen Fäden verwebt.

Fk. weiß, bis 2 mm br. Sporen hyalin. Auf Mist u. faulenden
organischen Substanzen, selten.   **A. candidus** (Eid.)

Fk. 1 mm br. Fk. u. Sporen goldgelb. Auf faulenden Vegetabilien, selten.   **A. aureus** (Eid.)

2. Gattung: Amauroascus Schroeter.

Fk. u. Peridie wie bei vor. Gatt. Sporen braun. Auf altem
Mist, selten.   **A. niger** Schroet.

3. Gattung: **Gymnoascus** Baranetzky.

Fk. kuglig. Peridie aus dickeren Fäden gebildet, die am Ende
od. an den Zweigen in Haken ausgehen.

Fk. gelb bis orangebräunlich, bis 0,5 mm br. Auf Mist, zerstreut.
(Fig. 129.)   **G. Reessii** Bar.

4. Gattung: **Myxotrichum** Kunze.

Fk. kuglig. Enden der Peridienfäden spiralig gerollt.
Fk. gelb bis orange, bis 0,7 mm br. Auf Mist, selten.

M. uncinatum (Eid.)

Fk. graugrün, ca. 1 mm br. Auf faulendem Papier, Pappe,
nicht selten. (Fig. 130.)   **M. chartarum** Kze.

5. Gattung: **Ctenomyces** Eidam.

Fk. kuglig. Peridienäste teils in kammartige Anhängsel auslaufend, teils schraubig gerollt.
Auf faulenden Federn, einmal gefunden. (Fig. 131.)

C. serratus Eid.

2. Familie: **Aspergillaceae.**

Fk. klein, oberirdisch, ungestielt. Peridie fest, häutig bis fleischig,
unregelmäßig zerfallend bei der Reife. Sporen einzellig.

A. Fk. mit zottiger Bekleidung.   **1. Cephalotheca.**
B. Fk. kahl.
    a) Sporen ohne Stacheln.
       I. Konidien in Ketten entstehend, außerdem
         Büchsenkonidien vorhanden.   **2. Thielavia.**
      II. Konidienträger mit blasiger Endan-
         schwellung, auf der einfache od. ver-
         zweigte Sterigmen stehen, welche Sporen-
         ketten bilden.   **3. Aspergillus.**
     III. Konidienträger pinselig verzweigt, an den
         Endästen Ketten von Konidien.   **4. Penicillium.**
    b) Sporen mit einzelnen langen, feinen Stacheln
      besetzt.   **5. Amylocarpus.**

1. Gattung: **Cephalotheca** Fuckel.

Fk. kuglig. Peridie + kohlig. Sporen braun.
Fk. mit schwefelgelben Zotten besetzt. Auf faulenden eichenen
Brettern, selten.   **C. sulfurea** Fuck.
Fk. mit krausen, verzweigten, schwarzen Haaren bedeckt. Auf
faulem Holz, selten.   **C. trabea** Fuck.

2. Gattung: **Thielavia** Zopf.

Fk. kuglig, braun. Schläuche mit 8 braunen Sporen. Konidien
in kurzen Ketten, in die eckigen schwarzen Sporen zerbrechend,

daneben farblose Büchsen, in denen längliche, hyaline Sporen entstehen.

An Wurzeln von Leguminosen parasitisch, auch an anderen Pflanzen, besonders Topfpflanzen in Gewächshäusern, nicht selten. (Fig. 132.)   **T. basicola** Zopf

3. Gattung: **Aspergillus** Micheli.

Fk. mit zelliger Peridie. Schläuche 8 sporig. Nur von wenigen Arten sind Fk. bekannt, von den meisten nur die Konidienträger, die uns hier nicht angehen. Viele bilden statt der Fk. Sklerotien.

Fk. ohne Blasenhülle. schwefelgelb, bis 90 μ br. Sterigmen der Konidienträger unverzweigt. Sporen linsenf., am Rande mit einer Rinne, 8—10 μ br. Auf allen möglichen faulenden Substanzen, Konidienrasen grau- bis olivengrün, gemein, die Fk. nicht so häufig. (Fig. 133.)   **A. glaucus** (L.)

Fk. mit Blasenhülle. Sterigmen verzweigt. Fk. schwarz, bis 0,3 mm im Durchm. Auf Hummelnestern, oft spontan auf allen möglichen Substraten in der Kultur auftretend, nicht selten.

A. nidulans (Eid.)

4. Gattung: **Penicillium** Link.

Fk. in Sklerotien od. frei gebildet. Schläuche mit 4—8 rundlichen Sporen.

Fk. in Sklerotien entstehend, äußerst selten. Gemein dagegen auf allen möglichen Substraten die blaugrünen Konidienrasen. (Fig. 134.)   **P. crustaceum** (L.)

Fk. frei entstehend, gelb bis orange. Konidienrasen graugrün bis graubraun. Auf organischen Substanzen, selten.

P. luteum Zuk.

5. Gattung: **Amylocarpus** Currey.

Fk. kuglig, blaßgelb. Sporen kuglig, hyalin, mit einzelnen, langen, feinen Stacheln besetzt.

Auf faulem Holz an der Meeresküste, sehr selten. (Fig. 135.)

A. encephaloides Currey

3. Familie: **Onygenaceae.**

Fk. kopfig, + lg. gestielt. Peridie bei der Reife sich lappig öffnend od. ringf. sich ablösend. Schläuche 8 sporig. Sporen einzellig, hyalin, glatt.

Einzige Gattung: **Onygena** Persoon.

Fk. hell- bis rotbraun, auf faulenden Hufen od. seltener Hörnern von Ziegen, Schafen, Rindern, zerstreut. (Fig. 136.)

O. equina (Willd.)

Fk. hellbraun, auf faulenden Federn, Gewölle, Haaren, zerstreut.
O. corvina Alb. et Schw.

4. Familie: **Elaphomycetaceae.**

Fk. unterirdisch, groß, knollig. Peridie dick, nach innen scharf abgesetzt. Schläuche regellos verteilt od. zu größeren Gruppen angeordnet, die durch radial verlaufende, sterile Adern getrennt werden. Sporen bei der Reife pulverig, zu 2—4 im Schlauch, dickwandig, kuglig, schwarz.

Einzige Gattung: **Elaphomyces** Nees.

Fk. gelb- bis rötlichbraun, innen von netzig anastomosierenden sterilen Adern durchzogen. In Lb.-, seltener Ndwäldern, häufig.
E. variegatus Vitt.
Fk. ebenso, aber innen nicht geadert, sondern gleichmäßig. Ebenda. (Hirschtrüffel.) (Fig. 137.)   **E. cervinus** (Pers.)

5. Familie: **Terfeziaceae.**

Fk. unterirdisch, groß, knollig. Peridie nach innen nicht scharf abgesetzt. Schläuche gleichmäßig od. in bandf. Anordnung verteilt. Sporen bei der Reife nicht pulverig, kuglig, stachlig od. netzig.

Bestimmungstabelle der Gattungen.

A. Fk. im Innern ohne sterile Adern, Schläuche
gleichmäßig verteilt.   **1. Hydnobolites.**
B. Fk. im Innern mit sterilen Zonen, Schläuche in
gewundenen Bändern stehend.   **2. Choiromyces.**

1. Gattung: **Hydnobolites** Tulasne.

Fk. mit Höckern u. Wülsten, zwischen denen Gänge in das Innere gehen.
Fk. 1,5 cm im Durchm., weißlich od. gelblich. In Lbwäldern, zerstreut. (Fig. 138.)   **H. cerebriformis** Tul.

2. Gattung: **Choiromyces** Vittadini.

Fk. unregelmäßig knollig, glatt, bis faustgroß, hell gelbbraun. In Lb.- u. Ndwäldern, stellenweise nicht selten. Eßbar. (Fig. 139.)
C. maeandriformis Vitt.

IV. Reihe: **Pyrenomycetes.**

Fk. kuglig od. flaschenf., geschlossen od. sich an einem Punkte öffnend. Schläuche am Grunde des Fk. entstehend.

1. Unterreihe: *Perisporiineae.*

Gehäuse kuglig, nicht mit Loch sich öffnend, sondern die Sporen durch Verwitterung od. unregelmäßigen Zerfall des Gehäuses frei werdend od. Gehäuse flach schildf. u. dann am Scheitel mit Loch sich öffnend.

Bestimmungstabelle der Familien und Gattungen.

A. Gehäuse kuglig, allseitig geschlossen.
  a) Luftmyzel weiß. Gehäuse schwarz, mit irgendwelchen Anhängseln. Parasiten. Nebenfruchtform Oidium [1]). Fam. **Erysiphaceae.**
    I. Fk. nur einen Schlauch enthaltend.
      1. Anhängsel fädig, am Ende stets ungeteilt. **1. Sphaerotheca.**
      2. Anhängsel am Ende wiederholt dichotom verzweigt. **2. Podosphaera.**
    II. Fk. stets mehrere Schläuche enthaltend.
      1. Anhängsel an der Spitze niemals spiralig eingerollt.
        α) Anhängsel ganz unverzweigt od. unregelmäßig verzweigt.
          § Anhängesl myzelartig, kriechend, nicht starr abstehend, nicht od. unregelmäßig verzweigt. **3. Erysiphe.**
          §§ Anhängsel starr abstehend, grade, unverzweigt. **4. Phyllactinia.**
        β) Anhängsel am Ende mehrfach dichotom verzweigt. **5. Microsphaera.**
      2. Anhängsel an der Spitze $\pm$ spiralig eingerollt. **6. Uncinula.**
  b) Luftmyzel schwarz. Gehäuse ohne Anhängsel, schwarz. Fam. **Perisporiaceae.**
    I. Sporen einzellig.
      1. Fk. einzeln stehend. **7. Anixia.**
      2. Fk. am Rande eines behaarten Stromas stehend, auf Blättern. **8. Lasiobotrys.**
    II. Sporen zweizellig.
      1. Luftmyzel sehr kräftig ausgebildet, auf Blättern. **9. Dimerosporium.**
      2. Luftmyzel fehlend. Auf toten Wurzeln. **10. Zopfia.**

---

[1]) Auf kurzem, aufrechtem Stiel entsteht eine Reihe eif. Sporen.

III. Sporen mehrzellig.
    1. Luftmyzel fehlend, Sporen vier-
       zellig.   **11. Perisporium.**
    2. Luftmyzel sehr stark entwickelt,
       Sporen mauerf.   **12. Capnodium.**
B. Gehäuse schildf., nur die obere Hälfte
   deutlich ausgebildet, am Scheitel mit
   Loch sich öffnend.   Fam. **Microthyriaceae.**
   a) Sporen zweizellig.
     I. Sporen hyalin.   **13. Microthyrium.**
    II. Sporen braun.   **14. Asterina.**
   b) Sporen vierzellig.   **15. Micropeltis.**

1. Gattung: **Sphaerotheca** Lév.

Luftmyzel weiß, Überzüge bildend, mit kleinen Haustorien eindringend. Gehäuse dunkel, einschichtig, mit langen, gebogenen,
meist einfachen Anhängseln. Schlauch groß, einzeln, 4—8 sporig.
Sporen hyalin, einzellig. Parasiten.

Auf Hopfen, aber auch auf Rosaceen, Kompositen, Dipsacaceen,
Epilobium, Geranium, Viola usw., häufig. (Fig. 140.)
S. humuli (DC.)

Auf Rosen schädlich (Rosenmehltau), häufig.
S. pannosa (Wallr.)

Auf Stachelbeeren, die jungen Triebe u. Früchte vernichtend
(Stachelbeermehltau), in Deutschland einwandernd.
S. mors uvae (Schwein.)

2. Gattung: **Podosphaera** Kunze.

Wie vor. Gatt., aber die Anhängsel aufrecht, am oberen Teil
des Gehäuses sitzend, an der Spitze mehrfach regelmäßig gabelteilig.
Auf Prunus, Crataegus, Spiraea, Vaccinium, häufig. (Fig. 141.)
P. oxyacanthae (DC.)

Auf Apfelbäumen an jungen Trieben, nicht häufig
P. leucotricha (Ell. et Ev.)

3. Gattung: **Erysiphe** Hedw.

Luftmyzel wie bei vor. Gatt. Anhängsel im Grunde od. etwa
in der Mitte des Gehäuses entspringend, myzelartig, wenig od. nicht
verzweigt. Schläuche zu mehreren im Fk., 2—8 sporig, Sporen einzellig, hyalin.

1. Anhängsel am Grunde des Gehäuses entspringend u. mit dem
   Myzel $\pm$ verwebt.   2.
   Anhängsel mehr in der Mitte entspringend, mit dem Myzel sich
   nicht verwebend, höchstens sich miteinander flockig verklebend. 4.
2. Fk. in ein wolliges Myzel $\pm$ eingesenkt. Nur auf Gräsern vorkommend, gemein.   **E. graminis** DC.

Fk. nicht in ein wolliges Myzel eingesenkt. Nur auf Dikotyledonen.   3.
3. Auf Pflanzen der verschiedensten Familien. Schläuche 3—8 sporig.
   Häufig.   (Fig. 142.)   **E. polygoni** DC.
     Auf Labiaten. Schläuche 2 sporig. Häufig.
                                                     E. galeopsidis DC.
     Auf Kompositen. Schläuche 2 sporig. Häufig.
                                                E. cichoriacearum DC.
4. Anhängsel vollständig braun. Auf Cornus sanguinea, zerstreut.
                                                  E. tor.ilis (Wallr.)
     Anhängsel ganz od. im oberen Teil farblos.   5.
5. Auf Caragana arborescens, zerstreut.   **E. caraganae** (Magn.)
     Auf Astragalus glycyphyllos u. cicer, zerstreut.
                                                   E. astragali (DC.)
     Auf Vicia silvatica u. cassubica, selten.
                                                 E. Bäumleri (Magn.)
     Auf Evonymus europaea u. verrucosa, selten.
                                                    E. evonymi (DC.)

<h3 align="center">4. Gattung: Phyllactinia Lév.</h3>

Gehäuse an der Basis mit mehreren graden, unverzweigten.
strahlig abstehenden, am Grunde plattenf. erweiterten Anhängseln.
Sonst wie vor. Gatt.
   Auf den Blättern von Stäuchern, Bäumen z. B. Corylus, Carpinus,
Quercus, Fagus, Betula, Alnus, Fraxinus, Berberis, Hippophaë, nicht
selten.   (Fig. 143.)   **P. corylea** (Pers.)

<h3 align="center">5. Gattung: Microsphaera Lév.</h3>

Anhängsel von der Mitte bis zur Spitze des Gehäuses entspringend,
aufrecht od. strahlig abstehend od. niederliegend, an der Spitze mehrfach gabelteilig, die kurzen Endäste plattig verbreitet. Schläuche zu
mehreren im Fk., mit 2—8 hyalinen, einzelligen Sporen.
   Auf Berberis vulgaris, zerstreut. (Fig. 144.)
                                                   M. berberidis (DC.)
     Auf Ribes grossularia, häufig.   **M. grossulariae** (Wallr.)
     Auf Lycium-Arten, zerstreut.   **M. Mougeotii** Lév.
   Auf Alnus, Lonicera, Rhamnus, Viburnum, Betula, Syringa u. a.,
nicht selten.   **M. alni** (DC.)

<h3 align="center">6. Gattung: Uncinula Lév.</h3>

Anhängsel einfach od. am Ende 2—3 gablig, stets die Enden
+ spiralig eingerollt. Sonst wie vor. Gatt.
     Auf Salix u. Populus, nicht selten.   **U. salicis** (DC.)
     Auf Ulmus montana u. campestris, selten.
                                                 U. clandestina (Biv.)
     Auf Prunus-Arten, nicht selten.   **U. prunastri** (DC.)
     Auf Acer-Arten, häufig. (Fig. 145.)   **U. aceris** (DC.)

Auf Vitis. Die Oidienform O. Tuckeri häufig, Fk. nur sehr selten beobachtet.   **U. necator** (Schwein)

7. Gattung: **Anixia** Hoffm.

Fk. frei oberflächlich, nur mit Haftfasern befestigt, kuglig. Schläuche mit 8 kugligen, hyalinen Sporen.

Auf faulem Kiefernholz, an feuchten Wänden, selten.   (Fig. 146)
A. parietina (Schrad.)

8. Gattung: **Lasiobotrys** Kunze.

Fk. am Rande eines flachen, dünnen, schwarzen, behaarten Stromas.   Schläuche zylindrisch mit 8 einzelligen, ellipsoidischen, grünlichen Sporen.

Auf Blättern von Lonicera-Arten, selten.   (Fig. 147.)
L. lonicerae (Kunze)

9. Gattung: **Dimerosporium** Fuckel.

Luftmyzel braun, kräftig entwickelt, mit über Kreuz vierzelligen Konidien an den Ästen. Fk. eingesenkt im Myzel. Schläuche ellipsoidisch, mit 8 zweizelligen, hyalinen Sporen.

Auf Blättern von Ligustrum vulgare im südlichsten Teil des Gebietes   (Fig. 148.)   **D. pulchrum** Sacc.

10. Gattung: **Zopfia** Rabenh.

Fk. oberflächlich, kuglig niedergedrückt, Schläuche groß, sackf., mit 4—8 zweizelligen, beidendig spitzen, schwarzbraunen Sporen.

Auf faulenden, in Haufen liegenden Spargelwurzeln, selten. (Fig. 149.)   **Z. rhizophila** Rabenh.

11. Gattung: **Perisporium** Fries.

Fk. oberflächlich, lose angeheftet, kuglig. Schläuche keulig mit länglich zylindrischen, 4 zelligen, schwarzbraunen, in die Teilzellen zerfallende Sporen.

Auf Stroh, Mist, Stricken u. anderen Abfallstoffen, nicht selten.
P. vulgare Corda

12. Gattung: **Capnodium** Mont.

Luftmyzel feste schwarze Überzüge bildend (Rußtau). Nebenfruchtformen häufig u. sehr mannigfach (Konidien von verschiedener Gestalt, Coremien, Pykniden). Fk. sehr selten, etwas keulig. Sporen mauerf. geteilt, braun.

Auf den verschiedensten Bäumen u. Sträuchern als Rußtau die Blätter überziehend.   (Fig. 150.)   **C. salicinum** (Pers.)

13. Gattung: **Microthyrium** Desm.

Luftmyzel fehlt. Fk. flach schildf., am Rande etwas fasrig. Gehäuse häutig, mit Öffnung am Scheitel. Sporen länglich, zweizellig, hyalin.

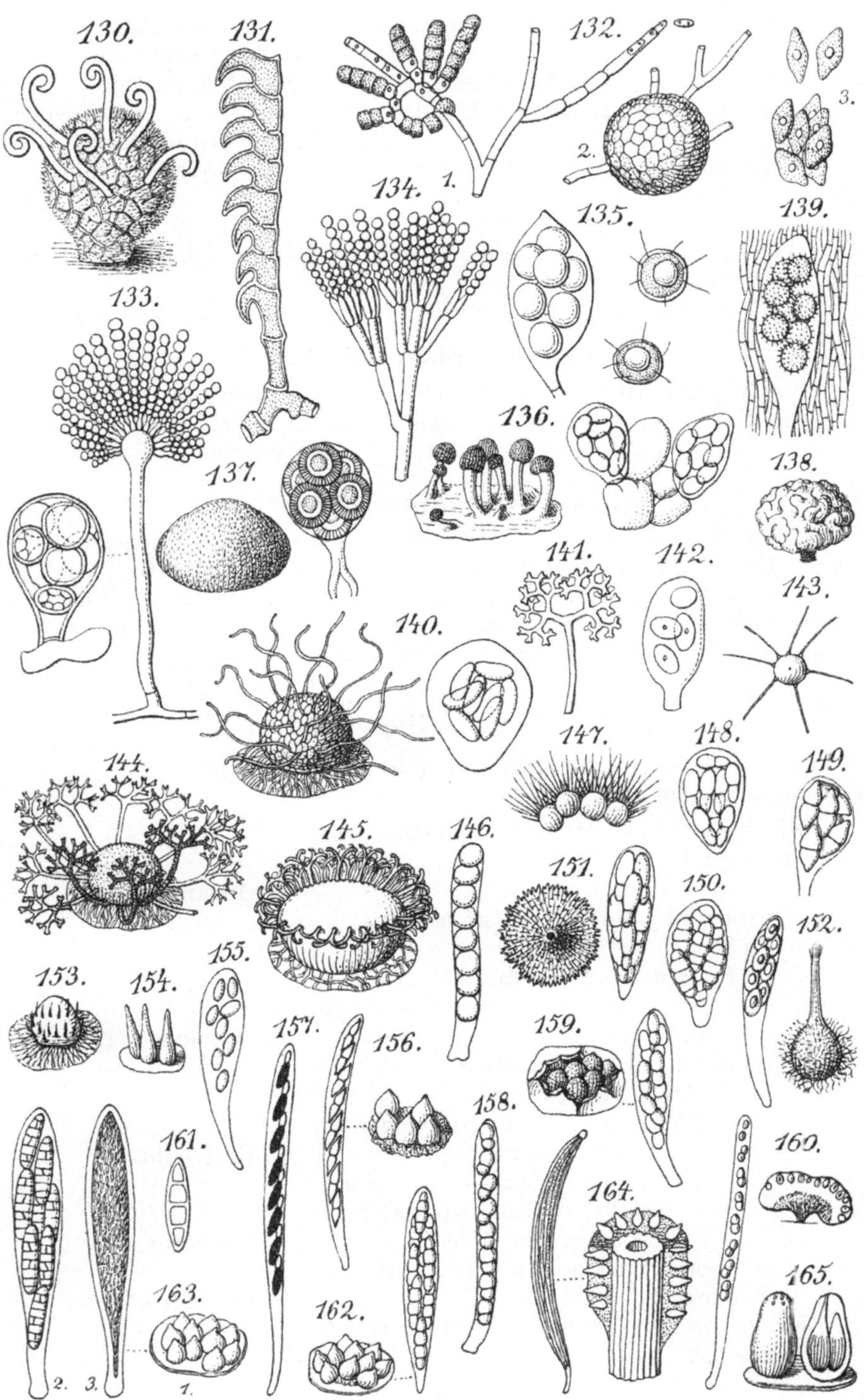

Auf Pteridium aquilinum, seltener Aspidium filix mas, selten.
M. litigiosum Sacc.
Auf faulenden Nadeln, selten.   **M. pinastri** Fuck.
Auf welken Blättern von Betula, Carpinus, selten. (Fig. 151.)
M. microscopicum Desm.
Auf Stengeln von Cytisus u. Genista, selten. **M. cytisi** Fuck.

14. Gattung: **Asterina** Lév.

Wie vor. Gatt., Gehäuse sich sternf. öffnend. Sporen 8, zweizellig, braun.
Auf Veronica officinalis, selten.   **A. veronicae** (Libert)

15. Gattung: **Micropeltis** Mont.

Wie Microthyrium. Sporen spindelf., hyalin, 4 zellig.
Auf Pirola rotundifolia im südöstlichen Alpengebiet.
M. carniolica Rehm

2. Unterreihe: *Hypocreineae.*

Myzel im Substrat od. oberflächlich, ein $\pm$ ausgedehntes Luftmyzel bildend od. zu einem Stroma sich verflechtend. Fk. frei, kuglig
od. flaschenf., od. im Luftmyzel od. Stroma eingesenkt. Gehäuse
meist weich lederig, fleischig, od. häutig, nie schwarz, stets anders gefärbt. Mündung meist warzenf., seltener länger ausgezogen.

Einzige Familie: **Hypocreaceae.**

Bestimmungstabelle der Gattungen.

A. Sporen einzellig.
  a) Fk. stets ohne Stroma, höchstens mit
    Luftmyzel.
    I. Sporen braun.   **1. Melanospora.**
    II. Sporen hyalin od. höchstens leicht röt-
    lich.
      1. Sporen ohne Anhängsel.
        α) Fk. unter der Epidermis einge-
          senkt.   **2. Hyponectria.**
        β) Fk. vollständig frei auf dem Sub-
          strat stehend.
          § Mündung kegelf. od. flach, dem
            Gehäuse gleichfarbig.   **3. Nectriella.**
          §§ Mündung punktf. od. einge-
            drückt, am Rande dunkler ge-
            färbt als das Gehäuse.   **4. Thelocarpon.**
      2. Sporen beidendig mit borstenf. An-
        hängsel.   **5. Eleutheromyces.**
  b) Fk. einem deutlich ausgebildeten Stroma
    eingesenkt.

I. Stroma der Blattsubstanz eingesenkt. 6. **Polystigma.**
II. Stroma oberflächlich auf Mist. 7. **Selinia.**
B. Sporen zweizellig.
  a) Stroma gänzlich fehlend, höchstens Lu.t-
    myzel (Nectria) vorhanden.
    I. Gehäuse bläulich od. violett. 8. **Lisea.**
    II. Gehäuse rötlich, gelblich, nie bläulich.
      1. Fk. parasitisch auf Nyctalis astero-
        phora. 9. **Pyxidiophora.**
      2. Fk. nicht dort wachsend. 11. **Nectria.**
  b) Stroma vorhanden.
    1. Stroma dicht filzig-fädig. 10. **Hypomyces.**
    2. Stroma fleischig.
      α) Wenn Konidienträger vorhanden,
        dann nicht stilbumartig. .
        § Sporen nicht im Schlauch in die
          Teilzellen zerfallend. 11. **Nectria.**
        §§ Sporen im Schlauch in die Teil-
          zellen zerfallend. 12. **Hypocrea.**
      β) Konidienträger gestielt mit Köpf-
        chen (Stilbum), stets vorhanden, an
        ihrer Basis die Fk. 13. **Sphaerostilbe.**
C. Sporen 3- und mehrzellig, quergeteilt, nicht
  fädig.
  a) Gehäuse lebhaft gefärbt, im durchfallen-
    den Lichte nicht blau. 14. **Calonectria.**
  b) Gehäuse dunkler, im durchfall. Lichte
    blau. 15. **Gibberella.**
D. Sporen mauerf. 16. **Pleonectria.**
E. Sporen lg. fadenf.
  a) Stroma fehlend. 17. **Barya.**
  b) Stroma stets vorhanden.
    I Stroma die Stengel ringf. umgebend. 18. **Epichloë.**
    II Stroma abstehend.
      1 Stroma klein, ungestielt. 19. **Oomyces.**
      2 Stroma gestielt.
        § Stroma nicht aus einem Sklero-
          tium hervorwachsend, auf Tieren
          u. Pilzen. 20. **Cordiceps.**
        §§ Stroma aus einem Sklerotium
          hervorwachsend, auf Gräsern. 21. **Claviceps.**

1 Gattung: **Melanospora** Corda.

Fk. ganz frei od. mit Luftmyzel, Gehäuse weich, bräunlich, mit
papillenf. od. vorgezogener u. mit Borsten besetzter Mündung. Sporen
ellipsoidisch od. zitronenf., einzellig, braun. Sehr zerstreut.

1. Auf Pilzen.   2
    Auf Blättern, Nadeln, Holzstückchen usw. auf der Erde.   3
2. Auf Fomes igniarius, Polyporus adustus u. ähnl. Fr. 0,4 mm im
    Durchm. mit ca 2 mm langem Schnabel.   Sporen zitronenf.
                                                       M. lagenaria (Pers.)
    Auf größeren Scheibenpilzen. Fk. bis 0,35 mm im Durchm. mit
papillenf. Schnabel.   Sporen ungleichseitig zitronenf.
                                                       M. Zobelii (Corda)
3. Fk. lg. geschnäbelt u. gewimpert.   4.
    Fk. mit papillenf. Mündung, gelblich, einem weißen Fadengeflecht
aufsitzend.   Sporen zitronenf.   **M. teleboloides** (Fuck.)
4. Sporen br. ellipsoidisch-scheibenf., beidendig abgerundet, ohne
    Hyphengeflecht. (Fig. 152.)   **M. chionea** (Fr.)
    Sporen br. ellipsoidisch, beidendig hyalin-spitzig. Mit Hyphen-
geflecht.   **M. leucotricha** Corda

2. Gattung: **Hyponectria** Saccardo.

Fk. einzeln, unter der Epidermis stehend, kuglig, rötlichgelb.
Sporen ellipsoidisch, einzellig.
In Buxusblättern, selten.   **H. buxi** (DC.)

3. Gattung: **Nectriella** Saccardo.

Fk. frei aufsitzend, gesellig, mit Mündungspapille, gelb od. rötlich.
Sporen kurz spindelf., einzellig
    Auf welkenden Buxusblättern, zerstreut. (Fig. 153.
                                          N. Rousseliana (Mont.)

4. Gattung: **Thelocarpon** Nylander.

Fk. frei, gesellig, mit punktf., ringsum dunkler gefärbten Öffnung
od. eingedrücktem Scheitel, gelblich. Sporen ellipsoidisch, einzellig.
    An bearbeitetem Holz, selten.   **T. Laureri** (Flot.)
    Auf Solorina u. Baeomyces, selten.   **T. epibolum** Nyl.

5. Gattung: **Eleutheromyces** Fuckel.

Fk. frei, kuglig mit kegelf. Halsteil, bräunlich. Sporen ellipsoidisch, einzellig, beidendig mit borstenf. Anhängsel.
    Auf faulenden Hutpilzen u. Polyporus betulinus, nicht häufig.
(Fig. 154.)   **E. subulatus** (Tode)

6. Gattung: **Polystigma** DC.

Stroma fleischig, dem Blattgewebe eingewachsen, rot od. rotbraun.
Fk. eingesenkt, nur mit den Mündungen hervorragend. Sporen ellipso-
idisch, einzellig.
    Parasit auf Prunus domestica, spinosa u. insititia mit rotem
Stroma, häufig. (Fig. 155.)   **P. rubrum** (Pers.)
    Parasit auf Prunus padus, mit bräunlichem Stroma, seltner.
                                        P. ochraceum (Wahlenb.)

7. Gattung: **Selinia** Karst.

Stroma fleischig, oberflächlich, rot, mit roströtlichem Filz. Fk. zu wenigen im Stroma eingesenkt. Sporen ellipsoidisch, einzellig. Auf trockenem Schaf- u. Kuhmist, selten. **S. pulchra** (Wint.)

8. Gattung: **Lisea** Sacc.

Fk. frei, rasig, kuglig. Gehäuse blau od. violett. Sporen länglich eif., zweizellig.
An dürren Buxusästchen, nur in Westdeutschland, selten.
L. buxi (Fuck.)

9. Gattung: **Pyxidiophora** Brefeld et v. Tavel.

Stroma u. Chlamydosporen fehlen, sonst wie Hypomyces, Konidienträger büchsenf., im Innern die Konidien reihenweise bildend. Sonst wie Hypomyces.
Auf Nyctalis asterophora zerstreut. **P. asterophora** (Tul.)

10. Gattung: **Hypomyces** Fries.

Stroma wollig od. filzig-fädig. Fk. eingesenkt od. aufsitzend, kuglig, mit ± kegelf., zugespitzter Mündung. Gehäuse lebhaft gefärbt. Sporen zweizellig, beidendig zugespitzt, hyalin bis hellbräunlich. Fast stets finden sich am Stroma Konidienträger mit quirliger Verzweigung u. 1—2 zelligen Sporen (Verticillium, Diplocladium, Dactylium) u. Chlamydosporen (einzellig Sepedonium, mehrzellig Mycogone). Fast nur auf Hutpilzen, ihr Hymenium deformierend.

1. Perithecien nicht bekannt, nur Mycogone-Sporen vorhanden. 2.
   Perithecien bekannt, aber nicht immer vorhanden, daneben stets die oben genannten Nebenfruchtformen. 3.
2. Hyphenfilz rötlich. Auf Clavarien u. dem Champignon, nicht selten.
   H. Linkii Tul.
   Hyphenfilz bräunlich. Auf größeren Discomyceten, zerstreut.
   H. cervinus Tul.
3. Hyphenfilz weiß u. so bleibend. Auf Lactaria deliciosa, selten.
   H. deformans (Lagger)
   Hyphenfilz anfangs weiß, dann aber stets irgendwie gefärbt. 4.
4. Hyphenfilz rot, grüngelb od. purpurviolett. 5.
   Hyphenfilz ocker-, orange- od. goldgelb. 6.
5. Hyphenfilz rosa bis rot. Auf faulenden Arten von Russula, Agaricus, Stereum, Polyporus u. von da auf Moos u. Blätter übergehend, zerstreut. **H. rosellus** (Alb. et Schw.)
   Hyphenfilz blaß ziegelrot. Auf Lactaria-Arten, nicht selten.
   H. lateritius (Fries)
   Hyphenfilz schmutzig grüngelb. Auf Lactaria- u. Russula-Arten, seltener. **H. viridis** (Alb. et Schw.)
   Hyphenfilz schmutzig purpurviolett. Auf Fuligo septica, selten
   H. violaceus (Schmidt)

6. Hyphenfilz ockergelb, bis fast orangegelb. Auf Russula-Arten, nicht häufig. (Fig. 156.) **H. ochraceus** (Pers.)

Hyphenfilz zuletzt intensiv orangegelb. Auf Polyporus adustus u. ähnl., selten. **H. aurantius** (Pers.)

Hyphenfilz intensiv goldgelb. Auf Boletus-Arten, häufig. (Fig. 157.) **H. chrysospermus** Tul.

11. Gattung: **Nectria** Fries.

Stroma fehlend od. fleischig od. nur als fädige Unterlage ausgebildet. Fk. einzeln od. rasenf., auf dem Substrat, auf dem Stroma od. zwischen dem Fadengeflecht sitzend, $\pm$ kuglig. Gehäuse weich häutig, gelblich, rot od. bräunlich, Mündung warzen- od. kegelf., Sporen hyalin od. rötlich, zweizellig, ellipsoidisch, beidendig stumpf od. zugespitzt.

1. Sporen warzig, rotbräunlich. Auf alten, verfaulten Polyporus-Arten, selten. **N. cosmariospora** Ces. et de Not.
   Sporen glatt. 2.
2. Stroma fehlend. 3.
   Stroma als fleischige Unterlage od. Hyphenfilz vorhanden. 6.
3. Auf Flechten. 4.
   Nicht auf Flechten. 5.
4. Fk. gesellig, auf einem fleischroten Fleck vorbrechend. Auf Anaptychia ciliaris, zerstreut. **N. Fuckelii** Sacc.
   Fk. hervorbrechend, einzeln. Auf Peltigera canina, zerstreut.
   N. lichenicola (Ces.)
5. Fk. frei, zerstreut, rotgelb-bräunlich. Auf faulenden Graminen-blättern, zerstreut. **N. graminicola** Berk. et Br.
   Fk. frei, einzeln od. gesellig, blutrot. Auf Ustulina u. Diatrype stigma, nicht selten. **N. episphaeria** (Tode)
   Fk. einzeln, zinnoberrot, zwischen den Fasern stehend. Auf feuchtem Papier, zerstreut. **N. charticola** (Fuck.)
6. Fk. in u. auf einer fasrigen Unterlage, orangerot, zusammenfallend u. fast schüsself. **N. peziza** (Tode)
   Fk. einem fleischigen Stroma aufsitzend. 7.
7. Auf Pandanus-Arten in Gewächshäusern, zerstreut.
   N. pandani Tul.
   An Ästen u. Stämmen von Ndhölzern, nicht selten.
   N. cucurbitula (Tode)
   Auf Dicotyledonen. 8.
8. Auf Stengeln von Aconitum u. Cirsium spinosissimum, sowie auf Kuhkot, in den Hochalpen nicht selten. Stroma 1—2 mm im Durchm., rot. **N. tuberculariformis** (Rehm)
   Nur auf Sträuchern u. Bäumen. 9.
9. Fk. dunkelrot, im Alter schwarz. Sporen 9—12 μ lg., 3—3,5 μ br., Auf dünnen Haselnußästen, selten auf Weide u. Pappel.
   N. coryli Fuck.
   Fk. höchstens bräunlich od. dunkler werdend, niemals schwarz 10,

10. Fk. zu wenigen rasig vereinigt, rot mit brauner Mündungspapille,
zuletzt schüsself. eingefallen. Auf dürren Stämmchen von Efeu,
seltner. (Fig. 158.) **N. sinopica** Fries
Fk. viel dichter u. zu vielen zusammenstehend. 11.
11. Stroma polsterf. od. halbkuglig, rot. Fk. sehr dicht darauf stehend,
rot, später mehr bräunlich. Auf sehr vielen Sträuchern u. Stämmen
besonders immer auf Ribes u. Betula, im H. die Stromata
konidientragend, in F. perithecientragend, gemein. (Fig. 159.)
N. cinnabarina (Tode)
Stroma polsterf., hervorbrechend, goldgelb, viele nebeneinander.
Fk. sehr dicht gedrängt. Besonders auf Fagusästen, aber auch auf
anderem Lb., häufig. **N. ditissima** Tul.

12. Gattung: **Hypocrea** Fries.

Stroma fleischig, polsterf. od. + ausgebreitet. Fk. dem Stroma
eingesenkt. Sporen meist hyalin, zweizellig, innerhalb des Schlauches
in die Teilzellen zerfallend, daher der Schlauch scheinbar 16 sporig.
1. Stroma polster- od. scheibenf., scharf begrenzt am Rande. 2.
Stroma flach, weit ausgebreitet. 4.
2. Stroma nicht rot. 3.
Stroma rot, dann rotbraun, durch die Mündungen der Perithecien
punktiert. Teilzellen der Sporen fast kuglig, 3—4 μ im Durchm.
Auf Holz u. Rinde von Lb., nicht selten. (Fig. 160.)
H. rufa (Pers.)
3. Stroma rundlich od. länglich, am Rande frei, schwarz-olivengrün
bis schwarzbraun. Teilzellen fast kuglig, ca. 4 μ im Durchm.
Auf faulenden Stämmen (Quercus, Salix usw.), nicht selten.
H. contorta (Schwein.)
Stroma polsterf. od. halbkuglig, gelb od. grünlichgelb. Teilzellen
ungleich groß, 4 bzw. 3 μ im Durchm., kuglig bzw. eif., olivenfarbig.
Auf faulendem Holz, über Blättern, nicht häufig.
H. gelatinosa (Tode)
4. Auf Pilzen. 5.
Stroma sehr weit ausgedehnt, Moose, Holz, Erde usw. über-
ziehend, zitronengelb, am Rand weißfasrig, von den dunkleren
Mündungen des Fk. punktiert. Teilzellen kuglig, bzw. eif., 4,5 bzw.
5 μ im Durchm. Zerstreut in Wäldern. **H. citrina** (Pers.)
5. Stroma krustig, flach, gelb. Teilzellen eif., 3,5—4,5 μ lg. Auf
Polyporeen (P. betulinus) zerstreut. **H. fungicola** Karst.
Stroma krustig, gelb od. bräunlichgelb. Teilzellen kuglig, bzw.
eif., 4 μ, bzw. 4 × 3 μ. Auf Clavaria ligula u. Spathularia flavida in
feuchten Ndwäldern, selten. **H. alutacea** (Pers.)

13. Gattung: **Sphaerostilbe** Tulasne.

Stroma polsterf., fleischig, die Konidienträger (gestielte Keulen)
tragend, an deren Grund die Fk. stehen.

Konidienpilz goldgelb-rot, Fk. rotbraun. Auf Ästen von Ulmus u. Fraxinus, selten.   **S. aurantiaca** Tul.

14. Gattung: **Calonectria** de Notaris.

Fk. zuletzt frei sitzend, einzeln od. rasenf., bisweilen auf fasrigem Hyphenfilz. Sporen länglich, 4 zellig, hyalin.

Fk. rot. In Rindenrissen von Acer, selten. (Fig. 161.)
         C. decora (Wallr.)

15. Gattung: **Gibberella** Saccardo.

Stroma fleischig od. fehlend. Fk. frei aufsitzend, einzeln od. rasig. Gehäuse durchscheinend blau od. violett. Sporen ellipsoidisch od. spindelf., hyalin, vierzellig.

1. An Halmen u. Stengeln.   2.

   Stroma polsterf. od. halbkuglig, gelbbräunlich, später + schwarzblau. Fk. rasig, sehr dunkel, im durchfallenden Lichte stahlblau. Sporen 18—23 μ lg., 7—8 μ br. Auf dürren Ästen von Sambucus nigra u. racemosa, auch von Sarothamnus, Cytisus, Salix u. a., zerstreut (Fig. 162.)   **G. pulicaris** (Fries)

2. Fk. rasenf., verwachsend u. häutige Krusten bildend, blau. Sporen 18—30 (20—24) μ lg., 4—6 μ dick. Auf Kräuterstengeln u. besonders Grashalmen, zerstreut.   **G. Saubinetii** (Mont.)

   Fk. gehäuft, schmutzig blau. Sporen 25—32 μ lg., 7 μ dick. Auf faulenden Kohlstengeln, zerstreut.

         G. cyanogena (Desm.)

16. Gattung: **Pleonectria** Saccardo.

Stroma fleischig od. fehlend. Fk. gehäuft, frei. Sporen ellipsoidisch od. spindelf., hyalin, mauerf. geteilt.

Fk. rötlichbraun, rasig auf einem gelblichen, polsterf. Stroma aufsitzend. Auf dürren Berberitzenästen, zerstreut. (Fig. 163.)
         P. Lamyi (Desm.)

17. Gattung: **Barya** Fuckel.

Fk. frei, kegelf., gelbgrün, dann braun. Sporen fädig, hyalin. Auf faulender Bertia moriformis, selten.

         B. parasitica Fuck.

18. Gattung: **Epichloë** Fries.

Stroma flach, fleischig, die Halme scheidenf. umkleidend, weiß, dann rotbraun. Fk. eingesenkt. Sporen fädig, im Schlauch schon in Teilzellen zerfallend.

Auf Grashalmen, besonders Holcus, häufig. (Fig. 164.)
         E. typhina (Pers.)

19. Gattung: **Oomyces** Berk et Br.

Stroma rötlich, kegel- od. sackf., senkrecht abstehend, mit 1 bis 7 eingesenkten Fk. Sporen fädig, einzellig.

An trockenen Gräsern, selten. (Fig. 165.)

O. carneoalbus (Lib.)

20. Gattung: **Cordiceps** Fries.

Stroma aufrecht, $\pm$ lg. gestielt, oberer Teil keulig od. kuglig, fertil. Sporen fädig, im Schlauch in Teilzellen zerfallend.

1. Auf unterirdischen Pilzen schmarotzend. 2·
   Auf in der Erde liegenden Insekten, Raupen od. Puppen schmarotzend. 3.
2. Stroma mit blaßgelbem Stiel u. rötlich-schwarzer Keule. Auf Elaphomyces-Arten, zerstreut. (Fig. 166.)

   C. ophioglossoides (Ehrh.)

   Stroma mit dunkelgelbem Stiel u. braunem, fast kugligem Kopf. Ebenda, aber seltner. **C. capitata** Holmsk.
3. Stroma goldgelb od. grau. 4.
   Stroma $+$ rot. 5.
4. Stroma mit gelbem Stiel u. lebhaft goldgelber Keule. Auf Insektenlarven, zerstreut. **C. entomorrhiza** (Dicks.)

   Stroma mit schwarzbraunem Stiel u. grauweißem, später bräunlich violettem, fast kugligem Köpfchen. Auf Käferlarven u. Laufkäfern, zerstreut. **C. cinerea** (Tul.)
5. Stroma lg. gestielt, fertiler Teil keulig, gelb- od. purpurrot. Auf Puppen u. Raupen von Schmetterlingen, häufig. H.

   C. militaris (L.)

   Stroma leicht ockergelb, krustig u. sich daraus fädig, bis 4 cm lg. erhebend. Fk. auf dem Stroma einzeln od. rasig, blaß rötlich. Auf toten Schmetterlingen, besonders Sphingiden, nicht häufig.

   C. sphingum (Tul.)

21. Gattung: **Claviceps** Tul.

Sporen den Blüten anfliegend, unterhalb des Fruchtknotens sich ein hornartiges, lg. vorragendes Sklerotium entwickelnd, das in der Jugend Konidienlager (Sphacelia) trägt. Die zu Boden gefallenen Sklerotien entwickeln im F. auf langen Stielen kuglige Sklerotien, in denen die Perithecien mit den Schläuchen sitzen. Sporen fädig.

1. Sklerotien in den Blüten von Heleocharis u. Scirpus gebildet, nicht häufig. **C. nigricans** Tul.
   Sklerotien in Gramineen. 2·
2. Sklerotien in den Blüten des Getreides, groß, dunkelviolett. Stromata rötlich, häufig, besonders in nassen Sommern. (Fig. 167.)

   C. purpurea (Fr.)

   Sklerotien auf Phragmites, Molinia, Nardus u. and. Gramineen, wie vor. Art, aber in allen Teilen kleiner, seltner.

   C. microcephala (Wallr.)

3. Unterreihe: *Dothideineae.*

Myzel im Innern der Nährpflanze, ein sklerotienartiges Stroma im Innern bildend, das nach außen hin meist fest u. schwarz abgeschlossen ist, im Innern aber aus weißem, weichem Gewebe besteht. Durch Zerreißen der deckenden Gewebsschichten wird dann das Stroma frei. Neben diesem typischen Falle kommen auch solche vor, wo das Stroma eingesenkt bleibt od. von Anfang an oberflächlich steht (stets schwarz). Fk. dem Stroma eingesenkt, typisch nicht durch besondere Wandung von der Stromasubstanz getrennt. Mündung rundlich od. länglich, oft durch Verwitterung der deckenden Schichten unregelmäßig aufgerissen.

Einzige Familie: **Dothideaceae.**

Bestimmungstabelle der Gattungen.

A. Sporen einzellig, hyalin.
  a) Stroma bedeckt, dann hervorbrechend, auf Stengeln.   **1. Mazzantia.**
  b) Stroma eingewachsen, bedeckt bleibend, auf Blättern.   **2. Phyllachora.**
B. Sporen zweizellig.
  a) Sporen hyalin.
    I. Stroma krustig, scheibig od. länglich rundlich, niemals ausgesprochen strichf.
      1. Stroma zuerst bedeckt, dann hervorbrechend, scheibig krustig.   **3. Plowrightia.**
      2. Stroma eingesenkt bleibend wie bei Phyllachora.   **5. Euryachora.**
    II. Stroma stets strichf.   **6. Scirrhia.**
  b) Sporen gefärbt, Stroma wie bei Plowrightia.   **4. Dothidea.**
C. Sporen quer mehrzellig, Stroma strichf.
  a) Sporen hyalin.   **7. Monographus.**
  b) Sporen gefärbt.   **8. Rhopographus.**
D. Sporen typisch mauerf. od. wenigstens mit einer Längswand.
  a) Nicht Parasiten auf Flechten.
    I. Sporen hyalin od. höchstens gelblich.   **9. Dothiora.**
    II. Sporen braun.   **10. Curreya.**
  b) Auf Flechten parasitisch.   **11. Homostegia.**

1. Gattung: **Mazzantia** Montagne.

Stroma bedeckt, dann hervorbrechend, schwarz, innen weiß, mit wenigen kugligen Fk., die mit der Mündung vorragen. Sporen einzellig, hyalin.

Auf dürren Stengeln von Galium-Arten, zerstreut. (Fig. 168.)
                          M. galii (Fr.)

Auf dürren Stengeln von Aconitum napellus, in den Hochalpen.

M. napelli (Cesati)

2. Gattung: **Phyllachora** Nitschke.

Stroma eingesenkt, mit der Blattsubstanz verwachsen, bedeckt bleibend. Fk. dem Stroma eingesenkt. Sporen einzellig, hyalin.
Auf Blättern von Gramineen, häufig. (Fig. 169.)

P. graminis (Pers.)

Auf Blättern von Trifolium-Arten, nicht selten.

P. trifolii (Pers.)

3. Gattung: **Plowrightia** Sacc.

Stroma eingesenkt, hervorbrechend u. dann krustig, $\pm$ scheibig. Sporen eif., zweizellig, hyalin.
Auf dürren Ästen von Berberis, zerstreut.

P. berberidis (Wahlenb.)

Auf Ästen von Ribes (besonders R. rubrum), zerstreut. (Fig. 170.)

P. ribesia (Pers.)

Auf Ästen von Daphne mezereum, in den Algen.

P. mezerci (Fries)

4. Gattung: **Dothidea** Fries.

Stroma wie bei vor. Gatt. Sporen etwas keulig, in zwei ungleiche Zellen geteilt, braun.
Auf dürren Ästen von Sambucus, Acer, Morus, Rhamnus u. a., nicht selten. **D. natans** (Tode)
Auf dürren Ästen von Buxus sempervirens, selten. (Fig. 171.)

D. puccinioides (DC.)

5. Gattung: **Euryachora** Fuckel.

Stroma wie bei Phyllachora eingesenkt bleibend, scheibig, ausgedehnt. Sporen eif., hyalin, zweizellig.
Auf faulenden Birkenblättern, zerstreut. (Fig. 172.)

E. betulina (Fries)

Auf noch hängenden Ulmenblättern, nicht selten.

E. ulmi (Duval)

Auf Stengeln u. Blättern von Sedum maximum u. purpureum. selten. **E. thoracella** (Rutstr.)
Auf lebenden Blättern von Galium silvaticum, im Gebirge.

E. geranii (Fries)

6. Gattung: **Scirrhia** Nitschke.

Stroma stets linienf., eingewachsen, dann frei werdend. Sporen länglich, zweizellig, hyalin.
An Wedelstielen von Aspidium filix femina, Pteridium u. Struthiopteris, selten. **S. microspora** Niessl

An dürren Blattscheiden von Phragmites, zerstreut. (Fig. 173.)
S. rimosa (Alb. et Schw.)
An Blättern von Agrostis, selten.   **S. agrostidis** (Fuck.)
An Juncushalmen, zerstreut.   **S. junci** (Fr.)

7. Gattung: **Monographus** Fuckel.

Stroma strichf., dicht parallel nebeneinander. Sporen länglich
spindelf., hyalin, 4(—8)zellig.
An Wedelstielen von Pteridium, zerstreut. (Fig. 174.)
M. aspidiorum Fuck.
An Wedelstielen von Athyrium alpestre, selten.
M. macrosporus (Schroet.)

8. Gattung: **Rhopographus** Nitschke.

Ebenso, aber die Sporen braun.
An Wedelstielen von Pteridium, zerstreut. (Fig. 175.)
R. pteridis (Sow.)

9. Gattung: **Dothiora** Fries.

Stroma eingesenkt, später die deckenden Substratschichten un-
regelmäßig zerreißend. Fk. nicht regelmäßig aufspringend, sondern
lappig aufreißend. Sporen länglich, hyalin, quer mehrzellig, stets
noch mit mindestens einer Längswand. Holzbewohnend.
An dürren Ästen von Populus tremula, zerstreut. (Fig. 176.)
D. sphaeroides (Pers.)
An dürren Ästen von Sorbus aucuparia, selten.
D. sorbi (Wahlenb.)

10. Gattung: **Curreya** Saccardo.

Stroma halbkuglig od. länglich, klein, erst eingesenkt, dann
hervorbrechend. Sporen länglich, mauerf., braun.
An Kiefernzapfen, zerstreut. (Fig. 177.)
C. conorum (Fuck.)

11. Gattung: **Homostegia** Fuckel.

Stroma eingesenkt bleibend. Sporen länglich, meist vierzellig,
bisweilen mit einer Längswand, braun.
Auf dem Th. von Parmelia saxatilis, besonders im Gebirge.
(Fig. 178.)   **H. Piggotii** (Berk. et Br.)

4. Unterreihe: *Sphaeriineae.*

Myzel in- od. außerhalb des Substrates, einfach fädig od. zu
stromatischen Gebilden verflochten. Stroma aber verschieden, flach
ausgebreitet bis senkrecht abstehend. Fk. frei, einzeln od. rasig od.
im Substrat od. Stroma ganz od. teilweise eingesenkt. Gehäuse schwarz,

meist kohlig, brüchig od. seltener lederig zähe, Mündung papillenf., halsf. vorgezogen od. sehr lg.fädig, meist rund, selten zusammengedrückt. Schläuche am Grunde des Fk. hervorwachsend, meist zylindrisch. Paraphysen vorhanden. Sporen sehr verschieden. Nebenfruchtformen als Konidienträger, Pykniden od. Konidienlager häufig vorhanden.

Bestimmungstabelle der Familien.

A. Fk. frei stehend od. zuerst eingesenkt im Substrat u. dann $\pm$ hervortretend. Stroma fehlend, ein fädiges Hyphengeflecht bisweilen vorhanden, sehr selten ein krustiges Stroma vorhanden, auf dem die Fk. sitzen.

a) Fk. von Anfang an oberflächlich.

   I. Gehäuse dünn, fast einschichtig, am Scheitel mit Haarschopf.   **1. Chaetomiaceae.**

  II. Gehäuse lederig od. kohlig, seltener häutig, stets deutlich mehrschichtig. Fk. frei od. in einem Hyphengeflecht sitzend, kahl od. behaart. Paraphysen vorhanden.   **3. Sphaeriaceae.**

b) Fk. zuerst dem Substrat eingesenkt, später + hervortretend.

   I. Gehäuse weich, häutig. Fk. meist auf Mist, bisweilen ein Stroma vorhanden. Sporen stets dunkel gefärbt.   **2. Sordariaceae.**

  II. Gehäuse derber, lederig bis brüchig kohlig. Selten auf Mist.

    α) Fk. einzeln od. herdenf. wachsend.

      § Mündung lg. schnabelf.   **4. Ceratostomataceae.**

      §§ Mündung kurz, höchstens warzig od. keglig.

        † Mündung rund.   **5. Amphisphaeriaceae.**

        †† Mündung seitlich zusammengedrückt, spaltenf.   **6. Lophiostomataceae.**

    β) Fk. sich meist unterrindig entwickelnd u. hervorbrechend, stets rasig, seltener auch von Anfang an oberflächlich, fast immer auf einem fädigen od. krustenf. Stroma aufsitzend.   **7. Cucurbitariaceae.**

B. Fk. dem Substrat eingesenkt u. ohne Strom od. von einem schildf. stroma-

tischen Gewebe (Clypeus) bedeckt od.
in einem Stroma sitzend.

a) Fk. dem Substrat eingesenkt, Mündung durchbrechend od. durch Verwitterung der oberen Schichten des Substrates frei werdend.

  I. Fk. bis 0,5 mm groß, häutig od. lederartig.

    1. Mündung kurz, oft undeutlich.

      α) Ohne Paraphysen.   **8. Mycosphaerellaceae.**

      β) Mit Paraphysen.   **9. Pleosporaceae.**

    2. Mündung verlängert schnabelf.   **11. Gnomoniaceae.**

  II. Fk. über 0,5 mm groß, dick lederig od. kohlig.   **10. Massariaceae.**

b) Fk. einzeln von einem Clypeus bedeckt od. umgeben.   **12. Clypeosphaeriaceae.**

c) Fk. einem Stroma eingesenkt, meist zahlreich.

  I. Substanz des Stromas von dem der Nährzsubstanz nicht deutlich geschieden, oft nur durch Saumlinie od. Verfärbung des Substrates erkennbar.

    1. Vor den Perithecien sich Pykniden entwickelnd.   **13. Valsaceae.**

    2. Vor den P. sich Konidienlager entwickelnd.   **14. Melanconidaceae.**

  II. Substanz des Stromas deutlich von der des Nährsubstrates verschieden, nur aus Hyphen bestehend.

    1. Schlauchsporen klein, zylindrisch, gewöhnlich auch gekrümmt.   **15. Diatrypaceae.**

    2. Schlauchsporen niemals zylindrisch.

      α) Schlauchsporen ein- bis mehrzellig, wenn einzellig nur hyalin. Konidien in Stromahöhlungen gebildet.   **16. Melogrammataceae.**

      β) Schlauchsporen einzellig, stets dunkel gefärbt. Konidien meist frei auf dem jungen Stroma.   **17. Xylariaceae.**

Bestimmungstabelle der Gattungen.

1. Familie Chaetomiaceae nur die Gattung.   **1. Chaetomium.**
2. Familie Sordariaceae.

A. Sporen einzellig, mit od. ohne hyaline
 Anhängsel.
   a) Ohne Stroma.   **2. Sordaria.**
   b) Mit Stroma.   **3. Hypocopra.**
B. Sporen zweizellig.   **4. Delitschia.**
C. Sporen quer mehrzellig.   **5. Sporormia.**
D. Sporen mauerf.   **6. Pleophragmia.**

3. Familie Sphaeriaceae.
  A. Sporen einzellig.
    a) Sporen hyalin, gelegentlich auch ein-
      mal zweiteilig.
       I. Sporen ellipsoidisch. Fk. unter
         $^1/_4$ mm groß.   **7. Trichosphaeria.**
       II. Sporen zylindrisch. Fk. über
         $^1/_4$ mm groß.   **8. Leptospora.**
    b) Sporen ellipsoidisch, braun.
       I. Ohne Anhängsel.   **9. Rosellinia.**
       II. Mit Anhängseln.   **10. Bombardia.**

  B. Sporen zweizellig.
    a) Fk. behaart.
       I. Sporen eif. od. keulig.   **11. Coleroa.**
       II. Sporen spindelf.   **12. Niesslia.**
    b) Fk. kahl.
       I. Gehäuse glatt.   **13. Melanopsamma.**
       II. Gehäuse grobhöckerig.   **14. Bertia.**
  C. Sporen quer drei -u. mehrzellig.
    a) Fk. behaart od. in einem Hyphenfilz
      steckend.
       I. Sporen farblos, zuletzt gleichmäßg
         bräunlich.
          1. Sporen spindelf.   **15. Herpotrichia.**
          2. Sporen zylindrisch-wurmf. od.
            ellipsoidisch.   **16. Lasiosphaeria.**
       II. Sporen braun, Endzellen hyalin. **17. Chaetosphaeria.**
    b) Fk. kahl, auch ohne Hyphenfilz.
       I. Sporen hyalin.   **18. Zignoëlla.**
       II. Sporen braun.   **19. Melanomma.**

4. Familie Ceratostomataceae.
  A. Sporen einzellig hyalin.   **20. Ceratostomella.**
  B. Sporen einzellig, braun.   **21. Ceratostoma.**
  C. Sporen quer vielzellig.   **22. Ceratosphaeria.**

5. Familie Amphisphaeriaceae.
  A. Sporen quer zwei- od. mehrzellig.
    a) Sporen zweizellig, braun.   **23. Amphisphaeria.**
    b) Sporen 4 zellig, aber im Schlauch in
      2 zellige Teile zerfallend, braun.   **24. Ohleria.**

c) Sporen mehr als zweizellig, nicht zer-
fallend.
   I. Sporen hyalin.   25. **Melomastia.**
   II. Sporen braun.   26. **Trematosphaeria.**
B. Sporen mauerf.   27. **Strickeria.**

6. Familie **Lophiostomataceae.**
A. Sporen einzellig, braun.   28. **Lophiella.**
B. Sporen zweizellig.
   a) Sporen hyalin.   29. **Lophiosphaera.**
   b) Sporen braun.   30. **Schizostoma.**
C. Sporen quer mehr als 2 zellig.
   a) Sporen hyalin.   31. **Lophiotrema.**
   b) Sporen braun.   32. **Lophiostoma.**
D. Sporen mauerf.   33. **Platystomum.**

7. Familie **Cucurbitariaceae.**
A. Sporen einzellig, hyalin.   34. **Nitschkia.**
B. Sporen zweizellig, braun.
   a) Fk. borstig.   35. **Gibbera.**
   b) Fk. kahl.   36. **Otthia.**
C. Sporen quer mehr als zweizellig, braun. 37. **Gibberidea.**
D. Sporen mauerf., braun.   38. **Cucurbitaria.**

8. Familie **Mycosphaerellaceae.**
A. Sporen zweizellig.
   a) Sporen in zwei gleiche Zellen geteilt
     I. Sporen hyalin.
       1. Fk. in kleine Gruppen unter der
         Oberhaut lebender Blätter
         sitzend.   39. **Stigmatea.**
       2. Fk. im Gewebe tiefer sitzend, in
         abgestorbenen Pflanzenteilen. 40. **Mycosphaerella.**
     II. Sporen braun.   41. **Tichothecium.**
   b) Sporen in zwei ungleiche Zellen geteilt,
     untere kleiner.   42. **Guignardia.**

B. Sporen quer mehr als zweizellig, hyalin.
   a) Auf Flechten schmarotzend.   43. **Pharcidia.**
   b) Nicht auf Flechten.   44. **Sphaerulina.**

9. Familie **Pleosporaceae.**
A. Sporen einzellig.   45. **Physalospora.**
B. Sporen zweizellig.
   a) Fk. behaart.   46. **Venturia.**
   b) Fk. kahl.
     I. Sporen hyalin.   47. **Didymella.**
     II. Sporen braun.   48. **Didymosphaeria.**
C. Sporen quer mehr als zweizellig.
   a) Sporen mit Anhängseln.   49. **Dilophia.**
   b) Sporen ohne Anhängsel.

I. Sporen länglich.
  1. Sporen hyalin.   **50. Metasphaeria.**
  2. Sporen braun.   **51. Leptosphaeria.**
II. Sporen fädig.
  1. Fk. behaart.   **52. Ophiochaeta.**
  2. Fk. kahl.   **53. Ophiobolus.**
D. Sporen mauerf., hyalin bis braun.
  I. Fk. behaart.   **54. Pyrenophora.**
  II. Fk. kahl.   **55. Pleospora.**

10. Familie **Massariaceae.**
  A. Sporen einzellig.   **56. Enchnoa.**
  B. Sporen zweizellig, braun.   **57. Phorcys.**
  C. Sporen quer mehr als zweizellig.
    a) Sporen hyalin.   **58. Massarina.**
    b) Sporen braun.   **59. Massaria.**
  D. Sporen mauerf., braun.   **60. Pleomassaria.**

11. Familie **Gnomoniaceae.**
  A. Sporen einzellig.
    a) Schläuche 8 sporig.
      I. Mündung kurz abgestutzt.   **61. Phomatospora.**
      II. Mündung schnabelartig ausge-
        zogen.
        1. Mit stromaartigem Gewebe.   **62. Mamiania.**
        2. Ohne Stroma.   **63. Gnomoniella.**
    b) Schläuche vielsporig.   **64. Ditopella.**
  B. Sporen 2–4 zellig, Schläuche 8 sporig. **65. Gnomonia.**

12. Familie **Clypeosphaeriaceae.**
  A. Sporen einzellig.   **66. Anthostomella.**
  B. Sporen mehrzellig.
    a) Sporen hyalin bis gelblich.
      I. Sporen ellipsoidisch bis spindelf. **67. Hypospila.**
      II. Sporen fädig.   **68. Linospora.**
    b) Sporen braun.   **69. Clypeosphaeria.**

13. Familie **Valsaceae.**
  A. Sporen einzellig.
    a) Sporen hyalin, gekrümmt.   **70. Valsa.**
    b) Sporen braun, nicht gekrümmt.   **71. Anthostoma.**
  B. Sporen quergeteilt.
    a) Sporen hyalin.   **72. Diaportha.**
    b) Sporen braun.   **73. Rhynchostoma.**
  C. Sporen mauerf.   **74. Fenestella.**

14. Familie **Melanconidaceae.**
  A. Sporen einzellig.
    a) Sporen ellipsoidisch od. kurz spindelf. **75. Cryptosporella.**
    b) Sporen lg. zylindrisch, wurmf. ge-
      krümmt.   **76. Cryptospora.**

B. Sporen zweizellig.
  a) Sporen hyalin.
    I. Pykniden vielkammerig mit hya-
      linen, einzelligen Sporen.   **77. Valsaria.**
    II. Konidienlager flach mit dunkel-
      braunen, einzelligen Sporen.   **78. Melanconis.**
  b) Sporen braun.   **79. Melanconiella.**

C. Sporen quer mehr als zweizellig.
  a) Sporen hyalin.   **80. Calospora.**
  b) Sporen braun.   **81. Pseudovalsa.**

15. Familie Diatrypaceae.
  A. Schläuche bis 8 sporig.
    a) Stroma nur bei den Konidienlagern
      entwickelt, nicht bei den Fk.   **82. Calosphaeria.**
    b) Stroma bei den Fk. stets entwickelt.
      I. Stroma weit ausgedehnt.   **83. Diatrype.**
      II. Stroma scheiben- od. polsterf.   **84. Quaternaria.**
  B. Schläuche vielsporig.   **85. Diatrypella.**

16. Familie Melogrammataceae.
  A. Sporen einzellig, hyalin.   **86. Botryosphaeria.**
  B. Sporen zweizellig, braun.   **97. Myrmaecium.**
  C. Sporen quer mehr als zweizellig, braun. **88. Melogramma.**

17. Familie Xylariaceae.
  A. Stroma krustig od. scheibenf., kuglig od.
    halbkuglig, stets ungestielt.
    a) Stroma schwarz, im Alter sehr brüchig
      u. innen mit Hohlräumen.   **89. Ustulina.**
    b) Stroma schwarz od. anders gefärbt,
      auch im Alter ohne Hohlräume.
      I. Stroma zuerst eingesenkt, jung
        fleischig. Konidienlager auf der
        Stromaoberfläche unter dem Peri-
        derm gebildet, später abfallend.   **90. Nummularia.**
      II. Stroma gewöhnlich von Anfang an
        oberflächlich u. holzig od. kohlig,
        Konidienlager oberflächlich, pul-
        verig.
        1. Stroma mit konzentrischen La-
          gen.   **91. Daldinia.**
        2. Stroma nicht konzentrisch ge-
          schichtet.   **92. Hypoxylon.**
  B. Stroma gestielt, oberer fertiler Teil ästig,
    keulig od. scheibig.
    I. Stroma oben keulig od. ästig.   **93. Xylaria.**
    II. Stroma oben scheibig.   **94. Poronia.**

Bestimmungstabelle der Gattungen hauptsächlich nach den Sporen.

1. Sporen einzellig. 2.
   Sporen zweizellig. 36.
   Sporen quer mehr als zweizellig, bisweilen bei den fadenf.
   Sporen die Zellen nur durch Öltropfen angedeutet. 60.
   Sporen mauerf., mit mehr als 2 Querwänden u. mindestens
   einer Längswand. 89.
2. Spore hyalin (höchstens gelblich). 3.
   Sporen dunkel gefärbt. 19.
3. Fk. mit Borsten od. Haaren besetzt. 4.
   Fk. ganz kahl (höchstens am Grunde mit wurzelnden Hyphen). 5.
4. Fk. frei aufsitzend. **7. Trichosphaeria.**
   Fk .eingesenkt bleibend. **56. Enchnoa.**
5. Fk. lg. geschnäbelt u. der Schnabel weit hervortretend. 6.
   Fk. mit kegel- od. papillenf. Mündung, wenn lg.geschnäbelt,
   dann im Stroma eingesenkt u. mit dem Schnabel nicht hervortretend. 8.
6. Fk. eingesenkt bleibend, Schnabel als lange Spitze hervortretend. 7.
   Fk. zuletzt ganz freistehend, Schnabel fädig, sehr lg.
   20. Ceratostomella.
7. Fk. ohne Stroma eingesenkt. **63. Gnomoniella.**
   Fk. unter einem scheibigen Pseudostroma eingesenkt.
   62. Mamiania.
8. Fk. nicht einem Stroma eingesenkt. 9.
   Fk. einem Stroma eingesenkt. 13.
9. Schläuche mit 8 (seltener weniger) Sporen. 10.
   Schläuche vielsporig. **64. Ditopella.**
10. Fk. von Anfang an oberflächlich entstehend, Sporen zylindrisch,
    oft gekrümmt. **8. Leptospora.**
    Fk. anfangs eingesenkt, dann hervortretend od. so bleibend
    (wenn, wie bei Nitschkia bisweilen von Anfang an oberflächlich,
    dann die Fk. schüss- el f. zusammensinkend). 11.
11. Fk. nicht schüssel f. einsinkend, nicht rasig gehäuft. 12.
    Fk. schüssel f. einsinkend, rasig gehäuft. **34. Nitschkia.**
12. Schläuche keulig. Sporen länglich, abgestumpft, größer.
    45. Physalospora.
    Schläuche dünn zylindrisch, Sporen ellipsoidisch, viel kleiner.
    61. Phomatospora.
13. Stroma valseenartig, d. h. scharf begrenzt, klein, kegel- od.
    polsterf. 14.
    Stroma diatrypeenartig d. h. weit ausgedehnt, ohne besondere
    Gestalt. 18.
14. Fk. im Stroma stehend, Konidienfrüchte in demselben Stroma
    vorhergehend od. gleichzeitig od. wenn getrennt, dann Fk. in
    einem Stroma. 15.

Fk. gruppenf. im Periderm ohne Stroma nistend, aber die Konidienfrüchte in einem valseenartigen Stroma.

82. Calosphaeria.

15. Sporen ellipsoidisch od. spindelf., nicht gekrümmt.   16.

Sporen länglich, gekrümmt od. zylindrisch wurmf.   17.

16. Konidienfrüchte im Stroma in Lagern gebildet, die später frei liegen.   **75. Cryptosporella.**

Konidienfrüchte Pykniden im Stroma.   **86. Botryosphaeria.**

17. Sporen kleiner, wurstf. gekrümmt.   **70. Valsa.**

Sporen viel länger, wurmf.   **76. Cryptospora.**

18. Fk. u. Pykniden in demselben Stroma. **70. Valsa.**

Fk. u. Konidien auf verschiedenen Stromata, entweder Lager od. vielkammerige Pykniden vorhanden. **83. Diatrype.**

19. Fk. irgendwie deutlich behaart.   20.

Fk. kahl.   21.

20. Mündung des Fk. mit langem Haarschopf. **1. Chaetomium.**

Gehäuse mit Borsten.   **9. Rosellinia.**

21. Schläuche 8 (seltener 4)sporig.   22.

Schläuche vielsporig. Fk. im Stroma eingesenkt.

85. Diatrypella.

22. Stroma ganz fehlend, höchstens ein Hyphenfilz vorhanden. 23.

Stroma vorhanden.   27.

23. Mündung der Fk. kegel- od. warzenf., nie lg. ausgezogen. 25.

Mündung der Fk. verlängert.   24.

24. Mündung nur lg. halsf., Mistbewohner.   **2. Sordaria.**

Mündung fadenf., Holzbewohner.   **21. Ceratostoma.**

25. Mündung rund.   26.

Mündung breitgedrückt.   **28. Lophiella.**

26. Sporen beidendig mit hyalinem Anhängsel. **10. Bombardia.**

Sporen ohne Anhängsel.   **9. Rosellinia.**

27. Stroma flach krustig, oberflächlich, auf Mist. Gehäuse häutig.

3. Hypocopra.

Stroma eingesenkt od, frei, auf Holz, (wenn auf Mist (Poronia), dann aufrecht). Gehäuse nicht häutig.   28.

28. Stroma sich auf ein schwarzes schildf. Pseudostroma beschränkend.   **66. Anthostomella.**

Stroma nicht so.   29.

29. Stroma diatrypeen- od. valseenartig.   30.

Stroma frei von Anfang an od. durchbrechend u. dann freistehend.   31.

30. Sporen ellipsoidisch.   **71. Anthostoma.**

Sporen zylindrisch, gebogen. Konidienlager auf besonderem Stroma.   **84. Quaternaria.**

31. Stroma halbkuglig, polsterf., von Anfang an frei od. hervorbrechend u. dann frei.   32.

Stroma senkrecht abstehend, keulig, fädig usw.   35.

32. Stroma innen ohne konzentrische Schichtung. 33.
  Stroma innen mit konzentrischer Schichtung.
  91. Daldinia.
33. Stroma anfangs lederig-fleischig, später kohlig-brüchig, mit Hohlräumen, Fk. sehr groß. **89. Ustulina.**
  Stroma von Anfang an holzig od. kohlig, ohne Hohlräume,
  Fk. viel kleiner. 34.
34. Konidienlager unter der obersten Stromaschicht gebildet, Stroma
  scheibig od. napff. **90. Nummularia.**
  Konidienlager auf dem Stroma gebildet, Stroma halbkuglig,
  kuglig, polsterf. od. durch Zusammenfließen krustig.
  92. Hypoxylon.
35. Stroma einfach keulig od. verästelt. **93. Xylaria.**
  Stroma gestielt, oben br. scheibig. **94. Poronia.**
36. Sporen hyalin. 37.
  Sporen dunkel gefärbt. 51.
37. Fk. mit Haaren od. Borsten versehen. 38.
  Fk. kahl. 40.
38. Fk. von Anfang an frei, nie eingesenkt. 39.
  Fk. zuerst eingesenkt, dann ± vortretend, Borsten meist nur
  am Scheitel des Fk. **46. Venturia.**
39. Schläuche am Scheitel verdickt. Sporen zylindrisch, spindelf.
  12. Niesslia.
  Schläuche am Scheitel nicht verdickt. Sporen ellipsoidisch.
  11. Coleroa.
40. Fk. von Anfang an frei stehend. 41.
  Fk. ganz eingesenkt bleibend od. zuerst ± eingesenkt u.
  ± hervortretend. 42.
  Fk. in einem Stroma. 47.
41. Gehäuse mit groben warzenf. Verdickungen **14. Bertia.**
  Gehäuse ganz glatt. **13. Melanopsamma.**
42. Mündung stets rund, Fk. eingesenkt bleibend. 43.
  Mündung flach zusammengedrückt, Fk. ± hervortretend.
  29. Lophiosphaera.
43. Schläuche am Ende verdickt u. mit Kanal versehen.
  65. Gnomonia.
  Schläuche nicht verdickt od. wenn verdickt, ohne Kanal. 44.
44. Sporen gleich zweiteilig. 45.
  Sporen in eine untere, sehr kleine u. obere, viel größere Zelle
  geteilt. **42. Guignardia.**
45. Fk. mit nur flacher od. papillenartiger Mündung. 46.
  Fk. eingesenkt, mit der warzen- od. kegelf. Mündung die deckenden Schichten durchbrechend. **47. Didymella.**
46. Fk. unter der Kutikula od. Epidermis sitzend.
  39. Stigmatea.
  Fk. in tieferen Schichten eingesenkt. **40. Mycosphaerella.**

47. Fk, in einem Stroma eingesenkt. 48.
    Fk. unter einem schildf. Pseudostroma sitzend.
        67. Hypospila.
48. Stroma diatrypeenartig. **72. Diaporthe.**
    Stroma valseenartig. 49.
49. Konidienfrüchte gekammerte Pykniden. 50.
    Nur Konidienlager vorhanden. **78. Melanconis.**
50. Paraphysen fehlen. **72. Diaporthe.**
    Paraphysen vorhanden. **77. Valsaria.**
51. Fk. nicht behaart. 52.
    Fk. mit Haaren bedeckt, in einem Filz sitzend.
        35. Gibbera.
52. Mündungen rund. 53.
    Mündung breitgedrückt. **30. Schizostoma.**
53. Fk. frei (selten eingesenkt), auf Mist. **4. Delitschia.**
    Fk. ohne Stroma, zuerst $\pm$ eingesenkt. 54.
    Fk. im Stroma sitzend. 58.
54. Auf Flechten parasitisch. **41. Tichothecium.**
    Nicht auf Flechten 55.
55. Fk. rasig gehäuft, bedeckt, dann hervorbrechend.
        36. Otthia.
    Fk. nicht rasig gehäuft, meist einzeln. 56.
56. Fk. nur anfangs $\pm$ eingesenkt entstehend, dann fast völlig frei.
        23. Amphisphaeria.
    Fk. bedeckt bleibend, nur mit der Mündung hervorkommend. 57.
57. Gehäuse dünn, fast nur an Stengeln. **48. Didymosphaeria.**
    Gehäuse fester, kohlig, nur an Ästen. **57. Phorcys.**
58. Stroma valseenartig. 59.
    Stroma diatrypeenartig, unscheinbar **73. Rhynchostoma.**
59. Konidienlager vorhanden. **79. Melanconiella.**
    Vielkammerige Pykniden vorhanden. **87. Myrmaecium.**
60. Sporen hyalin od. gelblich. 61.
    Sporen dunkel gefärbt. 78.
61. Fk. behaart od. borstig. 62.
    Fk. stets kahl. 64.
62. Fk. von Anfang an frei. Sporen zylindrisch od. spindelf. 63.
    Fk. anfangs eingesenkt, erst später $\pm$ frei. Sporen lg. fädig.
        52. Ophiochaeta.
63. Sporen spindelf. **15. Herpotrichia.**
    Sporen zylindrisch, abgerundet, wurmf. gekrümmt.
        16. Lasiosphaeria.
64. Mündung stets rund. 65.
    Mündung zusammengedrückt. **31. Lophiotrema.**
65. Sporen $\pm$ länglich, spitz od. stumpf, keulig usw., nie fädig. 68.
    Sporen fädig. 66.

66. Stroma fehlt ganz, Fk. nur eingesenkt. 67.
    Über den Fk. ein schwarzes schildf. Pseudostroma enthaltend.
                                68. Linospora.

67. Fk. eingesenkt bleibend. Sporen sehr lg. ausgezogen, beidendig
    mit langem, dünnem Anhängsel.   **49. Dilophia.**
    Fk. eingesenkt, dann nach Zerstörung des Nährgewebes fast
    ganz frei. Sporen lg. fädig.   **53. Ophiobolus.**

68. Fk. sehr lg., schnabelf. ausgezogen.   **22. Ceratosphaeria.**
    Fk. mit warzen- od. kegelf. Mündung, nie schnabelf. vorge-
    zogen; wenn die Mündung verlängert, dann Fk. in einem Stroma
    sitzend.   69.

69. Parasiten auf Flechten.   **43. Pharcidia.**
    Nicht auf Flechten sitzend.   70.

70. Kein Stroma vorhanden.   71.
    Stroma od. Pseudostroma vorhanden.   76.

71. Fk. von Anfang od. zuletzt ganz frei stehend.   72.
    Fk. eingesenkt bleibend, nur die Mündung hervorragend. 73.

72. Fk. von Anfang an oberflächlich, höchstens an der Basis etwas
    eingewachsen. Mündung fein durchbohrt. **18. Zignoella.**
    Fk. zuerst ganz eingesenkt, dann $\pm$ frei werdend, aber die Basis
    stets eingesenkt bleibend. Mündung mit viel größerer Öffnung.
                                25. Melomastia.

73. Paraphysen vorhanden.   74.
    Paraphysen fehlen.   75.

74. Sporen ohne Gallerthülle.   **50. Metasphaeria.**
    Sporen mit Gallerthülle.   **58. Massarina.**

75. Mündung flach od. kurz warzig.   **44. Sphaerulina.**
    Mündung halsf. verlängert.   **65. Gnomonia.**

76. Fk. unter einem schildf. Pseudostroma sitzend.
                                67. Hypospila
    Ein echtes Stroma vorhanden.   77.

77. Stroma valseenartig, Konidienlager vorhanden.
                              80. Calospora.
    Stroma valseen- od. diatrypeenartig, gekammerte Pykniden
    vorhanden.   **72. Diaporthe.**

78. Stroma fehlend, höchsten die Fk. in einem Hyphenfilz sitzend. 79.
    Stroma od. Pseudostroma vorhanden.   87.

79. Mündung stets rund.   80.
    Mündung breitgedrückt.   **32. Lophiostoma.**

80. Fk. von Anfang an freistehend, wenn eingesenkt, dann auf
    Mist.   81.
    Fk. anfangs eingesenkt, dann $\pm$ frei bis oberflächlich. 84.
    Fk. eingesenkt bleibend u. nur mit der Mündung vorragend. 86.

81. Fk. in einem Hyphenfilz nistend.   **17. Chaetosphaeria.**
    Fk. nicht in einem Hyphenfilz.   82.

82. Nur auf Mist.   **5. Sporormia.**
    Niemals auf Mist.   83.

83. Mündung warzen- od. kegelf., kurz.   **19. Melanomma.**
    Mündung fädig verlängert.   **22. Ceratosphaeria.**
84. Sporen im Schlauch in 2 zweizellige Stücke zerfallend, daher der
    Schlauch scheinbar mit 16 Sporen.   **24. Ohleria.**
    Sporen nicht zerfallend.   85.
85. Fk. einzeln stehend. Mündung mit weiter Öffnung.
    26. Trematosphaeria.
      Fk. rasig gehäuft. Mündung mit enger Öffnung.
    38. Gibberidea.
86. Gehäuse lederig häutig.   **51. Leptosphaeria.**
    Gehäuse härter kohlig u. brüchig.   **59. Massaria.**
87. Fk. unter einem Pseudostroma stehend.   **69. Clypeosphaeria.**
    Fk. in einem valseenartigen Stroma eingesenkt.   88.
88. Konidien in deutlich ausgebildeten Lagern. **81. Pseudovalsa.**
    Konidien in vielkammerigen Behältern. **88. Melogramma.**
89. Sporen hyalin (bisweilen bei der Reife dunkler).   90.
    Sporen dunkel gefärbt, (bisweilen erst bei völliger Reife ge-
    färbt).   92.
90. Mündung stets rund.   91.
    Mündung zusammengedrückt.   **33. Platystomum.**
91. Gehäuse häutig. Paraphysen fehlen.   **44. Sphaerulina.**
    Gehäuse brüchig kohlig. Paraphysen vorhanden.
    27. Strickeria.
92 Gehäuse borstig behaart   **54. Pyrenophora.**
    Gehäuse stets kahl   93.
93. Nur auf Mist.   **6. Pleophragmia.**
    Niemals auf Mist.   94.
94. Mündung stets rund.   95.
    Mündung zusammengedrückt.   **33. Platystomum.**
95. Fk. rasig gehäuft, zuletzt ganz freistehend. **38. Cucurbitaria.**
    Fk. einzeln od. wenn in Gruppen, dann bedeckt bleibend. 96.
96. Fk. stets einzeln stehend, ohne Stroma.   97.
    Fk. in einem Stroma gruppenf. od. bei Fehlen desselben in
    kreisf. Gruppen im Periderm.   **74. Fenestella.**
97. Fk. eingesenkt, dann später frei hervortretend od. durch die Ver-
    witterung der deckenden Schichten des Nährsubstrates ± frei
    werdend. Sporen ohne Gallerthülle.   98.
      Fk. vom Periderm bedeckt bleibend, nur mit der warzenf.
    Mündung durchbrechend. Sporen mit ± deutlicher Gallerthülle.
    60. Pleomassaria.
98. Fk. eingesenkt u. dann später fast frei hervortretend.
    27. Strickeria.
      Fk. eingesenkt u. so bleibend od. häufiger durch Verwitterung
    der Schichten des Nährsubstrates frei hervortretend.
    55. Pleospora.

1. Gattung: **Chaetomium** Kunze.

Fk. oberflächlich auf einem fädigen Myzel sitzend, an der kurzen, nicht vorgezogenen Mündung mit einem Haarschopf besetzt. Gehäuse dünn. Sporen braun, fast kuglig, oft beinahe zitronenf. Paraphysen O. Konidien an den Myzelfäden od. an den Schopfhaaren.

1. Schopfhaare dichotomisch verzweigt.   2.

  Schopfhaare ± spiralig gewunden.   3.

2. Sporen breit ellipsoidisch, beidendig kurz zugespitzt. Auf faulenden Pflanzenteilen, Mist, Papier, nicht selten.

             C. comatum (Tode)

  Sporen etwas stark abgeflacht, von oben ± kreisf., von der Seite schmal elliptisch. Auf feuchtem Papier u. Pappe, zerstreut. (Fig. 179.)   **C. chartarum** (Berk.)

3. Schopfhaare wenig gewunden, an den Enden bischofsstabf. eingerollt. Sporen länglich ellipsoidisch, beidendig kurz zugespitzt. Auf Mist, nicht selten. (Fig. 180.)   **C. murorum** Corda

  Schopfhaare ganz unregelmäßig eng spiralig gewunden. Sporen lanzettlich. Auf Pferdemist, selten. (Fig. 181.)

             C. spirale Zopf

2. Gattung: **Sordaria** Ces. et de Notaris.

Fk. eingesenkt od. oberflächlich, häutig. Schläuche 4—8 sporig. Sporen braun, mit Gallerthülle oder Anhängseln, ellipsoidisch, seltner kugel- od. scheibenf. Paraphysen vorhanden.

1. Sporen ohne Anhängsel.   2.

  Sporen mit Anhängsel.   5.

2. Sporen flach scheibenf. Auf Mist von Pflanzenfressern, nicht häufig.   **S. discospora** Auersw.

  Sporen nicht flach, sondern kuglig od. ellipsoidisch.   3.

3. Schläuche oben abgeflacht u. verdickt.   4.

  Schläuche oben abgerundet, kaum verdickt. Sporen ellipsoidisch, 15—20 × 9 — 11 μ. Auf Mist, faulendem Papier u. Pflanzenteilen, häufig. (Fig. 182.)   **S. fimicola** (Roberge)

4. Sporen ellipsoidisch, 24—32 × 16—20 μ. Auf Hasen- u. Kaninchenkot, sowie Mist anderer Pflanzenfresser, häufig.

         S. macrospora Auersw.

  Sporen fast kuglig, 18—25 × 15—18 μ. Auf Menschen- u. Hundekot, nicht häufig.   **S. humana** (Fuck.)

5. Schläuche vielsporig. Sporen beidendig mit Anhängsel, 24—34 × 16—19 μ. Auf Mist von Hasen, Kühen, Pferden usw., zerstreut.

         S. pleiospora (Wint.)

  Schläuche mit 8, seltener weniger Sporen.   6.

6. Sporen unten mit einem Anhängsel.   7.

  Sporen unten mit zwei Anhängseln.   10.

7. Oberes Anhängsel fädig.   8.

  Oberes Anhängsel breit, gestreift, kurz. Auf Mist von Pflanzenfressern, zerstreut.   **S. decipiens** Wint.

8. Oberes Anhängsel dünnfädig, nur auf Mist.   9.
   Oberes Anhängsel dickfädig. Sporen 34—45 × 20—30 μ. Auf
faulenden Kräuterstengeln u. auch auf Mist, nicht häufig. (Fig. 183.)
                                               S. brassicae (Klotzsch)
9. Fk. bis 400 μ hoch. Sporen 17—21 × 9—12 μ. Auf Mist von
Pflanzenfressern, zerstreut.   **S. minuta** (Fuck.)
     Fk. 600—800 μ hoch. Sporen 22—30 × 12—14 μ. Ebenda,
zerstreut.   **S. curvula** de Bary
10. Sporen 17—28 × 10—12 μ.   Ebenda, zerstreut.
                                                 S. coprophila (Fr.)
     Sporen 46—60 × 25—30 μ. Auf Kuh- u. Pferdemist, nicht selten.
                                        S. fimiseda Ces. et de Not.

3. Gattung: **Hypocopra** Fr.

Fk. in einem schwarzen, krustigen Stroma eingesenkt, sonst wie
Sordaria.
1. Stroma ausgedehnte Krusten bildend.   2.
     Stroma klein, mit wenigen Fk. Sporen ellipsoidisch-spindelf.,
20—35 × 12—15 μ.   Auf Hasen- u. Kaninchenkot, zerstreut.
(Fig. 184.)   **H. merdaria** Fries
2. Stroma kahl. Sporen ellipsoidisch, 17—20 × 11—12 μ. Auf Pferde-
u. Kuhmist, zerstreut.   **H. fimeti** (Pers.)
     Stroma braunzottig. Sporen ellipsoidisch, 17—21 × 9—10 μ.
Auf Pferdemist, zerstreut.   **H. equorum** (Fuck.)

4. Gattung: **Delitschia** Auersw.

Sporen zweizellig, braun. Paraphysen vorhanden, sonst wie
Sordaria.
     Sporen an der Wand tief eingeschnürt, zuletzt in 2 eif. Glieder
von 28 × 16 μ zerfallend. Auf Kot von Rehen, Hasen, Pferden usw.,
nicht häufig. (Fig. 185.)   **D. Auerswaldii** Fuck.
     Sporen eingeschnürt, nicht zerfallend, im ganzen 22 × 8 μ.
Auf Hasenkot usw., zerstreut.   **D. minuta** Fuck.

5. Gattung: **Sporormia** de Notaris.

Sporen quer 4 bis mehrzellig, braunschwarz, sonst alles übrige
wie bei Sordaria.
1. Sporen 4 zellig.   2.
     Sporen mehr als 8 zellig.   Auf Kuh- u. Schafmist, selten.
                                                 S. fimetaria de Not.
2. Sporen 24—28 × 4—5 μ. Auf Mist von Pflanzenfressern, zerstreut.
                                                 S. minima Auersw.
     Sporen 48—54 × 8—10 μ.   Ebenda, häufiger.   (Fig. 186.)
                                                 S. intermedia Auersw.
     Sporen 90—95 × 14—17 μ.   Ebenda, zerstreut.
                                                 S. megalospora Auersw.

6. Gattung: **Pleophragmia** Fuck.

Sporen mauerf., gelbbraun, sonst wie Sordaria.
Auf Hasenkot, nicht häufig. (Fig. 187.)

P. leporum Fuck.

7. Gattung: **Trichosphaeria** Fuck.

Fk. oberflächlich, klein, mit winziger Mündung. Gehäuse dünn, behaart od. fast kahl. Sporen einzellig, bisweilen der Inhalt 2 teilig, hyalin.

1. Fk. kahl od. höchstens mit einzelnen Borsten besetzt. Sporen einzellig, 5—8 × 2—3 μ. Auf entrindeten Laubholzästen, zerstreut.

T. minima (Fuck.)

Fk. dicht behaart. 2.

2. Fk. $\pm$ kuglig, dicht gedrängt. Sporen einzellig, 5—8 × 3—4 μ. Auf Lbholz- u. -rinde, zerstreut. (Fig. 188.) **T. pilosa** (Pers.)

Fk. niedergedrückt eif., dicht u. zusammenfließend. Sporen 2 teilig, 8 × 3 μ. Auf faulem Kiefernholz, nicht häufig.

T. vermicularia (Nees)

8. Gattung: **Leptospora** Fuckel.

Fk. behaart od. nur filzig bekleidet, Mündung klein, flach. Sporen zylindrisch, beidendig abgerundet, oft wurmf. gekrümmt, einzellig, seltner mit 2 teiligem Inhalt.

1. Fk. kahl od. nur filzig bescheidet. 2.

Fk. mit abstehenden Haaren besetzt. 3.

2. Fk. oberflächlich, meist große Krusten bildend, am Grunde oft von Hyphenfilz umgeben. Sporen grade od. unten knief. umgebogen, 19—22 × 3—4 μ. Auf alten Lbstümpfen, häufig. (Fig. 189.)

L. spermoides (Hoffm.)

Fk. oberflächlich, zerstreut od. herdenf., außen in der Jugend weiß-, im Alter graubraunfilzig od. kahl. Sporen unten etwas verschmälert u. umgebogen, 35—50 × 4—5 μ. Auf Lbstümpfen, nicht selten. **L. ovina** (Pers.)

3. Sporen unten ohne Anhängsel. An faulenden entrindeten Lbästen, zerstreut. **L. canescens** (Pers.)

Sporen unten mit einem borstenf. Anhängsel. Auf faulem Holz, selten. **L. caudata** Fuck.

9. Gattung: **Rosellinia** Ces. et de Not.

Fk. oberflächlich, frei od. von Hyphenfilz umgeben, $\pm$ kuglig, mit $\pm$ flacher Mündung. Gehäuse kahl od. borstig. Sporen ellipsoidisch, einzellig, braun.

1. Fk. nicht mit Haaren besezt, aber oft von einem Hyphengewebe umgeben od. filzig bekleidet. 2.

Fk. mit Borsten besetzt. 6.

2. Fk. höchstens bis 0,4 mm im Durchm., krustig dicht, Gehäuse
   dünn, brüchig. Sporen 10—12 × 6—8 μ. Auf faulem Holz, Rinde,
   Ästen von Lb., nicht selten.   **R. pulveracea** (Ehrh.)
      Fk. über ¹/₂ mm im Durchm., Gehäuse dick.   3.
3. Fk. am Grunde mit Hyphengewebe.   4.
      Fk. am Grunde ohne Hyphengewebe.   5.
4. Fk. oberflächlich, meist dicht beieinander. Sporen ellipsoidisch,
   etwas ungleichseitig, etwas zusammengedrückt, 15—23 × 6—7 μ.
   Auf faulen Ästen u. Rinden von Lb., häufig. (Fig. 190.)
                                       R. aquila (Fr.)
      Fk. dicht herdenf. Sporen ellipsoidisch, etwas einseitig abge-
   flacht, von der Seite etwas spindelf. mit Randleisten u. beidendig
   einem spitzen, hyalinen Anhängsel, 18—22 × 6—7 μ. Auf Holz u.
   Rinde von Lb., zerstreut.   **R. thelena** (Fr.)
5. Fk. gesellig, ganz kahl,. Auf Holz u. Ästen von Lb., Rohrhalmen usw.
   nicht häufig.   **R. mammiformis** (Pers.)
      Fk. zerstreut od. gesellig, grauweiß-flockig. Auf Stämmen u.
   Zweigen von Lb., selten.   **R. araneosa** (Pers.)
6. Fk. am Grunde mit Hyphenfilz, herdenf. Sporen ellipsoidisch-
   spindelf., 10—14 × 5—6 μ. Auf Clavaria-Arten, zerstreut.
                                       R. clavariae (Tul.)
      Fk. nicht mit Hyphenfilz am Grunde.   7.
7. Fk. meist krustig, mit sehr zahlreichen Borsten bedeckt. Sporen
   schmal ellipsoidisch, 12—18 × 6—9 μ. Auf faulen Ästen, u. Rinde
   von Lb., zerstreut.   **R. ligniaria** (Grev.)
      Fk. krustig, mit spärlichen kurzen Borsten besetzt. Sporen
   ellipsoidisch, etwas zusammengedrängt, 6—10 × 4—6 μ. Ebenda,
   zerstreut.   **R. velutina** Fuck.

10. Gattung: **Bombardia** Fries.

Fk. oberflächlich, meist büschelig stehend. Sporen ellipsoidisch,
schwarzbraun, beidendig mit ± langem, hyalinem Anhängsel.
Auf dem Hirnschnitt von Lb., nicht selten. (Fig. 191.)
                                       B. fasciculata Fr.

11. Gattung: **Coleroa** Fries.

Fk. oberflächlich, meist herdenf., kuglig u. so bleibend, mit
flacher Mündung. Gehäuse mit abstehenden Borsten. Sporen zweizellig, eif. od. keulig, hyalin od. grünlich. Paraphysen meist undeutlich.

Auf lebenden Blättern von Rubus-Arten, zerstreut. (Fig. 192.)
                                       C. chaetomium (Kze.)
Auf leb. Bl. von Alchimilla vulgaris, zerstreut.
                                       C. alchimillae (Grev.)
Auf leb. Bl. von Potentilla anserina, nicht häufig.
                                       C. potentillae (Fr.)

12. Gattung: **Niesslia** Auersw.

Fk. oberflächlich, meist gehäuft, kuglig, trocken einsinkend. Gehäuse mit abstehenden Borsten. Sporen spindelf., zweizellig, hyalin. Paraphysen undeutlich.

Borsten mindestens 80 μ lg. Schläuche ellipsoidisch. Auf faulenden Gras- u. Carexhalmen, zerstreut.   **N. exosporioides** (Desm.)

Borsten höchstens 40 μ lg. Schläuche zylindrisch. Auf faulenden Kiefernadeln u. von da auf Ästchen übergehend, zerstreut. (Fig. 193.)
N. pusilla (Fr.)

13. Gattung: **Melanopsamma** Niessl.

Fk. oberflächlich, kuglig od. länglich, Mündung flach od. warzenf., glatt, kahl. Sporen zweizellig, hyalin od. bräunlich.

Fk. krustig, später um die Mündung eingesunken. Sporen ellipsoidisch, zweizellig, 12—16 × 4—6 μ. Am nackten Holz, bes. von Lbstümpfen, häufig. (Fig. 194.)   **M. pomiformis** (Pers.)

14. Gattung: **Bertia** de Not.

Fk. oberflächlich od. mit der Basis etwas eingewachsen, herdenf., $\pm$ kuglig. Gehäuse höckerig od. runzlig. Sporen ellipsoidisch, leicht gekrümmt, hyalin.

Auf Holz, Rinde von Lb., häufig. (Fig. 195.)
B. moriformis (Tode)

Auf dem Th. von Solorina crocea, im höheren Gebirge.
B. lichenicola de Not.

15. Gattung: **Herpotrichia** Fuckel.

Fk. oberflächlich, $\pm$ kuglig, gesellig. Gehäuse mit langen, kriechenden Haaren besetzt, die einen Filz um die Fk. bilden. Sporen spindelf., mehr als 2 zellig, hyalin bis bräunlich.

An faulenden Ranken von Rubus idaeus, zerstreut.
H. rubi Fuck.

Auf faulenden Nadeln, Ästchen, Holz usw., nicht häufig. (Fig. 196.)
H. pinetorum (Fuck.)

16. Gattung: **Lasiosphaeria** Ces. et de Not.

Fk. oberflächlich, herdenf., meist auf filzigem Hyphengeflecht. Gehäuse brüchig, behaart. Sporen zylindrisch, meist etwas gebogen, mit mehreren Scheidewänden, $\pm$ hyalin.

1. Gehäuse mit steifen, meist kurzen Borsten bedeckt.   2.

Gehäuse mit zottigen braunen Haaren. Sporen zylindrisch-wurmf., mit 5—7 Querwänden, 55—62 × 6—7 μ. Auf faulen Lbstämmen, zerstreut. (Fig. 197.)   **L. hirsuta** (Fr.)

2. Sporen zylindrisch-wurmf., mit 6—8 Querwänden, 70—80 × 7—8 μ. Auf faulen Lbbäumen u. Holz, zerstreut.   **L. hispida** (Tode)

Sporen zylindrisch, gebogen od. am unteren Ende wurmf.,
50—60 × 4—6 μ.   Auf faulem Holz, gestreut.
                                          L. rhacodium (Pers.)

17. Gattung: **Chaetosphaeria** Tul.

Fk. zwischen dichtem, braunem Filz sitzend, dicht gedrängt,
kuglig. Gehäuse kahl. Sporen länglich, 4 zellig, die Endzellen beiderseits hyalin, die beiden Mittelzellen braun.
Auf faulenden Ästen u. Holz weite, sammetartige Überzüge
bildend, zerstreut.   **C. tristis** (Tode)

18. Gattung: **Zignoëlla** Sacc.

Fk. oberflächlich, höchstens am Grunde etwas eingesenkt, kahl.
Sporen eif. bis spindelf., mehrzellig, hyalin.
      Sporen 18—32 × 5—8 μ.   Auf Holz u. Rinde von Lb., zerstreut.
                                          Z. ovoidea (Fr.)
      Sporen 19—20 × 3—4 μ.   Auf faulendem Eichenholz, selten.
                                          Z. papillata (Fuck.)

19. Gattung: **Melanomma** Fuck.

Fk. oberflächlich, meist rasig, ± kuglig, kahl. Mündung warzen-
od. kugelf. Sporen wie bei vor. Gatt., dunkel gefärbt.
An Ästen, Holz, Rinde von Lb., häufig. (Fig. 198.)
                                          M. pulvis pyrius (Pers.)
An Rhododendron-Ästen im Hochgebirge, nicht selten.
                                          M. rhododendri Rehm

20. Gattung: **Ceratostomella** Sacc.

Fk. oberflächlich, bisweilen am Grunde eingesenkt, kuglig,
Mündung haarf. ausgezogen. Sporen länglich ellipsoidisch, einzellig
hyalin.
Auf faulem Holz von Lb., besonders Fagus, zerstreut.
                                          C. rostrata (Fr.)
Auf Nd., besonders bearbeitetem Kiefernholz, Blaufäule ver-
ursachend, nicht selten. (Fig. 199.)   **C. pilifera** (Fr.)

21. Gattung: **Ceratostoma** Fries.

Wie vor. Gatt., aber Sporen braun.
In Rissen der Rinde des Weinstockes, zerstreut.
                                          C. vitis Fuck.

22. Gattung: **Ceratosphaeria** Niessl.

Wie vor., aber die Sporen länglich mit mehreren Querwänden,
hyalin.
Sporen 4 zellig, 18—21 × 5—6 μ. Auf faulem Holz, selten.
                                          C. rhenana (Auersw.)

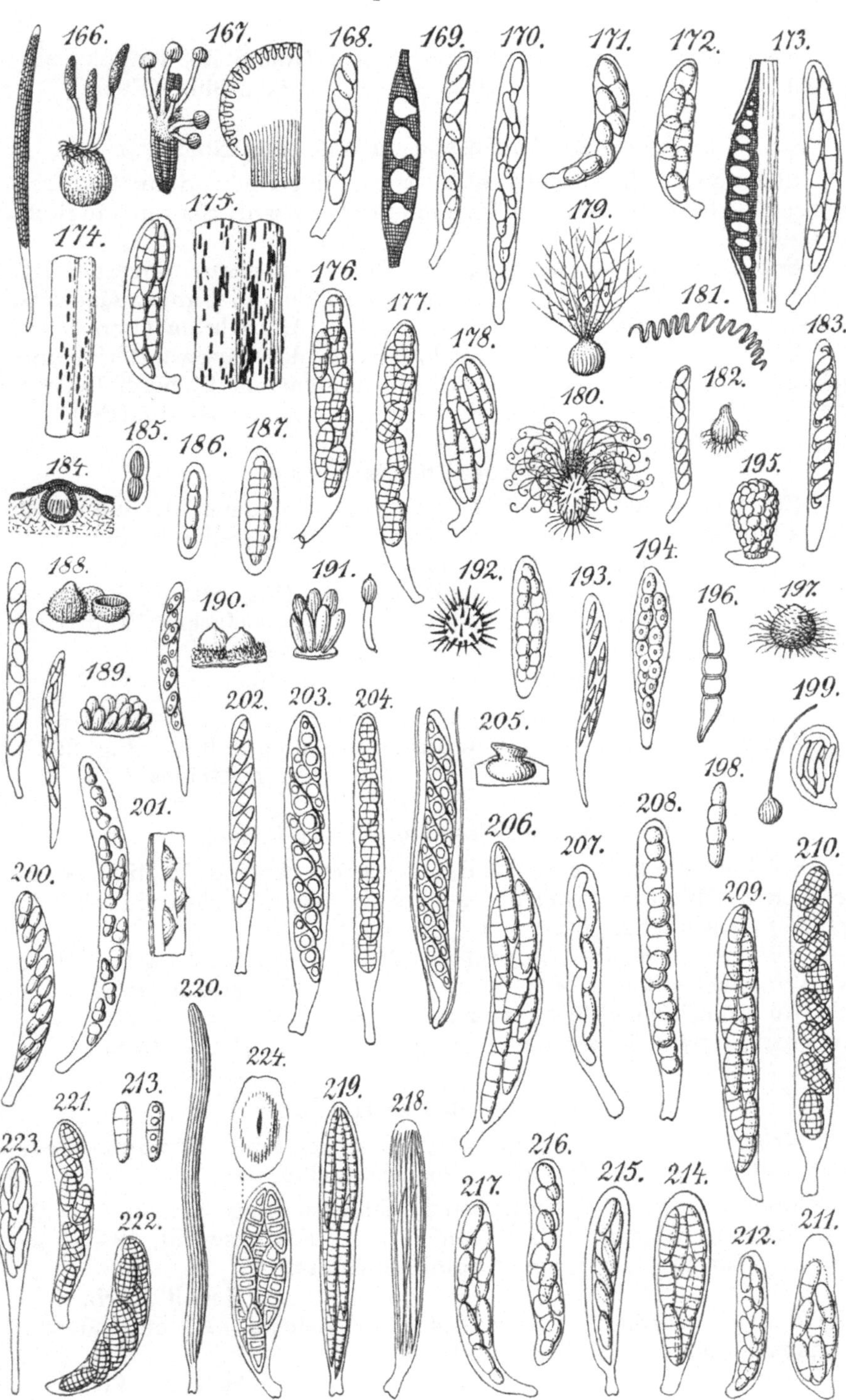

Sporen 6 zellig, 21—28 × 5—6 μ. Auf faulem Weidenholz, zerstreut.   **C. pusilla** (Fuck.)

23. Gattung: **Amphisphaeria** Ces. et de Not.

Stroma O. Fk. im Substrat zuerst ± eingesenkt, dann fast freistehend. Gehäuse kahl, kohlig, Mündung warzenf. Sporen länglich, zweizellig braun.

Sporenzellen fast gleich, an der Querwand etwas eingeschnürt, hellbraun, 17—26 × 6—8 μ. Auf älterer Rinde von Ulmus, Quercus, Salix u. a., zerstreut.   **A. umbrina** (Pers.)

Obere Sporenzelle breiter u. länger, an der Querwand tief eingeschnürt, braun, 24—26 × 8—10 μ. Auf hartem Eichenholz, zerstreut. (Fig. 200.)   **A. applanata** (Fr.)

24. Gattung: **Ohleria** Fuckel.

Fk. herdig, auf einer dünnen Unterlage, eingesenkt, dann fast frei hervorbrechend. Mündung papillenf. Sporen 4 zellig, im Schlauch in zwei 2 zellige Teile zerfallend, braun.

Auf faulenden Strünken, nicht häufig. (Fig. 201.)

O. obducens Wint.

25. Gattung: **Melomastia** Nitschke.

Wie folg. Gatt., aber die Sporen hyalin.

Auf dünnen Ästen von Lb. u. Sträuchern, nicht selten. (Fig. 202.)

M. mastoidea (Fr.)

26. Gattung: **Trematosphaeria** Fuckel.

Stroma O. Fk. eingesenkt, dann ± hervortretend, kuglig niedergedrückt. Mündung warzenf., sehr weit. Sporen ellipsoidisch od. spindelf., mehrzellig, braun.

Mündung sehr groß. Sporen 21—26 × 6—7 μ. Auf hartem Holz von Lb., nicht selten. (Fig. 203.)   **T. pertusa** (Pers.)

Mündung kleiner, fast purpurrot, dann schwarz. Sporen 18 × 6 μ. Auf entrindeten Erlenästen im Gebirge.   **T. phaea** (Rehm)

27. Gattung: **Strickeria** Körber.

Stroma O. Fk. eingesenkt., dann fast frei, kahl. Mündung flach od. warzenf. Sporen ellipsoidisch, mauerf., gelbbraun.

1. Sporen mit meist 7 Querwänden u. mehreren Längswänden.   2.

Sporen mit meist 3 Querwänden u. einer Längswand, 18—21 × 7 μ. Auf der Rinde von Robinia, nicht selten.

S. Kochii Körb.

2. Fk. dicht gedrängt große Strecken überziehend. An entrindeten Ästen, bes. von Eschen, zerstreut. (Fig. 204.)

S. obducens (Fr.)

Fk. einzeln od. nur zu wenigen gehäuft. Auf dürren Ästen von Lonicera, besonders in den Alpen.   **S. ignavis** (de Not.)

28. Gattung: **Lophiella** Sacc.

Fk. einzeln, oberflächlich, ohne Stroma, am Grunde eingewachsen. Mündung zusammengedrückt. Sporen spindelf., einzellig, dunkelbraun. Paraphysen vorhanden.

Mündung gekerbt. An dürren Ästen von Prunus, Cornus, Fraxinus, Lonicera usw., selten.   **L. cristata** (Pers.)

29. Gattung: **Lophiosphaera** Trevisan.

Fk. wie bei vor. Gatt. Sporen länglich, 2 zellig, hyalin. Auf Brombeerranken, nicht häufig.   **L. Fuckelii** Sacc.

30. Gattung: **Schizostoma** Ces. et de Not.

Fk. wie vor. Sporen ellipsoidisch, zweizellig, braun. Auf alter Pappelrinde, in Süddeutschland.

S. vicinum Sacc.

31. Gattung: **Lophiotrema** Sacc.

Fk. wie vor. Sporen länglich, quer drei- bis mehrzellig. Fk. meist einzeln. Sporen 4 zellig meist 20—26 × 5—8 µ. Auf dicker Weiden- oder Pappelrinde, auch Holz, zerstreut. (Fig. 205.)

L. nucula (Fr.)

Fk. meist herdig. Sporen 6 zellig, meist 26—30 × 4 µ. Auf dürren Ästen, namentlich Rubus, selten.   **L. praemorsum** (Lasch)

32. Gattung: **Lophiostoma** Fries.

Fk. wie vor. Sporen ebenso, aber braun.

1. Sporen ohne Anhängsel.   2.
   Sporen beidendig mit Anhängseln.   3.
2. Sporen 4—8 zellig, 20—30 × 5—8 µ. An dürren Kräuterstengeln, nicht selten.   (Fig. 206.)   **L. caulium** (Fr.)
   Sporen 6 zellig, die Endzellen etwas heller, 40—45 × 9—10 µ. Auf dicker Rinde von Quercus, Populus u. Juglans, nicht selten.

L. macrostomum (Tode)

3. Sporen 4—6 zellig, 20—25 × 4—6 µ. Auf faulenden Kräuterstengeln nicht selten.   **L. insidiosum** (Desm.)
   Sporen 7—8 zellig, 32—38 × 9—10 µ. Auf Ästen und Holz von Salix, seltner.   **L. appendiculatum** Fuck.

33. Gattung: **Platystomum** Trevisan.

Fk. wie vor. Sporen mauerf., braun.

Sporen mit 5 Quer- u. 1—2 Längswänden. Auf dürren Ästen u. Holz von Lb., nicht selten.   **P. compressum** (Pers.)

34. Gattung: **Nitschkia** Otth.

Fk. rasenf., unter der Oberhaut hervorbrechend, kuglig, trocken schüsself. zusammenfallend. Sporen zylindrisch, hyalin einzellig.

Sporen 9—11 × 2—3 μ, mit 2 Öltropfen. Auf dürren Lbästen z. B. Tilia, Acer, Prunus, nicht selten. (Fig. 207.)

N. cupularis (Pers.)

Sporen 9—11 × 2—2,5 μ, mit 4 Öltropfen. Auf nacktem Holz u. Lbrinde, seltner. **N. tristis** (Pers.)

35. Gattung: **Gibbera** Fries.

Stroma filzig, verschwindend. Fk. rasig ansitzend, mit einzelligen Borsten besetzt. Sporen ellipsoidisch, zweizellig, braun.

Auf Preißelbeerstengeln, zerstreut. **G. vaccinii** (Sow.)

36. Gattung: **Otthia** Nitschke.

Fk. rasenf., unter der Oberhaut vorbrechend, kahl. Sporen wie vor.

An dürren Ästen von Crataegus oxyacantha, selten.

O. crataegi Fuck.

An dürren Rosenästen, selten. **O. rosae** Fuck.

An dürren Ästen von Acer platanoides, selten. (Fig. 208.)

O. aceris Wint.

37. Gattung: **Gibberidea** Fuckel.

Fk. rasenf. hervorbrechend. Sporen länglich spindelf. mit mehreren Querwänden, braun.

An dürren Viscum-Ästen, zerstreut. (Fig. 209.)

G. visci Fuck.

38. Gattung: **Cucurbitaria** Gray.

Fk. rasig od. dicht herdenf., auf einem filzigen od. krustigen Stroma, unter der Oberhaut vorbrechend, dann frei stehend. Sporen mauerf., braun.

1. Auf Lb. 2.

   Sporen mit 3 Querwänden, an der mittleren stark, an den beiden anderen wenig eingeschnürt, mit einer Längswand, 17—23 × 7—8 μ An Ndrinde, zerstreut. **C. pityophila** (Fr.)

2. Sporen mit 3—7 Querwänden. 3.

   Sporen mit 8—9 Quer- u. mehreren Längswänden, 26—36 × 12—14 μ, in der Mitte eingeschnürt. Auf dürren Berberis-Ästen. häufig. (Fig. 210.) **C. berberidis** (Pers.)

3. Fk. in rundlichen Gruppen. Sporen mit 5—7 Quer- u. 1—2 Längswänden, 24—36 × 9—12 μ. Auf dürren Ästen und Stämmen von Cytisus, nicht selten. **C. laburni** (Pers.)

   Fk. meist lg. reihenf. Sporen mit 3—7 Quer- u. mehreren Längswänden, 21—28 × 9—11 μ. Auf dürren Ästen von Robinia, häufig.

C. elongata (Fr.)

39. Gattung: **Stigmatea** Fries.

Fk. bedeckt bleibend, unter der Epidermis oder Kutikula, mit der Öffnung vorragend. Schläuche büschelig. Sporen länglich, zweizellig, hyalin bis grünlich. Paraphysen vorhanden.

Auf der Oberseite lebender Blätter von Geranium Robertianum kleine Gruppen bildend, häufig. (Fig. 211.)   **S. robertiani** Fries.

40. Gattung: **Mycosphaerella** Johanson [1]).

Fk. wie bei vor. Gatt,. aber tiefer im Gewebe sitzend. Alles andere wie bei vor. Gatt., aber Paraphysen fehlend.

1. Auf Farnen.   2.
   Auf Monokotyledonen   3.
   Auf Dikotyledonen.   5.
2. Fk. in einem braunen Fleck zerstreut stehend. Sporen länglich keilf., kaum eingeschnürt, $10 \times 3\ \mu$. Auf lebenden Wedeln von Aspidium u. Asplenium, zerstreut.   **M. filicum** (Desm.)
   Fk. nur oberseits, zerstreut. Sporen länglich, stumpf, eingeschnürt, $8—9 \times 2\ \mu$. Auf dürren Wedeln von Pteridium aquilinum zerstreut.   **M. aquilina** (Fries.)
3. Auf Liliaceen.   4.
   Auf Gräsern, Juncus, Typha usw.   5.
4. Fk. in länglichen, $\pm$ schwarzbraunen Flecken stehend. Sporen eif. länglich, $\pm$ ungleichhälftig, schwach eingeschnürt, hyalin, $9—13 \times 3—4$. Auf toten Blättern von Convallaria, Polygonatum, nicht selten.   **M. asteroma** (Fr.)
   Fk. dicht rasig, von der grauschimmernden Epidermis bedeckt. Sporen länglich, abgerundet, nicht eingeschnürt, hyalin, $16 \times 4—5\mu$ Auf Blättern u. Schaften von Allium, nicht selten.
        M. allicina (Fr.)
5. Auf Blättern von Kräutern.   6.
   Auf Kräuterstengeln.   7.
   Auf Blättern von Sträuchern od. Bäumen.   8.
   Auf trockenen Hülsen von Cytisus laburnum u. alpinus, zerstreut.   **M. leguminis cytisi** (Desm.)
6. Auf toten Bl. von Stellaria holostea u. anderen Arten, nicht selten.
        M. isariphora (Desm.)
   Auf toten Bl. von Brassica u. Armoracia, häufig.
        M. brassicicola (Duby)
   Auf dürren Bl. von Fragaria, häufig.   **M. fragariae** (Tul.)
   Auf lebenden Bl. von Oxalis, nicht selten.
        M. depazeiformis (Auersw.)
   Auf dürren Bl. von Eryngium, zerstreut.
        M. eryngii (Fr.)

---

[1]) Von den etwa 150 deutschen Arten, die meist auf eine od. wenige Nährpflanzen beschränkt sind und sich durch geringe Merkmale unterscheiden, konnten hier nur wenige aufgenommen werden.

7. Auf dürren Stengeln u. Schoten von Cruciferen, nicht selten.

M. cruciferarum (Fr.)

Auf dürren Stengeln von Medicago, zerstreut.

M. circumvaga (Desm.)

Auf dürren Stengeln von Umbelliferen. **M. leptoasca** Auersw.

8. Auf faulenden Bl. von Populus tremula. **M. macularis** (Fr.)

Fk. meist locker, herdig. Sporen 7—8 × 2—4 μ. Auf Bl. von Quercus, häufig.   **M. punctiformis** (Pers.)

Fk. herdig, in eckigen, von den Nerven begrenzten Flecken. Sporen 9—14 × 3—4 μ. Auf dürren Bl. von Quercus, Castanea, Acer, Aesculus usw., häufig. (Fig. 212.)

M. maculiformis (Pers.)

Auf faulenden Bl. von Clematis, nicht selten.

M. vagabunda (Desm.)

Auf dürren Bl. von Crataegus, zerstreut.

M. crataegi (Fuck.)

Auf welken Bl. von Hedera, zerstreut. **M. hedericola** (Desm.)

Auf dürren Bl. von Ligustrum vulgare, zerstreut.

M. ligustri (Desm.)

41. Gattung: **Tichothecium** v. Flotow.

Wie vor. Gatt., aber Sporen braun. Flechtenparasiten.

Auf dem Th. von Krustenflechten, besonders im Gebirge.

T. gemmiferum (Tayl.)

42. Gattung: **Guignardia** Viala et Ravaz.

Wie Mycosphaerella, aber die Sporen erst kurz vor der Reife durch eine Wand in eine untere kleine u. obere große Zelle geteilt, hyalin.

Sporen 10—16 × 4—6. Auf faulen Eichenblättern, zerstreut.

G. punctoidea (Cooke)

Sporen 8 × 3 μ. Auf dürren Eichenblättern, zerstreut.

G. Cookeana (Auersw.)

Sporen 14—15 × 4—5 μ. Auf dürren Blättern von Carpinus, zerstreut.   **G. carpinea** (Fr.)

Sooren 13—17 × 3—4 μ. Auf dürren Stengeln von Epilobium angustifolium, nicht häufig. **G. epilobii** Wallr.

43. Gattung: **Pharcidia** Körber.

Fk. eingesenkt, dann hervorstehend, sonst wie Mycosphaerella. Sporen länglich, zuletzt 4 zellig, hyalin. Flechtenparasiten.

Auf den Apothecien von Lecanora subfusca u. anderen Arten, nicht selten. (Fig. 213.)   **P. epicymatia** (Wallr.)

44. Gattung: **Sphaerulina** Sacc.

Fk. zuletzt wenig hervortretend. Sporen mehrzellig, bisweilen auch mit einer Längswand, hyalin.

Auf dürren Eichenblättern, zerstreut.

S. myriadea (DC.)

Auf dürren Ästen von Rosa u. Rubus, zerstreut. (Fig. 214.)

S. intermixta (Berk. et Br.)

45. Gattung: **Physalopora** Niessl.

Fk. eingesenkt bleibend, nur mit der kegelf. Mündung hervortretend. Sporen länglich, stumpf, einzellig, hyalin.

Auf dürren Grasblättern, nicht häufig. (Fig. 215.)

P. festucae (Lib.)

Auf dürren Himbeerranken, nicht häufig.   **P. idaei** (Fuck.)

Auf faulen Ästchen von Cornus sanguinea, nicht häufig.

P. corni Sacc.

46. Gattung: **Venturia** Ces. et de Not.

Fk. eingesenkt, nur mit der Mündung od. teilweise hervortretend, am Scheitel mit steifen Borsten besetzt. Sporen $\pm$ ellipsoidisch, zweizellig, hyalin bis olivengrün od. gelblichbraun. Paraphysen bald O.

1. Auf Kräutern.   2.

    Auf Blättern von Bäumen.   3.

2. Sporen 12—14 $\times$ 4 μ. Auf Blättern von Rumex-Arten, zerstreut.

V. rumicis (Desm.)

    Sporen 10 $\times$ 3,5 μ. Auf Blättern von Epilobium-Arten, zerstreut.   **V. maculiformis** (Desm.)

3. Auf Rosaceen, Nebenfruchtformen Fusicladium.   4.

    Auf Betula-Arten, nicht selten   (Fig. 216.)

V. ditricha (Fr.)

    Auf Populus tremula, zerstreut.   **V. tremulae** Aderh.

    Auf Fraxinus, zerstreut.   **V. fraxini** Aderh.

4. Auf Birnenbl., Nebenfruchtform F. pirinum, häufig.

V. pirina Aderh.

    Auf Apfelbl., Nebenfruchtform F. dendriticum, häufig.

V. inaequalis (Cke.)

    Auf Kirschbl., nicht selten.   **V. cerasi** Aderh.

    Auf Bl. von Crataegus, zerstreut.   **V. crataegi** Aderh.

47. Gattung: **Didymella** Sacc.

Fk. nur mit der Mündung vorbrechend, kahl. Sporen $\pm$ eiförmig, zweizellig, hyalin. Paraphysen vorhanden.

Auf dürren Carex-Blättern, zerstreut.

D. proximella (Karst.)

Auf Kräuterstengeln, besonders von Urtica, nicht selten. (Fig. 217.)   **D. superflua** (Auersw.)

    Auf Stengeln von Bryonia alba, zerstreut.

D. bryoniae (Fuck.)

    Auf Epilobium-Stengeln, nicht selten.

D. fenestrans (Duby.)

48. Gattung: **Didymosphaeria** Fuckel.

Wie vor. Gatt., aber Sporen braun.

1. Oberhaut über den Fk. unverändert. Auf dürren Stengeln größerer
Kräuter, zerstreut.   **D. conoidea** Niessl
   Oberhaut durch die Hyphen geschwärzt u. einen dunklen Fleck
bildend.   2.
2. An dürren Kräuterstengeln, zerstreut.   **D. bruneola** Niessl
   Auf berindeten noch lebenden Ästen von Berberis, zerstreut.
D. epidermidis (Fr.)

49. Gattung: **Dilophia** Sacc.

Fk. bedeckt bleibend. Sporen lg. spindelf., quergeteilt, beidendig
mit fädigem Anhängsel, hyalin.
   Auf dürren Grashalmen, zerstreut. (Fig. 218.)
D. graminis (Fuck.)

50. Gattung: **Metasphaeria** Sacc.[1])

Fk. bedeckt, mit kurzer Öffnung. Sporen ellipsoidisch bis länglich, stumpf od. spitz, 3 bis mehrzellig, hyalin. Paraphysen vorhanden.

1. Auf Monokotyledonen, Sporen mit 2—4 Querwänden.   2.
   Auf Dikotyledonen, Sporen mit 2—4 Querwänden.   3.
2. Auf Typha angustifolia, nicht häufig.
M. lacustris (Fuck.)
   Auf dürren Stengeln von Polygonatum, zerstreut.
M. Bellynckii (Westend.)
3. Auf dürren Stengeln von Senecio nemorensis u. Fuchsii, zerstreut.
M. macrospora (Fuck.)
   Auf Blättern von Hedera helix, zerstreut.
M. helicicola (Desm.)
   Auf Blättern von Vinca, zerstreut.   **M. vincae** (Fr.)

51. Gattung: **Leptosphaeria** Ces. et de Not.

Wie vor. Gatt., aber die Sporen gelb bis gelbbraun.

1. Auf Monokotyledonen.   2.
   Auf Dikotyledonen.   5.
2. Sporen mit 2—4 Querwänden.   3.
   Sporen mit 5 und mehr Querwänden.   4.
3. Auf dürren Grashalmen u. Luzula, häufig.
L. culmorum Auersw.
   Auf dürren Phragmites-Halmen, zerstreut.
L. arundinacea (Sow.)
   Auf Typha latifolia, zerstreut.   **L. typharum** (Desm.)

---

[1]) Von dieser und der folgenden Gattung kommen zusammen gegen
150 Arten im Gebiet vor, von denen nur die allerwichtigsten aufgenommen
werden konnten.

4. Sporen 6 zellig. An dürren Cladodien u. Ästchen von Ruscus, zerstreut. **L. rusci** (Wallr.)

Sporen 7—8 zellig. An faulenden Halmen von Scirpus lacustris, nicht selten **L. Sowerbyi** (Fuck.)

Sporen 8—10 zellig, 35—46 μ lg. An dürren Grashalmen. **L. culmifraga** (Fr.)

Sporen 8—10 zellig, 30—35 μ lg. An Roggenstoppeln, nicht selten. **L. herpotrichoides** de Not.

5. Sporen 4—5 zellig. 6.

Sporen mehr als 5 zellig. 7.

6. Sporen mit 3 Wänden, an ihnen schwach eingeschnürt, 20—30 × 4,5 μ. An dürren Kräuterstengeln, besonders von Urtica u. Angelica, häufig. **L. doliolum** (Pers.)

Sporen mit 4 Wänden, an ihnen eingeschnürt, 2. Zelle etwas dicker, 24—36 × 3—6 μ. An dürren Kräuterstengeln, besonders von Umbelliferen, häufig. **L. modesta** (Desm.)

7. Sporen mit 6—10 Wänden, 36—50 × 5—6 μ. Auf dürren Kräuterstengeln, besonders von Urtica, nicht selten. **L. acuta** (Moug. et Nestl.)

Sporen mit 5 Wänden, in der Mitte oft eingeschnürt, 30—42 × 4—5 μ. Auf dürren Cruciferenstengeln, nicht selten. **L. maculans** (Desm.)

Sporen mit 5 Wänden, 35—40 × 3,5—4 μ. Auf dürren Kräuterstengeln, besonders von Compositen. **L. ogilviensis** (Berk. et Br.)

Sporen mit 7 Wänden, in der Mitte tief eingeschnürt, vierte Zelle meist dicker, 30—35 × 3,5 μ. Auf dürren Stengeln von Eupatorium cannabinum, zerstreut. **L. agnita** (Desm.)

Sporen mit 7—10 Wänden, die 4. Zelle etwas dicker, 35—40 × 3,5 μ. An dürren Stengeln von Tanacetum u. anderen Compositen, nicht selten. (Fig. 219.) **L. dolioloides** (Auersw.)

52. Gattung: **Ophiochaeta** Sacc.

Fk. nur mit der Mündung hervortretend, später nach Entfernung der Oberhaut fast frei, an der Mündung od. ganz mit Borsten bedeckt. Sporen fädig, quergeteilt, gelblich bis hyalin, oft in die Teilzellen zerfallend.

Auf dürren Grashalmen, bes. Getreidestoppeln, nicht selten. **O. herpotricha** (Fr.)

53. Gattung: **Ophiobolus** Riess.

Wie vor. Gattung., aber die Fk. kahl.

1. Fk. auf einem rötlichen od. purpurnen Flecke sitzend. Auf Stengeln größerer Kräuter, besonders an Kartoffelstengeln, häufig. (Fig. 220.) **O. porphyrogenus** (Tode)

Fk. auf keinem od. höchstens einem schwärzlichen Flecke sitzend. 2.

2. Auf Urtica-Stengeln, zerstreut.   **0. erythrosporus** (Riess)
   Auf Leguminosenstengeln (Astragalus, Onobrychis usw.), nicht
selten.   **0. rudis** (Riess)
   Am Grunde von dürren Echium-Stengeln, zerstreut.
                                           E. Cesatianus (Mont.)
   Auf dürren Compositenstengeln (Carduus, Carlina, Cirsium),
nicht selten.   **0. acuminatus** (Sow.)

54. Gattung: **Pyrenophora** Fries.

   Wie folg. Gatt., aber Fk. an der Mündung od. ganz mit Borsten
bedeckt.

1. Gehäuse lederartig-dünn, Mündung mit Borsten besetzt.   2.
   Gehäuse dick, sklerotienartig, allseitig od. nur die Mündung
borstig.   3.
2. Sporen mit 7 Querwänden u. 1 Längswand. Auf Alpenpflanzen,
   Sedum, Saxifraga, Primula, Rhododendron in den Alpen.
                                           P. chrysospora Niessl
   Sporen mit 6—8 Querwänden u. 1 Längswand. Auf Kräuterstengeln u. Vitisranken, nicht im Hochgebirge.
                                           P. coronata Niessl
3. Gehäuse vollständig mit Borsten bedeckt.   4.
   Gehäuse nur an der Mündung mit Borsten. Sporen mit 6 Querwänden u. 1 Längswand. Auf dürren Blättern von Holcus lanatus,
nicht selten.   **P. phaeocomes** (Reb.)
4. Sporen mit 3—5 Querwänden u. 1 Längswand, 35—45 × 20—30 μ.
   Auf Gras- u. besonders Getreidehalmen, zerstreut.
                                           P. relicina (Fuck.)
   Sporen mit 3 Querwänden u. 1 Längswand, 44—50 × 17—20 μ.
   Ebenda, zerstreut.   **P. trichostoma** (Fr.)

55. Gattung: **Pleospora** Rabenh.

   Fk. zuerst bedeckt, dann ± hervortretend, kahl. Sporen länglich
bis eif., mauerf., gelb od. braun gefärbt.

1. Auf Monokotyledonen.   2.
   Auf Dikotyledonen.   3.
2. Sporen mit 5 Querwänden u. 1 Längswand. Auf Gräsern, nicht
selten.   **P. vagans** Niessl
   Sporen mit 7 Quer- u. 1—4 Längswänden. Auf Carex-Arten,
bis in die Alpen.   **P. discors** (Mont.)
3. Auf Kräutern.   4.
   Auf Sträuchern.   5.
4. Sporen mit 5 Querwänden u. eingeschnürt, die 4 mittleren Zellen
   mit je 1 Längswand, 15—21 × 8—10. Auf Kräuterstengeln, häufig,
oft mit folg. Art. (Fig. 221.)   **P. vulgaris** Niessl
   Sporen mit 7 Querwänden, eingeschnürt, mit 2—3 Längswänden,
24—40 × 12—16 μ. Auf Kräuterstengeln, Fruchthüllen, häufig
(Fig. 222.)   **P. herbarum** (Fr.)

5. Sporen mit 5 Querwänden u. 1 Längswand. Auf dürren Ranken
von Clematis vitalba, zerstreut. **P. clematidis** Fuck.
Sporen mit 6 Querwänden u. 1 unvollständigen Längswand. Auf
dünnen Berberiszweigen, zerstreut.

P. orbicularis Auersw.

56. Gattung: **Enchnoa** Fr.

Stroma O. Fk. eingesenkt bleibend, behaart. Sporen länglich,
einzellig, hyalin bis bräunlich.
Auf dürren Eichenästen, nicht häufig. (Fig. 223.)

E. infernalis (Kze.)

57. Gattung: **Phorcys** Niessl.

Wie vor. Gatt. Sporen ellipsoidisch, braun, zweizellig.
Auf dürren Quercus-Ästen, zerstreut.

P. bufonia (B. et B.)

Auf dürren Ästen von Prunus cerasus u. domestica, zerstreut.

P. vibratilis (Fuck.)

Auf dürren Tiliaästen, zerstreut. **P. Curreyi** (Tul.)

58. Gattung: **Massarina** Sacc.

Wie vor. Gatt., Fk. nur mit der Mündung vorbrechend. Sporen
länglich, hyalin, quer mehrteilig.
Auf dürren Fagusästen, seltner Betula, zerstreut.

M. eburnea Tul.

59. Gattung: **Massaria** de Not.

Wie vor. Gatt., aber die Sporen braun.
Sporen 48—54 × 19—23 μ. Auf dürren Ulmenästen zerstreut.

M. foedans (Fuck.)

Sporen 50—74 × 14—20 μ. Auf dürren Birkenästen, zerstreut.

M. argus (Berk. et Br.)

Sporen 44—52 × 16 μ. Auf dürren Ästen von Acer pseudoplatanus, zerstreut. **M. pupula** (Fr.)
Sporen 80—103 × 21—23 μ. Auf dürren Acerästen, bes. A.
campestre, seltner. (Fig. 224.) **M. inquinans** (Tode)

60. Gattung: **Pleomassaria** Spegazzini.

Wie vor. Gatt., aber die Sporen ellipsoidisch, groß, mauerf., braun.
An dürren Betulazweigen, zerstreut.

P. siparia (Berk. et Br.)

An dürren Ästen von Rhamnus frangula, zerstreut. (Fig. 225.)

P. rhodostoma (Alb. et Schw.)

An dürren Ästen von Lycium barbarum, zerstreut.

P. varians (Hazsl.)

61. Gattung: **Phomatospora** Sacc.

Fk. eingesenkt, meist auch später nur mit der warzenf. Mündung hervorragend. Sporen sehr klein, einzellig, hyalin.
An dürren Kräuterstengeln u. Grashalmen, selten.

P. Berkeleyi Sacc.

62. Gattung: **Mamiania** Ces. et de Not.

Myzel ein fleckenf., schwarzes Pseudostroma über den Fk. bildend. Fk. eingesenkt bleibend, mit schnabelf., kurzer Mündung vorragend. Sporen ellipsoidisch, einzellig hyalin. Auf Blättern schwarze Flecken bildend.

Auf Carpinus, häufig. (Fig. 226.)   **M. fimbriata** (Pers.)
Auf Corylus, seltner.   **M. coryli** (Batsch)

63. Gattung: **Gnomoniella** Sacc.

Stroma O. Fk. eingesenkt bleibend u. nur mit der lg. zylindrischen Mündung hervortretend. Sporen ellipsoidisch, hyalin, einzellig.
Auf faulenden Alnusblättern, zerstreut. (Fig. 227.)

G. tubiformis (Tode)

64. Gattung: **Ditopella** de Not.

Wie vor. Gatt. Schläuche vielsporig. Sporen einzellig, hyalin.
Auf dürren Alnusästchen, häufig. (Fig. 228.)

D. fusispora de Not.

65. Gattung: **Gnomonia** Ces. et de Not.

Wie Gnomoniella, aber die Sporen länglich, hyalin, 2 od. 4 zellig.
1. Sporen zweizellig.   2.
   Sporen vierzellig.   3.
2. Auf dürren Blättern von Juglans regia, zerstreut.

G. leptostyla (Fr.)

Auf faulenden Corylusblättern, zerstreut.

G. vulgaris Ces. et de Not.

Auf dürren Kirschbaumblättern, zerstreut. (Fig. 229.)

G. erythrostoma (Pers.)

Auf dürren Blattstielen von Acer pseudoplatanus u. negundo.

G. cerastis (Riess)

3. Auf dürren Stengeln von Epilobium hirsutum, selten.

G. riparia Niessl

Auf faulenden Blättern von Rubus fruticosus, selten (Fig. 230.)

G. chamaemori (Fr.)

66. Gattung: **Anthostomella** Sacc.

Myzel über den Fk. ein kleines, schwarzes Pseudostroma bildend. Fk. eingesenkt, nur mit der kurzen, kegelf. Mündung vorragend. Sporen ellipsoidisch, einzellig, braun.

Sporen am Grunde mit schnabelf., hyalinem Anhängsel, 24 bis 33 μ lg. Auf dürren Rubusranken, zerstreut.

A. appendiculosa (Berk. et Br.)

Sporen ohne Anhängsel, ca. 10 μ lg. Auf dürren Ranken von Rubus, zerstreut. (Fig. 231.)   **A. clypeata** (de Not.)

67. Gattung: **Hypospila** Fr.

Pseudostroma vorhanden. Fk. nur mit der Mündung hervortretend. Sporen länglich, mit 1—3 Querwänden, hyalin.

1. Auf dürren Eichenblättern.   2.

Auf welken Blättern von Dryas octopetala, selten.

H. rhytismoides (Bab.)

2. Sporen mit 1, später 3 Querwänden, 17—23 × 4 μ. Häufig. (Fig. 232.)   **H. pustula** (Pers.)

Sporen an untern Ende mit 1 Querwand, 12 × 3,5 μ. Seltner.

H. bifrons (DC.)

68. Gattung: **Linospora** Fuck.

Pseudostroma vorhanden. Fk. mit schnabelf. Mündung vortretend. Sporen hyalin, meist geteilt, hyalin bis gelblich Auf faulenden Blättern von Salix (bes. caprea), nicht selten. (Fig. 233.)

L. capreae (DC.)

Auf faulenden Blättern von Populus tremula, selten.

L. populina (Pers.)

69. Gattung: **Clypeosphaeria** Fuckel.

Pseudostroma vorhanden. Fk. mit der kegelf. Mündung hervortretend. Sporen länglich, meist mit 4 Querwänden, braun.

Auf dürren Spargelstengeln, zerstreut.

C. asparagi (Fuck.)

Auf dürren Stengeln von Epilobium angustifolium u. Rubus, zerstreut. (Fig. 234.)   **C. Notarisii** Fuck.

70. Gattung: **Valsa** Fries.

Stroma entweder ausgebreitet, nicht scharf begrenzt (diatrypeenartig) od. undeutlich (wenn das Substrat wenig verändert ist) und bisweilen ganz fehlend od. scharf begrenzt, rundlich, kegel- od. polsterf. (valseenartig), entweder eingesenkt u. dann hervorbrechend od. oberflächlich, häufig im Substrat durch eine schwarze Saumschicht begrenzt. Fk. im Stroma eingesenkt, verschieden gelagert, nur mit den Mündungen vorragend, meist mit lg. Hals. Schläuche 8 od. vielsporig. Sporen einzellig, gebogen (wurstf.), hyalin, seltener bräunlich.

1. Stroma fehlend od. nur angedeutet.   2.

Stroma diatrypeenartig.   3.

Stroma valseenartig.   4.

2. Stroma fehlend, Fk. in der Holzsubstanz gebildet (Endoxyla) 7.

    Stroma meist nur angedeutet, Fk. in der Rindensubstanz gebildet. (Cryptosphaeria).   8.

3. Schläuche 8 sporig (Eutypa).   10.

    Schläuche vielsporig (Cryptovalsa).   17.

4. Schläuche 8 sporig.   5.

    Schläuche vielsporig (Valsella).   18.

5. Stroma von einer festen, hornartigen beckenf. Schicht umschlossen, die mit dem Periderm verwachsen ist. Fk. mit den Mündungen durch die weiß gefärbte Scheibe des Stromas hervorbrechend (Leucostroma).   19.

    Stroma nicht von einer solchen Schicht umschlossen, höchstens durch eine Saumschicht begrenzt.   6.

6. Stroma im Holzkörper entstehend u. die Rinde durchbrechend, Substanz verschieden vom Nährsubstrat (Eutypella).   24.

    Stroma im Rindenparenchym entstehend, ohne Saumschicht, das Substrat nur wenig verändernd. (Euvalsa).   27.

7. Mündungen groß, vorragend, braun, zuletzt fast schüsself. Sporen braun. An Tannenholz, selten.

                       V. operculata (Alb. et Schw.)

    Mündungen klein, fast kuglig, schwarz. Sporen bräunlich. An morschem Kiefernholz, zerstreut.   **V. parallela** (Fr.)

8. Sporen höchstens bis 12 μ lg., 2 μ br.   9.

    Sporen 14—18 $\times$ 3 μ. Stroma angedeutet, sehr weit sich ausbreitend od. seltner eng begrenzt. Fk. meist dicht gleichmäßig verteilt. Auf toten Eschenzweigen, nicht selten.

                       V. eunomia (Fr.)

9. Stroma angedeutet, dem Rindenparenchym eingesenkt, ganze Äste überziehend u. die Rinde zu einer von den Mündungen rauh punktierten Kruste umwandelnd. Fk. sehr dicht. Auf trocknen Zweigen von Fagus, nicht selten.   **V. myriocarpa** Nke.

    Stroma ausgebreitet, seltner eng begrenzt, der Rinde eingesenkt und diese oft bis auf den Holzkörper schwärzend. Fk. meist dicht stehend. Auf toten Ästen von Populus, nicht selten.

                     V. populina (Pers.)

10. Mündungen der Fk. mit mehreren, meist 4 Furchen.   11.

    Mündungen ganz ohne Furchen.   13.

11. Stroma stets weit ausgebreitet, ganze Äste überziehend.   12.

    Stroma fleckenf., meist klein, oft viele bei einander u. zusammenfließend, die Rinde auftreibend. Mündungen halbkuglig, glänzend schwarz, schwach gefurcht. Auf dürren Ästen u. Sträuchern von Acer campestre u. pseudoplatanus, zerstreut.

                     V. subtecta (Fr.)

12. Oberfläche des Stromas schwarz, von den großen, dicken, tief 4 furchigen Mündungen fast stachlig. Auf nacktem Holz u. Ästen von Fagus, Carpinus, Quercus, nicht selten.

                     V. spinosa (Pers.)

Oberfläche des Stromas meist schwarz, von den stumpfen, kleineren, 2—5 (meist 4) furchigen Mündungen rauh. Auf Holz u. Rinde von Lb., bes. Acer pseudoplatanus, nicht selten. (Fig. 235.)
V. eutypa (Ach.)

13. Stroma im Innern schwarz gefärbt od. ungefärbt.   14.
Stroma im Innern gelbgrün, meist weit ausgedehnt, oberfläch-lich, das Holz auftreibend. Mündung klein, stumpf kegelf. Auf Holz u. Ästen von Fagus, Crataegus, Prunus spinosa, Rosa u. a., häufig.   V. flavovirescens (Hoffm.)

14. Oberfläche des Stromas nicht rauh, da die Mündungen kaum vor-ragen   15.
Stroma aus rundlichen, bis 4 mm br. Polstern bestehend, oft aber weit zusammenfließend od. ausgebreitet, von den kleinen, zahlreichen Mündungen rauh, außen u. innen schwarz. Auf nacktem Holz, Stümpfen, seltner Rinde von Lb. z. B. Acer campestre, nicht selten.   V. scabrosa (Bull.)

15. Stroma fast stets weit ausgebreitet.   16.
Stroma meist unregelmäßig fleckenartig, oft zusammenfließend, die Oberfläche des Substrates unregelmäßig auftreibend, zuletzt schwarz, Mündung halbkuglig od. kgelf. Auf Holz u. Rinde von Lb., z. B. Quercus, Prunus padus u. spinosa, Robinia usw., häufig.
V. lata (Pers.)

16. Stroma weit ausgebreitet, rundlich od. schmale parallele Streifen bildend, das Holz auftreibend, durchgängig schwarz. Mündungen klein, fast kuglig. Auf festem Holz von Quercus, Fagus u. a., nicht selten.   V. milliaria (Fr.)
Stroma weit ausgebreitet, seltner unterbrochen fleckenf., sehr dünn, das Holz nicht od. wenig auftreibend, glanzlos, braun bis schwärzlich an der Oberfläche, darunter eine ungefärbte Zone u. unter dieser die geschwärzte Schicht mit den Fk. Mündung punktf., kaum vorragend. Auf entrindeten Zweigen von Acer campestre, zerstreut.   V. leioplaca (Fr.)

17. Stroma in der Rinde nistend, die Holzoberfläche u. das Innere der Rinde schwärzend, die Rindenoberfläche unverändert lassend. Mündungen mit 4 Furchen, groß, abgerundet. An dürren Zweigen von Acer campestre, zerstreut.   V. protracta (Pers.)
Stroma ähnlich, weit ausgebreitet. Mündungen undeutlich furchig, ± vorragend, kegelf. od. gestutzt. Auf dürren Wein-stöcken, zerstreut.   V. ampelina Nke.

18. Stroma klein, flach gewölbt, mit weißen Scheibchen das Periderm durchbohrend, mit 2—4 Fk. Auf dürren Zweigen von Cornus sanguinea, selten.   V. Laschii Nke.
Stroma kegelf. gestutzt, oft mehrere zusammenfließend, mit meist 5—6 Fk. u. weiß bereifter Scheibe. Auf dicken, toten Zweigen von Salix caprea, selten.   V. fertilis Nke.

19. Stromata fest mit dem Periderm verwachsen u. daher beim Ab-ziehen des Periderms an diesem haften bleibend.   20.

Stromata niedergedrückt pustelf., mit der Rinde fest verwachsen, daher mit dem Periderm nicht abziehbar, mit kleiner schmutzig weißer Scheibe u. 6—12 Fk. Mündungen gestutzt, stumpf. An toten Ästen von Prunus spinosa, nicht selten.

V. cincta Fr.

20. Schläuche 4 u. 8 sporig.   21.
    Schläuche nur 8 sporig.   22.

21. Stroma linsenf., Scheibe auffallend weiß, meist gesellig in großer Zahl ganze Zweige überziehend. Auf abgestorbenen Ästen von Populus, häufig. (Fig. 236.)   **V. nivea** (Pers.)
    Stroma niedergedrückt kegelf., mit weniger auffallender Scheibe. An abgestorbenen Ästen von Rhamnus frangula, häufig.

V. Auerswaldii Nke.

22. Sporen höchstens bis 14 μ lg.   23.
    Sporen 16—18 × 3—6 μ. Stroma niedergedrückt kegelf. Auf toten Zweigen von Alnus, nicht selten.

V. diatrypa Fr.

23. Stroma flach kegelf.   Sporen 10—12 × 2,5—3 μ.   Auf toten Zweigen von Prunus-Arten, Sorbus, häufig

V. leucostoma (Pers.)

    Stroma niedergedrückt kegelf. Sporen 9—14 × 2 μ. Auf toten Ästen von Salix-Arten, nicht selten.

V. translucens (de Not.)

24. Sporen höchstens bis 8 μ lg. (6—8).   25.
    Stroma kegelf. od. fast halbkuglig. Mündungen ± lg., runzlig od. furchig. Sporen 8—12 × 2 μ. Auf abgestorbenen Ästen von Ulmus campestris u. effusa, häufig.   **V. stellulata** Fr.

25. Stroma aus kreisf. Basis polster- od. kegelf., mit kreisf. Scheibe durchbrechend.   26.
    Stroma aus länglicher Basis stumpf kegelf., mit länglicher Scheibe quer durchbrechend. Auf toten Zweigen von Prunus spinosa, zerstreut.   **V. prunastri** (Pers.)

26. Fk. sehr zahlreich im Stroma. Sporenführender Teil der Schläuche 40—48 μ lg. Auf toten Zweigen von Sorbus, nicht selten.

V. sorbi (Alb. et Schw.)

    Fk. 6—8 im Stroma. Sporenführender Teil der Schläuche 24—32 μ lg. Auf toten Zweigen von Prunus padus, selten.

V. padi Karst.

27. Fk. einreihig in einem scharf umgrenzten (ausgenommen die Basis) Stroma liegend. Mündungen bündelf. vereinigt od. kurz bleibend u. dann dicht gedrängt u. ohne Beteiligung des Stromas eine Art Scheibe bildend (Monostichae).   28.
    Fk. kreisf. in der von der Rinde äußerlich nicht verschiedenen Stromasubstanz lagernd. Mündungen meist nur am Rande einer Scheibe hervorbrechend, die in ihrer Substanz verschieden ist von der, welche die Fk. umschließt. (Circinatae.)   33.

28. Auf Nd.   29.
    Auf Lb.   31.
29. Fk. höchstens bis 15 im Stroma.   30.
    Stromata gleichmäßig zerstreut, fast halbkuglig, nach Ver-
    schwinden des Periderms frei werdend, mit 20—30 Fk., auf der
    Oberfläche häufig mit grünem Pulver. Mündungen meist sehr
    klein, eine flache, schwarze Scheibe bildend. Auf Ästen u. Stämmen
    von Pinus silvestris, seltner Juniperus communis, häufig.
                                       V. pini (Alb. et Schw.)
30. Stromata vereinzelt, ähnlich, aber nur mit 3—4 Fk., ohne grünes
    Pulver. Pyknidensporen doppelt so lg. wie bei vor. Auf toten,
    dicken Zweigen von Juniperus communis, selten.
                                       V. cenisia de Not.
    Stromata ordnungslos zerstreut, mit 5—15 Fk., mit dem Mün-
    dungsbüschel das Periderm durchbohrend. Mündungen sehr
    kurz, einen traubenf. Körper bildend. Auf Ästen u. Stämmen von
    Picea excelsa, zerstreut.   **V. abietis** (Fr.)
31. Mündungen verhältnismäßig kurz.   32.
    Mündungen bis 1,5 mm lg., dünn, bündelf. nach oben aus-
    einander gebogen. Stroma flach pustel- od. kegelf., mit 5—20 Fk.
    Auf trocknen Ästen von Quercus, Rosa u. a., nicht selten. (Fig. 237.)
                                       V. ceratophora Tul.
32. (Die hier zusammengefaßten Arten unterscheiden sich nur durch
    feinere Merkmale, die dem Anfänger nicht sofort in die Augen
    springen. Die sichere Bestimmung kann nur durch eine aus-
    führlichere Flora erfolgen). Sämtlich an toten Ästen in der
    Rinde.

    Auf Salix, zerstreut.   **V. Schweinitzii** Nke.
    Auf Fagus, nicht häufig.   **V. decorticans** (Fr.)
    Auf Prunus spinosa, zerstreut.   **V. microstoma** (Pers.)
    Auf Crataegus oxyacantha, zerstreut. **V. Hoffmanni** Nke.
    Auf Acer campestre, zerstreut.   **V. exigua** Nke.
    Auf Vitis, zerstreut.   **V. vitis** (Schwein.)
    Auf Cornus alba, selten.   **V. coronata** (Hoffm.)
33. Stroma sehr deutlich u. abgegrenzt.   34
    Stroma nicht erkenntlich, nur aus der grauen od. bräunlichen
    Scheibe bestehend, die von den kurzen Mündungen der 3—9 kreisf.
    bei einander liegenden Fk. durchbohrt wird. Auf dürren Ästen
    von Salix, Populus u. Betula, nicht selten.
                                       V. germanica Nke.
34. Schläuche 4 od. 8 sporig.   35.
    Schläuche nur 8 sporig.   37.
35. Schläuche mit 4 od. 8 Sporen.   36.
    Schläuche nur 4 sporig. Scheibe durch einen Riß im Periderm
    hervortretend. Fk. 10—15 im Stroma. Sporen 18—22 × 5—6 μ.
    Auf dürren Ästen von Rosa u. Rubus, zerstreut.
                                       V. sepincola Fuck.

36. Stromata zahlreich, gleichmäßig über weite Strecken verteilt,
das Periderm durchbrechend od. sternf. sprengend, mit 4—20 Fk.
Sporen der 8 spor. Schläuche 16—24 × 3—6, der 4 sporigen
24—36 × 5—8 μ. Auf toten Ästen u. Stämmen vieler Lb., häufig.
V. ambiens (Pers.)
　　Stroma zahlreich herdenf. od. über große Flächen verteilt,
das Periderm durchbohrend, mit 6—12 Fk. Sporen der 8 spor.
Schläuche 12—18 × 2,5—4 μ, der 4 sporigen 20—32 × 5—7 μ.
Auf toten Ästen u. Stämmen von Salix, nicht selten.
V. salicina (Pers.)
37. Auf Nd. 　　　　　　　　　　　　　　　　　　　　　　38.
　　Auf Lb. 　　　　　　　　　　　　　　　　　　　　　　39.
38. Stromata dichte weite Strecken bedeckend, pustelf., durch das
sternf. zersprengte Periderm vorbrechend. 　Mündung mit
glänzend schwarzer Papille am Scheitel. Sporen 12—16 × 2,5—3 μ
Auf toten Zweigen von Larix u. Pinus silvestris, zerstreut.
V. Curreyi Nke.
　　Stromata ähnlich, aber das Periderm nicht sternf. zerrissen.
Mündung ohne Papille. 　Sporen 12 × 2 μ. 　Auf toten dünneren
Zweigen von Abies pectinata, zerstreut.
V. Friesii (Duby)
39. (Vgl. die Bermerkung zu 32. Hier gilt dasselbe). 　Auf dürren
Ästen.
　　Auf Populus-Arten zerstreut. 　　　　　**V. sordida** Nke.
　　　Auf Fagus, zerstreut. 　　　　　　　**V. pustulata** Auersw.
　　　Auf Acer pseudoplatanus, selten. 　　**V. pseudoplatani** (Fr.)

71. Gattung: Anthostoma Nitschke.

Stroma diatrypeen. od. valseenartig. Fk. eingesenkt, nur mit den
Mündungen hervorbrechend. 　Sporen ellipsoidisch, einzellig, dunkel
gefärbt.

1. Stroma flach ausgebreitet, meist der Holzsubstanz eingesenkt
　(diatrypeenartig). (Euanthostoma.) 　　　　　　　　　2.
　　Stroma polster- od. kegelf. (valseenartig). (Lopadostoma.) 4.
2. Sporen unter 18 μ lg. 　　　　　　　　　　　　　　　　3.
　　Stroma klein, eingesenkt, flecken- od. kreisf., oft zusammenfließend. 　Sporen 18—22 × 12—15 μ. 　Auf altem Holz vom Nd.,
seltner Lb., zerstreut. 　　　　　　　　**A. cubiculare** (Fr.)
3. Stroma dem Holz eingesenkt, es fleckenf. od. auf weite Strecken
schwärzend. 　Sporen 11—16 × 4—6 μ. 　Auf totem Holz von Lb.
(Acer, Fraxinus, Populus) zerstreut. 　(Fig. 238.)
A. melanotes (Berk. et Br.)
　　Stroma unscheinbar, eingesenkt, die Holzoberfläche schwärzend,
meist fleckenf. Sporen 12—18 × 9—12 μ. 　Auf Lonicera, nicht
selten. 　　　　　　　　　　　　　　　　**A. xylostei** (Pers.)

4. Stroma kegel- od. pustelf., in der Rinde eingewachsen, mit 6—8 Fk. Sporen 8—12 × 4—7 μ. Auf toten Ästen von Fagus, nicht selten.

A. turgidum (Pers.)

Stroma pustel- od. halbkegelf., auf dem Holz frei sitzend od. in die Rinde hineinragend, mit 8—42 Fk. Sporen 10—14 × 5—6 μ. Auf toten Lbästen, bes. Ulmus, zerstreut.

A. gastrinum (Fr.)

72. Gattung: **Diaporthe** Nitschke[1]).

Stroma diatrypeen- od. valseenartig, oft unscheinbar u. nur durch schwarzen Randsaum kenntlich. Sporen ellipsoidisch, zweizellig, hyalin.

1. Stroma diatrypeenartig, die Nährsubstanz kaum verändernd, stets mit schwarzem Randsaum.　　　　2.
　　Stroma valseenartig, oft fehlend. Fk. in kleinen rundlichen Gruppen beisammenstehend. (Chorostate).　　　19.
2. Fk. in der Holzsubstanz sitzend. (Euporthe).　　　3.
　　Fk. im Rinderparenchym sitzend. (Tetrastagon).　　11.
3. Auf Kräuterstengeln. Sporen zwischen 10 u. 14 μ lg.　　14.
　　Auf Ästen u. Holz von Lb.　　　7.
4. Auf Umbelliferen　　　5.
　　Auf Kompositen.　　　6.
　　Auf Chenopodium, Solanum tuberosum, Medicago, Oenothera usw. Stroma tief schwarze Flecken bildend. Nicht selten.

D. Tulasnei Nke.

5. Stroma ± große Flecken bildend, braun od. grau, später schwarz. Auf Angelica u. Chaerophyllum, zerstreut.

D. Berkeleyi (Desm.)

Stroma meist sehr weit ausgebreitet, braun, später schmutzig schwarz. Auf Heracleum, zerstreut.

D. inquilina (Wallr.)

6. Fk. fast immer reihenweise stehend. Auf Solidago virgaurea, nicht selten.　　**D. linearis** (Nees)

Fk. ziemlich dicht stehend, selten reihenweise. Auf Achillea, Artemisia, Anthemis, Cichorium usw. zerstreut.

D. orthoceras (Fr.)

Fk. ordnungslos zerstreut. Auf Lappa, Tanacetum, Cirsium, Carduus usw., zerstreut.　　**D. arctii** (Lasch)

7. Auf Polypetalen.　　　8.

Auf Sambucus racemosa. Stroma meist ausgebreitet, schwarz, zerstreut.　　**D. spiculosa** (Alb. et Schw.)

---

[1]) Über 100 deutsche Arten, die zum Teil sehr selten sind. Hier können nur die häufigsten behandelt werden, die streng an das Substrat angepaßt erscheinen. Man suche also die sichere Bestimmung der Unterlage zu erhalten.

8. Auf Leguminosen. 9.
   Nicht auf Leguminosen, Stroma fast stets weit ausgebreitet. 10.
9. Stroma ausgebreitet od. durch Verschmelzung kleinerer Gruppen zusammenfließend, die Holzoberfläche schwarz färbend u. oft klein-warzige, rauhe, hier und da unterbrochene Krusten bildend. Fk. meist vereinzelt. Auf Cytisus laburnum, zerstreut.

D. medusaea Nke.

Stroma kleine, isolierte od. zusammenfließende Flecken bildend, selten weit ausgebreitet. Fk. dicht herdenweise. Auf Robinia pseudacacia, zerstreut. **D. fasciculata** Nke.

10. Fk. weitläufig zerstreut. Auf Populus u. Salix, häufig.

D. forabilis Nke.

Fk. gesellig hervorbrechend. Auf Ulmus zerstreut.

D. eres Nke.

Fk. meist zerstreut od. dicht gesellig. Auf Carpinus, nicht häufig. **D. sordida** Nke.

Fk. zu 3—8 zusammengedrängt, kantig. Auf Spiraea-Arten zerstreut. **D. sorbariae** Nke.

Fk. in Längsreihen stehend. Auf Acer campestre, zerstreut.

D. protracta Nke.

Fk. zerstreut stehend. Auf Rhamnus frangula, zerstreut.

D. nigricolor Nke.

Fk. gleichmäßig locker zerstreut. Auf Hedera, seltener.

D. pulla Nke.

Fk. gesellig, meist aber zu 2—4 zusammenstehend. Auf Cornus sanguinea, seltner. **D. crassicollis** Nke.

11. Auf Kräuterstengeln. Stroma nicht ausgedehnt, klein. 12.
    Auf Ästen von Lb. 13.
12. Stroma rundlich. Auf Polygonatum, zerstreut.

D. pardalota (Mont.)

Stroma schmal lanzettlich. Auf Filipendula ulmaria, nicht selten. **D. lirella** (Moug. et Nestl.)

13 Stroma weit ausgebreitet, meist ganze Äste umgebend u. überziehend. 14

Stroma fleckenf., oft zusammenfließend, aber die einzelnen Flecken durch schwarzen Randsaum kenntlich. Auf Rubusranken, zerstreut. **D. insignis** Fuck.

14. Auf Leguminosen. 15.
    Nicht auf Leguminosen. 16.
15. Schläuche 120—180 μ lg. Sporen 15—20 × 8—10 μ. Auf Sarothamnus, Genista, Ulex, verbreitet. **D. inaequalis** (Currey)

Schläuche 60—70 μ lg. Sporen 14—16 × 4 μ. Auf Cytisus laburnum, zerstreut. **D. rudis** (Fr.)

Schläuche 60—70 μ lg. Sporen 14—15 × 3—4 μ. Auf Sarothamnus, nicht selten. **D. sarothamni** (Auersw.)

16. Auf Sympetalen. 17.
    Auf Polypetalen. 18.

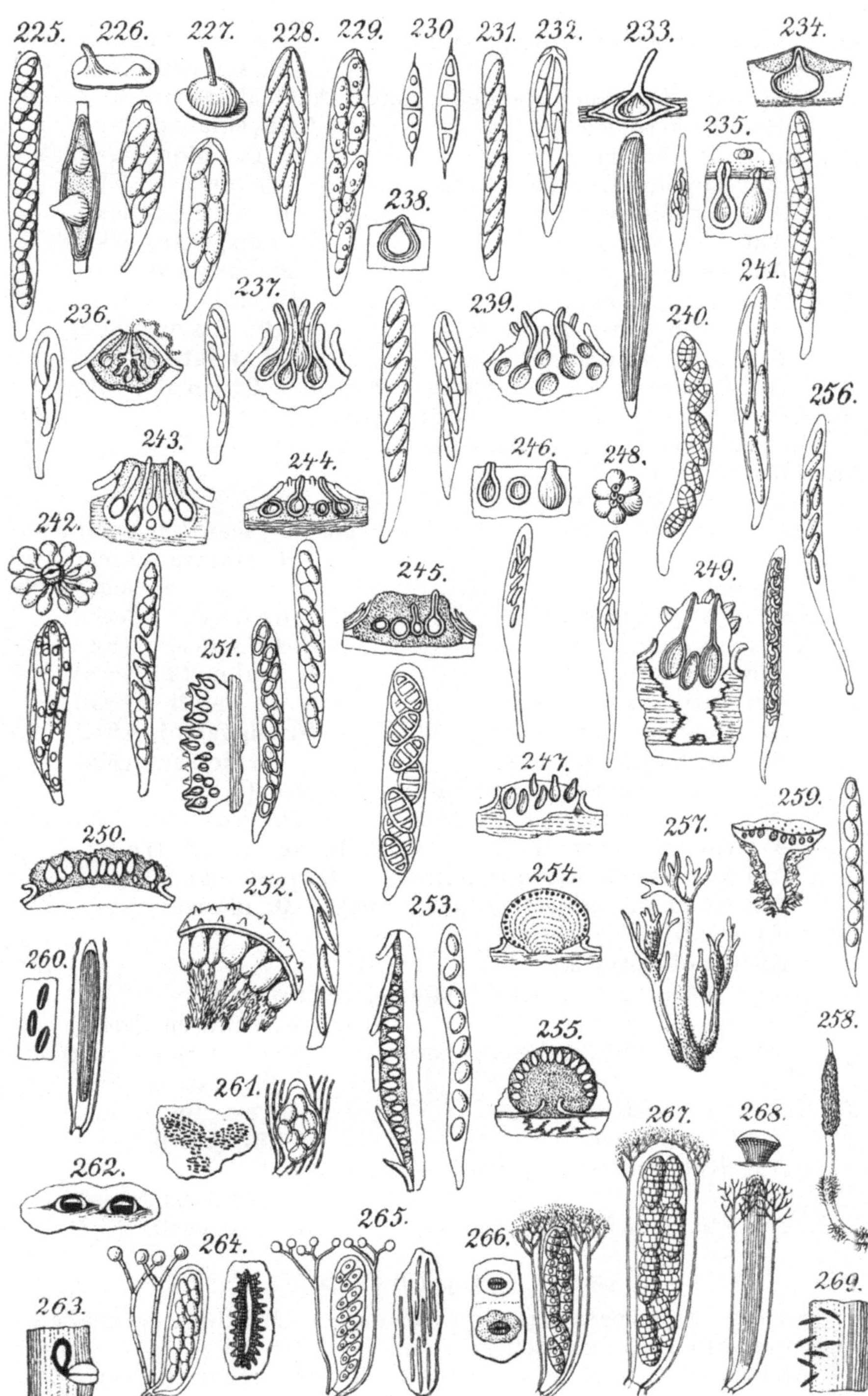

17. Sporen länglich od. stumpf spindelf. Auf Syringa vulgaris, zer-
streut.   **D. resecans** Nke.
  Sporen sehr schmal spindelf., spitz. Auf Viburnum opulus u.
lantana, zerstreut.   **D. Beckhausii** Nke.
18. Auf Salix, häufig.   **D. spina** Fuck.
  Auf Populus tremula, häufig.   **D. putator** Nke.
  Auf Corylus, zerstreut.   **D. revellens** Nke.
  Auf Betula, häufig.   **D. exasperans** Nke.
  Auf Quercus, zerstreut.   **D. insularis** Nke.
  Auf Rubus, häufig.   **D. rostellata** (Fr.)
  Auf Evonymus, zerstreut.   **D. Laschii** Nke.
  Auf Tilia, häufig.   **D. velata** (Pers.)
  Auf Cornus alba u. sanguinea, zerstreut.   **D. corni** Fuck.
19. Sporen ohne Anhängsel (Euchorostate).   20.
  Sporen beidendig mit Anhängseln. (Chorostatella).   23.
20. Auf Rosaceen.   21.
  Nicht auf Rosaceen.   22.
21. Sporen 16—18 × 4,5 μ. Auf Crataegus oxyacantha, zerstreut.
                                               D. crataegi Fuck.
  Sporen 12—14 × 6 μ. Auf Prunus spinosa u. cerasus (auch
Rhamnus), zerstreut.   **D. fibrosa** (Pers.)
22. Auf Salix, nicht selten.   **D. salicella** (Fr.)
  Auf Corylus, selten.   **D. conjuncta** (Nees)
  Auf Carpinus, zerstreut.   **D. betuli** (Pers.)
  Auf Quercus, häufig. (Fig. 239.)   **D. leiphaemia** (Fr.)
  Auf Berberis, zerstreut.   **D. detrusa** (Fr.)
  Auf Ribes grossularia u. rubrum, zerstreut.
                                               D. strumella (Fr.)
  Auf Robinia, seltner.   **D. oncostoma** (Duby)
  Auf Acer pseudoplatanus, seltner.   **D. pustulata** (Desm.)
  Auf Rhamnus cathartica (u. Prunus)   **D. fibrosa** (Pers.)
23. Auf Corylus.   24.
  Nicht auf Corylus.   25.
24. Stroma flach, außen gelb bestäubt, zerstreut.
                                               D. sulfurea Fuck.
  Stroma nur auf die Scheibe beschränkt, nicht bestäubt. seltner.
                                               D. tessera (Fr.)
25. Auf Salix, nicht selten.   **D. tessella** (Pers.)
  Auf Quercus, zerstreut.   **D. taleola** (Fr.)
  Auf Rubus idaeus u. fruticosus, zerstreut.
                                               D. nidulans Niessl
  Auf Rhamnus frangula, seltner.   **D. syngenesia** (Fr.)

73. Gattung: **Rhynchostoma** Karst.

Stroma diatrypeenartig, unscheinbar. Mündung schnabelf.
Sporen ellipsoidisch, zweizellig, braun.
  An bearbeitetem Ndholz, zerstreut **R. apiculatum** (Currey)

74. Gattung: **Fenestella** Tul.

Stroma valseenartig, oft wenig entwickelt. Fk. meist kreisf. gestellt, Mündungen durch eine Scheibe hervorbrechend. Sporen länglich, mauerf., dunkel gefärbt.

Sporen 30—40 × 14—20 μ. Auf toten Lbästen, bes. von Alnus u. Crataegus, nicht selten.   **F. princeps** Tul.

Sporen 19—25 × 10—12 μ. Auf Lbästen. (Fig. 240.)
    F. vestita (Fr.)

75. Gattung: **Cryptosporella** Sacc.

Stroma valseenartig. Fk. kreisf. gestellt, in der Rindensubstanz, mit den Mündungen die Scheibe durchbrechend. Sporen ellipsoidisch bis kurz spindelf., hyalin, einzellig.

1. Scheibe schwarz.   2.

Scheibe gelbrot oder ziegelrot, hervorbrechend. Auf toten Ästen von Carpinus, zerstreut.   **C. aurea** (Fuck.)

2. Sporen 30—60 × 7—9 μ. Auf Ulmenästen, nicht selten. (Fig. 241.)
    C. hypodermia (Fr.)

Sporen 14—17 × 4—4,5 μ. Auf Populus pyramidalis, seltner.
    C. populina (Fuck.)

76. Gattung: **Cryptospora** Tul.

Wie vor. Gatt., aber die Sporen zylindrisch-wurmf., hyalin, einzellig.

Auf Alnus, häufig. (Fig. 242.)   **C. suffusa** (Fr.)
Auf Betula, häufig.   **C. betulae** Tul.
Auf Corylus, zerstreut.   **C. corylina** (Tul.)

77. Gattung: **Valsaria** de Not.

Stroma valseenartig, mit schwarzer Saumschicht. Sporen hyalin, zweizellig. Konidienlager vielkammerig.

Auf Lindenästen, häufig. (Fig. 243.)   **V. tiliae** (Pers.)

78. Gattung: **Melanconis** Tul.

Stroma valseenartig. Fk. mit langem Hals u. aus der Scheibe vorbrechenden Mündungen. Sporen länglich, hyalin, zweizellig. Konidienlager flach.

1. Sporen ohne Anhängsel.   2.

Sporen mit borstenf. Anhängseln an beiden Enden. Auf Ästen von Alnus, häufig.   **M. alni** Tul.

2. Stroma eine gelbe od. gelbbraune, krümliche Masse darstellend, mit 6—10 Fk. Auf Ästen von Carpinus, zerstreut.
    M. xanthostroma (Mont.)

Stroma innen nicht so.   3.

3. Sporen 22—25 × 10 μ. Auf Juglans, zerstreut.
    M. carthusiana Tul.

Sporen 17—20 × 6—7 µ. Auf Betula, nicht selten. (Fig. 244.)
M. stilbostoma (Fr.)

79. Gattung: **Melanconiella** Sacc.

Wie vor. Gatt., aber die Sporen braun.
Auf Carpinus, zerstreut.   **M. spodiaea** (Tul.)

80. Gattung: **Calospora** Sacc.

Stroma valseenartig, wie bei Melanconis. Sporen länglich, quer
mehr als zweizellig, hyalin.
Auf Acer pseudoplatanus, zerstreut.

C. platanoides (Pers.)

81. Gattung: **Pseudovalsa** Ces. et de Not.

Wie vor. Gatt., aber die Sporen braun.
Auf toten Birkenästen, häufig. (Fig. 245.)
P. betulae (Schum.)
Auf toten Ästen von Robinia, häufig.
P. irregularis (DC.)
Auf toten Ästen der Platane, seltner.
P. hapalocystis (Berk. et Br.)

82. Gattung: **Calosphaeria** Tul.

Stroma fehlend, nur die Konidienfrüchte auf einem Stroma.
Fk. in der unteren Rindenschicht gruppenweise sitzend u. mit den
± verlängerten Mündungen das Periderm durchbohrend. Sporen
zylindrisch, gekrümmt, hyalin, einzellig.
Sporen 6 × 1,5 µ. Auf Prunus avium u. domestica, zerstreut.
C. pulchella (Pers.)
Sporen 8—12 × 2 µ. Auf Betula, zerstreut.
C. pusilla (Wahlenb.)

83. Gattung: **Diatrype** Fries.

Stroma diatrypeenartig od. seltner etwas scheibig (aber nicht
valseenartig). Sporen zylindrisch, gebogen, einzellig, hyalin.
1. Stroma scheibig, flach polsterf., jedenfalls nicht weithin ausgedehnt.   2.
  Stroma weit ausgebreitet, ganze Äste überziehend, schwärzlich,
  punktiert von den wenig vorragenden Mündungen. Auf toten
  Lbästen, besonders von Fagus, Querus, Prunus usw., häufig.
  (Fig. 246.)   **D. stigma** (Hoffm.)
2. Stroma fast kreisrund, 2—3 mm im Durchm., schwarz. Sporen
  6—8 × 1,5—2 µ.   Auf Fagus, auch auf andern Lb., häufig.
  (Fig. 247.)   **D. disciformis** (Hoffm.)
  Stroma unregelmäßig scheibig, 2—5 mm groß. Sporen 6 bis
  10 × 1,5—3 µ.   Auf Salix u. Populus, zerstreut.
D. bullata (Hoffm.)

84. Gattung: **Quaternaria** Tul.

Stroma valseenartig, an der Basis meist verschmelzend u. ein von schwarzem Grenzsaum umschlossenes Lager bildend. Fk. meist zu 4 im Stroma. Sporen zylindrisch, gebogen, einzellig, bräunlich.
Sporen 14—20 × 4 μ. Auf Fagus, nicht selten. (Fig. 248.)
Q. quaternata (Pers.)
Sporen 24—32 × 6—8 μ. Auf Ulmus campestris, seltner.
Q. dissepta (Fr.)

85. Gattung: **Diatrypella** Ces. et de Not.

Stroma valseenartig, in der Rinde nistend. Schläuche langgestielt, vielsporig. Sporen zylindrisch, gebogen, einzellig, bräunlich.

1. Mündungen über der Stromascheibe deutlich hervorragend, daher die Scheibe rauh. 2.
Mündungen nicht od. wenig hervorragend. Sporen 5—8 μ lg. 3.
2. Sporen 8—12 × 2—3 μ, sehr stark gekrümmt. Auf toten Eichenästen, häufig. (Fig. 249.) **D. quercina** (Pers.)
Sporen 6—7 × 1,5 μ, weniger gekrümmt. Auf Fagus, seltner Quercus, nicht selten. **D. aspera** (Fr.)
3. Oberfläche der Stromascheibe glatt od. nur wenig uneben. 4.
Stromaoberfläche uneben u. höckerig. Auf Lbästen, bes. Alnus, Corylus, Carpinus, häufig. **D. verruciformis** (Ehrh.)
4. Stroma mit rundlichem Grunde. 5.
Stroma mit länglichem Grunde, quer durchbrechend. Auf Birkenästen, zerstreut. **D. favacea** (Fr.)
5. Fk. 15—30 im Stroma. Mündungen kegelf., punktf. Auf Eichenästen, zerstreut. **D. pulvinata** Nke.
Fk. zu 3—8 im Stroma. Mündungen kurz, dick, strahlig gefurcht. Auf Alnus, häufig. **D. Tocciaeana** de Not.

86. Gattung: **Botryosphaeria** Ces. et de Not.

Stroma valseenartig, im Periderm angelegt, zuletzt ± freistehend. Fk. eingesenkt, dann kuglig vorgewölbt. Sporen ellipsoidisch, einzellig, hyalin.
Sporen 30—40 × 14—18 μ. Auf Eichenästen. (Fig. 250.)
B. melanops (Tul.)

87. Gattung: **Myrmaecium** Nitschke.

Stroma meist valseenartig, klein, sonst wie bei vor. Gatt. Sporen ellipsoidisch, zweizellig, braun.
Stroma schwarz. Sporen 15—18 × 8—9 μ. Auf Lb., nicht häufig. **M. insitivum** (Ces. et de Not.)
Stroma rostrot, innen blaß. Sporen 15—16 × 9—10 μ. Auf Lb., nicht häufig. (Fig. 251.) **M. rubricosum** (Fr.)

88. Gattung: **Melogramma** Fries.

Stroma valseenartig. Fk. zahlreich, eingesenkt, mit den langen Mündungen ± hervortretend. Sporen länglich, quer mehr als zweizellig, braun.

1. Mündungen nur wenig über die Stromaoberfläche hervortretend. 2.

Stroma schwarz, innen rostgelb, pulverig. Mündungen dicht gedrängt, borstig hervortretend. Sporen fadenf., fast hyalin. Auf Corylus, seltner Quercus, zerstreut.

M. ferrugineum (Pers.)

2. Sporen 4 zellig, braun, die beiden Endzellen blasser, 40—50 × 5 µ. Auf Carpinus, zerstreut. **M. Bulliardi** Tul.

Sporen 8 zellig, braun, die beiden Endzellen blasser, 54 bis 70 × 8 µ. Auf Rinde am Grunde der Stämme u. Wurzeln von Fagus, zerstreut. **M. spiniferum** (Wallr.)

89. Gattung: **Ustulina** Tul.

Stroma oberflächlich, unregelmäßig, oft weit ausgebreitet, mit welliger Oberfläche, am Rande scharf begrenzt, zuerst fleischigkorkig, dann kohlig, brüchig, schwarz. Fk. sehr groß, eingesenkt, mit den warzenf. Mündungen hervorragend. Sporen spindelf., ungleichseitig, einzellig, schwarz.

Auf Strünken u. Stämmen von Lb., häufig. (Fig. 252.)

U. maxima (Haller)

90. Gattung: **Nummularia** Tul.

Stroma meist flach scheiben- od. schüsself., scharf begrenzt, im unteren Teil eingesenkt, kohlig, schwarz. Fk. einschichtig, eingesenkt. Sporen ellipsoidisch, oft einseitig flach, einzellig, schwarzbraun.

Stroma innen schwarz, krustenf., rund od. länglich. Auf Fagusästen, nicht selten. (Fig. 253.) **N. Bulliardi** Tul.

Stroma innen schmutzig braun, polster- od. schüsself. Auf Eichenästen, zerstreut. **N. succenturiata** (Tode)

91. Gattung: **Daldinia** de Not.

Stroma oberflächlich, frei, groß, schwarz, innen faserig mit konzentrischer Schichtung. Fk. eingesenkt, einschichtig. Sporen ellipsoidisch, einzellig, braun.

Auf Lb., namentlich Buche u. Erle, oft an geschlagenem Holz im Walde, nicht selten. (Fig. 254.) **D. concentrica** (Bolt.)

92. Gattung: **Hypoxylon** Bulliard.

Stroma entweder ganz oberflächlich od. zuerst bedeckt u. dann frei, seltner mit dem Grunde eingesenkt, holzig od. korkig, kuglig, halbkuglig od. ± krustig, schwarz, braun od. rot. Fk. meist einschichtig, eingesenkt, kaum mit den Mündungen hervorragend. Sporen ellipsoidisch od. ± spindelf., oft etwas einseitig abgeflacht, einzellig, schwarzbraun.

1. Stroma mit dem unteren Teil dem Substrat $\pm$ tief eingesenkt (Endoxylon). 3.
    Stroma völlig frei, oberflächlich. 2.
2. Mündungen der Fk. $\pm$ warzenf. hervorragend (Epixylon). 4.
    Mündungen flach, durchbohrt, nabelf. (Euhypoxylon). 7.
3. Stroma klein, länglich, schwarz. Sporen 17—23 × 5—7 μ. Auf entrindeten Lbästen, bes. Buche, zerstreut.
    H. semiimmersum Nke.
    Stroma länglich, bis 6 mm lg., wenig vorragend, braun, später schwarz. Sporen 28—38 × 10—14 μ. Auf entrindeten Ästen, von Lb., bes. Eiche, Buche, Pappel, seltner auf Rinde, häufig.
    H. udum (Pers.)
4. Stroma flach ausgebreitet. 5.
    Stroma $\pm$ kuglig od. rundlich-höckerig. 6.
5. Stroma meist langgestreckt, bis 2 cm lg. u. 6 mm br., durch Zusammenfließen meist lange, schmale Krusten bildend, schwarz, glanzlos. Auf morschem Weidenholz, seltner an anderen Lb., häufig. **H. serpens** (Pers.)
    Stroma mehr rundlich, nie so schmal, glatt, braun-, später ganz schwarz. Auf Holz u. Rinde von Quercus u. Corylus, nicht selten. **H. unitum** (Fr.)
6. Stroma gewölbt, halbkuglig od. kuglig, meist verschmelzend, Mündungen höckerig-warzig hervorragend, rotbraun, dann schwarz. Sporen 10—12 × 4—5 μ. Auf Holz u. Rinde von Lb., bes. Alnus u. Betula, häufig. **H. multiforme** Fr.
    Stroma ähnlich, schmutzig braun, dann schwärzlich, glatt. Sporen 12 × 6 μ. Auf dicker Fagusrinde, häufig.
    H. cohaerens (Pers.)
7. Stroma ausgebreitet. 8.
    Stroma typisch halbkuglig od. kuglig, sehr selten (auf Holz) etwas ausgebreitet. 9.
8. Stroma fleckenf., meist aber sehr weit krustig ausgebreitet, anfangs lebhaft bräunlich rot, dann schwärzlich. Auf Holz, seltner Rinde von Fagus, Acer, Fraxinus usw., häufig.
    H. rubiginosum (Pers.)
    Stroma sehr weit ausgebreitet, parallel verlaufende, 1—2,5 cm br., lange Streifen bildend, anfangs grünlich od. gelblich bis hell purpurrot, im Alter schwärzlich. Auf Fagusholz, selten.
    H. purpureum Nke.
9. Stroma anfangs $\pm$ braun, später schwarz. 10.
    Stroma auch später irgendwie braun. 11.
10. Stromata durch das Periderm brechend, dann frei, polsterf. bis kuglig, meist zusammenfließend, dick krustig, in der Jugend goldgelb, dann rostrot, endlich schwarz. Fk. unregelmäßig traubig gehäuft. Auf toten Ästen von Salix, seltner Quercus u. Acer, zerstreut. **H. botrys** Nke.

Stromata hervorbrechend u. oberflächlich, halbkuglig od. fast
kuglig, getrennt od. verwachsen, in der Jugend purpurbraun,
dann braun, endlich schwarz, kleinhöckerig. Fk. unregelmäßig
einreihig. Auf Holz u. Ästen von Lb., bes. Alnus, Corylus,
häufig.   **H. fuscum** (Pers.)
11. Sporen nur bis 12 μ lg.   12.
     Sporen 22—24 × 10—12 μ. Stroma hervorbrechend, ober-
flächlich, lehmfarben, innen schwärzlich, durch die etwas vor-
stehenden Fk. höckerig. Auf Ästen von Fraxinus, zerstreut.
                                      H. argillaceum (Pers.)
12. Stroma innen schmutzig braun.   13.
     Stromata innen blutrot, aussen braun- od. schwarzrot, zuletzt
oberflächlich unregelmäßig polsterf., abgerundet od. abgeflacht,
oft verwachsend. Auf Holz u. Rinde von Fagus, zerstreut.
                                      H. rutilum Tul.
13. Stromata zuletzt frei, halbkuglig od. kuglig, häufig auf Holz
zu einer unregelmäßigen Kruste verschmolzen, zuerst ockergelb,
dann umbrabraun. Auf Ästen von Corylus, bes. im Gebirge,
zerstreut.   **H. luridum** Nke.
     Stromata zuletzt oberflächlich, kuglig, seltner flach polsterf.
od. auf Holz langgestreckt krustig, zuerst ziegelrot, dann dunkel
braunrot, einzeln od. rasig verbunden. Auf Fagus, seltner
anderen Lb., häufig. (Fig. 255.)   **H. coccineum** Bull.

93. Gattung: **Xylaria** Hill.

Stroma vertikal abstehend, korkig od. holzig, zylindrisch od.
keulig, einfach od. verästelt, schwarz, mit sterilem Stielteil. Fk.
einschichtig, allseitig dem oberen Stromateil eingesenkt. Sporen
ellipsoidisch, oft ungleichseitig, einzellig, schwarz.

1. Stroma an der äußersten Spitze steril.   2.
     Stroma bis zur Spitze Fk. tragend.   3.
2. Stromastiel zottig (Xylodactyla).   4.
     Stromastiel kahl (Xylostyla).   5.
3. Stromastiel zottig (Xylocoryne).   6.
     Stromastiel kahl (Xyloglossa). Stromata zu mehreren am
Grunde büschelig vereinigt, seltner einzeln, meist dick keulig,
kurz gestielt. Sporen 20—32 × 6—9 μ. Zuerst die Keulen mit
dem weißen Konidienlager bedeckt. An alten Baumstümpfen,
häufig. (Fig. 256.)   **X. polymorpha** (Pers.)
4. Stroma einfach od. verästelt, meist etwas flach gedrückt, länger
gestielt. Sporen 12—16 × 5—6 μ. An faulenden Stümpfen,
Ästen, Lbholz, häufig. (Fig. 257.)   **X. hypoxylon** (L.)
     Stroma fadenf., einfach, oben meist etwas verbreitert, fertiler
Teil etwas dicker, schwarz. Sporen 12—16 × 5 μ. Auf faulenden
Fruchthüllen von Fagus, nicht selten. (Fig. 258.)
                                      X. carpophila (Pers.)

5. Stroma fadenf., einfach od. selten an der Spitze ± verästelt,
schwärzlich, an der Spitze rötlich. Sporen 13—14 × 5—6 μ. Auf
Stielen u. Nerven abgefallener Blätter, auf Stengeln u. Ästchen
zerstreut.   **X. filiformis** (Alb. et Schw.)

Stroma rasenf. u. am Grunde oft knollig verdickt, daraus nach
oben mehrere einfache od. wenig verästelte fingerdicke Keulen
hervorkommend, kurz gestielt, runzlig, schwarz. Sporen 18 bis
20 × 5—6 μ. An behauenem Holz, Pfählen od. Strünken, nicht
selten.   **X. digitata** (L.)

6. Stroma meist ± herdenweise wachsend, zylindrisch, einfach, oben
oft hornf. gekrümmt, wollig behaart. Sporen 8—9 × 5 μ. Auf
faulenden Ästen, Stämmen u. Holz von der Unterseite hochwachsend, selten.   **X. corniformis** Fries

Stroma einzeln, selten zu 2—3 am Grunde verbunden, verschiedenartig gekrümmt, einfach, erdfarbig, später schwärzlich,
rissig-gefeldert, unten dicht rötlich zottig. Sporen 11—14 × 5—6 μ.
Auf Ästen von Acer pseudoplatanus u. Carpinus, von der Unterseite hochwachsend, selten.   **X. longipes** Nke.

94. Gattung: Poronia Willd.

Stroma zuletzt teller- od. napff., gestielt, mit weißer, an den
schwarzen Fkmündungen punktierter Scheibe. Fk. eingesenkt. Sporen
br. ellipsoidisch, einzellig, schwarz, mit Schleimhülle. Sporen 26 × 10
bis 14 μ. Auf altem Pferdemist, zerstreut. (Fig. 259.)
P. punctata (L.)

5. Unterreihe: Hysteriineae.

Myzel hell od. dunkel gefärbt, im Substrat, selten Stroma-
bildungen erzeugend. Fk. frei od. erst bei der Reife hervorbrechend,
länglich, selten rundlich, gerade od. verbogen, bisweilen muschelf.
gewölbt od. bandartig od. fast stäbchenf. abstehend. Gehäuse lederig
od. kohlig, am Scheitel sich mit einem Riß öffnend u. die längliche
Scheibe ± entblößend. Schläuche meist 8 sporig. Sporen verschieden. Paraphysen vorhanden.

Bestimmungstabelle der Familien u. Gattungen.

A. Fk. eingesenkt. Gehäuse mit den bedecken-
den Schichten verwachsen, lederig.   Fam. **Hypodermata-
                                                  ceae.**

   a) Sporen einzellig, hyalin, zu 4 im Schlauch   **1. Hypodermella.**
   b) Sporen zweizellig, hyalin, zu 8 im
      Schlauch.   **2. Hypoderma.**
   c) Sporen fädig, einzellig, hyalin, zu 8 im
      Schlauch.   **3. Lophodermium.**

B. Fk. zuerst eingesenkt, dann hervorbrechend.
Gehäuse frei von den Substratschichten,
häutig od. kohlig.

a) Gehäuse häutig, schwarz. Sporen eif.   Fam. **Dichaenaceae.**
                                             4. Dichaena.

b) Gehäuse dick, fast korkig, grau od. schwarz. Sporen fädig.   Fam. **Ostropaceae.**

     I. Fk. kuglig, kegelf. aus der Rinde hervortretend u. mit schmalem Riß sich öffnend.   **5. Ostropa.**

     II. Fk. kuglig, tief eingesenkt, mit sich senkrecht ansetzendem, langem, flaschenf. Hals warzig hervortretend.   **6. Robergea.**

C. Fk. von Anfang an frei. Gehäuse kohlig od. häutig.

     a) Fk. flach od. muschel- od. bandf. abstehend. Scheibe linienf., seltner rundlich.   Fam. **Hysteriaceae.**

         I. Fk. mit flachem Grunde aufsitzend, linienf., flach.

             1. Sporen zweizellig (seltner vierzellig), hyalin, eif., spindelf., länglich.

                 α) Gehäuse häutig, Paraphysen wenig verästelt.   **7. Aulographum.**

                 β) Gehäuse kohlig, Paraphysen ein dickes Epithecium bildend.   **8. Glonium.**

             2. Sporen 4—6 zellig, zuletzt braun, länglich.   **9. Hysterium.**

             3. Sporen mauerf., zuletzt gefärbt.   **10. Hysterographium.**

         II. Fk. abstehend kahn-, muschel- od. bandf.

             1. Sporen spindelf. 4—8 zellig, braun   **11. Mytilidium.**

             2. Sporen fädig, hyalin.   **12. Lophium.**

     b) Fk. stabf. senkrecht abstehend, Scheibe sehr klein.   Fam. **Acrospermaceae**
                                       13. Acrospermum.

1. Gattung: **Hypodermella** v. Tubeuf.

Fk. wie bei folg. Gatt. Schläuche 4 sporig. Sporen einzellig, länglich keulig, mit Schleimhülle.

Auf Nadeln von Larix in den Alpen.   **H. laricis** v. Tub.
Auf Pinusnadeln, zerstreut.   **H. sulcigena** (Link)

2. Gattung: **Hypoderma** DC.

Fk. eingewachsen, länglich. Gehäuse lederig, schwarz, mit feinem Längsspalt aufspringend. Sporen spindel- od. stäbchenf., zweizellig, hyalin. Paraphysen oben hakig od. korkzieherf. gebogen.

Sporen 18—20 × 4 μ. Fk. 1—1,5 mm lg. An dürren Stengeln bes. von Humulus, Epilobium, Aconitum, Solidago usw., zerstreut,
H. commune (Fr.)

Sporen 21—24 × 3—4 μ. Fk. 1—2 mm lg., parallel längs stehend. An faulenden Ranken, Ästchen usw., bes. von Rubus, zerstreut.
H. virgultorum DC.

3. Gattung: **Lophodermium** Chevallier.

Fk. eingewachsen, länglich, gewölbt. Gehäuse häutig, mit Längsriß die Deckenschichten aufreißend. Sporen fadenf. od. lg. keulenf., hyalin. Paraphysen oben hakig od. korkzieherf. gebogen.

1. Auf Coniferennadeln. 2.

   Auf abgefallenen Blättern von Berberis, Crataegus, Pirus bis ins Hochgebirge, zerstreut. **L. hysterioides** (Pers.)

   Auf Stengeln u. Blattscheiden von Phragmites u. anderen Gramineen, bis ins Hochgebirge, nicht selten.
L. arundinaceum (Schrad.)

2. Auf faulenden Nd. von Pinus silvestris, Picea, Abies bis ins Hochgebirge, gemein (Schüttepilz). (Fig. 260.)
L. pinastri (Schrad.)

   Auf dürren Nd. von Juniperus-Arten bis ins Gebirge, nicht selten. **L. juniperinum** (Fr.)

   Auf Nd. von Abies pectinata, zerstreut (Weißtannenritzenschorf). **L. nervisequium** (DC.)

4. Gattung: **Dichaena** Fries.

Fk. sehr klein, länglich od. rundlich, quer gestellt, in großen Flecken zusammenstehend. Schläuche umgekehrt birnf., 4—8 sporig. Sporen ellipsoidisch, einzellig, dann klein vielzellig.

An glatter Rinde junger Eichenstämme, zerstreut.
D. quercina (Pers.)

An glatter Rinde junger Fagusstämme, zerstreut. (Fig. 261.)
D. faginea (Pers.)

5. Gattung: **Ostropa** Fries.

Fk. kuglig, eingesenkt, dann kegelf. hervorbrechend, mit Längsriß sich öffnend. Schläuche lg. zylindrisch. Sporen zu 8, fädig, vielzellig, hyalin. Auf trockenen Ästen von Lb., zerstreut. (Fig. 262.)
O. cinerea (Pers.)

6. Gattung: **Robergea** Desmazières.

Fk. kuglig, ziemlich tief eingesenkt, mit einem horizontalen Schnabel hervortretend u. mit der grauen Scheibe etwas hervortretend. Schläuche u. Sporen wie bei vor. Gatt.

An Lbästen, selten. (Fig. 263.) **R. unica** Desm.

7. Gattung: **Aulographum** Libert.

Fk. linienf., oberflächlich sitzend, mit feinem Längsriß sich öffnend, schwarz, sehr klein. Schläuche keulig od. eif. Sporen zweizellig, hyalin.

Auf faulenden Blättern von Hedera, Ilex, Rhododendron, selten. (Fig. 264.)   **A. vagum** Desm.

8. Gattung: **Glonium** Mühlenb.

Fk. linienf., meist ziemlich lg., gewölbt, mit langem Riß sich öffnend, schwarz. Schläuche keulig, 8 sporig. Sporen hyalin, zweizellig, selten 4 zellig. Paraphysen oben ein Epithecium bildend.

Fk. nicht auf einem Hyphenfilz sitzend. Auf entrindetem, feuchtem Holz von Corylus, Prunus, Alnus, Fagus, Quercus, zerstreut. (Fig. 265.)   **G. lineare** (Fr.)

Fk. in einem Hyphenfilz sitzend. Auf der Rinde alter Kiefernstämme, selten.   **G. graphicum** (Fr.)

9. Gattung: **Hysterium** Tode.

Fk. flach aufsitzend, länglich bis linienf., gewölbt, mit Längsriß sich öffnend, schwarz, kohlig. Schläuche keulig bis zylindrisch, 8 sporig. Sporen keulig, quer 4-, seltner 6 zellig, zuerst hyalin, dann braun. Paraphysen ein gefärbtes Epithecium bildend.

Fk. meist zerstreut, länglich bis rundlich, 1—2 mm lg., 0,5 bis 1 mm br., zart längsgestreift, im Alter oft scheinbar gestielt. Sporen 4 zellig, die Endzellen heller, 21—30 × 8—9 μ. Auf der Rinde von Quercus, Betula, Populus u. a., nicht selten. (Fig. 266.)   **H. pulicare** Pers.

Fk. meist gehäuft, oft parallel, länglich, zart längsstreifig, 1—3 mm lg., 0,5—0,8 mm br. Sporen gleichmäßig hellbraun gefärbt, 18—21 × 5—6 μ. Auf der Rinde von Quercus, seltner Betula u. a., nicht selten.   **H. angustatum** Alb. et Schw.

10. Gattung: **Hysterographium** Corda.

Fk. wie bei vor. Gatt., stark gewölbt. Sporen ellipsoidisch, mauerf., hyalin, später gelb bis braun werdend. Paraphysen ein Epithecium bildend.

Fk. 1—5 mm lg., gehäuft. Sporen 15—18 × 6—7 μ, mit 4 bis 6 Quer- u. 3—4 Längswänden. Auf berindeten dürren Ästen von Rosa, Prunus, zerstreut.   **H. curvatum** (Fr.)

Fk. meist gesellig, 1—2,5 mm lg. Sporen 36—40 × 15—20 μ, mit 3—4 Querwänden u. 2—3 fach längsteilig. An berindeten Ästen von Fraxinus, seltner auf Corylus, Fagus, Juglans u. a., zerstreut. (Fig. 267.)   **H. fraxini** (Pers.)

11. Gattung: **Mytilidium** Duby.

Fk. schmal aufsitzend, kahn- od. muschelf., ob schmal schneidenf., gekrümmt, mit Längsriß aufspringend. Schläuche zylindrisch,

8 sporig. Sporen spindelf., 7—8 zellig, hyalin, reif braun. Paraphysen fädig.

Sporen zuletzt 8 zellig. Auf den Blattnarben (u. berindeten Ästchen) von Larix, Pinus pumilio u. cembra, in den Alpen.
M. gemmigenum Fuck.

12. Gattung: **Lophium** Fries.

Fk. muschelf. od. aufrecht bandf., zusammengedrückt u. oben eine schmale, mit Längsriß sich öffnende Schneide bildend. Sporen fädig, quergestielt, hyalin od. gelblich.

Fk. muschelf., bis 1,5 mm lg. u. ca. 0,7 mm hoch. Sporen 120 bis 150 μ lg. Auf Holz u. Rinde von Pinus silvestris u. Abies, seltner an Lb., selten. (Fig. 268.) **L. mytilinum** (Pers.)

Fk. bandf., 1,5—3 mm hoch, 0,5—1 mm lg. Sporen 150—320 μ lg. Auf Rinde von Pirus communis, Prunus spinosa, Alnus, selten.
L. dolabriforme Wallr.

13. Gattung: **Acrospermum** Tode.

Fk. sich von der Unterlage stiftf. frei erhebend, am Scheitel mit feinem Längsspalt, kurz gestielt. Sporen fädig, sehr lg.

An dürren Stengeln mit 1—3 mm hohen Fk. zerstreut sitzend, zerstreut. (Fig. 269.) **A. compressum** Tode

5. Reihe: **Discomycetes.**

Fk. napf-, schüssel- od. krugf., stets bei der Reife weit geöffnet. Schläuche mit Paraphysen ein Hymenium bildend. Als Nebenfruchtformen Konidien vorkommend.

1. Unterreihe: *Phacidiineae.*

Myzel hyalin od. dunkel, häufig ein mit dem Substrat verwachsenes Stroma bildend, Fk. auf fädiger Unterlage frei od häufiger dem Substrat od Stroma eingesenkt, meist dann später $\pm$ hervorbrechend, länglich od rundlich, zuerst völlig geschlossen, dann die Substrat- u. Hüllschichten rundlich aufreißend u. lappig zurückschlagend, wodurch die rundliche od. längliche Scheibe $\pm$ frei gelegt wird. Gehäuse lederig od. fleischig. Paraphysen die Schläuche meist überragend u. ein $\pm$ dichtes Epithecium bildend. Hypothecium verschieden dick.

Bestimmungstabelle der Familien.

A. Gehäuse weich, fleischig, hell gefärbt, nicht schwarz. Scheibe meist hell gefärbt, von den Lappen des Gehäuses umgeben. **1. Stictidaceae.**

B. Gehäuse lederig od. kohlig, stets schwarz.

a) Fk. eingesenkt, dann weit hervortretend.
Hypothecium dick.   **2. Tryblidiaceae.**
b) Fk. im Nährsubstrat (bzw. Stroma) eingesenkt bleibend. Hypothecium dünn, wenig
entwickelt.   **3. Phacidiaceae.**

1. Familie: **Stictidaceae.**

Gehäuse aus langgestreckten Zellen bestehend, hell gefärbt. Scheibe flach, wachsartig, hell, seltner dunkel. Hypothecium dünn, farblos.

Bestimmungstabelle der Gattungen.

A. Sporen ellipsoidisch, länglich, spindelf. od.
zylindrisch, nicht fädig.
  a) Sporen einzellig.
    I. Scheibe kreisf.
      1. Paraphysen oben keulig ange-
schwollen, stumpf.
        α) Sporen ellipsoidisch, über 20 μ
lg. u. 10 μ br.   **1. Ocellaria.**
        β) Sporen ellipsoidisch od. eif.,
selten länger als 10 μ.   **2. Naevia.**
      2. Paraphysen oben lanzettlich zuge-
spitzt.   **3. Stegia.**
    II. Scheiben länglich.
      1. Paraphysen fädig, verzweigt. oben
etwas keulig angeschwollen.   **4. Briardia.**
      2. Paraphysen oben reich verzweigt,
ein Epithecium bildend.   **5. Propolis.**
  b) Sporen quer in 2—6 Zellen geteilt.
    I. Scheibe rundlich od. wenig länglich
      1. Paraphysen fädig, kein Epithecium
bildend.   **6. Phragmonaevia.**
      2. Paraphysen verzweigt, ein Epithe-
cium bildend.   **7. Cryptodiscus.**
    II. Scheibe lg. linienf.   **8. Xylogramma.**
B. Sporen fädig, vielzellig.
  a) Schläuche keulig, stumpf zugespitzt, gestielt.   **9. Naemacyclus.**
  b) Schläuche zylindrisch, viel länger, oben
abgerundet, fast ungestielt.
    I. Paraphysen fädig, kaum keulig.   **10. Stictis.**
    II. Paraphysen ein Epithecium bildend.   **11. Schizoxylon.**

1. Gattung: **Ocellaria** Tulasne.

Fk. eingesenkt, dann vorbrechend u. das Substrat lappig aufreißend. Scheibe weich, goldgelb, dick berandet. Sporen ellipsoidisch,

hyalin. Paraphysen verzweigt, nach oben etwas verbreitert. Schlauchporus J +.

Scheibe 0,5—3 mm br. Sporen 21—30 × 9—12 μ. An dürren Ästen von Populus, Salix, Hippophaë bis in die Hochalpen, zerstreut.

O. ocellata (Pers.)

2. Gattung: **Naevia** Fries.

Fk. zuletzt lappig aufreißend, hervortretend. Scheibe feucht hellgefärbt, trocken etwas dunkler. Sporen länglich od. eif., hyalin, klein. Paraphysen fädig od. gabelteilig, oben oft etwas verbreitert u. gefärbt.

1. Auf Monokotyledonen.   2.
   Auf Dikotyledonen.   3.
2. Scheibe blaßbräunlich, 0,2—0,4 mm br. Sporen 9—11 × 3—4 μ. Schlauchporus J +. Auf dürren Halmen von Juncus effusus, selten.   **N. pusilla** (Lib.)
   Fk. in Längsreihen. Scheibe gelbrötlich, 0,3—0,4 mm br. Sporen 7—8 × 3 μ. Schlauchporus J —. Auf der Unterseite dürrer Blätter von Carex hirta, zerstreut.   **N. seriata** (Lib.)
3. Scheibe gelbweiß, 0,25 mm br. Sporen 7—8 × 3—3,5 μ. Schlauchporus J +. Auf der Unterseite faulender Eichenblätter, selten. (Fig. 270.)   **N. minutissima** (Auersw.)
   Scheibe gelblich od. rötlich, 0,3—1 mm br. Sporen 12—17 × 6—8 μ. Schlauchporus J —. Auf dürren Stengeln von Solidago virgaurea, sehr zerstreut.   **N. pusilla** (Sacc. et Malbr.)

3. Gattung: **Stegia** Fries.

Fk. mit Klappe od. Deckel, seltner mehrlappig aufreißend. Scheibe weich, wachsartig. Schläuche keulig, oben abgerundet. Sporen länglich, hyalin. Paraphysen oben lanzettlich zugespitzt. Schlauchporus J +.

Sporen 10—12 × 3,5—4,5 μ. Scheibe blaß. Auf dürren Grasblättern u. Carex in den Hochalpen. (Fig. 271.)

S. subvelata Rehm

4. Gattung: **Briardia** Sacc.

Fk. eingesenkt, dann die Oberhaut des Substrates mit Längsriß zerreißend. Scheibe schmal, zart berandet, rot. Schläuche 4 bis 6 sporig. Sporen länglich, stumpf, gerade od. etwas gebogen, hyalin. Schläuche J —.

Auf dürren Stengeln von Chenopodium album, selten. (Fig. 272.)

B. purpurascens Rehm

5. Gattung: **Propolis** Fries.

Fk. eingesenkt, dann hervorbrechend u. die Decke lappig zerreißend. Scheibe vortretend, flach od. gewölbt, rund bis länglich, gelblich bis rötlich, zuletzt bräunlich, wachsartig. Schläuche 8 sporig. Sporen ellipsoidisch, hyalin, stumpf, einzellig. Paraphysen ein dickes Epithecium bildend. Schläuche J —.

Auf dürren Ästen u. Stämmen von Lb., besonders Weiß- u. Rotbuche, häufig. (Fig. 273.)   **P. faginea** (Schrad.)

6. Gattung: **Phragmonaevia** Rehm.

Fk. eingesenkt, dann die Oberhaut klappig od. lappig zerreißend. Scheibe rundlich, krug- od. schüsself., wachsartig, zart berandet, hell. Schläuche keulig, 8 sporig. Sporen spindel- od. nadelf., keulig angeschwollen, gerade od. wenig verbogen, hyalin, zuerst ungeteilt, dann 2—4 zellig. Paraphysen fädig.

1. Schlauchporus J +. Fk. in Längsreihen. Scheibe bis 0,6 mm br. Sporen 4 zellig, 18—24 × 4—5 μ. Auf dürren Blättern von Carex paludosa, zerstreut. **P. hysterioides** (Desm.)

Schlauchporus J —.   2.

2. Scheibe rundlich, blaßgelb, bräunlich berandet, bis 0,5 mm br. Auf dürren Halmen von Juncus effusus, selten. (Fig. 274.)
P. emergens (Karst.)

Scheibe rundlich, blaß bräunlich, dunkler berandet, bis 0,4 mm br. Auf der Thallusoberseite von Peltigera canina u. horizontalis, zerstreut.   **P. peltigerae** (Nyl.)

7. Gattung: **Cryptodiscus** Corda

Fk. eingesenkt, dann die Deckschichten mit unregelmäßigem Längsriß od. lappig zerreißend. Scheibe rund bis länglich, wachsartig, hell. Schläuche 8 sporig. Sporen länglich, hyalin, 2—4 zellig. Paraphysen ein Epithecium bildend. Schläuche J +.

Sporen 10—15 × 4—6 μ. Scheibe 0,5—0,7 mm lg. Auf nacktem Holz von Eiche u. Buche im Gebirge, zerstreut. (Fig. 275.)
C. pallidus (Pers.)

8. Gattung: **Xylogramma** Wallr.

Fk. eingesenkt, dann emporgewölbt u. die Deckschichten mit Längsriß einreißend. Scheibe linienf., wachsartig, gelblich-bräunlich. Schläuche 8 sporig. Sporen länglich, stumpf, 2—4 zellig, hyalin. Paraphysen oben fädig. Schläuche J +.

Fk. in parallelen Längsreihen, Scheibe bis 1,5 mm lg. Auf altem Lb. u. Nd., besonders an Zäunen u. Pfählen, im Gebirge nicht selten. (Fig. 276.)   **X. sticticum** (Fr.)

9. Gattung: **Naemacyclus** Fuckel.

Fk. eingesenkt, dann mit Längsspalte u. lappig aufreißend. Scheibe länglich, zart berandet, weißgelb. Schläuche 8 sporig. Sporen fadenf., vielzellig, hyalin. Paraphysen oben verästelt. Schläuche J +.

Auf abgefallenen Kiefernnadeln, zerstreut. (Fig. 277.)
N. niveus (Pers.)

10. Gattung: **Stictis** Persoon.

Fk. eingesenkt, dann lappig aufreißend u. durchbrechend. Scheibe eingesenkt bleibend, krugf., meist dick berandet. Schläuche zylindrisch, 8 sporig. Sporen fadenf., vielzellig. Paraphysen oben wenig verzweigt. Schläuche meist J +.

Auf berindeten Ästen von Apfelbäumen, Weiden usw. Scheibe rötlich od. gelbbräunlich, bis 0,7 mm br. Sehr zerstreut, bis in die Alpen. (Fig. 278.) **S. radiata** (L.)

Auf Ästchen von Quercus, Acer, Alnus, Populus, Rhamnus usw. Scheibe grau od. grünschwärzlich, weiß bestäubt, 1—2 mm br. Zerstreut, bis ins Hochgebirge. **S. mollis** (Pers.)

An dürren Stengeln von Rubus, Spiraea, Eupatorium, Viburnum usw. Scheibe 4 lappig, schneeweiß, bis 0,6 mm br. Selten.
S. stellata (Wallr.)

An faulenden Grashalmen, sowie von Carex, Luzula, Juncus. Scheibe grau bis bläulich schwärzlich, bis 1 mm br. Zerstreut.
S. arundinacea Pers.

11. Gattung: **Schizoxylon** Persoon.

Fk. eingesenkt, dann kuglig hervortretend u. sich zuerst punktf., dann weit rundlich öffnend. Scheibe krugf., dann flach, schwärzlich grün. Schläuche 8 sporig. Sporen fädig, vielzellig. Paraphysen ein durch J sich bläuendes Epithecium bildend.

Scheibe bis 1 mm br. An dürren Kräuterstengeln z. B. Oenothera, Scrophularia, Lappa, Galeopsis, Artemisis, Genista usw., zerstreut.
S. Berkeleyanum (Dur. et Lév.)

2. Familie: **Tryblidiaceae.**

Fk. eingesenkt, dann hervorbrechend u. weit hervortretend, gestielt od. nicht. Gehäuse meist schwarz, lederig od. kohlig, über der Scheibe sich als Haut spannend, die am Scheitel rundlich aufreißt u. lappig zurückklappt. Hypothecium dick. Schläuche 8 sporig

Bestimmungstabelle der Gattungen.

A. Fk. sitzend, becherf., mit groben Lappen aufspringend.
   a) Sporen quer 2—4 zellig. **1. Tryblidiopsis.**
   b) Sporen mauerf. **2. Tryblidium.**
B. Fk. kugel- od. kreiself., gestielt, braun od.
   schwarz, mit feinen Zähnen aufreißend.

a) Fk. einzeln stehend, nicht auf einem
  Stroma.
  I. Schläuche J +. Fk. sehr wenig über
    das Substrat hervortretend.   **3. Odontotrema.**
  II. Nur Schlauchporus J +. Fk. zuletzt
    frei aufsitzend.   **4. Heterosphaeria.**
b) Fk. gehäuft auf einem Stroma stehend. **5. Scleroderris.**

1. Gattung: **Tryblidiopsis** Karsten.

Fk. kuglig, eingesenkt, dann linsenf. u. frei aufsitzend, lappig
aufreißend. Gehäuse lederig, schwarz. Scheibe weißgelb, krugf.
eingesenkt. Sporen länglich spindelf. Hypothecium weiß od. schwach
bläulichgrün, dick. Paraphysen oben ästig.

Fk. 1—3 mm br. Sporen hyalin od. schwach gelblich, 18—27
$\times$ 6—7 μ. An dürren, berindeten, noch hängenden Kiefern- od.
Lärchenästchen, zerstreut. (Fig. 279.)   **T. pinastri** (Pers.)

2. Gattung: **Tryblidium** Rebentisch.

Fk. ebenso. Scheibe rundlich, flach. Gehäuse hornig-lederig,
schwarz. Sporen länglich ellipsoidisch, hyalin od. gelblich, mauerf.
Paraphysen oben ästig. Hypothecium dick, meist schwach gelblich.

Scheibe 1,5—3 mm br. Sporen 30—45 $\times$ 12—15 μ. Auf der
Rinde älterer Eichen, besonders im Gebirge, zerstreut, schwer sichtbar.
(Fig. 280.)   **T. caliciiforme** Rebent.

3. Gattung: **Odontotrema** Nylander.

Fk. kuglig, eingesenkt, dann durchbrechend, trocken oben einsinkend, am Scheitel sich mit Loch öffnend u. dann klappig aufreißend. Scheibe krugf. eingesenkt, weißrötlich. Gehäuse lederig,
schwarz. Sporen 2, dann 4 zellig, hyalin. Schläuche J +.

Scheibe 0,5—1 mm br. Sporen 9—12 $\times$ 4—5 μ. An entrindetem
Holz von Picea, Juniperus, Pinus cembra in den Alpen, nicht selten.
(Fig. 281.)   **O. hemisphaericum** (Fr.)

4. Gattung: **Heterosphaeria** Greville.

Fk. eingesenkt, kuglig, dann hervorbrechend u. frei aufsitzend.
mit zähnigen Lappen sternf. aufspringend. Scheibe krugf. eingesenkt, weißlich. Gehäuse häutig lederig, schwarzbraun. Sporen
länglich, zuletzt 2 zellig, hyalin. Paraphysen fädig, oben etwas
lanzettf.

Scheibe bis 2 mm br. Sporen 12—18 $\times$ 4,5—5 μ. Auf
trockenen Stengeln von Umbelliferen, besonders Daucus, Anethum,
zerstreut. (Fig. 282.)   **H. patella** (Tode)

5. Gattung: **Scleroderris** Fries.

Fk. aus einem unterrindigen Stroma einzeln od. gehäuft hervorbrechend, anfangs kuglig, dann krugf., meist etwas gestielt, mit

kleinen, unregelmäßigen Lappen aufreißend. Scheibe blaß gefärbt.
Sporen nadelf. od. verlängert spindelf., 4 zellig, hyalin. Hypothecium blaß. Paraphysen fädig.

Fk. als kleine gestielte Büschel hervorkommend, 1—4 mm br..
bis 1,5 mm hoch. Sporen nadelf., oben stumpf, unten spitz, 30 bis
36 × 3—4 µ. Schlauchporus J +. An abgestorbenen Ästen von
Ribes nigrum u. rubrum, zerstreut. (Fig. 283.) **S. ribesia** (Pers.)

Fk. als schwarze Kruste dicht nebeneinander stehend, 0,5 bis
1 mm br. Sporen verlängert spindelf., 30—33 × 3—4 µ. Schlauchporus J —. An dürren Stengeln von Euphrasia officinalis, selten.

S. aggregata (Lasch)

3. Familie: **Phacidiaceae.**

Fk. in die Nährsubstanz od. in ein Stroma eingesenkt, unten
flach aufsitzend. Gehäuse häutig lederig od. hart kohlig, schwarz,
entweder oben von dem bedeckenden Substrat frei u. dasselbe lappig
aufreißend u. zugleich selbst länglich od. rundlich sich am Scheitel
lappig öffnend od. aber mit dem deckenden Substrat fest verwachsen
u. mit ihm zusammen lappig od. mit Längsriß aufspringend. Scheibe
rundlich od. länglich. Schläuche 8 sporig. Sporen verschieden.
Paraphysen fädig od. oben ästig u. ein Epithecium bildend.

Bestimmungstabelle der Gattungen.

A. Gehäuse nicht mit den deckenden Substrat-
    schichten verwachsen. Fk. geschlossen
    zwischen den Lappen des Substrates hervor-
    tretend u. dann erst lappig aufspringend.

    a) Sporen länglich, einzellig, hyalin.   **1. Pseudophacidium.**

    b) Sporen länglich, spindelf., quer mehr-
       zellig.

       I. Scheibe rund.   **2. Coccophacidium.**

       II. Scheibe länglich, durch Längsriß frei
          werdend.   **3. Clithris.**

    c) Sporen mauerf.   **4. Pseudographis.**

B. Gehäuse mit der deckenden Nährsubstanz
    verwachsen u. mit dieser lappen- od.
    spaltenf. aufreißend.

    a) Fk. einzeln stehend, ohne Stroma.

       I. Sporen länglich, 1 zellig.

         1. Fk. rundlich.

            α) Paraphysen kein Epithecium
               bildend.   **5. Phacidium.**

            β) Paraphysen ein Epithecium
               bildend.   **6. Trochila.**

         2. Fk. unregelmäßig, länglich. spal-
           tenf. lappig aufreißend. Kein
           Epithecium   **7. Cryptomyces.**

II. Sporen länglich, 2—4 zellig.

  1. Fk. rundlich, von der Mitte des
Scheitels aus sich lappig öffnend,
Sporen 2—4 zellig.   **8. Sphaeropezia.**

  2. Fk. länglich, am Scheitel sich länglich lappig öffnend. Sporen zweizellig.   **9. Schizothyrium.**

III. Sporen fädig od. nadelf., ungleich
zweizellig.   **10. Coccomyces.**

b) Fk. zu mehreren einem Stroma eingebettet, spaltenf. aufreißend.

  I. Sporen einzellig, eif., hyalin.   **11. Pseudorhytisma.**

  II. Sporen einzellig, fädig od. nadelf.,
hyalin.   **12. Rhytisma.**

1. Gattung: **Pseudophacidium** Karsten.

Fk. eingesenkt, geschlossen, linsenf., dann die deckenden Substratschichten lappig zerreißend u. vom Scheitel aus lappig aufreißend.
Scheibe rund, flach, blaß. Gehäuse lederig häutig, schwarz. Sporen
länglich, stumpf, hyalin, einzellig. Paraphysen fädig.

Scheibe 1—1,5 mm br., blaßviolett. Sporen 10—16 × 4—5 μ.
An dürren Ästen von Ledum palustre, selten.

                          P. ledi (Alb. et Schw.)

Scheibe 1—2 mm br., blaß. Sporen 12—15 × 4—6 μ. An
dürren Ästen von Rhododendron ferrugineum in den Alpen.

                          P. rhododendri Rehm

2. Gattung: **Coccophacidium** Rehm.

Fk. kuglig eingesenkt, dann die deckenden Schichten lappig
zerreißend u. sich auf dem Scheitel mehrlappig öffnend. Gehäuse
häutig kohlig. Scheibe bräunlich. Sporen nadelf., beidendig spitz,
oben breiter, zuletzt bis 12 zellig, hyalin bis gelblich. Paraphysen
fädig.

Scheibe 1,5—3 mm br. Sporen 55—80 × 4,5 μ br. An dürren
Kiefernästen, zerstreut. (Fig. 284.)   **C. pini** (Alb. et Schw.)

3. Gattung: **Clithris** Fries.

Fk. eingesenkt, länglich, die Deckschichten mit Längsriß spaltend
u. lappig zurückschlagend, gewölbt, dann sich oben mit Längsriß u.
Lappen öffnend. Scheibe länglich, blaß. Sporen fädig od. verlängert
spindelf., zuletzt vielzellig, hyalin. Paraphysen fädig, oben haken-
od. pfropfzieherf. gebogen.

Fk. meist quer über den Ast gelagert, außen bereift, 5—20 mm
lg. Sporen bis 90 × 1,5 μ. Auf dürren, dünneren Eichenästen,
häufig. (Fig. 285.)   **C. quercina** (Pers.)

Fk. länglich, spitz, außen nicht bereift, 2—5 mm lg. Scheibe
grünlichgelb. Sporen verlängert spindelf., 40—50 × 2,5 μ. An

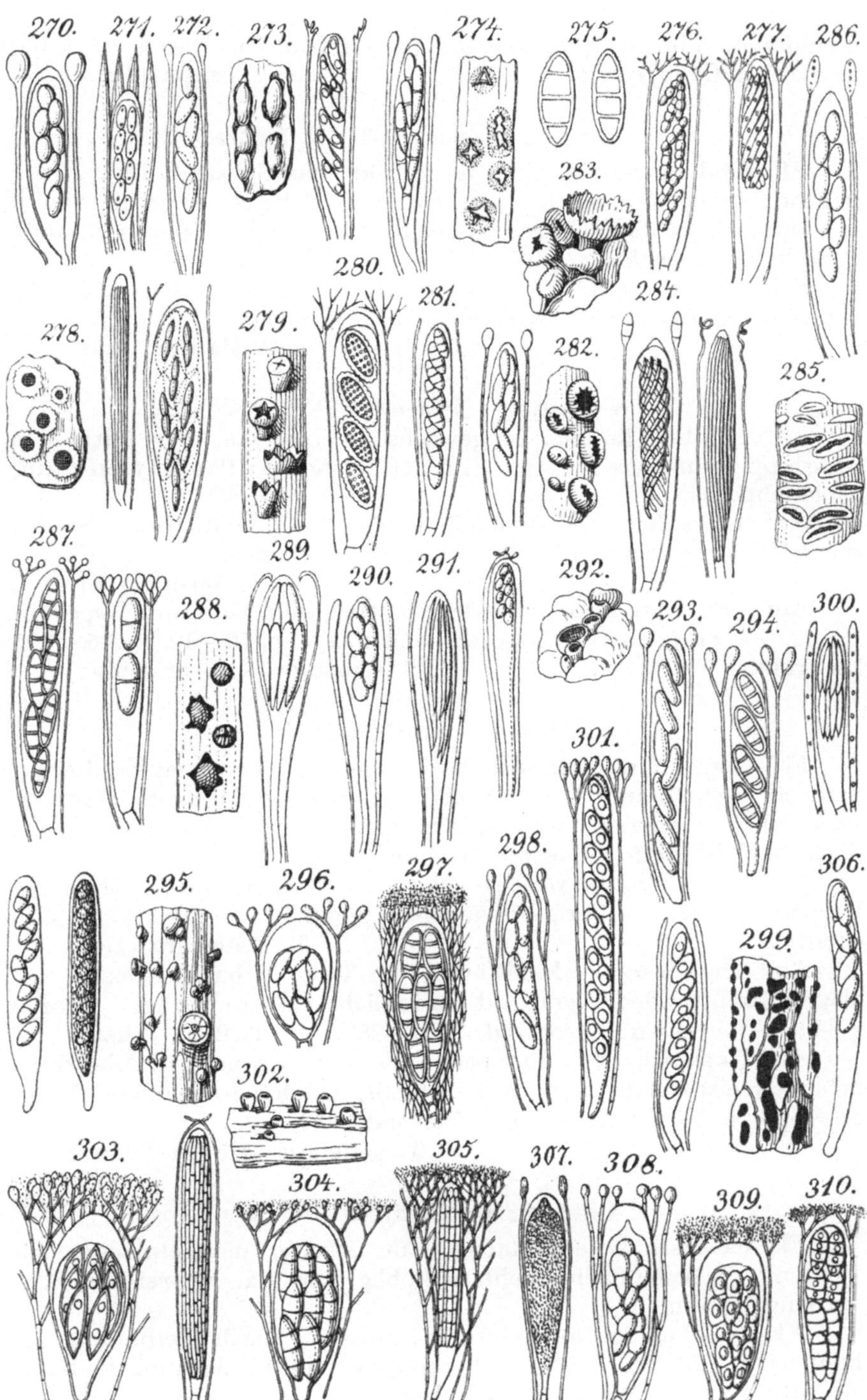

berindeten, dünnen, noch hängenden Ästchen von Picea u. Larix
in dichten Gebirgswäldern.   **C. crispa** (Pers.)

4. Gattung: **Pseudographis** Nylander.

Fk. rundlich od. länglich, eingesenkt, das Substrat lappig zerreißend, hervortretend u. dann auf dem Scheitel länglich zackig
sich öffnend, kohlig, schwarz. Scheibe gelbrötlich. Sporen mauerf.
Paraphysen oben ästig. Sporen J +.

Scheibe 1—2 mm br. Sporen 21—30 × 10—14 μ. Auf der
Rinde alter Abies bis ins Hochgebirge, zerstreut.

P. elatina (Ach.)

5. Gattung: **Phacidium** Fries.

Fk. rundlich linsenf., eingewachsen, oben von der Mitte aus
mehrlappig aufspaltend. Sporen ei- od. spindelf. Paraphysen fädig.
Schlauchporus J +.

Auf faulenden Kiefernnadeln. Fk. 1—1,3 mm br. Sporen
spindelf., abgerundet, 12—14 × 3,5—4 μ. Zerstreut.

P. lacerum Fr.

Auf der Unterseite lebender Blätter von Galium, Asperula,
Rubia. Fk. bis 0,8 mm br. Sporen länglich keulig, 10—12 × 2,5—3 μ.
Zerstreut.   **P. repandum** (Alb. et Schw.)

6. Gattung: **Trochila** Fries.

Fk. eingesenkt, dann sich hervorwölbend u. mit einem Längsspalt od. deckelf. aufreißend. Scheibe rundlich od. länglich. Gehäuse
schwärzlich. Sporen länglich, einzellig, hyalin. Paraphysen ein
dunkles Epithecium bildend. Schlauchporus J +.

Auf der Unterseite von Efeublättern. Scheibe mit 3—4 zarten
Lappen, 0,2—0,4 mm br., schwärzlich. Sporen 6—8 × 4—5 μ. Zerstreut.   **T. craterium** (DC.)

Auf der Oberseite der Blätter von Ilex. Scheibe deckelf. od.
klappig frei werdend, grau od. bräunlich, 0,3—1 mm br. Sporen
9—11 × 3,5—4,5 μ. Zerstreut. (Fig. 286.)   **T. ilicis** (Chev.)

Auf Blattstielen von Acer pseudoplatanus, Aesculus u. Ailanthus,
Scheibe meist durch Längsspalt entblößt, gelblich grau, 0,5—1,2 mm
br. Sporen 6—9 × 2,5—3 μ. Zerstreut.

T. petiolaris (Alb. et Schw.)

7. Gattung: **Cryptomyces** Greville.

Fk. eingesenkt, abgeplattet, am Scheitel unregelmäßig sich
spaltend. Scheibe flach. Gehäuse kohlig, schwarz. Sporen länglich,
einzellig, hyalin.

Fk. 1—10 cm lg., 5—15 mm br., krustig. Scheibe gelbbräunlich.
Sporen 20—26 × 10—13 μ. Paraphysen ein Epithecium bildend.
An absterbenden Weidenästen, selten.   **C. maximus** (Fr.)

Fk. den Nerven folgend, streifig, 0,5—3 mm lg., 0,25 mm br., schwarz. Sporen 8—10 × 5—6 μ. Auf der Unterseite der Wedel von Pteridium, zerstreut. **C. pteridis** (Rebent.)

8. Gattung: **Sphaeropezia** Saccardo.

Fk. eingewachsen, linsenf., von der Mitte aus lappig aufspringend. Sporen länglich, 2—4 zellig, hyalin. Paraphysen meist oben ästig. Schlauchporus J +.

Scheibe blaß, ca. 0,4 mm br. Sporen 4 zellig, 15—18 × 5—6 μ. Auf noch hängenden Blättern von Empetrum nigrum in den Alpen. (Fig. 287.) **S. empetri** (Fuck.)

Scheibe strohgelb, ca. 0,4 mm br. Sporen 2—4 zellig, 15 bis 17 × 4—5 μ. Auf der Oberseite dürrer Blätter von Andromeda, selten. **S. andromedae** (Fr.)

9. Gattung: **Schizothyrium** Desmaz.

Fk. eingewachsen, rundlich od. länglich, mit Längsriß lappig spaltend. Schläuche zuerst mit 8, später oft weniger Sporen. Schläuche J —.

Scheibe bräunlich, 0,3—0,4 mm br. Sporen meist ungleich zweizellig, 12—14 × 5—6 μ. Paraphysen ein grünliches Epithecium bildend. Auf lebenden Blättern von Achillea ptarmica, zerstreut. (Fig. 288.) **S. ptarmicae** Desm.

Scheibe gelblich, bis 0,9 mm lg. Sporen 8—9 × 2,5—3 μ. Paraphysen fädig. Auf der Oberseite von Wedeln von Pteridium, zerstreut. **S. aquilinum** (Fr.)

10. Gattung: **Coccomyces** de Notaris.

Fk. linsenf., mehrlappig aufspringend. Scheibe rundlich, gelblich. Sporen nadelf., oben meist breiter u. stumpfer, zuletzt vielzellig, hyalin. Paraphysen fädig, oben hakig gekrümmt.

Scheibe 1—3 mm br. Sporen 35—75 × 2—3,5 μ. Auf faulenden Blättern von Eichen u. Buchen, seltner Birken, zerstreut. (Fig. 289.) **C. coronatus** (Schum.)

11. Gattung: **Pseudorhytisma** Juel.

Fk. in einem das ganze Blatt durchsetzenden sklerotienartigen Gewebe sitzend, das außen mit schwärzlicher Haut abgegrenzt wird, rundlich od. länglich verbogen, mit Längsriß lappig aufreißend. Scheibe blaß rötlich. Sporen hyalin, eif., einzellig. Paraphysen fädig.

Stromata bis 2 cm groß. Sporen 12—14 × 4—6 μ. Auf der Unterseite der Blätter von Polygonum bistorta u. viviparum im Gebirge, nicht selten. (Fig. 290.) **P. bistortae** (DC.)

12. Gattung: **Rhytisma** Fries.

Stroma flach ausgebreitet, unter der Blattoberhaut gelagert, außen schwarz, innen weiß. Fk. zu mehreren, eingesenkt, länglich gebogen od. rundlich, mit Längsriß aufreißend. Sporen fädig od. nadelf., hyalin, meist einzellig. Paraphysen fädig.

Auf der Oberseite faulender Acerblätter, auf den hängenden Blättern nur Konidienlager entwickelnd, die Fk. erst an den faulenden Bl., F., gemein. (Fig. 291.)   **R. acerinum** (Pers.)

Auf der Oberseite von Weidenblättern, häufig.

      R. salicinum (Pers.)

Auf der Oberseite der Blätter von Andromeda, zerstreut.

      R. andromedae (Pers.)

Auf der Oberseite der Blätter von Empetrum, im Hochgebirge.

      R. empetri Fries

2. Unterreihe: *Pezizineae.*

Myzel fädig, verzweigt, septiert, saprophytisch od. parasitisch. Fk. meist von Anfang an frei, seltner erst eingesenkt, dann aber stets völlig frei hervortretend, selten aus einem Sklerotium hervorwachsend, sitzend od. gestielt, zuerst kuglig geschlossen, dann von einer kleinen Mündung am Scheitel aus sich öffnend, nie lappig, bei der Reife flach teller- od. scheibenf., becher- od. krugf. Hymenium den oberflächlichen Teil des Fk. geschlossen überziehend, stets mit Paraphysen. Gehäuse um den ganzen Fk. napff. herumgehend, seltner nur an der Unterseite ausgebildet.

Bestimmungstabelle der Familien.

A. Gehäuse napff., den ganzen Fk. unten u. seitlich umgebend.

  a) Fk. leder- od. hornartig od. knorpelig. Paraphysen ein Epithecium bildend.

    I. Fk. zuerst eingesenkt, dann hervorbrechend, oft zuerst mit einer Membran geschlossen.   **1. Cenangiaceae.**

    II. Fk. von Anfang an frei (bei den Flechtenparasiten meist zuerst eingesenkt), nicht von einer Haut überdeckt.   **2. Patellariaceae.**

  b) Fk. fleischig od. bei der kleinen Formen häutig, zart. Paraphysen kein Epithecium bildend.

    I. Hypothecium meist schwach entwickelt (mit Ausnahme der großen Formen), von dem Gehäuse in der Struktur verschieden. Sporen u.

Hymenium meist nicht die schöne regelmäßige Struktur zeigend wie bei II, sondern alles viel kleiner.

    1. Gehäuse von paraplectenchymatischem Gefüge (Zellen rundlich, eckig), oft dunkelwandig, grau. **3. Mollisiaceae.**

    2. Gehäuse von prosoplectenchymatischem Gefüge (Zellen langgestreckt, parallel verlaufend), fast nur hellwandig. **4. Helotiaceae.**

  II. Hypothecium gut entwickelt, ebenso wie das Gehäuse locker paraplectenchymatisch.

    1. Schläuche bei der Reife einzeln über die Scheibe hervortretend. **5. Ascobolaceae.**

    2. Schläuche bei der Reife eine gleichmäßige Schicht bildend, nicht hervortretend. **6. Pezizaceae.**

B. Fk. eine gut ausgebildete fleischige Unterlage zeigend, aber die Seitenwand des Gehäuses ganz fehlend od. kaum entwickelt. **7. Pyronemataceae.**

1. Familie: **Cenangiaceae.**

Fk. zuerst eingesenkt, dann vollständig hervorbrechend, selten mit Stroma, lederig od. hart hornartig od. seltner weich gallertig (dann nur große Formen), dunkel od. heller gefärbt, sich rundlich öffnend u. zuletzt scheibig od. krugf. Scheibe bei einigen zuerst durch eine Haut verschlossen, die verschwindet. Gehäuse para- od. prosoplectenchymatisch. Sporen verschieden, hyalin bis schwarz. Paraphysen ein Epithecium bildend. Flechtenparasiten od. Saprophyten.

Bestimmungstabelle der Gattungen.

A. Fk. in frischem Zustande weich gallertig, trocken hornartig.

  a) Fk. frisch im Innern tropfbar gallertig, sehr groß, auf dem Boden. **1. Sarcosoma.**

  b) Fk. frisch im Innern gallertig, kleiner, auf Holz. **2. Bulgaria.**

B. Fk. im frischen Zustande nicht gallertig, sondern leder- od. hornartig od. wachsartig.

  a) Fk. zu mehreren einem Stroma aufsitzend, hervorbrechend.

    I. Sporen zu 8 im Schlauch, nicht sprossend. **3. Dermatea.**

<table>
<tr><td>II. Sporen im Schlauch sprossend, daher der Schlauch dicht mit kleinen Sporen erfüllt.</td><td>4. Tympanis.</td></tr>
</table>

b) Fk. keinem Stroma aufsitzend, eingesenkt, dann hervorbrechend, meist einzeln.

    I. Parasiten auf Flechten.

<table>
<tr><td>1. Sporen einzellig.</td><td>5. Phacopsis.</td></tr>
<tr><td>2. Sporen zweizellig.</td><td>6. Conida.</td></tr>
<tr><td>3. Sporen quer 4—6 zellig.</td><td>7. Celidium.</td></tr>
</table>

    II. Nicht auf Flechten, auf Holz u. Rinde.

        1. Sporen einzellig.

<table>
<tr><td>α) Fk. einzeln stehend, bis 0,5 mm br., mit unvollkommenem Gehäuse an der Seite.</td><td>8. Agyrium.</td></tr>
<tr><td>β) Fk. büschelig hervorbrechend, über 1 mm br., mit vollkommenem Gehäuse.</td><td>9. Cenangium.</td></tr>
</table>

        2. Sporen zweizellig.

<table>
<tr><td>α) Sporen hyalin.</td><td>10. Crumenula.</td></tr>
<tr><td>β) Sporen braun.</td><td>11. Pseudotryblidium.</td></tr>
<tr><td>3. Sporen fädig, vielzellig.</td><td>12. Godronia.</td></tr>
</table>

1. Gattung: **Sarcosoma** Caspary.

Fk. kuglig bis zylindrisch bauchig, frisch innen tropfbar gallertig. Scheibe rundlich sich öffnend, flach schüsself., dick berandet, matt schwärzlich. Sporen ellipsoidisch.

Von Nuß- bis Kartoffelgröße zwischen Moos u. Nd., selten.

S. globosum (Schmidel)

2. Gattung: **Bulgaria** Fries.

Fk. unterrindig, dann hervorbrechend, oft reihenweise, kreiself., kurz u. dick gestielt, gallertig, trocken hornartig u. runzlig. Scheibe schwarz, berandet. Schläuche mit 8 Sporen, von denen 4 groß, ellipsoidisch, braun werden u. 4 klein, hyalin u. eif. bleiben.

An gefällten Eichenstämmen, seltner Buchen, nicht selten. Fk. bis 4 cm hoch, 1,5—2 (—4) cm br. (Fig. 292.)

B. polymorpha (Oeder)

3. Gattung: **Dermatea** Fries.

Stroma unterrindig, auf ihm die Fk. sitzend u. aus der Rinde hervorbrechend, sitzend od. kurz gestielt, wachs- od. lederartig, braun bis schwarz. Fruchtschicht scheibig. Schläuche 8 od. 4 sporig. Sporen zuerst einzellig, dann quer 4—6 zellig, hyalin od. bräunlich. Paraphysen ein Epithecium bildend. Schlauchporus J +.

1. Sporen einzellig, selten später zweizellig. 2.
   Sporen zwei u. mehrzellig. 3.
2. Stroma gelblichgrün. Fk. grüngelb bestäubt, trocken bräunlich-schwarz, 2—4 mm br. Scheibe gelbrötlich bis bräunlich. Sporen 15—18 × 3—5 μ. An dürren Ästen von Prunus avium, nicht selten. (Fig. 293.) **D. cerasi** (Pers.)
   Stroma undeutlich. Fk. gehäuft durchbrechend, rostbraun bestäubt, dann schwarzpurpurn, 0,5—1,5 mm br. Scheibe schwärzlich, dick berandet. Sporen 10—14 × 3—4 μ. An dürren Ästen von Sorbus aucuparia, zerstreut. **D. ariae** (Pers.)
3. Fk. außen gelb od. gelbbräunlich, nicht schwarzbraun, kurz gestielt. Scheibe hell. 4.
   Fk. außen olivenbraun od. schwärzlich, Scheibe braunschwarz. 5.
4. Stroma ockergelb. Fk. gelb, trocken dick weiß bestäubt, bis 1 mm br. Scheibe blaßgelb. Sporen bis 4 zellig, 18—20 × 10—12 μ. An dürren Stämmchen von Fagus u. Carpinus, besonders im Gebirge. **D. carpinea** (Pers.)
   Stroma gelblich. Fk. außen gelbbräunlich, trocken weiß bestäubt, 0,5—2 mm br. Scheibe zimmetbraun. Sporen zuletzt 4 zellig, 20—27 × 5—7 μ. An dürren, berindeten Eichenästen, nicht häufig. **D. cinnamomea** (Pers.)
5. Stroma dünn, gelblich. Fk. meist in Längslinien durchbrechend, kurz gestielt, olivenbraun, weißlich bestäubt, kurz gestielt. Scheibe schwärzlichbraun. Sporen zuletzt meist 4 zellig, 15—20 × 6—8 μ. An dürren berindeten Ästen von Rhamnus frangula, zerstreut. (Fig. 294.) **D. frangulae** (Pers.)
   Stroma braun od. schwarzgrün. Fk. büschelig hervorbrechend, gestielt, schwärzlich, braun bestäubt, 1—2 mm br., 1 mm hoch. Scheibe braunschwarz. Sporen zuletzt zweizellig, 12—15 × 4 bis 4,5 μ. An dürren Ästen von Zwetschen, Aprikosen, Schlehen, zerstreut. **D. prunastri** (Pers.)

4. Gattung: **Tympanis** Tode.

Stroma unterrindig, wenig entwickelt. Fk. einzeln od. gehäuft hervorbrechend, meist kurz u. dick gestielt, schwarz, hornartig. Scheibe rundlich, schüsself. Schläuche zuerst 8 sporig, später mit winzigen, zahllosen Sporen erfüllt, J —. Paraphysen ein Epithecium bildend.

Auf dürren berindeten Ästen von Coniferen bis ins Hochgebirge, zerstreut. Scheibe schwarz, bis 1 mm br. (Fig. 295.) **T. pinastri** Tul.

Auf dürren Weidenästen, bis in die Alpen, zerstreut. Fk. trocken weiß bestäubt, schwarz, bis 1,5 mm br. **T. saligna** Tode

Auf dürren, berindeten Ästen von Alnus incana u. viridis bis in die Alpen, zerstreut. Fk. schwarz, seltner weiß bestäubt, bis 0,5 mm br. **T. alnea** (Pers.)

Auf dürren berindeten Ästen von Crataegus, Prunus domestica, Pirus malus, Sorbus, seltner Populus tremula u. Sambucus, zerstreut. Fk. schwarz, dick mehlig bestäubt, bis 1 mm br. Scheibe trocken graublau. **T. conspersa** (Fr.)

Auf dürren Ästchen von Fraxinus excelsior u. ornus, selten. Fk. schwarz, glänzend, 1 mm br. **T. fraxini** (Schw.)

5. Gattung: **Phacopsis** Tul.

Fk. eingesenkt, gehäuft hervorbrechend, schwarz, wachsartig. Scheibe unberandet, zuletzt gewölbt. Sporen länglich, einzellig, hyalin. Häufig fließen mehrere Fk. zu schwarzen Polstern zusammen.

Auf dem Th. von Chlorea vulpina in den Alpen, nicht selten. (Fig. 296.) **P. vulpina** Tul.

6. Gattung: **Conida** Massal.

Fk. gehäuft hervorbrechend. Scheibe flach od. gewölbt, unberandet schwarz. Sporen keulig od. länglich,. zweizellig, hyalin bis gelblich.

Auf den Apothecien von steinbewohnenden Flechten der Gattungen Lecanora, Placodium, Caloplaca murorum usw., bes. im Gebirge. **C. clemens** (Tul.)

Auf dem Thallus von Physcia stellaris u. Xanthoria parietina, zerstreut. **C. destruens** Rehm

7. Gattung: **Celidium** Tul.

Fk. gehäuft, ± hervorbrechend, schwarz. Scheibe flach, unberandet. Sporen länglich, abgerundet, 4 zellig, hyalin.

Auf der Scheibe, seltner dem Thallus von Lobaria pulmonacea, zerstreut. (Fig. 297.) **C. stictarum** (de Not.)

Auf der Scheibe von steinbewohnenden Lecanora sordida, coniops, subfusca, ferner von L. pallida auf Baumrinden, zerstreut. **C. varians** (Dav.)

Auf der Scheibe von Xanthoria parietina, selten. **C. varium** (Tul.)

Auf dem Thallus von Baeomyces-Arten, selten. **C. ericetorum** (Flot.)

8. Gattung: **Agyrium** Fries.

Fk. gesellig, aber nicht büschelig, hervorbrechend od. von Anfang an br. aufsitzend, wachs-, trocken hornartig. Scheibe hell, rundlich, unberandet. Schläuche 8 sporig. Sporen ellipsoidisch, hyalin, einzellig. Paraphysen eine Art Epithecium bildend. Schläuche J +.

Fk. bis 0,5 mm br., rötlichbraun. Sporen 10—15 × 5—8 μ. Auf entrindetem Holz u. Ästen von Rosa, Pinus bis in die Alpen, selten. (Fig. 298.) **A. rufum** (Pers.)

Fk. bis 0,5 mm br., grau- bis gelblichweiß. Sporen 4,5—6 × 1,5 bis 2,5 μ. Auf entrindetem Pinusholz im Gebirge, sehr zerstreut. **A. caesium** Fr.

9. Gattung: **Cenangium** Fries.

Fk. einzeln od. gehäuft, hervorbrechend, ungestielt, leder- od. wachsartig, braun bis schwärzlich. Scheibe sich rundlich öffnend, krug-, dann schüsself., berandet, oft eingerissen. Schläuche 8 sporig. Sporen zylindrisch bis spindelf., oft etwas gebogen, hyalin, einzellig. Paraphysen ein Epithecium bildend.

1. Auf Coniferen.   2.
   Nicht auf Coniferen.   3.
2. Fk. büschelig hervorbrechend, 5—15 mm br., rotbraun u. dick kleiig bestäubt. Scheibe zimmetbraun. Sporen 6—10 $\times$ 2—2,5 μ. An dürren berindeten Ästen von Alnus viridis u. incana, Corylus, im Gebirge zerstreut.   **C. furfuraceum** (Roth)

   Fk. büschelig hervorbrechend, 5—20 mm br., graubräunlich, filzig u. mehlig. Scheibe rotbräunlich. Sporen 12—15 $\times$ 3,5—4 μ. An faulenden, berindeten Ästen von Populus tremula, nicht häufig.   **C. populneum** (Pers.)
3. Fk. büschelig hervorbrechend, krugf., dann schüsself. u. lappig berandet, dunkelbraun. Scheibe bräunlichgelb, 1,5—3 mm br. Sporen 10—12 $\times$ 5—7 μ. An berindeten Ästen von Kiefern, häufig. (Fig. 299.)   **C. abietis** (Pers.)

   Fk. gesellig die Oberhaut durchbrechend, braungelb, 1—3 mm br. Scheibe gelbbräunlich. Sporen 12—14 $\times$ 3,5—4,5 μ. Auf faulenden Kiefernnadeln, selten.   **C. acicola** (Fuck.)

10. Gattung: **Crumenula** de Notaris.

Fk. gesellig od. vereinzelt, hervorbrechend, meist kurz gestielt, außen feinhaarig, trocken gefaltet, braunschwarz. Scheibe blaßgrau. Schläuche 8 sporig. Sporen verlängert spindelf., oft etwas gebogen, zweizellig, hyalin, Kein Epithecium.

Fk. 1—3 mm hoch. Sporen häufig einzellig, aber mit 2 Öltropfen, 18—27 $\times$ 3—3,5 μ. An der Rinde älterer Kiefernstämme, selten. (Fig. 300.)   **C. pinicola** (Rebent.)

11. Gattung: **Pseudotryblidium** Rehm.

Fk. hervorbrechend, sitzend od. oft kurz u. dick gestielt, matt schwarz, trocken etwas runzelig. Scheibe kaum berandet. Schläuche 4—8 sporig. Sporen ei- od. spindelf., stumpf, 2—4 zellig, hyalin, dann braun. Epithecium dick, braun.

Fk. bis 1 mm hoch u. br. Sporen 15—18 $\times$ 6—8 μ. Auf glatter Rinde von Abies, zerstreut bis ins Hochgebirge. (Fig. 301.)
    P. Neesii (Flot.)

12. Gattung: **Godronia** Mougeot.

Fk. meist einzeln, hervorbrechend, meist kelchf., kurz gestielt. Scheibe krugf., scharf berandet. Schläuche 8 sporig. Sporen fädig, quer vielteilig, hyalin. Paraphysen fädig. Schlauchporus J +.

Fk. einzeln od. gesellig, 0,5—1,5 mm br. u. hoch, bräunlich schwarz. Scheibe grauweiß. An dürren Ästchen von Alnus, Betula, Symphoricarpus usw., zerstreut. (Fig. 302.)

G. urceolus (Alb. et Schw.)

Fk. einzeln, braunschwarz, 1—1,5 mm hoch, 1 mm br., Scheibe braun. An Stämmchen von Calluna vulgaris, selten.

G. ericae (Fr.)

2. Familie: **Patellariaceae.**

Fk. von Anfang an meist oberflächlich (bei den Parasiten zuerst eingesenkt), leder- od. hornartig, meist dunkel gefärbt, halbkuglig od. länglich. Scheibe zuerst kuglig geschlossen, nicht von einer Haut bedeckt, sich von der Mitte aus rundlich od. länglich öffnend. Hypothecium dunkel gefärbt. Epithecium stets entwickelt.

Bestimmungstabelle der Gattungen.

A. Nur parasitisch auf Flechten.
   a) Sporen einzellig.   **1. Nesolechia.**
   b) Sporen zweizellig.
      I. Sporen hyalin.   **2. Scutula.**
      II. Sporen zuletzt braun.   **3. Abrothallus.**
   c) Sporen länglich od. fädig, 4 bis vielzellig
      I. Sporen ellipsoidisch, meist vierzellig,
         hyalin, dann braun.   **4. Leciographa.**
      II. Sporen fädig, vielzellig, hyalin, in den
         Schläuchen in die einzelnen Zellen zer-
         fallend.   **5. Bactrospora.**
B. Nicht parasitisch auf Flechten, sondern auf
   Holz usw.
   a) Sporen 1 od. 2 zellig.
      I. Sporen hyalin (selten etwas gelblich).
         1. Schläuche 8 sporig.
            α) Hypothecium u. Gehäuse zart.
            kleinzellig. Sporen 1 od. zwei-
            zellig.   **6. Patellea.**
            β) Hypothecium u. Gehäuse dick,
            grobzellig. Sporen nur einzellig. **7. Patinella.**
         2. Schläuche vielsporig. Sporen kuglig. **8. Biatorella**
      II. Sporen hyalin, dann braun, nur zwei-
        zellig.
         1. Scheibe rund.   **9. Karschia.**
         2. Scheibe länglich od. unregelmäßig. **10. Melaspilea.**
         3. Scheibe linienf.. bisweilen sternf. **11. Hysteropatella.**
   b) Sporen mehr als zweizellig.
      I. Gehäuse u. Hypothecium dünn. Sporen
         länglich, 4—8 zellig.   **12. Durella.**

II. Gehäuse u. Hypothecium dick.
  1. Fk. sitzend.
    α) Scheibe stets berandet u. so
      bleibend.   **13. Patellaria.**
    β) Scheibe zuerst berandet, später ge-
      wölbt u. unberandet.   **14. Pragmopora.**
  2. Fk. kurz gestielt.   **15. Lahmia.**

1. Gattung: **Nesolechia** Massalongo.

Fk. hervorbrechend, rundlich, schwarz, Scheibe rund, zart berandet, zuletzt gewölbt u. Rand verschwindend. Sporen hyalin, einzellig. Fruchtschicht J +.

Auf der Oberseite des Thallus von Cetraria glauca, Parmelia saxatilis, conspersa, caperata, furfuracea bis ins Hochgebirge. (Fig. 303.)   **N. oxyspora** (Tul.)

Auf der Oberseite der Thallusschuppen von Cladoniaarten, zerstreut.   **N. oxysporella** (Nyl.)

Auf Candelaria vitellina an Felsen, in den Alpen besonders häufig.
           N. vitellinaria (Nyl.)

2. Gattung: **Scutula** Tulasne.

Fk. sitzend, gehäuft od. einzeln, schwarz. Scheibe schüsself., zart berandet. Sporen eif. od. länglich spindelf., zweizellig, hyalin. Fruchtschicht J +.

Auf dem Thallus von Peltigera canina u. rufescens bis in die Alpen.   **S. epiblastematica** (Wallr.)

3. Gattung: **Abrothallus** de Notaris.

Fk. zuletzt hervorbrechend, schwarz. Scheibe flach, zuletzt unberandet. Sporen ellipsoidisch, zweizellig, reif braun.

Auf der Oberseite des Thallus von Parmelia-Arten, Cetraria glauca u. islandica, Sticta, Usnea, zerstreut.
          A. parmeliarum (Sommerf.)

4. Gattung: **Leciographa** Massalongo.

Fk. eingesenkt, dann hervorbrechend, schwarz. Scheibe zuletzt rundlich od. seltner länglich, schmal berandet. Sporen zuletzt 4 zellig, reif braun. Fruchtschicht J +.

Auf dem Thallus von Pertusaria, Ochrolechia an Rinden, zerstreut
          L. inspersa (Tul.)

Auf dem Thallus von Phlyctis argena an Rinden, seltner. (Fig. 304.)   **L. Zwackhii** Mass.

5. Gattung: **Bactrospora** Massalongo.

Fk. gesellig, schwarz. Scheibe flach, rund, zart berandet. Sporen stäbchenf., quer in viele Zellen im Schlauch zerfallend, hyalin.

Auf Flechtenthallus an alten Eichen, nicht häufig. (Fig. 305.)
B. dryina (Ach.)

6. Gattung: **Patellea** Fries.

Fk. oberflächlich, gehäuft, schwarz, häutig, trocken verbogen. Scheibe zuletzt schüssel., zart berandet. Sporen hyalin, einzellig, später oft zweizellig. Gehäuse sehr zart, aus kleinen, schwarzen Zellen bestehend.

Fk. gehäuft auf blutroten Flecken, bis 0.4 mm br. Sporen eif.. einzellig, 9—10 × 3—3,5 µ. An dürrem Eichen- und Haselnußholz, zerstreut. **P. sanguinea** (Pers.)

Fk. auf abgeblaßten Flecken, bis 0,4 mm br. Sporen eif. od. keulig, zuletzt zweizellig, 6—9 × 3—3,5 µ. Ebenda, seltner. (Fig. 306.) **P. commutata** (Fuck.)

7. Gattung: **Patinella** Saccardo.

Fk. gehäuft, eingesenkt, dann hervorbrechend, länglich, oft gebogen. Scheibe länglich. Sporen eif., einzellig, hyalin. Gehäuse dick, grobzellig, schwarz. Fruchtschicht J +.

Fk. 0,3—0,6 mm lg., bis 0,5 mm br. An faulenden Stümpfen von Larix u. Pinus cembra im Gebirge, zerstreut.
P. flexella (Ach.)

8. Gattung: **Biatorella** de Notaris.

Fk. einzeln, sitzend. Scheibe schüssel., wachsartig, rötlich, gewölbt u. unberandet. Sporen kuglig, in großer Zahl im Schlauch, hyalin od. schwach gelblich. Schlauchschicht J +.

Scheibe blaßbräunlich, bis 0,5 mm br. Sporen 3 µ im Durchm. An der Rinde alter Kiefern u. Eichen, zerstreut.
B. pinicola (Mass.)

Scheibe rot, rotbraun, 0,5—1,5 mm br. Sporen 3 µ im Durchm. Auf frischem Harz von Pinus u. Picea, besonders im Gebirge häufig. (Fig. 307.) **B. resinae** (Fr.)

Scheibe braunschwarz, bis 0,4 mm br. Sporen 5—7 µ im Durchm. Auf feuchtem Lehmboden, selten. **B. geophana** (Nyl.)

9. Gattung: **Karschia** Körber.

Fk. oberflächlich, schwarz, trocken fest. Scheibe schüssel., zuletzt gewölbt u. unberandet. Schläuche 8 sporig. Sporen länglich keulig, zweizellig, hyalin, dann braun. Epithecium braun. Fruchtschicht J +. — Von den deutschen Arten sind die meisten sehr selten, die Flechtenparasiten sind hier überhaupt nicht berücksichtigt.

Scheibe 0,5—1,2 mm br. Sporen 9—12 × 4—5 µ Auf faulem, entrindetem Holz von Eichen, selten. (Fig. 308.) **K. lignyota** (Fries)

10. Gattung: **Melaspilea** Nylander.

Fk. oberflächlich sitzend, selten zuerst etwas eingesenkt, schwarz, fest. Scheibe rundlich, oft länglich od. etwas unregelmäßig, flach, zuletzt kaum berandet. Schläuche 8 sporig. Sporen keulig, 2 zellig, lange hyalin, dann bräunlich. Epithecium gefärbt, grünlich od. bräunlich. Gehäuse zum Unterschied von vor. Gatt. viel weicher u. zarter.

Scheibe 0,5—3 mm br., schwarz. Sporen 15—18 × 6—7 µ. An morscher Rinde von Eichen u. Ulmen, selten.

M. arthonioides (Fée)

Scheibe 0,2—0,5 mm br., schwarz, trocken runzlig. Sporen 15—27 × 8—9 µ. Auf Rinde von Quercus, Tilia, Juniperus, Larix, Pinus pumilio u. cembra, besonders im Gebirge. (Fig. 309.)

M. proximella Nyl.

11. Gattung: **Hysteropatella** Rehm.

Fk. eingesenkt, dann hervortretend, linienf., oft verbogen u. sternf., später mehr elliptisch. Scheibe länglich, schwarz, Schläuche 8 sporig. Sporen länglich bis keulig, 4 zellig, hyalin, dann bräunlich. Epithecium braun. Schlauchspitze J +.

Auf der Innenseite von abstehender Rinde von Apfelbäumen selten. (Fig. 310.) **H. Prostii** (Duby)

12. Gattung: **Durella** Tulasne.

Fk. meist gesellig auf abgeblaßten Flecken, schwarz, lederighäutig, trocken zusammenfallend. Scheibe flach, zart berandet. Schläuche 8 sporig. Sporen länglich spindelf., 4—8 zellig, hyalin. Epithecium gefärbt. Gehäuse sehr dünn u. Hypothecium fast farblos. Fruchtschicht J +.

Scheibe 0,2—1 mm br., schwarz, etwas gerunzelt. Sporen 4 bis 6 zellig, 18—21 × 4—5 µ. Auf faulenden Ästen, bes. von Eichen, selten. **D. compressa** (Pers.)

Scheibe 0,2—0,5 mm br., graurötlich od. bräunlich. Sporen 4 bis 8 zellig, 24—35 × 5—6 µ. An Ästen von Eichen, Buchen, Brombeeren usw., selten. (Fig. 311.) **D. connivens** (Fr.)

13. Gattung: **Patellaria** Fries.

Fk. oberflächlich, gesellig, schwarz, hornartig. Scheibe rundlich, flach, berandet. Schläuche 8 sporig. Sporen spindelf., meist etwas keulig, 4 bis mehrzellig, hyalin. Epithecium braun. Gehäuse dick, nicht zusammenfallend.

Scheibe 0,2—0,5 mm br., braunschwarz, Sporen 4 zellig, 15 bis 20 × 4—6 µ. Auf entrindeten Ästen von Rubus u. Sarothamnus, selten. **P. proxima** Berk. et Br.

Scheibe 0,5—1,5 mm br., schwarz, grün bestäubt. Sporen 8 u. mehrzellig, 30—45 × 8—10 µ. An trockenfaulem Holz von Lb.,

auch an holzigen Stengeln, verbreitet, aber leicht mit Flechtenapo-
thecien zu verwechseln. (Fig. 312.)	**P. atrata** (Hedw.)

14. Gattung: **Pragmopora** Massalongo.

Fk. zerstreut, sitzend. Scheibe flach, zart berandet, später gewölbt u. unberandet, schwarz, trocken hart u. runzlig. Schläuche
8 sporig. Sporen spindelf., 2—8 zellig, hyalin, grade. Epithecium
grünlichbraun. Gehäuse dick, prosoplectenchymatisch.

Scheibe 0,2—0,5 mm br. Sporen 15—20 × 3—4 μ An der Rinde
von Kiefern u. anderen Nd., nicht selten. (Fig. 313.)

P. amphibola Massal.

15. Gattung: **Lahmia** Körber.

Fk. zuerst sitzend, dann kurz u. dick gestielt, kreiself. Scheibe
krug- bis schüssel., zart berandet, schwarz, fest. Schläuche 8 sporig.
Sporen stäbchenf., gewunden, 4—8 zellig, hyalin. Epithecium bräunlich. Gehäuse paraplectenchymatisch.

Fk. 0,1—0,4 hoch u. br. Sporen bei der Reife 30—45 × 4—5 μ.
In Rindenrissen von Populus alba u. tremula, Salix, zerstreut.
(Fig. 314.)	**L. Kunzei** (Flot.)

3. Familie: **Mollisiaceae.**

Fk. von Anfang an frei dem Substrat aufsitzend od. erst eingesenkt,
dann hervorbrechend, stets br. u. ungestielt aufsitzend, wachsartig
weich od. gallertig. Gehäuse am Grunde aus mehr rundlichen, meist
dunklen Zellen bestehend. nach dem Rande zu prosoplectenchymatisch
u. oft in Fasern aufgelöst. Scheibe zuletzt schwach schüssel- od.
tellerf. Schläuche 8 sporig. Sporen hyalin. Paraphysen kein Epithecium bildend.

Bestimmungstabelle der Gattungen.

A. Fk. gallertig knorpelig, gelb od. rot, trocken
  hornartig.
  a) Sporen einzellig.	**1. Orbilia.**
  b) Sporen zuletzt quer mehrzellig.	**2. Calloria.**
B. Fk. wachsartig, weich, bisweilen auch sehr dünn
  u. fast häutig.
  a) Fk. zuerst eingesenkt, dann hervorbrechend.
    I. Sporen einzellig.
      1. Fk. außen kahl.
        α) Fk. wenig hervortretend, hell ge-
          färbt.	**3. Pseudopeziza.**
        β) Fk. weit hervortretend, dunkel ge-
          färbt.	**4. Pyrenopeziza.**
      2. Fk. außen u. am Rande borstig.	**5. Pirottaea.**

II. Sporen quer mehrzellig.
   1. Fk. hell gefärbt, wenig hervortretend.   **6. Fabraea.**
   2. Fk. dunkel gefärbt, weit hervortre-
      tend.   **7. Beloniella.**
 b) Fk. von Anfang an frei aufsitzend.
   I. Sporen einzellig.
     1. Fk. auf einem Hyphengewebe sitzend.   **8. Tapesia.**
     2. Fk. nicht auf einem Hyphengewebe.   **9. Mollisia.**
   II. Sporen quer mehrzellig.
     1. Sporen zuletzt zweizellig.   **10. Niptera.**
     2. Sporen verlängert spindelf.. 4 u. mehr-
      zellig.   **11. Belonidium.**

1. Gattung: **Orbilia** Fries.

Fk. einzeln od. herdig, zuerst kuglig geschlossen, dann tellerf. geöffnet, glatt, rot od. gelb, gallertig weich, trocken hornartig, Sporen länglich od. spindelf., einzellig, hyalin. Paraphysen oben $\pm$ kuglig erweitert.

1. Nur auf faulendem Holz.   2.
   Auf abgefallenen Kiefernnadeln. Fk. gesellig, bis 0,5 mm br., bernsteingelb, dann umbrabraun. Sporen spindelf., $5 \times 1\ \mu$. Selten.   **O. succinea (Fr.)**
2. Fk. meist gehäuft, oft zusammenfließend, Scheibe bis 0,3 mm br., rosa od. bernsteingelb, trocken eingerollt u. orangegelb od. rot. Sporen ellipsoidisch, $3—5 \times 2—2,5\ \mu$. Auf Lb., bis in die Alpen, nicht selten. (Fig. 315.)   **O. coccinella (Sommerf.)**
   Fk. zerstreut. Schleife flach, zart berandet, dunkelrot, bis 1 mm br. Sporen fädig spindelf., $12—17 \times 1,5—2\ \mu$. An entrindeten Ästen von Eichen, Buchen, Rosen, Pinus cembra, Rhododendron, bis ins Hochgebirge, zerstreut.   **O. vinosa (Abl. et Schw.)**

2. Gattung: **Calloria** Fries.

Fk. wie bei vor. Gatt. Sporen länglich, spindelf. od. stumpf, 2, selten 4 zellig, hyalin.
   Fk. herdig, zusammenfließend. Scheibe gelb, orange od. blutrot, trocken dick berandet u. verbogen. Sporen $9—14 \times 3,5—4\ \mu$. An dürren Stengeln von Urtica dioica, häufig. (Fig. 316.)
              C. fusarioides (Berk.)

3. Gattung: **Pseudopeziza** Fuckel.

Fk. kahl, auf verfärbten Blattflecken erst eingesenkt, dann sitzend hervorbrechend. Scheibe hell, zart berandet. Sporen länglich, einzellig, hyalin. Paraphysen oben stets verbreitert.
   Fk. meist gesellig auf 1—3 mm br., braungelben Flecken. Scheibe graugelb, bis 0,5 mm br., Sporen $10—14 \times 5—6\ \mu$. An lebenden Blättern von Trifoliumarten, häufig. (Fig. 317.)   **P. trifolii (Bernh.)**

4. Gattung: **Pyrenopeziza** Fuckel.

Fk. meist gesellig, auf $\pm$ geschwärzter Unterlage, braun bis braunschwarz, außen glatt. Scheibe krug- bis schüssel., zart u. feinfaserig
berandet, hellfarbig. Sporen länglich od. spindelf., einzellig, hyalin.
Paraphysen oben meist verbreitert. — Über 40 höchst unscheinbare
u. seltne Arten, die namentlich in den Alpen vorkommen. Hier können
nur wenige, auch in der Ebene häufigere Arten berücksichtigt werden.

1. An Ranken u. Stengeln.   2.
    Auf dürren Blättern von Eryngium campestre, zerstreut. Scheibe
grau, dunkel berandet, bis 0,8 mm br. Sporen 15—18 $\times$ 5—6 μ.
Schlauchporus J +.   **P. eryngii** Fuck.
2. Schlauchporus J +.   3.
    Schlauchporus J —.   Scheibe rosenrot, weißlich berandet
0,5—1,2 mm br. Sporen 8—10 $\times$ 2,5 μ. An faulenden Stengeln
von Artemisia absinthium, selten.   **P. absinthii** (Lasch)
3. Auf dürren Rebenranken, nicht selten bis in die Alpen. Scheibe
[grau, trocken braunschwarz, 0,3—1 mm br.   Sporen 7—9 $\times$ 1,5
bis 2,5 μ. (Fig. 318.)   **P. rubi** (Fries)
    Auf dürren Stengeln von Artemisia vulgaris, selten.
Scheibe graugelblich, trocken braunschwarz, 0,2—1,2 mm br.
Sporen 7—10 $\times$ 1,5—2 μ.   **P. artemisiae** (Lasch)
    Auf dürren Stengeln von Salvia, Melittis, Ononis, Lotus, Pre-
nanthes, Chondrilla, Epilobium usw., zerstreut. Scheibe grau od.
schwach rötlich, trocken braun, u. weiß berandet, bis 0,4 mm br.
Sporen 8—12 $\times$ 1,5—3 μ.   **P. compressula** Rehm

5. Gattung: **Pirottaea** Sacc. et Speg.

Fk. gesellig, hervorbrechend, sitzend, braun. Scheibe grau od.
bläulich, dunkel berandet, schüssel., mit Borsten am Rande. Sporen
länglich bis spindelf., einzellig, hyalin. Schlauchporus J +.
    Scheibe bis 0,2 mm br. Sporen 7—10 $\times$ 1,5—2 μ. An dürren
Stengeln von Senecio, Aconitum usw., besonders in den Alpen, selten.
(Fig. 319.)   **P. gallica** Sacc.

6. Gattung: **Fabraea** Saccardo.

Fk. wie bei Pseudopeziza. Sporen länglich, zuletzt 2 (selten 4)
zellig, hyalin. Schlauchporus J +.
    Auf lebenden Blättern von Cerastiumarten, bis in die Alpen,
zerstreut. Scheibe weißgelblich, bräunlich berandet, bis 0,5 mm br.
Sporen 7—10 $\times$ 3—3,5 μ.   **P. cerastiorum** (Wallr.)
    Auf der Unterseite lebender Blätter von Ranunculusarten, zer-
streut. Scheibe hellgrau, dunkler berandet, bis 0,8 mm br. Sporen
ungleich zweiteilig, 12—15 $\times$ 5—6 μ.   **P. ranunculi** (Fries)
    Auf der Unterseite lebender Blätter von Astrantiaarten, besonders
in den Alpen, zerstreut. Scheibe weißgelblich, bräunlich berandet,
bis 0,4 mm br. Sporen bis 4 zellig, 15—18 $\times$ 4—5 μ. (Fig. 320.)
                                             P. astrantiae (Ces.)

7. Gattung: **Beloniella** Saccardo.

Fk. gesellig, hervorbrechend, sitzend, schwarzbraun, kahl. Scheibe zuletzt schüsself., zart u. feinfaserig berandet, grau od. rötlich. Sporen ± verlängert spindelf., reif 2—4 zellig, hyalin. Paraphysen oben wenig verbreitert. Schlauchporus J +.

Scheibe blaßgrau, meist länglich, 0,2—0,5 mm lg. u. 0,2—0,3 mm br. Sporen 15—20 × 3—4 µ. An dürren Grashalmen, z. B. Molinia, Calamagrostis in lichten Waldungen, zerstreut.

B. graminis (Desm.)

Scheibe rundlich, gelbweißlich od. rosa, 0,3—0,8 mm br. Sporen 15—24 × 2,—2,5 µ. An dürren Stengeln von Galiumarten, nicht häufig. **B. galii veri** (Karst.)

Scheibe grauweiß, 0,3—0,8 mm br. Sporen 21—27 × 3—3,4 µ. An Stengeln von Centaurea, Cirsium, Artemisia usw., bes. im Gebirge, nicht häufig. **B. brevipila** (Rob.)

8. Gattung: **Tapesia** Persoon.

Fk. gesellig, auf einem ± ausgedehnten, ± dicken, braun gefärbten Hyphenlager sitzend, glatt, wachsartig, außen bräunlich. Scheibe flach, hellfarbig, zart berandet od. faserig. Sporen ellipsoidisch od. spindelf., grade od. schwach gebogen, hyalin, einzellig. Schlauchporus J +. Die Unterscheidung der Arten ist ohne Vergleichsmaterial kaum möglich.

1. Auf Holz u. Rinde. 2.

    Auf Grashalmen (z. B. Phragmites), nicht häufig. Scheibe weißlich od. bläulich weißlich, 0,3—2 mm br. Sporen 8—12 × 1,5 bis 2 µ. **T. hydrophila** (Karst.)

2. Scheibe grau od. gelblich weiß, trocken bräunlichgelb, 0,2—2 mm br. Sporen verlängert spindelf., 9—12 × 2,5—3 µ. Paraphysen oben 2 µ br. Auf Ästen von Eichen, Birken, Hainbuchen u. a., zerstreut. **T. lividofusca** (Fr.)

    Scheibe grauweiß od. weißgelblich, trocken grau bis bräunlich, 0,3—2 mm br. Sporen verlängert spindelf. od. zylindrisch, 8 bis 15 × 2—2,5 µ. Paraphysen oben bis 4 µ br. Auf faulenden Ästen von Lb. (selten Nd.) bis ins Hochgebirge, zerstreut. (Fig. 321.) **T. fusca** (Pers.)

    Scheibe grauweiß, trocken braun u. weißlich-fasrig am Rande, 0,5—1,2 mm br. Sporen länglich stumpf, 7—11 × 2,—2,5 µ. An dürren Rosenästen, zerstreut. **T. rosae** (Pers.)

9. Gattung: **Mollisia** Fries.

Fk. wie bei Tapesia, aber ohne Hyphenunterlage. Sporen ebenso. Über 60 z. T. sehr schwer unterscheidbare u. seltene Arten. Nur die häufigsten können hier genannt werden.

1. Auf Dikotyledonen. 2.

Auf faulenden Halmen von Phragmites, zerstreut. Scheibe weißlich od. weißgelblich, trocken schwach goldgelb, 0,2—1,2 mm br.
Sporen verlängert keulig bis schwach spindelf., 8—10 × 2,5—3 µ.
M. arundinacea (DC.)

2. Auf Holz u. Rinde.   3.
   Auf Stengeln u. Blättern.   5.
3. Schlauchporus J +.   4.
   Schlauchporus J —. Scheibe grauweiß, oft verbogen, trocken
braun, runzlig, 0,3—1,5 mm br. Paraphysen oben 2—3 µ br.
Auf Lb., besonders Eiche, Buche, Birke, Hasel usw., bis ins Hochgebirge, nicht selten.   **M. lignicola** (Phill.)
4. Scheibe weiß- od. bleigrau, zart weiß berandet, oft verbogen,
trocken mehr grau bis schwärzlich, mit eingerolltem Rand, 0,2
bis 2 mm br. Sporen länglich, stumpf, schwach gebogen od.
meist gerade, 6—9 × 2 —3 µ. Paraphysen oben 3—5 µ br. An
faulem Holz u. Ästen von Lb., besonders an feuchten Stellen,
häufig bis in die Alpen. (Fig. 322.)   **M. cinerea** (Batsch)
   Scheibe bläulichgrau, blasser berandet, trocken mehr graugelb,
0,2—4 mm br. Sporen spindelf., 12—14 × 3 µ. Paraphysen oben
bis 3 µ br. Auf faulen Zweigen von Fagus, Salix, Alnus, sehr
zerstreut.   **M. caesia** (Fuck.)
   Scheibe grau, zart berandet, trocken graugelblich u. weißlich
berandet, 0,2—1,5 mm br. Sporen länglich, 8—10 × 2—2,5 µ
Paraphysen oben bis 2 µ br. An faulen Ästen von Alnus incana u.
glutinosa, nicht selten.   **M. benesuada** (Tul.)
5. Auf Stengeln.   6.
   Auf faulenden Birkenblättern, zerstreut. Scheibe blaß weißrötlich, zart u. gekerbt berandet, trocken fast schwärzlich, 0,2 bis
0,4 mm br. Sporen länglich, 9—12 × 3 µ. Paraphysen oben bis
3 µ br. (Fig. 323.)   **M. betulicola** (Fuck.)
6. Fk. auf schwärzlichen Flecken sitzend. Scheibe grauweiß, zart
berandet, trocken schwarzbraun, eingerollt, 0,2—0,5 mm br.
Sporen länglich, 6—8 × 1,5—2 µ. Paraphysen oben 1,5 µ br.
Auf dürren Kräuterstengeln, zerstreut.   **M. atrata** (Pers.)
   Scheibe graubräunlich od. gelblichgrau, dunkler u. etwas gekerbt
berandet, trocken gelb od. braunschwärzlich, 0,2—1 mm br.
Sporen länglich od. länglich keulig, 6—9 × 2—2,5 µ. Paraphysen
oben 2 µ br. Auf faulen Stengeln von Polygonumarten, zerstreut.
M. polygoni (Lasch)

10. Gattung: **Niptera** Fries.

Wie Mollisia, aber die Sporen bei der Reife zweizellig. Schlauchporus J +.

1. Auf Dikotyledonen.   2.
   Auf Halmen von Poa, Calamagrostis, bis ins Hochgebirge,
selten. Scheibe schwach rötlichbraun, etwas berandet, bis 1 mm br.
Sporen spindelf., 10—12 × 2—2,5 µ.   **N. poae** (Fuck.)

2. An Stengeln. 3.
   Auf faulem Holz von Betula, Fagus, Quercus, zerstreut. Scheibe weißlich od. weißgelblich, zart berandet, 0,3—2 mm br. Sporen fast stäbchenf., stumpf, 10—15 × 2—3 μ. (Fig. 324.)
   N. ramealis Karst.
3. Scheibe blaß grauweiß, blasser berandet, 0,3—1,5 mm br. Sporen keulig od. länglich spindelf., 12—18 × 2—2,5 μ. Am Grunde fauler Stengel von Cirsium, Lappa, nicht häufig.
   N. carduorum (Rehm)
   Scheibe wäßrig grau, heller berandet, 0,2—1,3 mm br. Sporen länglich, 7—14 × 2—3 μ. An dürren Himbeerranken, selten.
   N. dilutella (Fr.)

11. Gattung: **Belonidium** Mont. et Dur.

Fk. wie bei Mollisia, nur die Sporen quer 4 zellig. Die meisten Arten sehr selten.

Scheibe blaßgrau, bis weißgelblich, 0,3—1,5 mm br. Sporen zuletzt 4 zellig, 22—25 × 5—7 μ. An dürren Halmen von Scirpus lacustris u. Phragmites, selten. **B. lacustre** (Fr.)

4. Familie: **Helotiaceae.**

Fk. oberflächlich von Anfang an, selten hervorbrechend, bisweilen aus einem Sklerotium entstehend, sitzend od. gestielt, bisweilen auf einer Hyphenunterlage stehend, wachsartig od. häutig, seltner gallertig. Scheibe zuletzt stets krug- od. flach schüsself. Schläuche 8 sporig. Sporen verschieden. Paraphysen fädig, meist oben verbreitert, kein Epithecium bildend. Gehäuse aus dünnen, hellfarbigen, paraplectenchymatisch verbundenen Zellen bestehend.

Bestimmungstabelle der Gattungen.

A. Fk. gallertig, knorpelig, trocken hornartig.
  a) Sporen einzellig, kleine Formen.
    I. Scheibe am Rand gezackt. Auf Equisetum. **1. Stamnaria.**
    II. Scheibe glatt. Nicht auf Equisetum. **2. Ombrophila.**
  b) Sporen zuletzt mehrzellig, große Pilze. **3. Coryne.**
B. Fk. wachsartig, fleischig, dick od. häutig, trocken nie hornartig.
  a) Fk. fleischig-wachsartig, frisch zerbrechlich, trocken lederartig u. sich nicht zusammenschließend, meist groß.
    I. Fk. nicht aus einem Sklerotium entspringend.
      1. Fk. außen filzig behaart. **4. Sarcoscypha.**
      2. Fk. außen kahl.

α) Substrat auffallig grün verfärbt.   5. **Chlorosplenium.**
β) Substrat nicht grün verfärbt.
   § Sporen einzellig.   6. **Ciboria.**
   §§ Sporen quer mehrzellig.   7. **Rutstroemia.**
II. Fk. auf einem Sklerotium entspringend.   8. **Sclerotinia.**
b) Fk. wachsartig, zähe od. häutig, meist nur klein.
  I. Fk. außen behaart.
    1. Fk. auf einem ausgebreiteten Hyphengewebe sitzend.
      α) Sporen einzellig.   9. **Eriopeziza.**
      β) Sporen quer mehrzellig.   10. **Arachnopeziza.**
    2. Fk. ohne ausgebreitetes Hyphengewebe.
      α) Sporen kuglig.   11. **Lachnellula.**
      β) Sporen ellipsoidisch od. länglich.
        § Scheibe mit schwarzen Haaren besetzt.   12. **Desmazierella.**
        §§ Scheibe am Rande kahl od. wenigstens nicht schwarzborstig.
          * Paraphysen an der Spitze stumpf.
            † Gehäuse dünn, zart. Sporen meist nur einzellig, seltner zuletzt 2 zellig.   13. **Dasyscypha.**
            †† Gehäuse dick, derb. Sporen zuletzt stets zweizellig.   14. **Lachnella.**
          ** Paraphysen an der Spitze lanzettlich.
            † Sporen nur einzellig.   15. **Lachnum.**
            †† Sporen zuletzt quer mehrzellig.   16. **Erinella.**
  II. Fk. außen kahl.
    1. Sporen kuglig.   17. **Pitya.**
    2. Sporen ellipsoidisch bis spindelf.
      α) Sporen nur einzellig (nur bei 18 zuletzt oft 2 zellig).
        § Scheibe am Rande gezähnt.   18. **Cyathicula.**
        §§ Scheibe am Rande glatt.   19. **Hymenoscypha.**
      β) Sporen zuletzt quer mehrzellig.
        § Fk. nur sitzend.   20. **Belonium.**
        §§ Fk. deutlich gestielt od. am Grunde wenigstens stielartig zusammengezogen.

* Gehäuse häutig, dünn. Stiel
    kurz u. zart.   **21. Belonioscypha.**
** Gehäuse dick. Stiel dick. **22. Helotium.**
3. Sporen fädig.
    α) Fk. gestielt.   **23. Gorgoniceps.**
    β) Fk. sitzend.   **24. Pocillum.**

1. Gattung: **Stamnaria** Fuckel.

Fk. zuerst eingesenkt, meist in Büscheln vorbrechend. Scheibe krug-, dann schüsself., zackig berandet, orange od. ± rot. Sporen länglich, einzellig, hyalin. Schlauchporus J +.

Scheibe bis 1 mm br. Sporen 15—20 × 5—7 μ. An faulenden Halmen von Equisetum auf feuchten Stellen, nicht selten. (Fig. 325.)

E. equiseti (Hoffm.)

2. Gattung: **Ombrophila** Fries.

Fk. einzeln od. gesellig, oberflächlich, mit dickem, ± langem Stiel, gallertig, trocken hornartig, auffällig gefärbt. Sporen ellipsoidisch, einzellig, hyalin.

1. Scheibe violett od. purpurn.   2.
    Scheibe weißlich od. blaß bräunlich.   3.
2. Scheibe purpurn od. blaß violett, 0,4—10 mm br. Stiel 4—15 mm lg. Sporen 10—12 × 3—4 μ. Schlauchspitze J —. Auf faulem Holz, Ästen, Blättern an sumpfigen Stellen, zerstreut. (Fig. 326.)

O. clavus (Alb. et Schw.)

Scheibe lila od. blaß violett, 1—2 mm br., ungestielt. Sporen 8—12 × 4—6 μ. Schlauchspitze J —. Auf Ästen u. Stümpfen von Eichen u. Kiefern, nicht häufig.   **O. lilacina** (Wulf.)

3. Scheibe weißlich od. weißgrau, 1—4 mm br. Stiel bis 1,5 mm lg. Sporen 7—12 × 3—5 μ. Schlauchspitze meist J +. Auf faulen Blättern u. Ästchen in feuchten Wäldern, nicht häufig.

O. umbonata (Pers.)

Scheibe blaßbräunlich, 2—4 mm br. Stiel 2—4 mm lg. Sporen 6—9 × 3,5—4 μ. Schlauchspitze J +. An faulenden Früchten von Alnus, selten.   **O. Baeumleri** Rehm

3. Gattung: **Coryne** Tulasne.

Fk. gesellig, büschelig gehäuft. oberflächlich, zuerst kuglig geschlossen, dann rundlich sich öffnend, gestielt, gallertig, trocken hornartig. Scheibe krug- bis tief schüsself., Sporen spindelf., 2 bis 4 zellig, hyalin. Schlauchporus J +.

Fk. bis 1,5 cm hoch, fleisch- od. violettrot wie die Scheibe. Daneben stielartige, gleich gefärbte, oft verzweigte Konidienkeulchen. Auf dem Hirnschnitt von Buchen- u. Eichenstümpfen, an feuchtliegenden Ästen bis ins Hochgebirge, überall nicht selten. (Fig. 327.)

C. sarcoides (Jacq.)

4. Gattung: **Sarcoscypha** Fries.

Fk. meist büschelig zusammenstehend, $\pm$ gestielt, außen fein zottig. Scheibe zuletzt schüsself. Sporen ellipsoidisch od. länglich, hyalin, glatt.

Fk. meist einzeln, schmutzig rötlich weiß. Stiel bis 3 cm lg., z. T. in der Erde eingesenkt. Scheibe zinnober- od. scharlachrot, zuletzt wellig od. eingerissen berandeι, 1—5 cm br. Sporen 30—bis 40 × 12—15 μ. Auf faulenden, in der Erde liegenden Lbästchen, zerstreut. (Fig. 328.)   **S. coccinea** (Jacq.)

Fk. büschelig, weißzottig, rötlich, Stiel 2—4 cm lg., z. T. in der Erde. Scheibe scharlachrot, am Rande eingerissen, bis 1 cm br. Sporen 36—40 × 15—17 μ. Auf feuchter Walderde. F. Seltner als vor.   **S. protracta** (Fr.)

5. Gattung: **Chlorosplenium** Fries.

Fk. gesellig, wenig gestielt, fast sitzend, wachsartig, spangrün. Scheibe schüsself., Sporen länglich, einzellig, hyalin. Schlauchporus J +. Auf spangrün verfärbten Holzflecken sitzend, diese Flecken häufig, Fk. selten.

Sporen 6—8 × 1,5—2 μ. Auf dicken, entrindeten Lbästen, zerstreut.   **C. aeruginascens** (Nyl.)

Sporen 10—14 × 2,5—3,5 μ. Ebenda. (Fig. 329.)
                                          C. aeruginosum (Oed.)

6. Gattung: **Ciboria** Fuckel.

Fk. meist einzeln, groß, außen glatt, lg. u. zart gestielt. Scheibe trichter-, später schüsself. Sporen ellipsoidisch, einzellig, hyalin. Schlauchporus J +. Äußerlich wie Sclerotinia, aber nicht aus einem Sklerotium hervorkommend.

Fk. umbra- bis kastanienbraun, Stiel bis 3 cm lg. Scheibe etwas dunkler, 0,5—1,5 cm br. Sporen 6—7,5 × 3,—3,5 μ. Auf faulenden Zapfen von Abies im Gebirge.   **C. rufofusca** (Weberb.)

Fk. gesellig, bräunlich, Stiel 1—4 cm lg. Scheibe blaßbräunlich, 4—10 mm br. Sporen 9—12 × 4,5—5,5 μ. Auf faulenden Kätzchen von Alnus u. Salix, sehr zerstreut.   **C. amentacea** (Balb.)

Fk. blaßbräunlich, Stiel 2—8 mm lg. Scheibe umbrabraun, 2—8 mm br. Sporen 9—10 × 5—6 μ. Auf faulenden Kätzchen von Populus tremula u. alba, selten.   **C. caucus** (Rebent.)

7. Gattung: **Rutstroemia** Karsten.

Wie vor. Gattung, Stiel gewöhnlich im Boden eingesenkt. Sporen länglich, 2—4 zellig, hyalin. Schlauchporus J +.

Fk. hellbraun, Stiel 3—12 mm lg., Scheibe kastanienbraun, 2—10 mm br. Auf faulenden, im Boden liegenden Ästchen u. Früchten von Eichen, Birken, Erlen, bis in die Alpen, sehr zerstreut. (Fig. 330.)
                                          R. firma (Pers.)

Fk. oft gesellig, ockergelb, feinfasrig längsstreifig, Stiel 1—5 mm lg. Scheibe braun, 2—8 mm br. Sporen 15—18 × 7—9 μ. Auf im Boden liegenden Ästchen von Fagus u. Carpinus, selten.

R. bolaris (Batsch)

Fk. ± olivengrün, oft schwärzlich streifig, Stiel 1—3 mm lg. Scheibe dunkel olivgrün, 2—7 mm br. Sporen 14—18 × 5—7 μ. Auf abgefallenen Ästchen von Abies, selten.

R. elatina (Alb. et Schw.)

8. Gattung: **Sclerotinia** Fuckel.

Fk. wie Ciboria, Stiel meist lg., oft unten dicht haarig, stets aus einem Sklerotium hervorkommend, das durch Umbildung von Früchten, Stengeln usw. erzeugt wird. Sporen ellipsoidisch bis länglich, einzellig, hyalin, oft 4 größere und 4 kleinere im Schlauch. Schlauchspitze J +. — Von mehreren fruchtbewohnenden Arten sind Konidien bekannt, welche im F. die jungen Blätter befallen u. auf kurzen Trägern reihenweise entstehen. Die Sklerotien machen eine Ruheperiode im Winter durch u. keimen im F. zu einem od. mehreren Fk. aus.

1. Früchte von Ericaceen zu Sklerotien umbildend.   2.
    Nicht auf Ericaceen.   3.
2. Auf Vaccinium vitis idaea, besonders im Gebirge, nicht selten. (Fig. 331.)   **S. urnula** (Weinm.)
    Auf Vaccinium oxycoccus, zerstreut.   **S. oxycocci** Woron.
    Auf Vaccinium myrtillus, häufig. (Fig. 332.)
         S. baccarum (Schroet.)
    Auf Vaccinium uliginosum, zerstreut.
         S. megalospora Woron.
    Auf Rhododendronfrüchten, in den Alpen.
         S. rhododendri Fisch.
3. Auf Früchten von Rosaceen.   4.
    Nicht auf Rosaceen.   5.
4. Auf Früchten von Prunus cerasus, selten.   **S. cerasi** Woron.
    Auf Früchten von Prunus padus, selten.
         S. padi Woron.
    Auf Früchten von Sorbus aucuparia, selten.
         S. aucupariae Woron.
5. Auf Früchten.   6.
    Nicht auf Früchten, sondern Wurzeln od. Stengeln usw.   7.
6. Auf Eicheln, selten.   **S. pseudotuberosa** Rehm
    Auf Alnusfrüchten, selten.   **S. alni** Maul
    Auf Rhizomen von Anemone nemorosa, zerstreut.
         S. tuberosa (Hedw.)
    Auf Wurzeln von Brassica, Raphanus, Beta usw. nicht selten.
         S. Libertiana Fuck.
7. Auf faulenden Weinblättern, häufig.
         S. Fuckeliana (de By.)

Auf kultivierten Kleearten, zerstreut.

S. ciborioides (Hoffm.)

Auf faulenden Halmen von Carex stricta, selten.

S. Durieuana (Tul.)

9. Gattung: **Eriopeziza** Saccardo.

Fk. gesellig, auf einem dichten, filzigen Gewebe sitzend, außen filzig, wachsartig. Scheiben schüsself., zart weißhaarig berandet. Sporen länglich, hyalin, einzellig. Schlauchporus J +.

Scheibe 0,15—0,3 mm br. bläulichgrau, trocken schwärzlich, verbogen. Sporen 5—6 × 5 μ. Auf faulem Eichenholz im Westen des Gebietes, zerstreut. (Fig. 333.)   **E. caesia** (Pers.)

10. Gattung: **Arachnopeziza** Fuckel.

Fk. gesellig, auf zartem, weißem Hyphenfilz sitzend, außen mit goldgelbem Filz, Scheibe schüsself., mit etwas eingebogenem Rand. Sporen länglich, reif 2—4 zellig. Schlauchporus J +.

Scheibe gelblich, trocken rot- od. goldgelb, 0,3—2,5 mm br. Sporen 15—20 × 4—5 μ. An faulenden Blättern, Ästchen, Früchten von Quercus u. Fagus, zerstreut. (Fig. 334.)   **A. aurelia** (Pers.)

11. Gattung: **Lachnellula** Karsten.

Fk. gesellig, hervorbrechend, sehr kurz gestielt, außen weiß, filzig. Scheibe orangefarben. Sporen ± kuglig, hyalin. Schlauchporus J +.

Stiel 1 mm lg. Scheibe bis 4 mm br. Sporen 4—6 μ im Durchm. An dürren Ästen von Larix, Pinus cembra u. pumilio in den Hochalpen, nicht selten. (Fig. 335.)   **L. chrysophthalma** (Pers.)

12. Gattung: **Desmazierella** Libert.

Fk. sitzend, schwarz, mit starren braunen Haaren bedeckt, am Grunde mit zahlreicheren, welligen Haaren. Scheibe gelbbraun, lg. u. zerstreut behaart, besonders am Rande. Sporen ellipsoidisch, hyalin. Paraphysen oben dunkel gefärbt, weit die Scheibe als Haare überragend.

Scheibe bis 5 mm br. Sporen 18—20 × 9—10 μ. An faulenden Kiefernnadeln, selten.   **D. acicola** Lib.

13. Gattung: **Dasyscypha** Fries.

Fk. sitzend od. etwas gestielt, meist von Anfang an oberflächlich, außen mit dichten, hyalinen od. gefärbten Haaren bedeckt. Scheibe flach, zart berandet. Sporen ellipsoidisch, stumpf od. spitz, hyalin, meist einzellig, selten zuletzt zweizellig. Schlauchporus J +.

1. Auf Koniferen.   2.
   Nicht auf Koniferen.   4.
2. Äußere Haare des Fk. hyalin, kurz gestielt.   3.

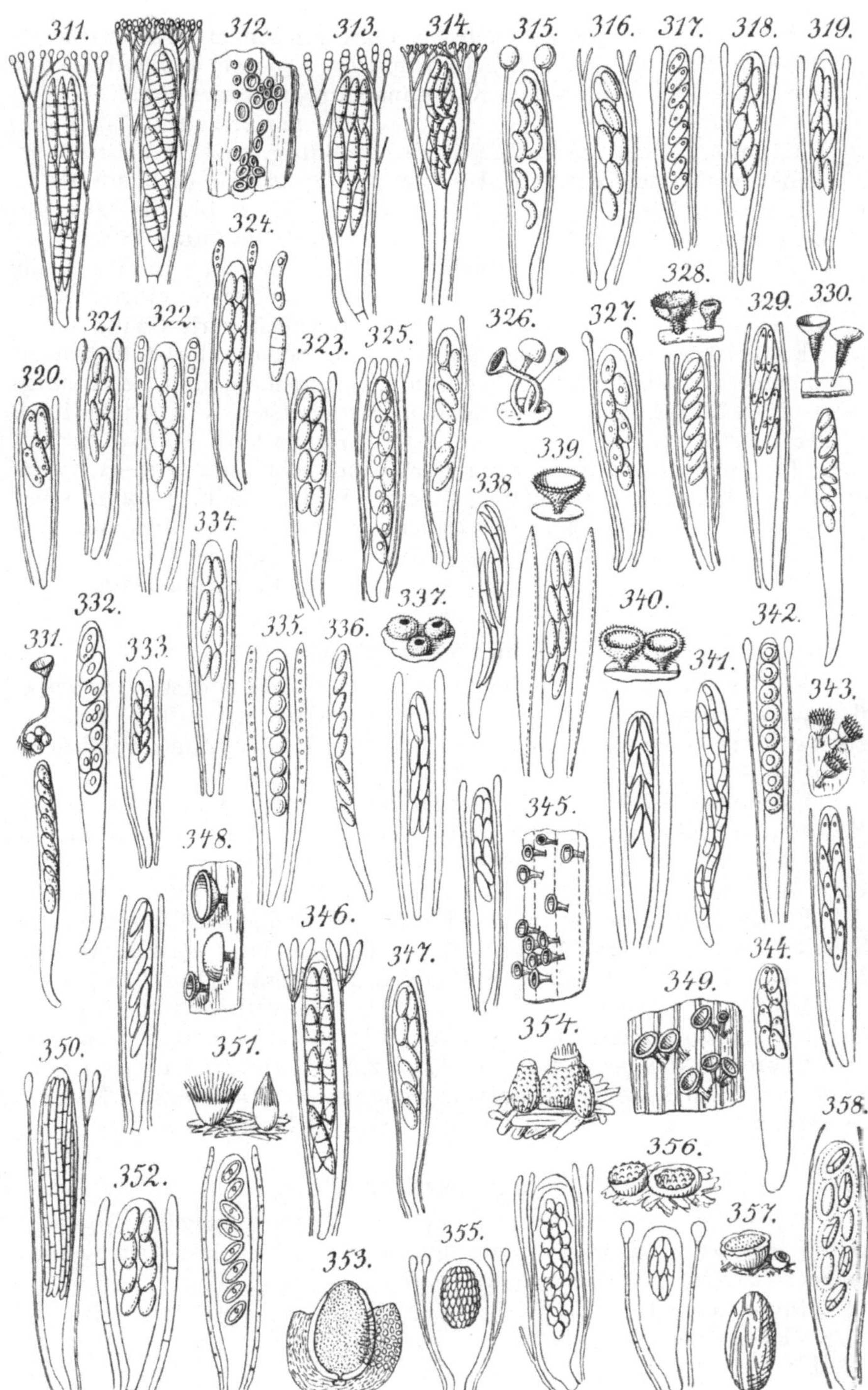

Fk. außen mit gelblichen bis gelbbräunlichen Haaren, sitzend.
Scheibe weiß od. weißgelb, bis 1 mm br. Sporen spindelf., 5 bis
8 × 1,5—5 μ. Auf faulen Kiefernnadeln, sehr zerstreut.

D. pulverulenta (Lib.)

3. Fk. meist einzeln, hervorbrechend, weißfilzig, Stiel bis 1 mm lg.
Scheibe orangegelb od. -rot, 1—4 mm br. Sporen länglich, spindelf.,
od. keulig, 16—25 × 6—8 μ. An Lärchenästen bis ins Hochgebirge, häufig (Fig. 336.) **D. Willkommii** Hart.

Fk. wie bei vor. Art. Scheibe nur bis 2,5 mm br. Sporen 5 bis
7 × 2,5—3 μ. An Ästen von Abies, Larix, Pinus pumilio, seltner
als vor. **D. caliciformis** (Willd.)

4. Fk. meist einzeln, sitzend, mit braunen Haaren besetzt, braun.
Scheibe dunkelbraun, 0,2—0,4 mm br. Sporen spindelf. od. keulig,
6—9 × 1,5—2,5 μ. An faulenden Wedelstielen von Pteridium,
zerstreut. **D. pteridis** (Alb. et Schw.)

Fk. gehäuft auf geschwärzten Flecken, sehr kurz gestielt, gelb-
od. dunkelbraun, braungelb behaart. Scheibe gelb, 1—2 mm br.
Sporen 5—6 × 2,5—3 μ. Auf faulendem Holz von Eichen, Buchen,
Erlen, Pappeln, usw. bis ins Hochgebirge, zerstreut.

D. cerina (Pers.)

14. Gattung: **Lachnella** Fries.

Fk. sitzend, außen gefärbt, behaart, Gehäuse dick. Scheibe
flach, zart berandet. Sporen spindelf., spitz od. stumpflich, hyalin,
zuletzt stets zweizellig. Äußerlich sonst wie Dasyscypha. Schlauchporus J +.

Fk. meist gesellig, hell- bis dunkelrot, zottig von bräunlichen
Haaren. Scheibe hell- bis braunrot, 0,7—2,5 mm br. Sporen 14 bis
16 × 2,5—3,5 μ. An entrindeten Ästen von Ligustrum, Fraxinus,
Carpinus, selten. (Fig. 337.) **L. flammea** (Alb. et Schw.)

Fk. gesellig, außen weißlich od. gelblichrötlich, filzig braunhaarig.
Scheibe rötlich od. gelbbräunlich, bis 0,7 mm br. Sporen 15 bis
18 × 3,5—4 μ. An Rinde von Populus, zerstreut. (Fig. 338.)

L. corticalis (Pers.)

Fk. gesellig, bräunlich, rostbraun filzig. Scheibe blaß, 1—1,5 mm
br. Sporen verlängert-keulig, 9—12 × 2,5 μ. An dürren Ästen von
Lonicera-Arten, seltener Clematis u. Cynanchum, besonders im Mittel-
gebirge, zerstreut. **L. barbata** (Kze.)

15. Gattung: **Lachnum** Retz.

Fk. äußerlich wie bei Dasyscypha. Sporen einzellig, hyalin,
selten zuletzt zweizellig. Paraphysen die Schläuche überragend,
lanzettf. zugespitzt. Schlauchporus J +

1. Haare des Fk. farblos.   2.

    Haare des Fk. gefärbt.   7.

2. Fk. ± gestielt.   3.

Fk. sitzend, weißlich, zottig. Scheibe weißlich od. gelblich, 0,5—1,5 mm br. Sporen 9—17 × 1,5—2 µ. Auf faulenden Stengeln von Senecio, Adenostylis, Eupatorium, Sambucus ebulus usw., selten. **L. mollissimum** (Lasch)

3. An Ästen u. Holz (seltner Früchten). 4.
   An Blättern u. Stengeln. 5.
4. Fk herdig, gelbweißlich, dicht weißfilzig, Stiel 0,5 mm lg. Scheibe gelb od. rötlich, 0,5—2 mm br., trocken etwas dunkler. Sporen 6—10 × 1,5—2 µ. An dürren Eichenästen, seltner an Buchen u. Crataegus, sowie deren Fruchthüllen, zerstreut. (Fig. 339.) **L. bicolor** (Bull.)

   Fk. gehäuft, frisch wie Tau glänzend, außen gelblichweiß bis goldgelb, mit farblosen glänzenden Haaren, Stiel 0,5—1 mm lg. Scheibe gelblich, bis 1 mm br. Sporen 6—10 × 1,5—2,5 µ. Auf faulenden, entrindeten Eichenästen, selten. **L. cristallinum** (Fuck.)

   Fk. einzeln od. gesellig, zart elfenbeinweiß, farblos flaumig, Stiel 0,3—3 mm lg. Scheibe etwas gefärbt, seltner gelblich, bis 1 mm br. Sporen 6—10 × 1,5—2,5 µ. Auf Ästen von Lb. im feuchten Laube, besonders auf Bucheckern in feuchten Wäldern, häufig. **L. virgineum** (Batsch)
5. Auf Blättern. 6.
   Fk. herdig, schneeweiß, angedrückt feinzottig, Stiel bis 0,5 mm lg. Scheibe weiß od. schwach gelblich, bis 1 mm br. Sporen 6 bis 8 × 1,—1,5 µ. An dürren Rubusstengeln, von Dentaria bulbifera, Adenostylis im Vorgebirge bis in die Alpen, zerstreut. **L. niveum** (Hedw. f.)
6. Fk. meist einzeln, durchscheinend weißlich, fein weiß-flaumig, Stiel bis 0,5 mm lg. Scheibe rötlich od. gelblich, bis 0,2 mm br. Sporen 4—5 × 1,5 µ. Auf faulenden Blättern von Eichen, Linden, Acer usw., zerstreut. **L. echinulatum** Rehm

   Fk. meist gesellig, durchsichtig weiß od. gelblich, spärlich behaart, Stiel bis 0,5 mm lg. Scheibe gelblich, bis 0,5 mm br. Sporen 15—20 × 2,5—3 µ. Auf faulenden Blättern von Quercus u. Castanea, sehr zerstreut. (Fig. 340.) **L. ciliare** (Schrad.)
7. Fk. sitzend. 8.
   Fk. gestielt. 11.
8. An Kräuterstengeln. 9.
   Fk. einzeln od. gesellig, olivenbraun, zottig von gelben Haaren. Scheibe schwefelgelb, 2—4 mm kr. Sporen 9—12 × 2—2,5 µ. Auf faulen entrindeten Ästen u. Holz von Ulmus campestris, selten. **L. flavofuligineum** (Alb. et Schw.)
9. Scheibe frisch weißlich od. rötlich. 10.
   Fk. gesellig, kastanienbraun, braunzottig. Scheibe blaßgelblich, 0,3—0,8 mm br. Sporen 6—12 × 1,5—2 µ. An dürren Stengeln von Polygonatum multiflorum u. verticillatum, zerstreut. **L. nidulus** (Schm. et Kze.)

10. Fk. meist gesellig, schwefel- od. blaßgelb, gelblich-zottig. Scheibe
0,5—2 mm br.   Sporen 10—18 × 1,5—2,5 µ.   An faulenden
Stengeln größerer Kräuter, zerstreut.

L. leucophaeum (Pers.)

Fk. zerstreut, schwefelgelb, trocken bräunlich, mit gelben od.
gelbbraunen Haaren.   Scheibe 0,5—1,5 mm br.   Sporen 8 bis
10 × 1,5—2 µ.   Auf faulenden Kräuterstengeln in der Ebene.

L. sulfureum (Pers.)

11. An Blättern u. Ranken.   12.
    An Grashalmen.   13.

12. Fk. meist einzeln, dunkelbraun, braunfilzig, Stiel bis 0,5 mm lg.
Scheibe graugelblich, 0,3—1 mm br., trocken etwas dunkler.
Sporen 7—10 × 1,5—2,5 µ.   An faulenden Blättern von Eichen,
Rot- u. Hainbuchen, nicht häufig.   L. fuscescens (Pers.)

Fk. herdig, grau- od. gelbbraun, braunfilzig, Stiel bis 0,5 mm lg.
Scheibe blaß, 0,3—1 mm br.   An dürren Himbeerranken, sehr
zerstreut.   L. clandestinum (Bull.)

13. Fk. einzeln od. gesellig, rosa od. gelbrötlich, mit schwach gelblichen Haaren, Stiel bis 0,3 mm lg.   Scheibe rot od. purpurn,
0,5—1,2 mm br.   Sporen 6—10 × 1,5—2,5 µ.   An dürren Halmen
von Phragmites, Holcus, an Stroh, sehr zerstreut.

L. controversum (Cooke)

Fk. einzeln od. gesellig, schwach gelbbräunlich, kleiig-filzig von
braunen Härchen, Stiel bis 0,5 mm lg. Scheibe blaß, 0,5—1 mm br.
Sporen 8—12 × 1,5—2 µ.   Auf faulenden Grashalmen z. B.
Secale, Elymus, auch von Juncus, sehr zerstreut.

L. patens (Fr.)

16. Gattung: **Erinella** Saccardo.

Fk. meist herdig, fast sitzend, außen behaart.   Scheibe schwach
bräunlich od. rosa.   Sporen 4—8 zellig, fädig, hyalin.   Paraphysen
lanzettf., die Schläuche überragend.

Fk. weißlich, gelblich od. rötlich, Haare oben hyalin, unten
gelblich.   Scheibe 0,2—1 mm br.   Sporen 35—45 × 1,5 µ.   An dürren
Halmen von Juncus, zerstreut.   (Fig. 341.)   **E. juncicola** (Fuck.)

17. Gattung: **Pitya** Fuckel.

Fk. gesellig, sehr kurz gestielt, flockig-weißlich.   Sporen kuglig,
glatt, hyalin.   Paraphysen oben etwas verbreitert.

Fk. weiß, flockig, Stiel oft 0,5—1,5 mm lg. od. fast fehlend.
Scheibe orangerot od. goldgelb, 2—20 mm br.   Sporen 2 µ im Durchm.
An trockenen Ästchen od. Nd. von Picea u. Abies im Gebirge, zerstreut.
(Fig. 342.)   **P. vulgaris** Fuck.

18. Gattung: **Cyathicula** de Notaris.

Fk. meist zerstreut, gestielt, glatt.   Scheibe zuletzt flach, am
Rande mit regelmäßigen, borstigen Zähnchen.   Sporen länglich,
zuletzt zweizellig, hyalin.   Paraphysen fädig.   Schlauchporus J —.

Fk. weißlich bis gelblich, Stiel 1—6 mm lg. Scheibe schwach rosa, 0,5—3 mm br. Sporen 15—18 × 3—4,5 μ. An dürren Pflanzenstengeln (Urtica, Clematis, Heracleum, Lappa, Adenostylis, Cirsium, Rudbeckia), bis ins Hochgebirge, zerstreut. (Fig. 343.)

C. coronata (Bull.)

19. Gattung: **Hymenoscypha** Fries.

Fk. sitzend od. gestielt, glatt od. flaumig behaart, wachsartig häutig, mit dünnem Gehäuse. Scheibe krug- endlich schüsself., am Rande zart feinfaserig. Sporen ellipsoidisch, stumpf od. spitz, einzellig, hyalin. Paraphysen fädig, kaum verbreitert. — Die Gattung umfaßt in der hier angenommenen Umgrenzung über 100 meist seltene Arten des Gebietes, von denen nur die häufigsten aufgenommen werden können. Von dem äußerlich ganz gleich aussehenden Helotium durch die einzelligen Sporen getrennt.

1. Fk. sitzend, ganz ohne Stiel (Unterg. Pezizella). 2.

    Fk. mit Stiel (Unterg. Phialea). 5.

2. Nicht auf Farnen. Schlauchporus J +. 3.

    Fk. weißlich od. weißgelblich. Scheibe gelblichweiß, bis 0,4 mm br. Sporen 5—9 × 1,5—2 μ. Schlauchporus meist J —. Auf Wedeln von Aspidium filix femina u. spinulosum u. Pteridium, selten. **H. aspidiicola** (Berk. et Br.)

3. Scheibe trocken weiß, höchstens schwach gelblich od. rosa. 4.

    Fk. weißgelblich. Scheibe ebenso, trocken aber dottergelb, weiß berandet, 0,2—0,8 mm br. Sporen 6—9 × 2,5 μ. Auf faulenden Lindenblättern, selten. **H. punctiformis** (Grev.)

4. Fk. wasserhell. Scheibe frisch ebenso, bis 0,5 mm br. Sporen 6—10 × 2—2,5 μ. Auf faulem Holz von Lb., seltner Nd., zerstreut. (Fig. 344.) **H. hyalina** (Pers.)

    Fk. durchscheinend weiß. Scheibe ebenso, bis 0,4 mm br. Sporen 6—8 × 2—3 μ. An faulenden Stengeln u. Blättern von Epilobium angustifolium u. hirsutum, selten.

H. punctoidea (Karst.)

5. Auf Koniferen. 6.

    Auf Gramineen. 7.

    Auf Dikotyledonen. 8.

6. Fk. weißlich, feinflaumig, Stiel bis 0,8 mm lg. Scheibe gelblichweiß, 0,15—0,25 mm br. Sporen 4—7 × 1,5—2,5 μ. Schlauchporus J +. Auf faulenden Koniferennd., zerstreut.

H. acuum (Alb. et Schw.)

    Fk. gehäuft auf schwärzlichen Flecken, bräunlich, Stiel 0,4 mm lg. Scheibe bräunlich, trocken dunkler, 0,3—0,5 mm br. Sporen 8—12 × 1,5—2 μ. Schlauchporus J +. Auf Zapfen von Picea, seltner Pinus silvestris, zerstreut. **H. strobilina** (Fr.)

7. Fk. einzeln od. gesellig, bräunlichweiß, Stiel 0,3—0,8 mm lg. Scheibe bräunlich, am Rande zart gestreift u. weißlich bestäubt,

0,2—0,7 mm br. Sporen 6—9 × 1,5—2 µ. Schlauchporus schwach J +. Auf faulenden Grashalmen, Getreidestoppeln, bis ins Hochgebirge.   **H. culmicola** (Desm.)

    Fk. meist einzeln, dick u. kurz gestielt, braunrötlich. Scheibe blaß rosa, trocken schwarzbraun, 0,2—1 mm br. Sporen 7 bis 10 × 2,5—3 µ. Schlauchporus J +. Auf dürren Grashalmen z. B. von Stipa, Phleum u. a., zerstreut.   **H. stipae** (Fuck.)

8. An Stengeln von Kräutern, namentlich größeren.   9.

    Fk. gesellig, weißlich bis grau, Stiel hellbräunlich, bis 0,5 mm lg. Sporen 7—10 × 3—4 µ. Schlauchporus J +. An faulenden weibl. Kätzchen von Salix caprea u. Populus tremula. F. Sehr zerstreut.   **H. amenti** (Batsch)

9. Fk. gesellig od. einzeln, blaß weißlich, seltner gelblich od. schwach rötlich, Stiel bis 1,5 mm lg. Scheibe gelblich od. rötlich, zart berandet, 0,5—2 mm br. Sporen 5—11 × 1,5—2 µ. Schlauchporus schwach J +. Auf dürren od. faulenden Stengeln von allen möglichen Kräutern, häufig bis ins Hochgebirge. (Fig. 345.)   **H. cyathoidea** (Bull.)

    Fk. gesellig, blaß weißlich od. gelblich, oben senkrecht fein dichtstreifig, Stiel blasser, bis 1 mm lg. Scheibe gelblich od. rötlich, 0,3—0,5 mm br. Sporen 7—9 × 1,5—2 µ. Schlauchporus kaum J +. Auf Stengeln von Urtica, seltner von Umbelliferen od. Kompositen, viel seltner als vor.   **H. urticae** (Pers.)

20. Gattung: **Belonium** Saccardo.

    Fk. sitzend, glatt, außen bestäubt od. feinflaumig. Scheibe flach, wachsartig. Sporen 4 zellig, hyalin. Schlauchporus J +.

    Fk. gesellig, gelbbräunlich od. graugelb. Scheibe weißlich, grau bis gelblich, 0,3—1,2 mm br. Sporen fädig od. nadelf., 18—21 × 1,5 µ. Auf faulenden Kiefernnadeln im Westen des Gebietes.

    B. pineti (Batsch)

21. Gattung: **Belonioscypha** Rehm.

    Fk. einzeln od. gesellig, kurz u. dick gestielt, außen glatt, trocken fein bestäubt. Sporen zylindrisch od. keulig, 4 zellig, hyalin.

    Fk. gelblich od. rötlichweiß, Stiel bis 1 mm lg., trocken weißgrünlich, bestäubt u. nach dem Rand fein längsstreifig. Scheibe blaß bis rötlich, bis 1,2 mm br. Sporen mit Schleimhülle umgeben, 21 bis 40 × 4—5 µ. An dürren aufrechten Grashalmen z. B. Molinia, Secale, Festuca, selten. (Fig. 346.)   **B. vexata** (de Not.)

22. Gattung: **Helotium** Fries.

    Fk. einzeln od. gesellig, hervorbrechend, seltner von Anfang an oberflächlich sitzend, ± gestielt, glatt od. feinflaumig, wachsartig, trocken verbogen. Scheibe flach, zart berandet. Sporen ellipsoidisch, stumpf od. spitz, zuerst ein- dann 2 oder seltner vierzellig, hyalin.

Paraphysen wenig verbreitert. — Über 30 Arten im Gebiet, die meisten davon selten u. lokalisiert.

1. Fk. meist gehäuft, kurz gestielt. Scheibe sehr bald flach. Sporen länglich, gerade, einzellig, selten später zweizellig. 2.
   Fk. einzeln od. büschelig, fast stets lg. u. dick gestielt, Scheibe meist lange krugf., dann flach. Sporen keulig od. spindelf., oft gebogen, einzellig, später 2—4 zellig. 3.
2. Fk. gesellig, bisweilen zusammenfließend, oft unterrindig entstehend u. die Rinde abhebend od. auf nacktem Holz von Anfang an oberflächlich, weißlich, sehr kurz gestielt. Scheibe zitronen- od. bernsteingelb, 0,5—3 mm br., trocken meist goldgelb. Sporen länglich, stumpf, 9—14 × 3—4 μ, selten 2 zellig. Schlauchporus kaum J +. Auf faulen Ästen u. Holz von Lb., besonders Fagus, nicht selten. (Fig. 347.) **H. citrinum** (Hedw.)
   Fk. herdig, sehr kurz gestielt, weißlich bis gelblich. Scheibe blaß- od. orangegelb, 0,3—3 mm br. Sporen 10—15 × 2—3 μ, zuletzt zweizellig. Schlauchporus meist J +. Auf faulenden Stengeln größerer Kräuter, Urtica, Eupatorium, Sambucus ebulus, Erigeron, Salvia, Cynanchum, Dahlia usw., bis ins Hochgebirge, zerstreut. (Fig. 348.) **H. herbarum** (Pers.)
3. Auf Ästen von Bäumen (auch Fruchthüllen u. Zapfen). 4.
   Auf Stengeln u. Ranken von Kräutern. 5.
   Auf faulenden Pappel- u. Buchenblättern. Fk. zerstreut, weißlich od. gelblich, Stiel bis 0,8 mm lg. Scheibe ebenso gefärbt, trocken bis goldgelb, 0,3—1,2 mm br. Sporen keulig od. spindelf., abgestumpft, zuletzt 2 zellig, 10—15 × 3—3,5 μ. Selten.
   H. phyllophilum (Desm.)
4. Fk. gesellig, auf geschwärzten Flecken unterrindig sich entwickelnd u. dann hervorbrechend, gelblich od. gelbbräunlich, Stiel 1—10 mm lg. Scheibe lange krugf., gelbrötlich, 0,5—4 mm br. Sporen spindelf. od. keulig, 15—20 × 4—6 μ (selten etwas länger), zuletzt zweizellig. Schlauchporus schwach J +. Auf faulenden Ästchen von Alnus, Quercus, Fraxinus, Salix, Fruchthüllen von Eichen, Buchen, Haselnüssen, Kiefernzapfen, nicht selten.
   H. virgultorum (Vahl)
   Fk. gesellig hervorbrechend, gelbbräunlich, Stiel 0,5—2,5 mm lg., blasser. Scheibe 0,5—5 mm br., rost- od. gelbbräunlich. Sporen länglich spindelf., zuletzt zweizellig, 15—20 × 4—5 μ. Schlauchporus J —. Auf faulen Ästen von Alnus u. Betula, selten.
   H. sublenticulare Fries
5. Fk. gesellig, gelblichweiß, trocken bräunlich, Stiel 0,3 mm lg. Scheibe gelblichweiß, 0,2—1,2 mm br. Sporen spindelf., etwas spitz, zuletzt meist 2 zellig, 15—20 × 4 μ. Schlauchporus kaum J +. An dürren Hopfenranken, ziemlich selten.
   H. humuli (Lasch)
   Fk. herdig, meist auf schwärzlichen Flecken, gelblich bis bräunlichgelb, Stiel 0,5—5 mm lg., am Grunde dunkler. Scheibe gelblich,

0,3—3 mm br.   Sporen spindelf. od. keulig, zuletzt 2—4 zellig, 18—25 × 4—5 μ.   Schlauchporus schwach J +.   Auf faulenden Stengeln von Artemisia, Cirsium, Rudbeckia, Oenothera, Ballota usw., zerstreut.   (Fig. 349.)   **H. scutula** (Pers.)

23. Gattung: **Gorgoniceps** Karsten.

Fk. gesellig, sitzend, glatt, trocken, außen weiß bestäubt. Scheibe flach.   Sporen stäbchenf., oft schwach keulig, zuletzt bis 16 zellig, hyalin.   Schlauchporus J +.

Fk. weißlich, Scheibe 0,2—0,5 mm br., ebenso gefärbt.   Sporen 60—80 × 2,5—3 μ.   In Rindenspalten am Grunde von Kiefern, seltner an Zapfen, selten.   (Fig. 350.)   **B. aridula** Karst.

24. Gattung: **Pocillum** de Notaris.

Fk. einzeln, kurz gestielt, becherf., glatt, blaßbraun. Sporen fädig, meist einzellig.   Paraphysen oft verbreitert u. braun.

Scheibe flach, blaßbraun, 0,2—0,7 mm br.   Sporen 120 bis 140 × 1 μ.   Auf der Unterseite dürrer Blätter von Eichen, selten.
P. Cesatii (Mont.)

5. Familie: **Ascobolaceae.**

Fk. von Anfang an oberflächlich, sitzend, fleischig, zuerst geschlossen, dann die flache od. etwas gewölbte, zart berandete Scheibe entblößend.   Gehäuse oft sehr dünn, kaum ausgebildet, sonst aber mit dem Hypothecium zusammen deutlich zellig. Schläuche bei der Reife sich streckend u. sich einzeln über die Scheibe erhebend, meist mit Deckel aufspringend.   Sporen einzellig.   Fast nur mistbewohnende kleine Pilze.

Bestimmungstabelle der Gattungen.
A. Sporen immer farblos.
   a) Schläuche 8 sporig.
      I. Fk. behaart.   **1. Lasiobolus.**
      II. Fk. kahl.   **2. Ascophanus.**
   b) Schläuche vielsporig.
      I. Nur ein Schlauch im Fk.   **3. Telebolus.**
      II. Mehrere Schläuche im Fk.   **4. Rhyparobius.**

B. Sporen violett od. braun.
   a) Sporen kuglig.   **5. Boudiera.**
   b) Sporen deutlich länglich.
      I. Sporen im Schlauch zu einem Ballen verklebt.   **6. Saccobolus.**
      II. Sporen frei unter sich.   **7. Ascobolus.**

1. Gattung: **Lasiobolus** Saccardo.

Fk. außen mit starren, spitzen, hyalinen od. gelblichen Haaren besetzt. Schläuche mit Deckel sich öffnend, Sporen ellipsoidisch.
Scheibe gelbbräunlich, 0,3—1 mm br. Fk. außen gelblich od. rötlich bis braungelb. Sporen 28—30 × 12—15 μ. Auf Mist von Kühen, Pferden, ferner von Schafen, Rehen, Ziegen, Hirschen usw. bis in die Alpen, nicht selten. (Fig. 351.) **L. equinus** (Müll.)
Scheibe gelbrot, 0,5—2 mm br. Fk. außen ebenso. Sporen 24—27 × 10—15 μ. Auf Mist, faulenden Abfällen von Zuckerfabriken, zerstreut. **L. pulcherrimus** (Cr.)

2. Gattung: **Ascophanus** Boudier.

Fk. kahl, weich, sonst wie vor. Gatt. Die meisten Arten sehr selten u. im Gebiet nur wenige Male gefunden. Die genannten Arten bläuen durch Jod ihre Schläuche.
Scheibe weiß od. seltner gelblich, 2—3 mm br. Sporen glatt od. mit einzelnen Wärzchen besetzt, 32—36 × 14—15 μ. Auf Mist von Kühen, Hirschen u. anderen Pflanzenfressern, zerstreut.
A. Holmskjoldii Hansen
Scheibe gelb- od. bräunlichrot, meist feinfasrig berandet, 1—3 mm br. Sporen glatt. 15—20 × 9—10 μ. Auf Kot von Kühen, faulendem Papier, Geweben, Leder usw., zerstreut. Scheibe rosa od. fleischrötlich, 0,5—2 mm br., kaum berandet. Sporen körnelig rauh, 15—21 × 9—12 μ. Auf Mist von Kühen, Hasen, häufig. (Fig. 352.)
A. carneus (Pers.)

3. Gattung: **Telebolus** Tode.

Fk. kuglig od. eif., geschlossen, dann am Scheitel sich öffnend u. den gewöhnlich einzigen Schlauch hervortreten lassend. Sporen zahlreich im Schlauch, klein, sich in einem Klumpen entleerend.
Fk. 0,3—0,4 mm groß. Sporen 5,8—7 × 3—3,5 μ. Auf Kot von Pflanzenfressern, nicht selten. (Fig. 353.) **T. stercoreus** Tode

4. Gattung: **Rhyparobius** Boudier.

Fk. wie bei Ascophanus. Schläuche vielsporig, zu mehreren im Fk. Sporen oft zu einem Klumpen im Schlauch vereinigt.
1. Schläuche J —. 2.
Fk. schmutzigweiß bis grauviolett. Scheibe etwas dunkler, 1—2 mm br. Schläuche mit 32 verklebten, 25—30 × 12—15 μ großen Sporen, J +. Auf Mist von Kühen u. Pferden, zerstreut. (Fig. 354.) **R. Pelletieri** (Cr.)
2. Scheibe nicht rot. 3.
Fk. u. Scheibe fleisch- od. rosenrot, 0,1—0,2 mm br. Schläuche mit sehr zahlreichen, 6 × 4 μ großen Sporen. Auf Mist von Pferden Kühen, Füchsen, Hunden, zerstreut. **R. myriosporus** (Cr.)

3. Schläuche mit mehr als 16 Sporen.   4.
    Fk. u. Scheibe weiß bis gelblich, 0,3—1 mm br. Schläuche mit 16 Sporen von 10—13 × 6—8 µ. Besonders auf Kuhmist, selten.

R. sexdecimsporus (Cr.)

4. Fk. u. Scheibe schmutzigweiß bis gelblich, 0,1—0,3 mm br. Schläuche mit 32 Sporen von 6 × 4 µ. Auf Hundekot, zerstreut.

R. caninus (Auersw.)

    Fk. hell ockergelb bis bräunlich, Scheibe heller, 0,1 mm br. Schläuche mit 64 Sporen von 6—9 × 4—4,5 µ. Auf Hundekot u. Kuhmist bis in die Hochalpen, zerstreut. (Fig. 355.)

R. crustaceus (Fuck.)

5. Gattung: **Boudiera** Cooke.

    Scheibe oft zuletzt gewölbt, meist unberandet, sonst wie Ascobolus. Sporen kuglig, fein punktiert, zuletzt violett.

    Fk. u. Scheibe schmutzigbraun, 0,5—0,7 mm br. Sporen 12 bis 15 µ im Durchm. Auf altem Hunde- u. Fuchskot, selten.

B. microscopica (Cr.)

6. Gattung: **Saccobolus** Boudier.

    Fk. wie bei Ascobolus. Sporen ellipsoidisch, glatt, durch Gallerte vereinigt u. einen Klumpen im Schlauch bildend, zuletzt violett. Schläuche J +.

1. Fk. irgendwie gelb.   2.
    Fk. schwach violett, durchscheinend, Scheibe 0,5—1,5 mm br. Sporen einseitig etwas abgeflacht, 15—18 × 6—8 µ. Auf Mist von Kühen, Kaninchen usw. bis in die Alpen, zerstreut. (Fig. 356.)

S. violascens Boud.

2. Fk. bernstein- od. goldgelb, Scheibe schwarz punktiert, 0,5—1 mm br. Sporen 20—25 × 9—12 µ. Auf Mist von Kühen, Hirschen, Ziegen, Schafen usw. bis in die Alpen, zerstreut.

E. Kerverni (Cr.)

    Fk. weingelb, Scheibe meist blasser, 0,2—0,5 mm br. Sporen etwas ungleichseitig, violett, zuletzt braun, 12—15 × 6—8 µ. Auf Mist von Kühen, Schafen, Hasen, selten.

S. depauperatus (Berk. et Br.)

7. Gattung: **Ascobolus** Persoon.

    Fk. kuglig od. birnf., glatt od. kleiig bestäubt, Scheibe flach, meist deutlich berandet, schwarz punktiert. Schläuche mit Deckel sich öffnend. Sporen ellipsoidisch od. spindelf., violett, zuletzt braun, glatt, parallel längsstreifig od. warzig, mit Gallerthof, getrennt voneinander.

1. Sporen nicht warzig verdickt. 2.

Fk. gesellig, außen kleiig-schuppig, bräunlich. Scheibe grünlichgelb, 3—6 mm br. Sporen stumpf warzig, 18—22 × 12—14 µ.
Auf Brandstellen im Gebirge, selten.

A. atrofuscus Phill. et Plowr.

2. Fk. außen kleiig bestäubt od. flaumig. 3.

Fk. dicht gedrängt, außen glatt, gelblich od. bräunlich, trocken
schwarzbraun, Scheibe 0,2—0,5 mm br. Sporen fein längsstreifig,
21—25 × 8—12 µ. Auf Mist von Pflanzenfressern, häufig.

A. glaber Pers.

3. Fk. gesellig, gelb od. gelbbräunlich od. blaßgrünlich, am Rand u.
außen weiß kleiig, Scheibe 0,5—5 mm br. Sporen zart längsstreifig,
21—30 × 11—14 µ, mit einseitiger Gallerthülle. Auf Kot von
Pflanzenfressern, nicht selten. (Fig. 357.) **A. stercorarius** (Bull.)

Fk. meist gesellig, wie eingesenkt scheinend u. hervorbrechend,
bräunlich, etwas flaumig. Scheibe grünlich od. gelbgrün, 1—1,5 mm
br. Sporen glatt od. mit wenigen Längsstreifen, 45—70 × 25—40 µ.
mit breitem Schleimhof. Auf Mist von Kühen, seltner von anderen
Pflanzenfressern, zerstreut. (Fig. 358.) **A. immersus** Pers.

6. Familie: **Pezizaceae.**

Fk. oberflächlich (selten in der Erde ± eingesenkt), sitzend od.
gestielt, außen kahl od. behaart, fleischig, zuerst geschlossen, dann am
Scheitel sich rund od. lappig öffnend u. die krug- od. schüsself.Scheibe
entblößend. Gehäuse vollständig ausgebildet, wie das Hypothecium
meist aus farblosen Zellen bestehend. Schläuche bei der Reife nicht
über die Scheibe hervortretend. Schläuche mit Deckel od. Klappe
sich öffnend. Sporen hyalin, einzellig. Paraphysen oben meist keulig,
oft mit gefärbten Öltröpfchen im Innern.

Bestimmungstabelle der Gattungen.

A. Sporen kuglig.
  a) Fk. außen behaart.
    I. Haare lang, spitz. Fk. lebhaft ge-
      färbt. **1. Sphaerospora.**
    II. Haare kurz, fein. Fk. dunkel ge-
      färbt. **2. Pseudoplectania.**
  b) Fk. außen kahl. **3. Plicariella.**
B. Sporen ellipsoidisch, meist stumpf, seltner
  spitz.
  a) Fk. außen mit langen, wolligen od.
    starren spitzen Haaren.
    I. Haare borstenf., lang. Fk. rundlich
      aufreißend. **4. Lachnea.**
    II. Haare wollig. Fk. lappig aufreißend,
      im Boden steckend. **5. Sarcosphaera.**

b) Fk. außen kahl od. höchstens kleiig od.
   flaumig.
   I. Fk. regelmäßig, rundlich aufreißend.
      1. Fk. bei Verletzung nicht milchend
         od. höchstens eine farblose Flüssig-
         keit abscheidend.
         α) Schläuche J +
            § Fk. gestielt.   6. **Tarzetta.**
            §§ Fk. sitzend.   7. **Plicaria.**
         β) Schläuche J —
            § Sporen glatt, seltner höckerig
              od. warzig.
              * Fk. mit ± langem Stiel,
                mindestens deutlich stiel-
                artig zusammengezogen.
                † Stiel kurz, dick, mit Leisten
                  u. Vertiefungen versehen.   8. **Acetabula.**
                †† Stiel kurz, dick, glatt.
                   △ Fk. becher- od. kelchf.
                     bleibend.   9. **Geopyxis.**
                   △△ Fk. zuletzt ganz flach
                     ausgebreitet.   10. **Discina.**
                ††† Stiel lang, dünn. Fk.
                    außen völlig mehlig,
                    rauh.   11. **Macropodia.**
              ** Fk. ganz ungestielt.   12. **Humaria.**
            §§ Sporen bei der Reife mit netzf.
               Verdickungen.   13. **Aleuria.**
      2. Fk. bei Verletzung eine gefärbte
         Flüssigkeit abscheidend.   14. **Galactinia.**
  II. Fk. unregelmäßig, halbiert, ohrf.   15. **Otidea.**

1. Gattung: **Sphaerospora** Saccardo.

Fk. sitzend, sich rundlich öffnend u. zuletzt flach ausgebreitet,
außen mit einfachen, spitzen Haaren bedeckt. Sporen kuglig, warzig.
   Fk. außen gelbrötlich, braunbehaart, 3—8 mm br., Scheibe orange-
od. scharlachrot.   Sporen 18—20 μ im Durchm.   Auf tonigem Waldboden, sehr zerstreut. (Fig. 359.)   **E. trechispora** (Berk. et Br.)

2. Gattung: **Pseudoplectania** Fuckel.

Fk. wie bei vor. Gatt., außen filzig behaart, dunkel gefärbt.
Sporen glatt, kuglig.
   Fk. gesellig, braunschwarz. Scheibe glänzend schwarz, 0,5—3 cm
br. Sporen 10—14 μ im Durchm. Zwischen Nadeln u. Moos auf dem
Boden, bis ins Hochgebirge, F., zerstreut.   (Fig. 360.)
                                    P. nigrella (Pers.)

Fk. einzeln, schwarzbraun, braunfilzig, oft mit Stiel. Scheibe grauschwarz, 2—5 cm br. Sporen 10—14 μ im Durchm. An faulenden Stümpfen von Abies, selten. **P. melaena** (Fr.)

3. Gattung: **Plicariella** Saccardo.

Fk. wie bei vor. Gatt., außen kahl u. glatt. Sporen kuglig, glatt od. warzig.

1. Schläuche J — 2.
Schläuche J +. Fk. purpurn. Scheibe schwärzlich-rußbraun, 1—3 cm br. Sporen glatt, 7—9 μ im Durchm. Auf Brandstellen, selten. **P. fuliginea** (Schum.)
2. Sporen glatt. 3.
Fk. einzeln, mennigrot. Scheibe ebenso gefärbt, weißlich berandet, 5—10 mm br. Sporen reif feinstachlig, 15—17 μ im Durchm. Zwischen Moosen auf Mauern, selten. **P. miniata** (Cr.)
3. Fk. einzeln, hell- od. dunkelrot, 0,5—2 mm br. Sporen 15—18 μ im Durchm. Auf feuchter, beschatteter Erde. sehr zerstreut. **P. constellatio** (Berk. et Br.)
Fk. herdig, wachsgelb, zuletzt grünlich gefleckt. Scheibe mennig- od. pomeranzenrot, 1—3 cm br. Sporen 5—6 μ im Durchm. Auf Tannennadeln am Boden, im Gebirge, selten. **P. fulgens** (Pers.)

4. Gattung: **Lachnea** Fries.

Fk. sitzend od. selten kurz gestielt, außen $\pm$ behaart, meist mit borstenf. Haaren, sich rundlich öffnend. Scheibe meist schüsself., Rand später oft eingerissen. Sporen ellipsoidisch, glatt od. warzig. Paraphysen keulig. Über 50, meist seltene Arten.

1. Sporen glatt. 2.
Sporen warzig od. rauh. Fk. sitzend. 5.
2. Scheibe irgendwie rötlich od. gelblich. Fk. ungestielt. 3.
Scheibe glänzend schwarz, 1—3 cm br. Fk. gesellig, mit bis 5 mm langem Stiel, außen dicht braunflockig u. rostbraun bestäubt. Sporen 20—25 × 9—10 μ. Über faulenden Nadeln, Ästchen am Boden, zerstreut. **L. melastoma** (Sow.)
3. Auf Brandstellen. 4.
Fk. gesellig, bräunlichgelb, außen mit einzelnen, bis ½ mm langen gelbbräunlichen Haaren. Scheibe ebenso gefärbt, 2—4 mm br. Sporen 15—20 × 8—10 μ. Auf Mist von Pferden u. Kühen, auch auf mistgetränktem Boden, bis ins Hochgebirge zerstreut. **L. stercorea** (Pers.)
4. Fk. gehäuft, braun, mit einzelnen bräunlichen Haaren. Scheibe blaßrötlich, 2—6 mm br. Sporen 20—24 × 12—14 μ. Zerstreut. **L. brunea** (Fuck.)

Fk. gesellig, bräunlich, am Rand mit einzelnen Haaren besetzt. Scheibe schmutzig orangegelb od. bräunlichrot, 1—4 mm br. Sporen 15—18 × 7—8 μ.   Zerstreut.   **L. melaloma** (Alb. et Schw.)

5. Scheibe blaß grau od. blaß gelblich.   6.

   Scheibe rot.   7.

6. Fk. gedrängt, braun, zottig behaart. Scheibe blaßgrau, 1—2,5 mm br.   Sporen 18—24 × 8—9 μ, rauh.   Auf sandigen Waldwegen, zerstreut.   **L. gregaria** Rehm

   Fk. gesellig, braun, braunzottig. Scheibe weißlich gelb od. blaßgrau, zuletzt gebogen u. umgeschlagen, 0,5—2 cm br.   Sporen feinwarzig, 18—25 × 12—14 μ.   Auf dem Boden, zwischen Nadeln, häufig. (Fig. 361.)   **L. hemisphaerica** (Wigg.)

7. Auf dem Erdboden.   8.

   Fk. gesellig, braun, am Rande lg. braunborstig.   Scheibe mennig- od. scharlachrot, 2—8 mm br.   Sporen rauh bis feinwarzig, 18—24 × 12—15 μ.   Auf faulem Holz an feuchten Stellen, besonders in Gewächshäusern, bis in die Hochalpen, häufig. (Fig. 362.)
                                                L. scutellata (L.)

8. Fk. gesellig, außen mit braunen Haaren, besonders am Rand. Scheibe zinnober od. fleischrot, 2—7 mm br.   Sporen ± warzig rauh, 18—24 × 12—15 μ.   Auf der Erde bis in die Alpen, zerstreut.
                                                L. umbrorum (Fr.)

   Fk. gesellig, rötlichbraun, feinflaumig, am Rande braunborstig. Scheibe pomeranzenrot., 3—10 mm br.   Sporen grobwarzig rauh, 15—20 × 9—10 μ.   Auf sandigem Boden, selten.
                                                L. Chateri (Smith.)

5. Gattung: **Sarcosphaera** Auerswald.

Fk. dem Erdboden eingesenkt, zuerst geschlossen, dann lappig aufreißend, außen ± lang behaart, zuletzt etwas über den Boden hervortretend.   Paraphysen keulig.   Schläuche J +.

Fk. schmutzig weiß, braunbehaart, 1—5 cm br.   Scheibe blaß, krugf.   Sporen 22—24 × 12—14 μ.   Im Sande, selten.
                                                S. sepulta (Fr.)

Fk. weißlich od. rötlich, feinfilzig, 5—10 cm br. u. 5 cm hoch Scheibe hell- od. schmutzig violett.   Sporen 17—20 × 9—10 μ.   In Ndwäldern unter Nadeln, im Gebirge, zerstreut (var. **macrocalix** Riess mit Sporen von 15—18 × 7—8 μ) (Fig. 363.)
                                                S. coronaria (Jacz.)

6. Gattung: **Tarzetta** Cooke.

Fk. außen glatt, mit langem, dünnem, dem Boden eingesenktem Stiel.   Scheibe trichterf., wellig od. gekerbt berandet.   Schlauchspitze J +.

Fk. 1—2,5 cm br., strohgelb od. gelbbräunlich, Stiel 2—5 cm lg. Scheibe gleichfarbig.   Sporen 12—15 × 6—8 μ.   Auf fettem Boden, auch in Gewächshäusern selten. (Fig. 364.)
                                                T. rapulum (Bull.)

7. Gattung: **Plicaria** Fuckel.

Fk. meist gesellig, sitzend, glatt, sich rundlich öffnend. Scheibe zuerst krugf., dann zuletzt ganz flach, am Rande eingerissen. Sporen glatt od. warzig. Schläuche J +.

1. Sporen glatt.   2.
   Sporen warzig.   5.
2. Auf Erde u. Steinen.   3.
   Nicht auf diesen Substraten.   4.
3. Fk. blaßviolett, am Grunde weißlich-filzig. Scheibe violett, 0,5—2 cm br. Sporen 10—12 × 5—6 μ. Auf der Erde an Brandstellen, selten.   **P. violacea** (Pers.)

Fk. außen etwas filzig. mit ganz kurzem Stiel, Scheibe hell ockerfarbig, 1—3 cm br. Sporen 13—18 × 8—9 μ. An feuchten Mauern u. Blumentöpfen, selten.   **P. muralis** (Sow.)

4. Fk. außen mehlig bestäubt, oft faltig am Grunde. Scheibe ganz flach, am Rande meist umgeschlagen u. lappig eingerissen, bräunlich, sehr zerbrechlich, 2—10 cm br. Sporen 14—18 × 8—10 μ. An faulenden Lb.- u. Ndstümpfen, zerstreut.

     P. repanda (Wahlenb.)

Fk. umbrabraun, feinrunzlig. Scheibe gelbbräunlich, 0,4—2 cm br. Sporen 15—18 × 9—10 μ. Auf Mist von Kühen, Hirschen, Rehen usw., zerstreut.   **P. fimeti** (Fuck.)

5. Fk. kastanienbraun, etwas grubig, körnig. Scheibe umbrabraun bis olivengrün, 1—6 cm br. Sporen feinwarzig, 15—20 × 8—11 μ. Auf schattigem, sandigem Waldboden u. Wegen, zerstreut.

     P. badia (Pers.)

Fk. gelbbräunlich, weiß kleiig bestäubt. Scheibe ruß- bis zimmetbraun, wellig verbogen u. eingerissen, 1—5 cm br. Sporen feinwarzig, 15—18 × 7—9 μ. Auf feuchtem Waldboden, besonders im Gebirge, zerstreut. (Fig. 365.)   **P. pustulata** (Hedw.)

8. Gattung: **Acetabula** Fries.

Fk. einzeln, rundlich sich öffnend, außen bereift, mit kurzem, dickem, meist grubigem Stiel. Scheibe krugf., seltner schüsself., am Rand eingerissen. Sporen glatt. Paraphysen ästig, oben farbig.

Fk. grauweiß, bereift, Stiel 4—12 mm br. Scheibe rauchgrau, 2—5 cm br. Sporen 18—24 × 12—14 μ. Paraphysen oben bräunlich. Auf feuchtem schattigen Waldboden bis ins Hochgebirge, nicht selten. (Fig. 366.)   **A. sulcata** (Pers.)

Fk. weißlich, mit radiären, sich verzweigenden Leisten, Stiel 1—4 cm lg. Scheibe rußig schwarzbraun, 2—5 cm br. Sporen 18—24 × 12—15 μ. Paraphysen oben braun. Eßbar. Auf schattigem Waldboden, zerstreut.   **A. vulgaris** Fuck.

9. Gattung: **Geopyxis** Persoon.

Fk. meist gesellig, rundlich sich öffnend, kurz gestielt. Scheibe krugf., seltner flach u. am Rande eingerissen. Sporen glatt. Paraphysen ästig, oft oben gefärbt.

1. Scheibe rot od. fast schwarz.   2.
   Scheibe heller od. dunkler braun.   3.
2. Fk. gesellig, schmutzig ockergelb, etwas kleiig bestäubt, Stiel 1—5 mm lg., zottig. Scheibe mennig- od. fleischrot, selten ockerbraun, 0,3—2 cm br. Sporen 12—15 × 6—7 μ Paraphysen oben schwach rötlich od. bräunlich. Auf Brandstellen im Walde, zerstreut.   **G. carbonaria** (Alb. et Schw.)
   Fk. gesellig, grau- od. umbrabraun, etwas mehlig, Stiel 1—5 cm lg., oft schwarzfaserig. Scheibe fast schwarz, zuletzt wellig u. eingerissen, 2—8 cm br. Sporen 28—33 × 10—13 μ. Paraphysen oben schwärzlich. Auf in der Erde liegenden faulen Ästen, selten.
   G. craterium (Schw.)
3. Fk. gesellig, weißgelblich bis -bräunlich, kleiig bestäubt, Stiel bis 3 mm lg., eingesenkt. Scheibe dottergelb, zuletzt schüsself., am Rande gekerbt. Sporen 18—21 × 10—12 μ. Paraphysen farblos. Auf sandigem, sonnigem Waldboden, zerstreut. (Fig. 367.)
   G. cupularis (L.)
   Fk. einzeln, weißlich, etwas kleiig bestäubt, Stiel blasser, 1—1,5 cm lg. Scheibe ockergelb, am Rande gekerbt, 2—4 cm br. Sporen 18—20 × 11—13 μ. Paraphysen farblos. Auf feuchtem Waldboden, seltner Stümpfen, selten. **G. catinus** (Holmsk.)

10. Gattung: **Discina** Fries.

Fk. einzeln, glatt, dick u. kurz gestielt, rundlich sich öffnend. Scheibe zuletzt flach schüsself., meist eingerissen u. verbogen. Sporen glatt. Paraphysen oben keulig u. gefärbt.

Fk. weiß od. blaßgelb, fein kleiig, Stiel bis 1 cm lg., bisweilen mit Falten. Scheibe ockergelb, zuletzt ± kastanienbraun, 1—5 cm br. bisweilen auch viel größer. Sporen 21—24 × 12—13 μ. Paraphysen oben kastanienbraun. Auf schattigem Waldboden u. auf faulem Holz, zerstreut. Eßbar. (Fig. 368.)   **D. venosa** (Pers.)

Fk. rosa bis gelblichweiß, glatt, Stiel 0,5—1 cm lg., tief gefurcht. Scheibe graubraun, 2—10 cm br. Sporen spindelf., spitz, 27—30 × 10—12 μ. Paraphysen bräunlich. Auf Waldboden, am Grunde alter Ndstämme, zerstreut.   **D. ancilis** (Pers.)

11. Gattung: **Macropodia** Fuckel.

Fk. einzeln, mit langem Stiel, außen rauh behaart. Scheibe zuletzt schüsself. Sporen glatt. Paraphysen oben keulig, gefärbt.

Fk. grau od. weißgrau mit dem 1—4 cm langen Stiel bräunlich rauhhaarig. Scheibe graubraun, 1—3 cm br. Sporen 18—25 × 10—12 μ. Paraphysen oben schwach gelblich. Auf grasigen, waldigen Anhöhen, sehr zerstreut. (Fig. 369.)   **M. macropus** (Pers.)

12. Gattung: **Humaria** Fries.

Fk. meist gesellig, sitzend, rundlich sich öffnend, kahl. Scheibe zuletzt schüssel. od. auch gewölbt. Sporen glatt od. rauh. Paraphysen gabelig, oben meist verbreitert u. oft mit gefärbten Öltröpfchen gefüllt.

1. Sporen ganz glatt.					2.

 Fk. gesellig, weißrötlich od. gelblich. Scheibe orangegelb od. mennigrot, 0,5—1 cm br. Sporen ellipsoidisch, fein körnig rauh, 21—27 × 12—15 µ. Paraphysen mit gelbrötlichen Tröpfchen. Auf dem Boden zwischen Moosen, besonders an Wegabstichen, häufig. (Fig. 370.)					**H. rutilans** (Fr.)

2. Sporen ellipsoidisch, stumpf.					3.

 Fk. gesellig, orangefarben od. goldgelb, etwas flaumig. Scheibe ebenso gefärbt, heller berandet, 2—5 mm br. Sporen spindelf., spitz, 18—25 × 8—10 µ. Paraphysen mit gelblichen Öltröpfchen. Auf dem Waldboden od. Wegen, zerstreut.

					H. fusispora (Berk.)

3. Scheibe gelb od. rot.					4.

 Scheibe nicht so gefärbt.					8.

4. Auf Erde.					5.

 Auf Mist.					6.

5. Fk. zerstreut, pomeranzenrot. Scheibe ebenso gefärbt, weißlich flockig berandet, 1—5 mm br. Sporen 18—20 × 9—10 µ. Paraphysen mit rötlichen Öltröpfchen, zerstreut.

					H. leucoloma (Hedw.)

 Fk. einzeln od. gehäuft, rotgelb. Scheibe ebenso gefärbt, zuletzt am Rande gekerbt od. eingerissen, bis 15 mm br. Sporen 18—21 × 10—12 µ. Paraphysen mit orangegelben Öltröpfchen. Auf Waldboden u. -wegen, auch auf Torfboden, zerstreut.

					H. leucolomoides Rehm

6. Fk. außen glatt od. manchmal mit haarartigen Hyphen besetzt.	7.

 Fk. außen körnig rauh, gelblich. Scheibe bisweilen fein gewimpert, gelblich, trocken verbogen, 0,5—3 mm br. Sporen 15—18 × 7—10 µ. Paraphysen mit gelblichen Öltröpfchen. Auf altem Mist von Kühen u. Pferden, sehr zerstreut.

					H. granulata (Bull.)

7. Fk. herdig, blaßgelb od. rötlich. Scheibe gold- od. pomeranzengelb, 2—4 mm br. Sporen 15—20 × 8—10 µ. Paraphysen mit rötlichen Öltröpfchen. Auf faulem Kot im Walde, selten.

					H. subhirsuta (Schum.)

 Fk. dichtstehend, gelblich, am Grunde mit farblosen Hyphen besetzt. Scheibe schmutzig gelb, zart u. weißwimperig berandet, 1—5 mm br. Sporen 14—18 × 8—9 µ. Paraphysen farblos. Auf kotigem Erdreich, auf Kuhmist, Komposthaufen usw., zerstreut.

					H. teleboloides (Alb. et Schw.)

8. Fk. gesellig, braun, körnig, bestäubt. Scheibe braun od. purpur-
farbig, 1—3 mm br. Sporen 12—14 × 8—9 μ. Paraphysen oben
braun. Auf Mist von Hasen, Kaninchen usw., sehr zerstreut.

H. leporum (Fuck.)

Fk. einzeln od. gesellig, auf einem Hyphengewebe sitzend, blaß
rötlich od. weißlich, flaumig. Scheibe violettbräunlich od. rötlich,
1—10 mm br. Sporen 10—14 × 5—7 μ. Paraphysen oben schwach
gelblich. Auf faulenden Kräuterstengeln, sehr zerstreut.

H. deerrata (Karst.)

13. Gattung: **Aleuria** Fuckel.

Fk. rasig gehäuft, unten stielartig verjüngt, außen mehlig,
Scheibe schüssel., zuletzt verbogen u. ganz unregelmäßig, rot. Sporen
ellipsoidisch, fast glatt, mit einem Anhängsel an jedem Pol, bei der
Reife mit grober netzf. Aderung, ohne Anhängsel. Paraphysen mit
orangeroten Öltröpfchen.

Fk. außen blaß rötlich, weiß mehlig. Scheibe 0,3—10 cm br.
Auf feuchtem, sandigem u. sonnigem Waldboden u. auf Waldwegen,
häufig. (Fig. 371.)   **A. aurantia** (Müll.)

14. Gattung **Galactinia** Cooke.

Wie Plicaria. Schläuche Jod +. Beim Zerbrechen einen gefärbten
Saft entleerend.

Fk. sitzend, umbrabraun, feinkörnig, mit bläulich-braunem Saft
Scheibe schwärzlich violett, 6—8 mm br. Sporen glatt, 15 × 7,5 μ.
Auf faulenden Stämmen u. auf Erde, selten.

G. saniosa (Schrad.)

Fk. gehäuft, sitzend, grau od. gelblich, glatt, mit gelbem Saft.
Scheibe bräunlich violett bis braun, 2—3 cm br. Sporen feinwarzig,
18—20 × 8—10 μ. Auf Waldboden, selten.

G. succosa (Berk.)

15. Gattung: **Otidea** Persoon.

Fk. einzeln od. büschelig, sitzend, bis zum Grunde seitlich auf-
gespalten, an den Rändern verbogen od. eingerollt, oft ohrf., glatt.
Sporen ellipsoidisch. Paraphysen oben ± hakig gekrümmt, farblos.
Schläuche meist J —

1. Scheibe ± braun od. bräunlich.   2.

Fk. einzeln od. büschelig, gespalten od. ohrf., außen gelbbräunlich, kleiig rauh, 2—5 cm hoch, bis 3 br. Scheibe gelblich-orange-
farben od. mehr rötlich. Sporen 10—15 × 5—6 μ. Auf dem Boden
von Lbwäldern, zerstreut. (Fig. 372.)   **O. onotica** (Pers.)

2. Fk. gesellig, gespalten od. ohrf., außen hellbraun, am Grunde
weißlich zottig, 1,5—6 cm br. Scheibe dunkelbraun. Sporen
18—20 × 8—10 μ. Zwischen Moosen auf Waldboden, zerstreut.

O. cochleata (L.)

Fk. herdig, gespalten oder ohrf., gelbbräunlich, nach unten zottig gelbweiß, 1—4 cm hoch, 1—3 cm br. Scheibe bräunlich. Sporen 12—15 × 6—8 μ. Auf dem Boden von Ndwäldern, bis ins Hochgebirge, nicht selten. **O. leporina** (Batsch)

7. Familie: **Pyronemataceae.**

Fk. oberflächlich, zuerst kuglig, Scheibe offen, nicht berandet, später flach od. gewölbt. Gehäuse an den Seiten ganz fehlend od. rudimentär ausgebildet, nur als Hypothecium ± dick. Sonst im äußeren Aussehen etwa wie Humaria.

1. Gattung: **Psilopezia** Berk.

Fk. einzeln, fleischig-gallertig, flach, meist gewölbt, Gehäuse bei der Reife ganz fehlend, Hypothecium gut ausgebildet. Sporen ellipsoidisch, glatt, einzellig, hyalin. Sehr feucht od. im Wasser lebende Pilze.

1. Paraphysen oben braun. 2.

Fk. halbkuglig, 2—3 mm br., Scheibe fleischfarben. Sporen ohne Öltropfen, 18—20 × 10—12 μ. Paraphysen farblos u. zart warzig. An faulenden Zeugstücken in einer Wasserleitungsrinne in den Alpen, nur einmal gefunden, aber sicher nicht selten.

P. aquatica (Lam. et DC.)

2. Fk. anliegend, linsenf., gelbbraun od. heller, 2—5 mm br., auf bräunlichen Hyphen stehend. Sporen 18—23 × 12—14 μ, mit 2 großen Öltropfen. Paraphysen glatt, oben braun. An Reisig u. Holz unter Wasser, selten, aber wohl nur übersehen. (Fig. 373.)

P. oocardii (Kalchbr.)

Fk. flach ausgebreitet, wellig, eingerissen am Rande, außen braunschwarz. Scheibe gelbbraun, 0,5—3 cm br. Sporen 18—24 × 10—12 μ, mit 1—2 Öltropfen. Paraphysen oben braun. Auf sehr feucht liegendem Fichtenholz, selten.

P. rhizinoides (Rabh.)

2. Gattung: **Pyronema** Carus.

Fk. auf einer fädig-häutigen Unterlage gedrängt stehend, fleischig, zuerst kuglig, dann gewölbt. Gehäuse fast fehlend, Hypothecium gut entwickelt. Sporen ellipsoidisch, einzellig, hyalin. Auf Erde u. Mauern.

Scheibe gewölbt, 0,3—1 mm br., fleischrot. Sporen 15—18 × 9—11 μ. Auf feuchten, getünchten Wänden, selten.

P. domesticum (Sow.)

Scheibe flach, dann unregelmäßig ausgebreitet, fleisch- od. rosenrot od. pomeranzengelb, bis 2 mm br. Sporen 12—15 × 6—7 μ. Auf feuchten Brandstellen bis in die Voralpen, zerstreut. (Fig. 374.)

P. omphalodes (Bull.)

3. Unterreihe: *Tuberineae.*

Fr, knollig unterirdisch, in ihnen zahlreiche, nach außen mündende Gänge od. geschlossene Kammern, deren Wände vom Hymenium überzogen sind. Schläuche zylindrisch bis kuglig. Sporen zu 1—8 in Schlauch, meist netzig od. warzig, selten glatt, meist dunkel gefärbt, durch Zerfall des Schlauches u. des Fk. frei werdend.

Einzige Familie: **Tuberaceae.**

Bestimmungstabelle der Gattungen.

A. Sporen ellipsoidisch,glatt. **1. Balsamia.**
B. Sporen warzig od. mit Netzleisten.
  a) Fk. mt einem einzigen, bisweilen verzweigten, am Scheitel ausmündenden Hohlraum. **2. Genea.**
  b) Fk. mit zahlreichen Gängen und Kammern durchsetzt.
    I. Gänge an mehreren Punkten der Oberfläche ausmündend, nicht von Hyphen erfüllt. Sporen kuglig, grobwarzig. **3. Hydnotria.**
    II. Gänge ebenso nach außen mündend, aber mit Hyphengeflecht erfüllt.
      1. Schläuche keulig bis zylindrisch, 8 sporig, palissadenartig angeordnet. Sporen kuglig, warzig. **4. Pachyphloeus.**
      2. Schläuche mehr kuglig, mehr regellos gelagert, meist 1—4 sporig. Sporen meist ellipsoidisch, netzig od. stachlig. **5. Tuber.**

1. Gattung: **Balsamia** Vittadini.

Fk. knollig, von zahlreichen, unregelmäßigen, nicht nach außen mündenden Kammern durchsetzt, deren Wände von dem Hymenium bekleidet sind, welches aus palissadenartigen Paraphysen u. regelmäßig dazwischen gelagerten Schläuchen besteht. Schläuche $\pm$ ellipsoidisch, 8 sporig. Sporen ellipsoidisch, glatt, hyalin. Geruch reif unangenehm.

Fk. etwa nußgroß od. größer, fein papillös od. fast glatt, rostfarbig. Schläuche die Paraphysen nicht überragend. Sporen 25—42 × 10—18 μ. In der Humusschicht von Buchenwäldern od. im Sande unter Parkrasen, selten, aber wohl übersehen. H. W. (Fig. 375.)

B. vulgaris Vitt.

Fk. nur haselnußgroß, rötlich- bis violettbraun, dicht mit kleinen polygonalen Höckern besetzt. Kammern kleiner u. Kammerwände dünner als bei vor. Art. Schläuche die Paraphysen meist überragend. Sporen 20—28 × 12—17 μ. Unter Buchen u. Haselnüssen im Humus, selten. S. H.

B. fragiformis Tul.

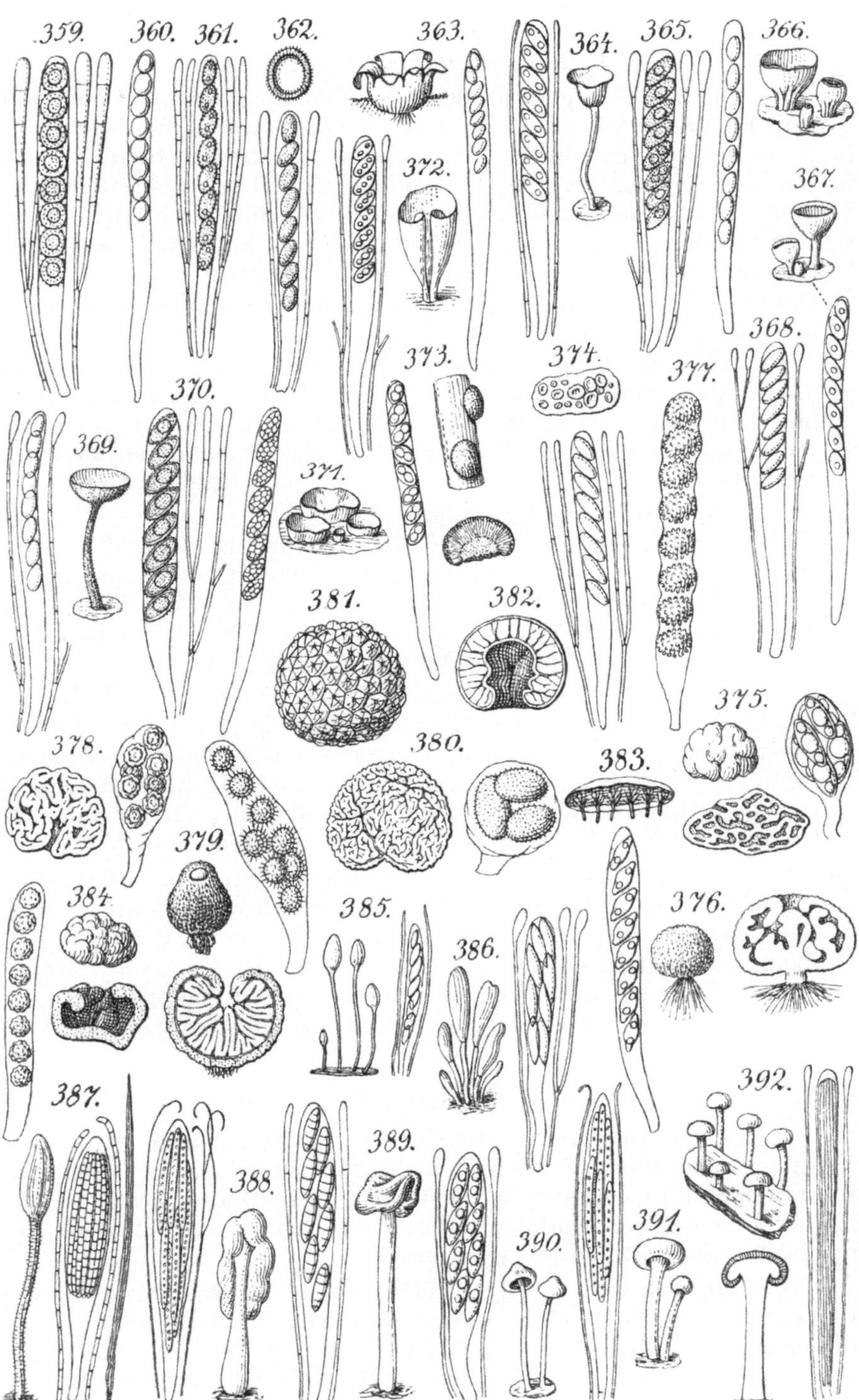

2. Gattung: Genea Vittadini.

Fk. knollig od. kuglig, an der Basis mit Myzelschopf, innen mit **einem** Hohlraum od. mit einem System von Gängen, die durch Teilung des Raumes entstanden sind, alle gemeinsam am Scheitel ausmündend. Hymenium aus palissadenf. gestellten Schläuchen u. Paraphysen bestehend, letztere über den Schläuchen eine Art Rindenschicht bildend. Schläuche zylindrisch, 8 sporig. Sporen ellipsoidisch, höckrig od. stachlig, farblos. Geruch meist widerlich.

1. Hohlraum des Fk. durch Vorsprünge geteilt u. daher ein System von Gängen entstehend.   2.

   Fk. mit einfachem, zentralem Hohlraum, außen schwarzbraun mit braunen Haaren, innere Rinde des Hohlraumes braun, glatt, bis 1 cm br. Sporen $28-35 \times 19-28$ μ, grobwarzig. In der Humusschicht sandiger Böden unter Buchen, Kastanien, Tannen, zerstreut.   **G. hispidula** Berk.

2. Fk. knollig, unregelmäßig faltig.   3.

   Fk. $\pm$ regelmäßig kuglig, höchstens mit einigen seichten Falten, außen schwarz mit kleinen, polygonal umrandeten Warzen, bis 1 cm br. Sporen halbkuglig höckerig, $28-35 \times 21-28$ μ. In humushaltigen, kalkigen od. sandigen Böden unter Eichen od. Buchen, selten, wohl nur im Westen. S. (Fig. 376.)

   G. sphaerica Tul.

3. Fk. knollig, mit meist unregelmäßigen knolligen Höckern, außen schwarz od. braun mit kleinen, polygonalen, abgeplatteten Warzen versehen, bis 2 cm br. Sporen mit halbkugligen bis kegligen Höckerchen, $21-28 \times 18-21$ μ. Wie die vor. Art, zerstreut, F. S. H. (Fig. 377.)   **G. verrucosa** Vitt.

   Fk. unregelmäßig knollig, mit wenigen starken, von unten nach oben verlaufenden Falten, außen braun bis schwarz, klein, warzig, bis 1,5 cm br. Sporen $31-45 \times 21-32$ μ, mit spitz kegelf. od. abgestutzt zylindrischen Höckern besetzt. In humösem, kalkreichem Boden von Buchenwäldern, im Westen, selten. S.

   G. Klotzschii Berk. et Br.

3. Gattung: Hydnotria Berk. et Br.

Fk. knollig, von hohlen, labyrinthischen Gängen durchsetzt, die in grubigen od. faltenf. Vertiefungen oberflächlich münden. Schläuche u. Paraphysen in palissadenf. Schicht die Hohlräume auskleidend. Schläuche zylindrisch, keulig, meist 8 sporig. Sporen kuglig, mit dicker grobhöckeriger, rotbrauner Wandung.

Fk. außen faltig od. grubig, rötlich grau bis rotbraun, bis 3 cm br. Sporen $25-35$ μ im Durchm. Geruch schwach. In der Humusschicht älterer Buchen-, Eichen- u. Ndwäldern, zerstreut. S. H. (Fig. 378.)

H. Tulasnei Berk. et Br.

4. Gattung: **Pachyphloeus** Tulasne.

Fk. $\pm$ kuglig, oft abgeplattet, an der Basis mit Myzelschopf, außen polygonal warzig, innen mit Tramaplatten (Zwischenwänden) u. Hohlräumen (Venae externae), die von Hyphengeflecht ausgefüllt sind. Tramaplatten nach dem Scheitel zu konvergierend. Venae externae nach oben hin ausmündend. Schläuche keulig, 8 sporig. Sporen kuglig, mit stabf. Höckern, hyalin bis hellbraun.

Fk. schwärzlich, etwas rötlich, haselnußgroß, innen graugrün bis dunkelbraun. Sporen 12—22 μ ohne Höcker (diese 3 μ hoch). Nach Jodoform riechend. Flach im Boden in jüngeren Eichen- u. Buchenwäldern, sehr zerstreut. F. H. (Fig. 379.)

P. melanoxanthus (Berk.)

5. Gattung: **Tuber** Micheli (Echte Trüffel.)

Fk. $\pm$ regelmäßig knollig, fleischig od. hornartig, außen glatt od. $\pm$ höckerig. Tramaadern entweder nach der Basis $\pm$ konvergierend u. in die Rinde mündend od. nach allen Richtungen hin labyrinthisch verlaufend u. an mehreren Stellen in die Rinde mündend. Venae externae zwischen den Tramaplatten ähnlich gelagert. Zwischen den beiden Adersystemen die schlauchführende Schicht, in der die Schläuche regellos u. zahlreich liegen. Schläuche ellipsoidisch bis kuglig, gewöhnlich mit 1—4 Sporen, meist in demselben Fk. wechselnd. Sporen ellipsoidisch, seltner kuglig, um so größer, je weniger im Schlauch, mit gelb- bis dunkelbrauner, netziger od. stachliger Membran. Eßbar.

1. Sporen stachlig.   2.

    Sporen netzmaschig.   3.

2. Fk. $\pm$ regelmäßig knollenf., bis faustgroß, schwarz od. schwarzbraun, mit abgeflachten Warzen von 2—3 mm im Durchm., innen aschgrau bis violettgrau od. -braun, von den weißen Venae externae durchzogen, welche $\pm$ deutlich nach der Basis konvergieren. Sporen 1—6 im Schlauch, von 21 $\times$ 17 μ bei 6 sporigen Schläuchen bis 42 $\times$ 28 μ bei einsporigen variierend, braun, Stacheln 2—4 μ lg. Geruch angenehm (var. melanosporum Vitt., die Perigordtrüffel, ist im Innern schwarzviolett bis rötlichschwarz mit zahlreichen, rostfarbigen Venae externae). Geruch angenehm. In der Humus- u. Erdschicht unter Eichen u. Buchen, im Westen. H. W. (Fig. 380.)   **T. brumale** Vitt.

Fk. $\pm$ rundlich, bis nußgroß, rötlichbraun, mit durch scharfe Furchen getrennten polygonalen Warzen, innen braunrötlich. Tramaadern von zahlreichen peripherischen Punkten abgehend. Schläuche meist 4—5 sporig. Sporen 28 $\times$ 42 od. 18—28 μ, braun, Stacheln spitz, 4 μ lg. Geruch säuerlich. In Lb., seltner Ndwäldern, zerstreut, ziemlich tief im Boden.   **T. rufum** Pico

3. Fk. außen schwarz od. dunkelbraun, mit großen, polygonal umschriebenen, vorragenden Warzen.   4.

    Fk. gelblich, rötlich bis braun, glatt od. fein papillös.   5.

4. Fk. ± regelmäßig knollig, bis faustgroß, schwarz, bläulich
schimmernd, trocken braunschwarz, Warzen 0,2—1 cm br., innen
ockergelb bis bräunlich, Tramaadern undeutlich. Sporen zu 1—6,
gelbbraun bis braun, weit netzig, 24—45 × 17—30 μ. Geruch
angenehm. (var. mesentericum Vitt. hat als dunkle Linien
sichtbare Tramaadern). In der Humusschicht unter Eichen,
Buchen u. anderen Lb., zerstreut. S. H. (Fig. 381.)
T. aestivum Vitt.

Fk. ± regelmäßig knollig, bis nußgroß, schwarz bis rostfarben,
mit kleinen, polygonalen Warzen, innen braunpurpurn od. braun-
grau, von weißen, später bräunlichen Adern durchsetzt. Sporen
meist zu 1—2, dunkelbraun, eng netzig, 38—80 × 28—45 μ.
Geruch angenehm. Im Lehmboden flach wachsend unter Eichen,
Erlen usw., selten. S.   **T. macrosporum** Vitt.

5. Fk. an der Basis nicht mit einer tiefen grubigen Vertiefung.   6.

Fk. ± kuglig bis unregelmäßig knollig, an der Basis mit einer
weit nach innen gehenden grubigen od. spaltenf. Vertiefung, etwa
walnußgroß, glatt bis fein papillös, ockergelb, später rot- bis
dunkelbraun. Venae externae nach der Grube an der Basis konvergierend. Sporen meist zu 4, gelbbraun, sehr weitmaschig, 30—42 ×
20—30 μ. Geruch angnehm. In der Humusschicht von Eichen- u.
Buchenwäldern, zerstreut. (Fig. 382.)   **T. excavatum** Vitt.

6. Fk. knollig, bis haselnußgroß, oft etwas platt gedrückt, glatt,
zuerst weiß, dann graugelb bis rötlichbraun u. weißfleckig, innen
rötlich- od. gelblichbraun. Sporen zu 1—4, gelbbraun bis braun,
engnetzig, 28—52 × 24—45 μ. Geruch rettichartig. In der Humusschicht von Eichen- und Buchenwäldern, auch in Komposterde,
nicht häufig. S. H.   **T. puberulum** Berk. et Br.

Fk. ± rundlich, oft niedergedrückt od. höckerig-faltig, bis
nußgroß, glatt od. kleiig, weiß, dann bräunlich mit rötlich-violetten
Flecken, innen braunpurpurn mit weißen Adern. Sporen zu 1—4,
gelbbraun, weit netzig, 30—45 × 20—30 μ. Geruch säuerlich.
In der Humusschicht lehmhaltiger Böden von Lbwäldern, selten.
T. dryophilum Tul.

4. Unterreihe: *Helvellineae*.

Fk. hut-, keulen- od. krustenf., fleischig bis fleischig-wachsartig,
gestielt od. nicht. Hymenium von Anfang an frei, den Fk. ganz od.
in seinem oberen Teile überziehend, glatt od. mit Runzeln u. Falten,
aus dicht nebeneinanderstehenden Schläuchen u. Paraphysen bestehend.

Bestimmungstabelle der Familien.

A. Fk. ungestielt, scheibig-krustig od. gewölbt.   **1. Rhizinaceae.**
B. Fk. hut- od. keulenf., ± lang gestielt.

a) Hymenium tragender Teil des Fk. keulen-
od. kopff., meist glatt, Schläuche am Scheitel
mit Loch sich öffnend. **2. Geoglossaceae.**

b) Hymeniumtrag. Teil des Fk. hutf., oft mit
unregelmäßiger Faltelung. **3. Helvellaceae.**

1. Familie: **Rhizinaceae.**

Fk. ungestielt, scheibig krustig od. fast kuglig mit dem Hymenium
auf der Außenseite, zerbrechlich. Schläuche mit Deckel aufspringend.
Schließt sich wahrscheinlich eng an die Pyronemataceen an.

1. Gattung: **Rhizina** Fries.

Fk. krustenf. ausgebreitet, mit wurzelartigen Fortsätzen auf der
Unterseite, fleischig-häutig, zerbrechlich. Schläuche 8 sporig. Sporen
hyalin, einzellig. Paraphysen oben braun, keulig u. ein Epithecium
bildend.

Fk. bis 9 mm br., 2—3 mm dick, oben kastanienbraun, unten
weißlich od. gelblich bis bräunlich, mit Fasern dicht besetzt. Sporen
spindelf., beidendig stumpflich zugespitzt, 30—40 × 7—10 μ. Auf
sonnigem Waldboden, Waldwegen, bes. von Kieferwäldern, bis in
die Alpen, nicht selten. (Fig. 383.)   **R. inflata** (Schaeff.)

2. Gattung: **Sphaerosoma** Klotzsch.

Fk. kuglig, innen ± hohl, stiellos, außen von dem Hymenium überzogen (also gleichsam eine zurückgeschlagene, kuglig gewordene
Scheibe darstellend). Schläuche meist 6 (5—8) sporig. Sporen kuglig,
warzig, hyalin bis bräunlich.

Fk. ± kuglig, außen höckerig od. etwas grubig, hell violettbraun,
zuletzt dunkelbraun, innen weißlich, am Grunde mit feinen weißen
Hyphen, 0,5—1 cm im Durchm. Sporen 17—20 μ im Durchm. Zwischen
Heidekraut u. Nadeln in Ndwäldern, nicht häufig. (Fig. 384.)
S. fuscescens Kl.

2. Familie: **Geoglossaceae.**

Fk. mit Stiel, oberer fertiler Teil keulen- od. kopff., außen vom
Hymenium überzogen, glatt od. wenig verbogen od. faltig.

Bestimmungstabelle der Gattungen.

A. Fertiler Teil des Fk. keulig, also nur eine
Anschwellung des Stieles bildend.

  a) Sporen farblos, einzellig, selten zuletzt
zweizellig.

    I. Sporen spindelf. od. länglich ellipsoi-
disch.

1. Fk. gelb od. braun.	**1. Mitrula.**
2. Fk. grün od. schwärzlich.	**2. Microglossum.**
II. Sporen nadelf. od. fädig, mit Schleimhof.	**4. Spathularia.**
b) Sporen gefärbt, lang stabf., mehrzellig.	**3. Geoglossum.**

B. Fertiler Teil des Fk. gewölbt scheibig od. kopfig, scharf vom Stiel gesondert.
   a) Sporen länglich ellipsoidisch.

I. Fk. gallertig knorpelig.	**5. Leotia.**
II. Fk. wachsartig.	**6. Cudoniella.**

   b) Sporen faden- od. nadelf.

I. Fk. fleischig, oben hutf. u. am Rande umgerollt.	**7. Cudonia.**
II. Fk. wachsartig, oben scheibig, Rand gerade.	**8. Vibrissea.**

1. Gattung: **Mitrula** Persoon.

Fk. mit gelber od. brauner, bisweilen zusammengedrückter Keule. Sporen zu 8, spindelf. od. verlängert ellipsoidisch, gerade od. etwas gebogen, einzellig, selten zuletzt zweizellig, hyalin. Schlauchporus J +.
1. Fk. über 1 cm hoch.   2.

Fk. einzeln, 5—6 mm hoch, Keule rundlich eif., blaß dotter- od. rotgelb, 0,5—1 mm lg., Stiel gelb. Sporen nadelf., 12—14 × 2,5 μ. Auf faulenden Kiefernnadeln, selten.   **M. pusilla** (Nees)

2. Fk. einzeln od. gesellig, 1,5—6 cm hoch, Keule eif. bis kopff., orangefarben od. gelb, Stiel blaßgelb od. weißlich. Sporen spindelf., kaum spitz, 12—18 × 3—4 μ. Auf Nd., auch Blättern u. Ästchen an feuchten Waldstellen, nicht selten.   **M. phalloides** (Bull.)

Fk. einzeln, 1—2 cm hoch, Keule eif. od. länglich, orangegelb bis rostfarbig, 2—4 mm lg., Stiel fädig, gelbbraun. Sporen schmal spindelf., spitz, 14—17 × 2—3 μ. Auf faulenden Nd. im Walde, nicht selten. (Fig. 385.)   **M. cucullata** (Batsch)

2. Gattung: **Microglossum** Gillet.

Fk. wie bei vor. Gattung, grün od. schwärzlich. Sporen hyalin, einzellig, selten zuletzt 2 od. 4 zellig. Schlauchporus J +.

Fk. meist büschlig, bis 4 cm hoch, Keule 3—8 mm lg., olivengrün, innen fast spangrün, Stiel heller, klebrig-schuppig. Sporen spindelf., einzellig, zuletzt auch 4 zellig, 15—18 × 4—5 μ, hyalin. Auf feuchtem Waldboden, zerstreut. (Fig. 386.)   **M. viride** (Pers.)

Fk. gesellig od. büschlig, 3—4 cm hoch, olivengraugrün, oft flach, Stiel gelbbräunlich. Sporen länglich ellipsoidisch, einzellig, 12—15 × 5—6 μ. Auf Waldboden, selten.

M. olivaceum (Pers.)

3. Gattung: **Geoglossum** Persoon.

Fk. schwarz od. schwarzbraun, Keule flach, undeutlich vom Stiel abgegrenzt. Sporen zu 8, stäbchenf., abgerundet, gerade od. etwas gebogen, quer 4—16 zellig, zuletzt braun. Schlauchporus J +.

1. Keule glatt.   2.

Fk. 3—8 cm lg., schwarz, Keule braunbehaart, 1—2 cm lg., flach, Stiel rund, rauhhaarig. Sporen 14—16 zellig, 100—120 × 5—6 μ. Auf Sumpfstellen von Wiesen u. Wäldern, bis in die Hochalpen. S. H. (Fig. 387.)   **G. hirsutum** Pers.

2. Fk. frisch außen klebrig od. schleimig.   3.

Fk. gesellig, 2—6 cm hoch, schwärzlich od. schwarzbraun, Keule 1—3 cm lg., flach, Stiel glatt od. etwas schuppig. Sporen zylindrisch, meist an einem Ende etwas verjüngt, 8 zellig, Paraphysen oben rosenkranzf., bräunlich. An grasigen Stellen in Wäldern u. auf Wiesen, zerstreut.   **G. ophioglossoides** (L.)

3. Fk. schwarz, schleimig, 3—5 cm hoch, Keule zylindrisch. Sporen 4 zellig, 60 × 4—5 μ. Paraphysen oben kopff., braun. Auf Erde, selten.   **G. viscosum** Pers.

Fk. 3—6 cm hoch, schwärzlich, klebrig, Keule zungenf. od. lanzettlich. Sporen 4 zellig, 60—80 × 5—6 μ. Paraphysen oben birnf. Auf waldigen Hügeln, sehr zerstreut.

     G. glutinosum Pers.

4. Gattung: **Spathularia** Persoon.

Fk. wie vor. Keule ei- od. spatelf., zusammengedrückt u. beiderseits am Stiel etwas herablaufend. Sporen zu 8, fädig od. nadelf., von einem Schleimhof umgeben, einzellig, hyalin. Paraphysen fädig, oben hakig od. korkzieherartig gebogen, hyalin.

Fk. 4—6 cm hoch, Keule gold- od. orangegelb, meist spatelf., flach, kamm- od. wulstartig beiderseits herablaufend, Stiel weißlich od. gelblich. Sporen oben etwas breiter, 45—70 × 2—3 μ. Auf dem Boden in Ndwäldern bis ins Hochgebirge, zerstreut. S. H. (Fig. 388.)

     S. clavata (Schaeff.)

5. Gattung: **Leotia** Hiller.

Fk. gallertartig, klebrig, fertiler Teil hutf., rundlich gewölbt, am Rand eingerollt, unten frei. Sporen zu 8, spindelf., zuletzt 2—4 zellig, hyalin bis grünlich. Paraphysen oben keulig, grün.

Fk. gesellig bis büschelig, 3—10 cm lg. Hut grünlichgelb bis dunkelbraungrün, Stiel 2—8 cm lg., gelb, kleinschuppig. Sporen 18—25 × 5—6 μ. Auf feuchtem, lehmigem Waldboden, zerstreut. (Fig. 389.)   **L. gelatinosa** Hill.

6. Gattung: **Cudoniella** Saccardo.

Fk. wachsartig fleischig, nicht klebrig, Hut zuerst scheibig, dann am Rand eingerollt u. verbogen. Sporen zu 8, spindelf., spitz, einzellig, zuletzt 2—4 zellig, hyalin. Paraphysen oben etwas verbreitert, hyalin.

Fk. gesellig, 0,5—1 cm hoch, Hut weiß bis bräunlich, Stiel weiß. Sporen 15—20 × 4—5 µ. In hohlen Eichenstämmen, Edelkastanien, auf faulem Ndholz, zerstreut. (Fig. 390.)

C. acicularis (Bull.)

7. Gattung: **Cudonia** Fries.

Fk. fleischig, Hut hutf., oben flach gewölbt, am Rand eingerollt u. etwas gefaltet, frei. Sporen zu 8, nadelf., zuletzt vielzellig, hyalin. Paraphysen fädig, oben meist gebogen.

Fk. gesellig, 3—6 cm hoch, Hut zuerst glatt, dann faltig, blaßgelblich od. rötlich, 1—3 cm br., Stiel weißgelblich. Sporen 35—45 × 2 µ. Auf schattigem Waldboden, bes. im Gebirge, ziemlich selten. (Fig. 391.)

C. circinans (Pers.)

8. Gattung: **Vibrissea** Fries.

Fk. wachsartig. Hut scheibenf., frei, am Rande etwas umgeschlagen. Sporen zu 8, fadenf., zuletzt vielzellig, hyalin. Paraphysen wenig verbreitert, fast farblos.

Fk. gesellig, bis 1,5 cm hoch, Hutscheibe linsenf., etwas umgeschlagen, gelb od. orangerot, 2—5 mm br., Stiel weißlich bis grünlich od. schwärzlich. Sporen bis 200 × 1 µ. Auf faulem Holz u. Zweigen in fließendem Wasser, selten. (Fig. 392.)

V. truncorum (Alb. et Schw.)

3. Familie: **Helvellaceae.**

Fk. fleischig, Stiel scharf abgesetzt, meist hohl, zerbrechlich. Hut fast glatt u. verbogen od. mit Falten od. Vertiefungen versehen. Schläuche mit einem Deckel aufspringend. Sporen ellipsoidisch, hyalin, einzellig.

Bestimmungstabelle der Gattungen.

A. Hut ganz od. oben hohl, in der Regel mit der ganzen Fläche innen dem Stiel gleichsam aufsitzend u. mit ihm verwachsen.

  a) Hut durch Längs- u. Querleisten in vertiefte Zellen geteilt.   **1. Morchella.**

  b) Hut mit gewundenen Falten überzogen.   **2. Gyromitra.**

B. Hut nur in der Mitte mit dem Stiel verbunden, also nur aufsitzend.

  a) Hut glockig.   **3. Verpa.**

  b) Hut gelappt, nach dem Stiel zu umgeschlagen.   **4. Helvella.**

1. Gattung: **Morchella** Dillenius (Morchel).

Fk. fleischig, zerbrechlich, Stiel zylindrisch, hohl. Hut scharf abgesetzt, dem Stiel meist ganz aufgewachsen, innen ganz od. nur oben hohl. Hymenium durch Leisten in netzf. Gruben geteilt. Sporen zu 8, ellipsoidisch, einzellig, hyalin od. gelblich. Paraphysen keulig. Eßbar. Alle im F.

1. Hut nur oben hohl, unterer Rand frei vom Stiel abstehend.   2.

    Hut ganz hohl, völlig dem Stiel aufgewachsen.   4.

2. Stiel glatt, nicht längsfurchig.   3.

    Stiel nach unten oft verbreitert, mit gewundenen Längsfalten, weiß od. gelblich, 6—12 cm lg., 1,5—2 cm br. Hut oben ziemlich scharf zugespitzt, unten bis $^1/_3$ od. darüber frei, gelb- od. olivenbraun, 2—3 cm lg., 2 cm br. Sporen 20—25 × 12—15 μ, hellgelblich. In lichten Waldwegen, zerstreut.   **M. rimosipes** DC.

3. Stiel bisweilen am Grunde schwach verdickt, weißlich od. gelblich, kleiig bestäubt, 2—3 mal so lg. wie der Hut, 1,5—2 cm br., hohl. Hut bis zur Hälfte frei, glockig kegelf., 2—3 cm lg., 1,5—3 cm br., braun. Sporen hyalin od. schwach gelblich, 22—25 × 12—14 μ. In Gebüschen, selten. (Fig. 393.)   **M. hybrida** (Sow.)

    Stiel nach unten knollig verbreitert, kleiig bestäubt, weiß, hohl, 4—10 cm u. mehr lg., bis 4 cm br. Hut kegelf., oft mehr knollig u. unregelmäßig, bis über die Hälfte frei, 4—7 cm lg. u. br., hellbraun od. olivenbraun. Sporen etwas gelblich, 21—24 × 12 μ. An schattigen Stellen, selten.   **M. gigas** (Batsch)

4. Hut mehr kegelf., nach oben also deutlich verjüngt.   5.

    Hut ellipsoidisch od. eif., den Stiel kaum wulstig überragend, durch Längs- u. Querleisten in tiefe, unregelmäßig rechteckige Felder außen geteilt, ockerfarbig bis hellbraun, 3—6 cm lg., 3—5 cm br. Stiel am Grunde verdickt u. faltig, weißlich od. hellgelblich, feinkleiig, hohl, 3—9 cm lg., 2—3 cm br. Sporen hyalin 18—24 × 10—12 μ. In lichten Wäldern, auf schattigen Grasplätzen bis in die Hochalpen, häufig. (Speisemorchel, Edelmorchel.)

                  M. esculenta (L.)

5. Hut zylindrisch kegelf., von Längsrippen durchzogen u. durch schmale Querrippen in rechteckige, wabenf. Zellen geteilt, braun od. schwarzbraun, 2—7 cm lg., 1,5—3 cm br. Stiel zylindrisch, weißlich od. gelblich, feinkleiig, 2—4 cm lg., 1—1,5 cm br. Sporen hyalin, 18—21 × 12—15 μ. Auf feuchten Grasplätzen, nicht selten. (Spitzmorchel.) (Fig. 394.)   **M. conica** Pers.

    Hut kegelf., nach oben zugespitzt, durch starke Längs- u. wellige Querleisten in längliche Zellen geteilt, 4—7 cm lg. u. br., braun od. olivenbraun. Stiel zylindrisch, am Grunde oft verbreitert, faltig, kleiig, hohl, so lg. wie der Hut, 1,5—2 cm br. Sporen 20—25 × 13—15 μ. Auf Grasplätzen im Gebüsch, selten.

                  M. elata Pers.

2. Gattung: **Gyromitra** Fries.

Fk. fleischig, zerbrechlich, Stiel hohl, Hut gewölbt, hohl u. lappig, Lappen vielfach mit dem Stiel verwachsen, außen mit gewundenen

Falten u. Rippen. Sporen zu 8, ellipsoidisch, einzellig, hyalin. Paraphysen oben verbreitert, gefärbt. Eßbar. F.

1. Sporen an den Enden nicht warzig verdickt.   2.

   Sporen an den Enden warzig verdickt.   3.

2. Hut rundlich, knollenf., eckig, seltner spitz, aufgeblasen, mit dem Stiel verwachsen u. lappig davon abstehend, aber die Lappen unten wieder mit dem Stiel verwachsen, durch gewundene, stumpfe Falten u. Runzeln wellig verbogen, 2—8 cm lg. u. br., dunkel schwarzbraun. Stiel unregelmäßig zylindrisch od. zusammengedrückt, oft grubig, weißlich, gelblich od. rötlich, schwach filzig, 3—9 cm lg., 1,5—3 cm br. Sporen ellipsoidisch, 18—24 × 8—11 μ. In Kiefernwäldern auf sandigem Boden bis ins Gebirge, nicht selten (Stockmorchel, Faltenmorchel, Lorchel). (Fig. 395.)   **G. esculenta** (Pers.)

   Hut meist 2spitzig, mit 2(—4) heruntergeschlagenen, am Rande ± mit dem Stiel verwachsen, wellig od. faltig verbogenen Lappen, 5—12 cm lg. u. br., zimmet- bis kastanienbraun. Stiel zylindrisch, am Grunde meist grubig, weißlich bis rötlich, feinfilzig, 4—10 cm lg., 1,5—3 cm br. Sporen ellipsoidisch, 18—24 × 8—9 μ. In Ndwäldern, zerstreut bis ins Gebirge.   **G. infula** (Schaeff.)

3. Hut sehr unregelmäßig, rundlich od. knollig, kraus, fast ganz dem Stiel angewachsen, mit breiten, stumpfen Falten, 6—12 cm lg., bis 30 cm br., hellolivenbraun od. ockergelb. Stiel unregelmäßig, grubig, weißlich, feinfilzig, 3—6 cm lg. u. br. Sporen spindelf., zugespitzt, beidendig mit kurzem warzigen Knopf, 30—40 × 12—14 μ. In Wäldern, selten. (Fig. 396.)   **G. gigas** (Krombh.)

   Hut unregelmäßig, aufgebläht, zellig-eckig, unregelmäßig wellig gelappt u. zurückgeschlagen, von stumpfen Rippen u. tiefen, schmalen, geschlossenen Feldern durchzogen, 2—5 cm lg., 3—8 cm br., rot- bis dunkelbraun, an den Rippen kastanienbraun. Stiel etwas flach, oben meist breiter, grubig-furchig, bräunlich bis dunkel violett, 2—2,5 cm lg. u. br. Sporen ellipsoidisch, an den Enden mit warzenf. Knopf, 30 × 15 μ. In Fichtenwäldern des Vorgebirges, selten.   **G. suspecta** (Krombh.)

3. Gattung: **Verpa** Swartz.

Fk. gestielt, fleischig, zerbrechlich. Hut kugel-, glocken- od. kegelf., nur mit der Spitze dem Stiel angewachsen, unten frei, glatt od. schwach gefaltet od. längsrunzlig. Stiel zylindrisch, oft verbreitert, zuletzt hohl, glatt od. schuppig. Sporen ellipsoidisch, einzellig, hyalin od. gelblich. Paraphysen oben etwas verbreitert u. gefärbt. Eßbar. F.

   Hut glockig, außen mit dichtstehenden, parallelen, gewundenen, oft verzweigten u. durch Querleisten verbundenen Runzeln bedeckt, 2—4 cm lg., 2—3 cm br., braun od. ockerfarbig. Stiel zylindrisch, oben etwas verjüngt, weißlich, filzig, oft kleiig schuppig, 7—14 cm lg., 1,5—2 cm br. Sporen 60—80 × 17—22 μ. In lichten Wäldern, selten. (Fig. 397.)   **V. bohemica** (Krombh.)

Hut glockig, fingerhut- od. eif., oben oft eingedrückt, frei herab-
hängend, glatt od. schwach faltig, 1—3 cm lg., halb so br., hellbraun.
Stiel zylindrisch, unten oft etwas verdickt, glatt, mit einelnen feinen
queren Flocken, weißlich, hellgelblich od. rötlich, 5—10 cm lg.,
1—1,5 cm br. Sporen 20—25 × 12—18 μ. In Lbwäldern, selten.

V. conica (Mill.)

4. Gattung: **Helvella** L.

Hut nur am Scheitel am Stiel befestigt, zuerst meist rundlich
schüsself., dann 2 od. mehrlappig herabgeschlagen, oft verbogen u.
wellig berandet, oben sattelf. eingedrückt. Stiel ± zylindrisch, oft
flaumig, oft buchtig u. tief gefurcht, bisweilen hohl. Sporen ellipsoidisch,
einzellig, hyalin. Paraphysen oben meist verbreitert u. oft farbig.
Eßbar. Meist F.

1. Stiel nicht gefurcht, nur bisweilen etwas grubig am Grunde. 2.
   Stiel stets längsfurchig. 6.
2. Hut u. Stiel behaart od. flaumig. 3.
   Hut u. Stiel glatt. 4.
3. Hut zuletzt sattelf., meist zweilappig zurückgeschlagen, rauchgrau,
   mit bräunlichen Haaren besetzt, 1—1,5 cm lg. u. br. Stiel hellgrau, zottig behaart, 1 cm lg., 1,5 mm br. Sporen 15—18 × 9—10 μ.
   In lichten Wäldern, auf Grasplätzen, zerstreut. (Fig. 398.)

   H. ephippium Lév.

   Hut sattelf., zweilappig, feinbehaart, 1,5—4 cm lg. u. br., rauch-
   braun, trocken schwarz. Stiel oft etwas zusammengedrückt,
   grau od. schwärzlich, dicht feinflaumig, 3—5 cm lg., 2—7 mm br.
   Sporen 15—20 × 9—12 μ. In lichten Lbwäldern, bes. an Brandstellen, zerstreut. S. **H. atra** König
4. Stiel ganz glatt, nicht mehlig bestäubt. 5.
   Hut sattelf., zweilappig, wellig berandet. 1—2,5 cm lg. u. br.,
   rußbraun. Stiel meist glatt, seltner grubig, gelblich, mehlig be-
   bestäubt, 1,5—3 cm lg., 1,5—3 mm br. Sporen 15—18 × 10—13 μ.
   Auf lehmigem Boden, selten. **H. pulla** Holmsk.
5. Hut zweilappig herabgebogen, seltner rundlich, 1,5—3 cm lg. u. br.,
   hellgelblich od. graubräunlich. Stiel weiß, bisweilen etwas grubig,
   2—6 cm lg., 2—4 mm br. Sporen 18—20 × 10—12 μ. In lichten
   Wäldern, selten. (Fig. 399.) **H. elastica** Bull.
   Hut zweilappig herabgebogen, unten oft etwas angewachsen,
   zuletzt wellig verbogen, 5—7 cm lg., 5—6 cm br., kastanienbraun,
   selten violett bis schwärzlich. Sporen 18 × 10 μ Auf lehmigem
   Boden in Wäldern, selten. **H. monachella** Fries
6. Hut zuerst fast schüsself., dann 2 od. 3 lappig herabgeschlagen,
   oft verbogen u. dick berandet, aufgeblasen, bisweilen sattelf. eingedrückt, 2—5 cm lg. u. br., grau od. schwarzgrau. Stiel röhrig-
   zellig, mit parallelen, stark hervortretenden Rippen u. tiefen,
   manchmal durchbrochenen Furchen, grau, zuletzt oft schwärzlich,

2—5 cm lg., 1—2 cm br. Sporen 15—17 × 10—12 μ. In Wäldern bis ins Hochgebirge, nicht selten. (Fig. 400.)

H. lacunosa Afz.

Hut 2 bis 4 lappig zurückgeschlagen, wellig berandet u. kraus verbogen, unten stellenweise mit dem Stiel verwachsen, 1,5—4 cm lg. u. br., weiß od. hellgelb, trocken bräunlich. Stiel wie bei vor. Art, weißlich, 2—7 cm lg., 1,5—2,5 cm br. Sporen 17—20 × 10—12 μ. Auf fettem Boden grasiger Plätze bis ins Hochgebirge, zerstreut.   **H. crispa** (Scop.)

4. Unterklasse: *Basidiomycetes.*

Vgl. die Einteilung auf S. (13)ff. in Bd I. Hier interessieren uns nur die beiden parasitischen Gruppen der Ustilagineen u. Uredineen. Ich möchte jetzt lieber die Uredineae als besondere Unterreihe den Auriculariineen gegenüberstellen, von denen sie sich durch das Vorhandensein mehrerer Arten von Chlamydosporen unterscheiden würden. (Vergl. die Bestimmungstabelle der Reihen in diesem Bande.)

1. Reihe: **Ustilagineae** (Hemibasidii, Brandpilze).

Myzel im lebenden Gewebe der Pflanzen parasitisch, zwischen den Zellen wachsend u. nur mit Haustorien in die Zellen eindringend, häufig Gallen oder Fleckenbildung erzeugend. Brandsporen durch Zerteilung der Fäden an bestimmten Stellen entstehend, einzeln od. zu Ballen vereinigt, bisweilen mit Hüllenbildungen, meist dunkel gefärbt, keimend mit einem kurzen Keimschlauch (Hemibasidie), der entweder in mehrere Zellen geteilt ist u. die Sporen seitlich u. terminal erzeugt od. aber ungeteilt ist u. die Sporen an der Spitze zu mehreren bildet. Selten Auskeimung in Myzelfäden. Sporen meist zu Hefekonidien aussprossend.

Bestimmungstabelle der Familien.

A. Brandsporen mit quer geteiltem Keimschlauch (Hemibasidie) auskeimend, der an jeder Zelle eine Konidie trägt od. seltner rein vegetativ keimt.   **1. Ustilaginaceae.**

B. Brandsporen mit ungeteiltem Keimschlauch auskeimend, der an der Spitze die Konidien trägt.   **2. Tilletiaceae.**

1. Familie: **Ustilaginaceae.**

Hemibasidie mit Scheidewänden, Sporen unterhalb der Scheidewände od. terminal gebildet. Die Keimung der Sporen erfolgt schon im Wasser auf einem Objektträger, so daß in zweifelhaften Fällen die Entscheidung, ob eine Art zu dieser Familie od. den Tilletiaceen gehört, meist nicht schwer ist. Man wird aber bald bei größerer Übung

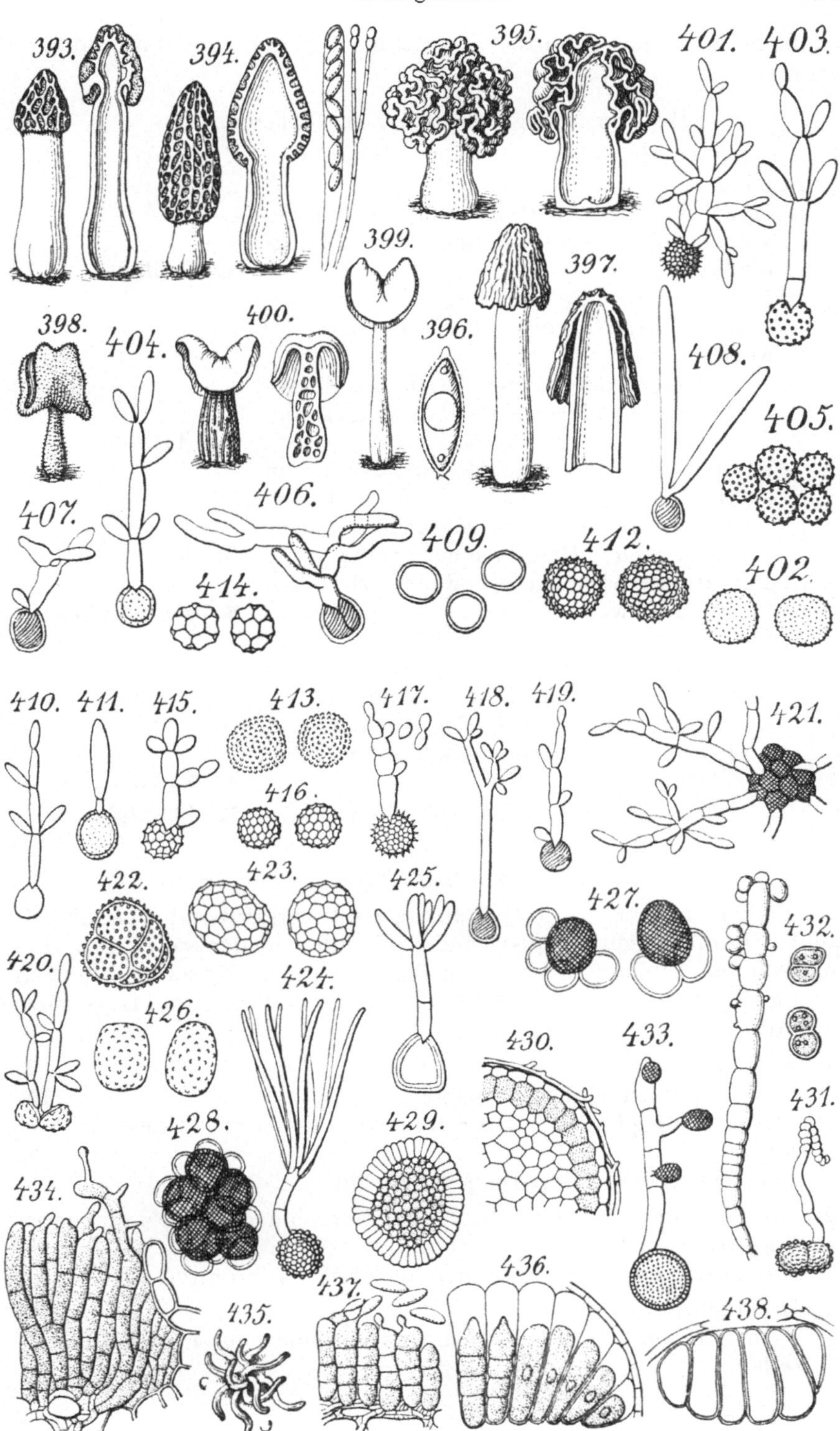

schon an den Sporen selbst die Gattungen der beiden Familien erkennen.

Bestimmungstabelle der Gattungen.

A. Sporen einzeln, nicht zu festen Ballen verbunden.

    a) Myzel bei der Sporenbildung vollständig aufgebraucht, höchstens einige Fäden übrigbleibend.   **1. Ustilago.**

    b) Myzel nur zum Teil zur Sporenbildung verbraucht, der Rest ein sklerotienartiges Gewebe bildend.

        I. Sporen an der äußeren Partie des Sklerotiums sich bildend. Hemibasidien 2 zellig, Konidien mit Sterigma.   **2. Cintractia.**

        II. Sporen im Innern des Sklerotiums in einer Ringzone gebildet, so daß eine sterile Mittelsäule u. eine Außenschicht verbleiben. Hemibasidie 3 zellig.   **3. Sphacelotheca.**

B. Sporen zu festen Ballen irgendwie verbunden.

    a) Sporen zu zweien vereinigt.   **4. Schizonella.**

    b) Sporen zu mehr als 2 vereinigt.

        I. Sporen nur lose vereinigt, in der Jugend durch eine Gallerthülle verbunden.   **5. Sorosporium.**

        II. Sporen zu festen Ballen verbunden.

            1. In den vegetativen Teilen der Nährpflanzen.   **6. Tolyposporium.**

            2. In den Samen der Nährpflanzen.   **7. Thecaphora.**

1. Gattung: Ustilago Persoon (Flugbrand).

Sporen zuletzt $\pm$ große, dunkle, bald verstäubende Lager bildend. Hemibasidien mit Querwänden, Konidien an der Spitze u. an den Querwänden gebildet, sehr selten Auskeimung in Myzelien. Sporen $\pm$ kuglig, glatt, warzig od. netzig, hell- bis dunkelbraun, im Lager fast schwarz.

  1. Auf Gramineen.   2.

    Auf anderen Monokotyledonen.   15.

    Auf Choripetalen. Sporen netzf. verdickt (außer bistortarum).   18.

    Auf Sympetalen. Sporen netzf. verdickt.   25.

  2. Sporen deutlich stachlig, z. T. die Bestachlung erst bei stärkerer Vergrößerung sichtbar.   3.

    Sporen glatt od. mit Strichen od. Punkten (bromivora)   9.

  3. In Phalaris u. Zea.   4.

    In Panicum, Avena, Triticum u. Hordeum, nur in den Blütenteilen.   5.

4. Lange parallele Schwielen in den Blättern bildend. Sporen 12—15 × 11—13 μ. Auf Phalaris arundinacea in Niederungen, zerstreut.

U. echinata Schroet.

In Blättern, Blütenteilen, Stengeln große, knollige, von einer derben, weißen Haut umgebene Gallen bildend. Sporen 8—13 × 8—10 μ. Auf Zea mays, häufig. (Fig. 401.)

U. zeae (Beckm.)

5. Auf Panicum. Sporen gleichmäßig gefärbt.   6.

Auf Avena, Sporen auf einer Seite etwas heller.   7.

Auf Triticum u. Hordeum. Sporen auf einer Seite etwas heller. 8.

6. Ähren mit den Spindeln zerstört, in den Blattscheiden eingeschlossen bleibend od. beim Hervortreten schwarz verstäubend. Sporen 8—11 μ. Auf Panicum lineare u. sanguinale, zerstreut.

U. Rabenhorstiana Kühn

Sporenhaufen nur im Fruchtknoten. Sporen 10—13 × 8—11 μ. Auf Panicum glaucum u. viride, zerstreut. (Fig. 402.)

U. panici glauci (Wallr.)

7. Sporenhaufen in den Ährchen, die Blütenteile ganz zerstörend, 6—12 mm lg. Myzel nicht perennierend. Sporen 5—9 μ. Auf Avena sativa, sterilis, strigosa, hybrida, nicht selten. (Fig. 403.)

U. avenae (Pers.)

Sporenhaufen in den Ährchen, die Stielchen meist nicht zerstörend, 3—8 mm lg. Myzel im Rhizom perennierend. Sporen 5—8 μ. Auf Avena elatior, zerstreut. (Fig. 404.)

U. perennans Rostr.

8. Sporenhaufen in den Ährchen, nach dem Verstäuben meist die nackte Spindel bleibend. Sporen 5—9 μ. Sporen zu sterilen Myzelien auskeimend. Auf Triticum vulgare, häufig. (Fig. 405.)

U. tritici (Pers.)

Sporenhaufen in den Ährchen, zuerst mit einer weißen Membran bedeckt, nach dem Verstäuben die nackte Spindel bleibend. Sporen 5—9 μ. Sporen 4 zellige Hemibasidien bildend, die vegetativ auswachsen. Auf Hordeum vulgare, distichum u. and. Arten, häufig. (Fig. 406.)   **U. nuda** (Jens.)

9. Sporen ganz glatt.   10.

Sporen bei starker Vergr. punktiert od. kurzstrichlig. Haufen schwarz, in den Blütenteilen in blasigen Höckern entstehend. Sporen 8—12 × 8—10 μ. Auf Bromus-Arten, nicht selten. (Fig. 407.)   **U. bromivora** (Tul.)

10. Nur in den Halmen od. Blättern.   11.

Nur in den Blütenständen u. -teilen.   12.

11. Sporenhaufen in langen, parallelen Streifen in den Blättern. Sporen 4—7 × 3,5—4,5 μ. Auf Glyceria-Arten, häufig. (Fig. 408.)

U. longissima (Sow.)

Sporenhaufen in den Halmen lange, durch mehrere Internodien gehende Auftreibungen bildend. Sporen 7—11 × 6—8 μ. Auf Arundo phragmites, zerstreut.   **U. grandis** Fr.

Sporenhaufen an den Internodien hervorbrechend, die Sporen
zwischen Halmen u. Blattscheiden ablagernd.　Sporen 3—6
× 3—4,5 μ.　Auf Triticum repens, Hordeum arenarium, Calamagrostis epigeios u. a., nicht selten.

U. hypodytes (Schlecht.)

12. Auf Sorghum.　　　　　　　　　　　　　　　　　　13.
　　Auf Panicum, Avena, Hordeum.　　　　　　　　　　14.

13. Sporenhaufen im Fruchtknoten, längliche, mit dünnen Häutchen
　　bedeckte Brandbeutel bildend.　Sporen 5—7 × 4—5,5 μ.　Auf
　　Sorghum vulgare u. saccharatum, selten.　　**U. sorghi** (Link)
　　Sporenhaufen in der Blütenrispe u. den Blütenstielen, seltner
　　in Spelzen u. Grannen rotbraune Pusteln bildend, die oft zusammen
　　fließen u. Verkrümmungen veranlassen.　Auf Sorghum vulgare
　　u. saccharatum, selten.　　　　　　　　　　**U. cruenta** Kühn

14. Sporenhaufen den ganzen Blütenstand durchsetzend, der ent
　　weder in den Scheiden stecken bleibt od. verkrümmt u. verbildet
　　hervortritt.　Sporen 9—12 × 8—10 μ.　Auf Panicum miliaceum,
　　zerstreut.　(Fig. 409.)　　　**U. panici miliacei** (Pers.)
　　Sporenhaufen in den Ähren, die meist eingehüllt bleiben u.
　　ganz zerstört werden.　Sporen 5—9 μ.　Auf Avena sativa, nuda
　　u. a., nicht selten.　　　　　　　**U. laevis** (Kell. et Sw.)
　　Sporenhaufen in den Ährchen, bedeckt vom durchscheinenden
　　Basalteilchen der Ährchen. Sporen 5—9 μ. Auf Hordeum vulgare,
　　distichum u. a., nicht selten.　(Fig. 410.)

U. hordei (Pers.)

15. Auf Cyperaceen u. Juncaceen.　　　　　　　　　　16.
　　Auf Liliaceen.　　　　　　　　　　　　　　　　　17.

16. Sporenhaufen in den Fruchtknoten sitzend.　Sporen 5—16 ×
　　5—6 μ, fast glatt od. fein punktiert.　Auf Carex-Arten, selten.
　　　　　　　　　　　　　　　　　　U. olivacea (DC.)
　　Sporenhaufen in den Fruchtknoten, schwarz.　Sporen 20 μ,
　　mit Papillen besetzt.　Auf Luzula-Arten, selten.
　　　　　　　　　　　　　　　　　　U. luzulae Sacc.
　　Sporenhaufen im Fruchtknoten, ziegelrot.　Sporen 14—19 μ,
　　netzleistig. Auf Luzula-Arten, selten.　**U. Vuyckii** Oud.

17. Sporenhaufen in den Antheren.　Sporen 7—14 × 8—10 μ, glatt.
　　Auf Muscari-Arten, selten u. eingeschleppt.　(Fig. 411.)
　　　　　　　　　　　　　　　　　　U. Vaillantii Tul.
　　Sporenhaufen auf den Blättern u. Schaften blasig-schwielige
　　Auftreibungen bildend.　Sporen 13—22 × 11—17 μ, glatt.　Auf
　　Gagea-Arten, zerstreut.　　**U. ornithogali** (Kze. et Schw.)

18. Auf Polygonaceen.　　　　　　　　　　　　　　　19.
　　Auf Caryophyllaceen.　　　　　　　　　　　　　　22.

19. In den vegetativen Teilen.　　　　　　　　　　　　20.
　　In den Blüten.　　　　　　　　　　　　　　　　　21.

20. Sporenhaufen dicke, dunkelrotviolette Schwielen in den vegetativen
Teilen bildend. Sporen 10—15 μ. Auf Rumex-Arten, besonders
größeren, selten. (Fig. 412.) **U. Parlatorei** Fisch. v. W.
   Sporenhaufen hell violett od. weiß, meist im Blatt od. Blattstiel.
Sporen 10—15 × 13 μ. Auf Rumex-Arten, bes. R. acetosella,
sehr zerstreut. **U. Goeppertiana** Schroet.
   Sporenhaufen schwarzviolett, im Blatt halbkuglige Warzen
bildend. Sporen 11—15 × 13 μ, undeutlich punktiert. Auf
Polygonum bistorta, selten. (Fig. 413.)

U. bistortarum (DC.)

21. Sporenhaufen dunkelviolett, die geschlossene Blüte zerstörend.
Sporen 9—12 μ. Auf Polygonum hydropiper, lapathifolium,
persicaria u. ähnlichen, zerstreut. (Fig. 414.)

U. utriculosa (Nees)
   Sporenhaufen fleischrot, die geschlossene Blüte zerstörend.
Sporen 9—11 μ, dazwischen größere, glatte. Auf Polygonum
convolvulus u. dumetorum, zerstreut. **U. anomala** Kze. ·

22. In den Antheren. 23.
   In den Fruchtknoten. 24.
23. Sporenhaufen hell od. dunkler violett. Sporen 6—7 μ. Auf
Melandrium, Dianthus, Viscaria, Silene, Coronaria, Malachium u. a.
gemein auf ersterer Gatt. (Fig. 415.) **U. violacea** (Pers.)
   Sporenhaufen schwarzviolett, in den Antheren, aber die Kron-
blätter zum Verkümmern bringend. Sporen 7—13 × 7—9 μ.
Auf Silene otites, nicht selten. **U. major** Schroet.

24. Sporenhaufen schwarzviolett, die Samen zerstörend. Sporen
netzleistig, 11—14 μ. Auf Holosteum umbellatum, sehr zerstreut. **U. holostei** de By.
   Sporenhaufen gelbbraun, in den Kaspeln. Sporen 10—12 μ,
mit dicken, zu Netzmaschen zusammenschließenden Papillen.
Auf Cerastium-Arten, selten. **U. Durieuana** Tul.
25. Auf Kompositen. 26.
   Sporenhaufen hellrötlich, fast weiß, in den Antheren. Sporen
8—10 μ. Auf Knautia arvensis, selten.

U. scabiosae (Sow.)

26. Sporenhaufen schwarzviolett, die Blütenteile in der Knospe zerstörend u. vom Hüllkelch umschlossen bleibend. Sporen 13—17
× 11—13 μ. Auf Tragopogon-Arten, besond. . T. pratensis,
häufig. (Fig. 416.) **U. tragopogi pratensis** (Pers.)
   Sporenhaufen schwarzviolett, die Blütenteile zerstörend u.
schnell verstäubend, so daß nur wenige Sporen auf dem Blüten-
boden zurückbleiben. Sporen 8—11 μ. Auf Scorzonera humilis,
selten. **U. scorzonerae** (Alb. et Schw.)
   Sporenhaufen dunkel braunviolett, die Blütenköpfchen zum
Verkümmern bringend. Sporen 15—20 × 11—15 μ. Auf Carduus
acanthoides, selten. (Fig. 417.) **U. cardui** Fisch. v. W.

2. Gattung: **Cintractia** Cornu.

Myzel den ganzen Fruchtknoten erfüllend. Sporen in einer äußeren Zone in den Epidermiszellen gebildet, u. nach dem Innern fortschreitend, im Innern steriles sklerotienartiges Myzel. Hemibasidien zweizellig, obere Zelle an der Spitze, untere an der Scheidewand eine Spore auf einem Sterigma bildend.

Sporenhaufen schwarz, eine feste Masse bildend. Sporen körnig punktiert, 12—24 × 7—20 μ. Auf Carex-Arten, seltner Rhynchospora alba, zerstreut. (Fig. 418.)   **C. caricis** (Pers.)

Sporenhaufen schwärzlich olivengrün, fest, später krümelig. Sporen stachlig, 13—20 × 11—18 μ. Auf Carex-Arten, selten.

C. subinclusa (Körn.)

3. Gattung: **Sphacelotheca** de Bary.

Myzel im Fruchtknoten, außen u. innen steril, Sporen daher nur in einer Kalotte entstehend, die von sterilen Hyphen umschlossen wird, nach Ausstäuben die sterile Mittelsäule hervortretend. Sporen glatt.

Sporen in dem hornf. verlängerten Fruchtknoten entstehend, 9—12 × 8—11 μ, dunkelviolett. Auf Polygonum-Arten, sehr zerstreut. (Fig. 419.)   **S. hydropiperis** (Schum.)

4. Gattung: **Schizonella** Schroeter.

Sporen reihenweise aus den Hyphen entstehend, aus 2 Zellen bestehend, die später nur lose zusammenhängen. Hemibasidien 4-zellig.

Teilzelle der Sporen kuglig, 8—11 μ., undeutlich höckerig. In den Blättern von Carex-Arten, kleine schwarze staubige Striche bildend, nicht häufig. (Fig. 420.)   **S. melanogramma** (DC.)

5. Gattung: **Sorosporium** Rudolphi.

Sporen zu größeren Ballen vereinigt, die in der Jugend von einer Gallerthülle umgeben sind, bei der Reife nur locker verbunden u. sich trennend. Hemibasidie mehrzellig.

Sporenhaufen in den Blütenteilen, hell rotbraun. Einzelspore 12—18 × 10—13 μ, meist kantig, an der freien Seite warzig. Auf Saponaria, Dianthus u. anderen Caryophyllaceen, selten.

S. saponariae Rud.

6. Gattung: **Tolyposporium** Woronin.

Sporen durch Zerteilung von knäuelartig verflochtenen Hyphen entstehend, zu festen, unregelmäßigen Haufen verbunden bleibend, kantig, Hemibasidien mehr als 4-zellig.

Sporenhaufen schwarz, fest, ziemlich große Schwielen an Halmen, Blütenstielen u. Fruchtknoten bildend. Einzelspore 11—17 × 7—14 μ, äußere Sporen warzig. Auf Juncus bufonius, capitatus, selten. (Fig. 421.)   **T. junci** (Schroet.)

7. Gattung: **Thecaphora** Fingerhuth.

Sporen feste Ballen bildend. Hemibasidien myzelartig. steril od. an der Spitze eine spindelf. Konidie tragend.

Im Samen u. den Staubfäden von Convolvulus arvensis u. Calystegia sepium, selten. (Fig. 422.) **T. capsularum** (Fr.)

Im Samen von Astragalus glycyphyllos, selten.

T. affinis Schneid.

Im Samen von Lathyrus arvensis, selten.

T. lathyri Kühn

2. Familie: **Tilletiaceae.**

Merkmale wie bei der 1. Fam., aber die Brandsporen in eine ungeteilte Hemibasidie auskeimend, welche die Sporen an der Spitze bildet. Die hierher gehörigen Gattungen wird man bald auch ohne Keimungsversuche erkennen.

Bestimmungstabelle der Gattungen.

A. Sporen einzeln, nicht zusammenhängend.
    a) Sporen verstäubend. Brandlager in den Blütenteilen od. als längliche, sich öffnende Schwielen in den vegetativen Teilen.   **1. Tilletia.**
    b) Sporen nicht verstäubend. Brandlager nur in den vegetativen Teilen.

        I. Brandlager in meist wenig ausgedehnten Flecken, Sporen hell.   **2. Entyloma.**
        II. Brandlager sehr ausgedehnt, große Teile der Nährpflanze durchziehend, Sporen dunkel.   **3. Melanotaenium.**

B. Sporen ballenartig verbunden.
    a) Sporen eines Ballens alle gleichartig u. fertil.   **4. Tuburcinia.**
    b) Sporenballen mit fertilen u. sterilen Zellen.

        I. Sporenzellen in geringer Zahl, sterile Zellen auf der Oberfläche des Ballens unregelmäßig verteilt.   **5. Urocystis.**

        II. Sporenzellen in großer Zahl fest vereinigt.
            1. Fertile Sporen im Innern des Ballens, von einer kontinuierlichen Schicht steriler Hüllzellen umschlossen.   **6. Doassansia.**
            2. Fertile Sporen die Außenschicht bildend, im Innern dicht verbundene sterile Zellen.   **7. Doassansiopsis.**

1. Gattung: **Tilletia** (Hartbrand, Stinkbrand).

Sporen ähnlich wie bei Ustilago entstehend. Hemibasidien einzellig mit endständigen spindel- od. fadenf. Konidien.

1. Auf Gramineen.   2.
    In Sphagnumkapseln braune Massen bildend. Sporen netzig, braun, 11—12 μ. Sehr selten.   **T. sphagni** Naw.
2. Sporen stachlig od. glatt.   3.
    Sporen netzmaschig.   4.
3. Die Fruchtknoten zerstörend, nach Heringslake riechend, Sporen 17—23 × 14—18 μ, hellbraun, ganz glatt. Auf Sommerweizen, sehr zerstreut.   **T. laevis** Kühn
    In den Blättern, Halmen u. Blattscheiden in Längsreihen stehende, verstäubende Striche bildend. Sporen stachlig, 10 bis 13 × 9—11 μ, olivenbraun. Auf Gramineen, so Alopecurus, Holcus, Briza, Poa, Festuca, Bromus, Avena elatior, Milium usw., häufig.
T. striiformis (Westend.)
    Ebensolche Streifen wie vor. Art bildend. Sporen dunkler, etwas größer u. länger bestachelt. Auf Calamagrostis-Arten u. Triticum repens, nicht selten.   **T. calamagrostidis** Fuck.
4. Nur in den Fruchtknoten die Brandsporen erzeugend.   5.
    Strichf. Brandpusteln in den Blättern bildend. Sporen 26 × 17 bis 23 μ, dunkelbraun. Auf Brachypodium-Arten. (Fig. 423.)
T. olida (Riess)
5. Auf Triticum.   6.
    Auf Agrostis.   7.
    Auf Secale u. Lolium.   8.
6. Sporenmassen die Oberhaut des Fruchtknotens nicht sprengend, daher nicht stäubend, nach Heringslake riechend. Sporen 16 bis 20 μ, trüb olivenbraun. Auf Triticum vulgare, häufig. (Fig. 424.)
T. caries (DC.)
    Ähnlich der vor. Art, auch dem Geruch nach, aber Sporen größer (20—23 μ), mit höheren Netzleisten. Myzel perennierend im Rhizom. Auf Triticum repens, selten.   **T. controversa** Kühn
7. Sporenhaufen schwarz, fest, übelriechend beim Zerreiben. Sporen 24—28 μ, dunkelbraun. Auf Agrostis vulgaris, selten.
T. decipiens (Pers.)
    Sporenhaufen ebenso. Sporen schwarz, etwas kleiner (ca. 24 μ). Auf Agrostis spica venti, selten.   **T. separata** Kze.
8. Sporenhaufen schwarzbraun, verstäubend, stinkend. Sporen 18 bis 23 μ. Auf Secale cereale, zerstreut.   **T. secalis** (Corda)
    Sporenhaufen lehmbraun, stinkend, fest. Sporen 16—19 μ, ockerfarben. Auf Lolium arvense, selten.   **T. lolii** Auersw.

2. Gattung: **Entyloma** de Bary.

Brandhaufen in Blättern gebildet u. als verfärbte Flecken außen sichtbar, nicht ausstäubend. Sporen ± kuglig, glatt od. höckerig.

hyalin od. bräunlich, mit dicker Membran. Hemibasidien ähnlich wie bei Tilletia. Häufig noch Myzelkonidien gebildet, die spindelf. sind u. einen weißen Überzug am Brandlager bilden.

1. Auf Eleutheropetalen. 2.
    Auf Sympetalen. 6.

2. Auf Ranunculaceen. 3.
    Auf Papaveraceen. 4.
    Auf Umbelliferen. 5.
    Auf Chrysosplenium alternifolium. Flecken blaßgelblich. Sporen 10—12 μ, farblos. Selten.

E. chrysosplenii (Berk. et Br.)

3. Flecken flach, klein, zahlreich, gelblich bis bräunlich. Sporen 11—14 μ, hellbraun. Auf Ranunculus-Arten, bes. auricomus u. Ficaria, häufig. E. ranunculi (Bon.)
    Flecken weißlich, dann gelblich bis bräunlich, als schwielige, spindelf. od. halbkuglige Anschwellungen auf Blättern u. Blattstielen hervortretend. Sporen 15—24 × 12—17 μ, hyalin bis gelblich. Auf R. repens, bulbosus u. a., zerstreut.

E. microsporum (Ung.)

    Flecken flach, undeutlich begrenzt, bräunlich, gelblich berandet. Sporen 11—15 μ, hellbräunlich, flach höckerig. Auf R. lanuginosus, selten. E. verruculosum Pass.

4. Flecken rundlich bis länglich, braun, dann schwarz. Sporen 12—17 μ, kastanienbraun. Auf Papaver argemone u. rhoeas, zerstreut. E. fuscum Schroet.
    Flecken weiß, dann bräunlich. Sporen 10—13 μ, gelbbraun, unregelmäßig wellig. Auf Corydalis cava u. a., selten.

E. corydalis de By.

5. Flecken schwach bis flach gewölbt, bräunlich. Sporen 10—15 μ, hell bräunlich. Auf Eryngium campestre, zerstreut.

E. eryngii (Corda)

    Flecken weiß, pustelf., stecknadelknopfgroß. Sporen 7,5 bis 10 × 6,5 μ, hyalin. Auf Berula u. Heliosciadium, sehr selten.

E. heliosciadii Magnus

6. Auf Borraginaceen. 7.
    Auf Kompositen. 8.
    Auf Linaria vulgaris. Flecken weiß, dann gelblich, rundlich bis unregelmäßig, oft zusammenfließend. Sporen 11—14 × 9 bis 12 μ, gelblich braun, unregelmäßig verdickt. Selten.

E. linariae Schroet.

7. Flecken grauweiß. Sporen 11—13 μ, hellbraun. Auf Myosotis-Arten, zerstreut. E. Fergussoni (Berk. et Br.)
    Flecken weiß, dann bräunlich. rund. Sporen 11—14 μ, hellbraun. Auf Symphytum-Arten, zerstreut.

E. serotinum Schroet.

8. Nur auf den Blättern Flecken bildend. 9.

14*

Auf den Stengeln u. am Wurzelhals gallenartige Anschwellungen bildend.   10.
9. Auf Calendula officinalis u. and. Arten, Hieracium-Arten, Arnoseris, bes. auf ersterer Pflanze häufig. Flecken grünlich od. weißlich, später bräunlich. Sporen 9—14 μ, hellbräunlich. (Fig. 425.)
E. calendulae (Oud.)
Auf Bellis perennis, sehr selten. Flecken weißlich od. gelblich. Sporen 9—14 μ, hyalin od. gelblich.   **E. bellidis** Krieg.
Auf Chrysanthemum inodorum, Achillea millefolium, selten. Flecken weißlich, etwas höckerig. Sporen 12—13 μ, blaßbraun.
E. matricariae Rostr.
Auf Picris hieracioides, selten. Flecken graubräunlich, breit gelb umrandet. Sporen eckig, 10—15 μ, gelbbraun.
E. picridis Rostr.
10. Auf Gnaphalium luteoalbum, selten.   Sporen 17—22 × 11 bis 15 μ, gelb.   **E. Magnusii** Ule
Auf Helichrysum arenarium, selten. Sporen 15—22 × 11—20 μ, kastanienbraun.   **E. Aschersonii** (Ule)

3. Gattung: **Melanotaenium** de Bary.

Myzel perennierend u. die Nährpflanze ± ganz durchziehend. Sporen in sehr ausgedehnten, schwarzen, festen Lagern gebildet, Hemibasidien fädig, an der Spitze mit kurzen, dicken Konidien.
Lager von der Oberhaut bedeckt bleibend, bleigrau. Sporen 15—22 × 12—20 μ, glatt, schwarzbraun. Auf Galium-Arten, zerstreut. (Fig. 426.)   **M. endogenum** (Ung.)

4. Gattung: **Tuburcinia** Fries.

Sporenballen fest, unregelmäßig od. ± kuglig, aus vielen gleichartigen, fertilen Sporen bestehend. Hemibasidien am Scheitel mit 4—8 länglichen Konidien.
Sporenhaufen bedeckt bleibend, bleigrau, in den Stengeln od. Blättern, Sporen zu 50—100 im Haufen, kuglig, kantig, 15—32 × 10 bis 17 μ, dunkelbraun, glatt. Auf Trientalis europaea, selten.
T. trientalis Berk. et Br.

5. Gattung: **Urocystis** Rabenh.

Sporen in geringer Zahl zu einem Ballen vereinigt, fertile in der Mitte, einige sterile, meist hellere am Umfang gelegen. Hemibasidien wie bei Tilletia od. auch am Ende myzelartig austreibend. Sporen auf Windtransport angepaßt

1. Auf Monokotyledonen.   2.
   Auf Dikotyledonen.   5.
2. Auf Gramineen.   3.
   Auf Juncaceen.   4.

Sporenhaufen schwarz, in den Blättern dicke, lange, aufreißende Schwielen bildend. Fertile Sporen zu 2—4, kastanienbraun, 12—15 μ, sterile dicht, kleiner, heller. Auf Colchicum-Arten, selten.
U. colchici (Schlecht.)

3. Myzel einjährig. Sporenhaufen in Längsreihen an den vegetativen Organen, schwarz verstäubend. Fertile Sporen zu 1—3, dunkelbraun, 13—18 μ, sterile einschichtig, 4—6 μ, heller. Auf Secale u. seltner Lolium, häufig. **U. occulta** (Wallr.)

Myzel perennierend. Sporenhaufen wie bei vor. Art. Fertile Sporen zu 1—3, dunkelbraun, sterile Sporen heller, 5—9 μ. Auf Triticum repens, Festuca, Poa, Dactylis, Agrostis usw., nicht selten.
U. agropyri (Peuss)

Sporenhaufen schwarz, in Längsstreifen an Blättern, seltner Blütenspindeln u. Brakteen. Fertile Sporen 1—2, ca. 12—18 μ, sterile nicht ganz herumgehend, ca. 6 μ lg. Auf Poa pratensis u. var. angustifolia, selten. **U. Ulei** Magn.

4. Sporenhaufen schwarz, blaugraue Längsstreifen auf den Blättern bildend. Fertile Sporen zu 3—5, dunkelbraun, 11—13 μ, sterile in einfacher Lage, 6—8 μ br. Auf Luzula pilosa, nicht häufig.
U. luzulae Schroet.

Sporenhaufen im unteren, dadurch zwiebelartig angeschwollenen Teil des Blattes. Fertile Sporen zu 1—5, dunkelbraun, 14—16 μ, sterile zahlreich, 6—10 μ. Auf Juncus bufonius, selten.
U. Johansonii (v. Lagh.)

5. Auf Ranunculaceen. 6.
Nicht auf Ranunculaceen. 7.

6. Sporenhaufen schwarz, in länglichen, oft gallenartig geschwollenen u. verbogenen Schwielen an Blattrippen, Stengeln u. Blattstielen Fertile Sporen 1—2, dunkelbraun, undeutlich punktiert, 12 bis 15 × 10—12 μ, sterile gelbbraun, sehr wenig od. zuweilen fehlend, 7—10 μ. Auf Anemone-Arten, Hepatica, Ranunculus bulbosus, repens, Ficaria, nicht selten. (Fig. 427.)
U. anemones (Pers.)

Sporenhaufen schwarz, schwielenf., grauweiß, dann frei u. verstäubend. Fertile Sporen 4—6, dunkelbraun, 11—17 μ, sterile einschichtig, zahlreich, 7—12 μ, heller. Auf Thalictrum minus, Pulsatilla alpina u. a., sehr selten. **U. sorosporioides** Körn.

7. Auf Filipendula hexapetala, sehr selten. Sporenhaufen an Blattstielen u. -nerven Schwielen bildend. Fertile Sporen 3—7, höckrig, 15—20 μ, sterile unregelmäßig, 8—12 μ, sonst den fertilen gleichend
U. filipendulae (Tul.)

Auf Viola-Arten, bes. V. odorata, häufig. Sporenhaufen lange, schwarze Schwielen in Blattstielen u. -rippen bildend. Fertile Sporen 6—8, dunkelbraun, 11—15 μ, sterile zahlreich, 6—10 μ, heller. (Fig. 428.) **U. violae** (Sow.)

Auf Primula-Arten, sehr selten. Sporenhaufen in den angeschwollenen Fruchtknoten. Fertile Sporen 3—6, braun, 9—15 µ, sterile zahlreich, kleiner. **U. primulicola** Magn.

6. Gattung: **Doassansia** Cornu.

Sporenballen kuglig od. halbkuglig od. $\pm$ unregelmäßig. Fertile Zellen zahlreich im Innern, außen von einer Schicht steriler Zellen ganz od. halb umgeben. Hemibasidien typisch. Sporenballen für Wassertransport eingerichtet. Auf Blättern von Wasserpflanzen Flecken bildend, Sporenballen fest eingelagert, erst durch Vermodern der Gewebe frei werdend u. dann oberflächlich schwimmend.

Auf Alisma plantago, zerstreut. (Fig. 429.)
D. alismatis (Nees)
Auf Sagittaria sagittifolia, zerstreut. **D. sagittariae** (West.)
Auf Butomus umbellatus, zerstreut. **D. punctiformis** (Niessl)
Auf Limosella aquatica, selten. **D. limosellae** (Kze.)
Auf Hottonia palustris, selten. **D. hottoniae** (Rostr.)

7. Gattung: **Doassansiopsis** Setchell.

Äußerlich wie vor. Gatt. Sporenballen mit ein od. mehreren äußeren Schichten fertiler Zellen, im Innern mit dicht gelagerten sterilen Zellen. Ebenfalls für Wassertransport eingerichtet.

In den Blättern von Potamogeton natans u. graminifolius, selten.
D. Martianoffiana (v. Thüm.)
In den Fruchtknoten von Potamogeton-Arten, selten. (Fig. 430.)
D. occulta (Hoffm.)

Gattungen unbestimmter Stellung, die meist hierher gebracht werden.

Gattung: **Entorrhiza** Weber.

Kleine gallenartige Auswüchse in den Wurzeln bildend. Sporen einzeln an den Enden von Myzelzweigen entstehend. Keimung mit Keimschläuchen, die am Ende oder vorher kleine Konidien erzeugen.

An Wurzeln von Cyperus flavescens endständige Anschwellungen bildend, selten. **E. cypericola** (Magn.)
An Wurzeln von Juncus bufonius ähnliche Anschwellungen bildend, zerstreut. **E. Aschersoniana** (Magn.)
An Wurzeln von Juncus tenageia ebenso, selten.
E. Casparyana (Magn.)

Gattung: **Schroeteria** Winter.

Sporen in den Samen gebildet, zu zwei mit breiter Fläche zusammenhängend und an dieser Fläche warzig. Keimung mit Keimschlauch, an dessen Ende eine Kette von Konidien entsteht.

Sporenhaufen blaugrau, in den Samen von Veronica-Arten, sehr zerstreut. (Fig. 431.) **S. delastrina** (Tul.)

Sporenhaufen ähnlich, aber die Sporen bald zerfallend u. dann die Einzelsporen kuglig, warzig. In den Samen von Veronica hederifolia, selten. **S. Decaisneana** (Boud.)

Gattung: **Graphiola** Poiteau.

Kleine bleiche Flecken auf den Blättern bildend. Auf ihnen kleine Fk. hervorbrechend, die von einer festen äußeren u. dünneren inneren Hülle umgeben sind. Vom Grunde des Frk. erheben sich sterile u. fertile Fäden. Letztere besitzen kurze, fast isodiametrische Zellen, an denen seitlige kuglige Sporeninitialzellen hervorsprossen, aus diesen entstehen durch Zweiteilung die Sporen.

Auf Blättern von kultivierten Phoenix-Arten, im Gewächshaus u. im Zimmer, häufig. (Fig. 432.) **G. phoenicis** (Moug.)

2. Reihe: **Uredineae** (Rostpilze).

Myzel parasitisch, mit Haustorien in die Zellen eindringend, entweder lokalisiert od. die ganze Pflanze $\pm$ durchziehend. Die Fruchthäufchen werden im Gewebe an bestimmten Stellen angelegt u. brechen dann hervor. Es werden folgende Sporenformen gebildet: 1. Pykniden, d. h. kleine kugelf. Behälter mit Mündung, in denen auf dicht nebeneinander stehenden einfachen Trägern sehr kleine, hyaline, meist kurz stäbchenf. Konidien gebildet werden. Sie entstehen meist in besonderen Blattflecken im F. — 2. Aecidien. Dies sind kleine becherf. Fk., welche von einem einschichtigen Gehäuse (Peridie) umgeben sind, auf dessen Grunde eine Schicht von einfachen Sterigmen vorhanden ist, die kettenf. (mit undeutlichen vergänglichen Zwischenzellen) $\pm$ kuglige, durch gegenseitige Pressung meist kantige Sporen mit punktierter, rauher od. fast stachliger Membran bilden. Bisweilen ist die Peridie sehr verlängert od. ist in keulige Hüllzellen aufgelöst od. fehlt ganz. Man hat dafür besondere Namen wie Peridermium, Roestelia, Caeoma, bezeichnet aber damit dieselbe Aecidienfruchtform. Meist im F. entstehend. — 3. Uredosporen. Dies sind $\pm$ lg. gestielte einzellige, meist dickwandige, mit mehreren Keimporen versehene Sporen, die in kleinen Häufchen in besonderen Blattflecken entstehen. Im S. gebildet. — 4. Teleutosporen. Dies sind die eigentlichen charakteristischen Sporen der Uredineen, die einzellig od. mehrzellig sind, bei jeder Zelle nur einen Keimporus zeigen u. sehr verschiedene äußere Skulptur besitzen. Sie entstehen in besonderen Häufchen od. wachsen zwischen den Uredosporen hervor, diese gegen das Ende der Vegetationsperiode hin ersetzend. Sie sind die Überwinterungsform der Uredineen u. keimen im F. aus. — 5. Basidien. Sie entstehen aus den Teleutosporen durch Auskeimung in Form von hyalinen Fäden, die quer in 4 Zellen geteilt werden. An jeder Teilzelle wird eine Basidienspore auf einem $\pm$ langen Sterigma gebildet. Diese Basidiensporen keimen mit einem Keimschlauch aus, der in die Nährpflanze eindringt u. von neuem den Parasiten entstehen läßt.

Diese Sporenformen, von denen 2—4 als Chlamydosporen zu bezeichnen sind, kommen nicht bei jeder Art vor, stets vorhanden aber sind 4 u. 5, welche beiden diese Pilze charakterisieren. Für die Bestimmung kommen im allgemeinen die Teleutosporen in Betracht. Bei vielen Arten spielt sich der ganze Entwicklungsgang auf einer u. derselben Nährpflanze ab (autözische Spezies), bei anderen aber kommen Spermogonien und Aecidien auf der einen Nährpflanze vor, Uredo- u. Teleutosporen dagegen auf einer andern (heterözische Spezies). Bei vielen Arten von Puccinia, Melampsora, Coleosporium, Gymnosporangium werden die Aecidien auf verschiedenen Nährpflanzen gebildet, während die Teleutosporen auf einer anderen aber gemeinsamen Nährpflanze entstehen od. umgekehrt. Da die morphologischen Merkmale zur Unterscheidung solcher Arten nicht ausreichen, so lassen sie sich nur durch Kulturversuche sicher unterscheiden Man spricht dann von Gewohnheitsrassen, Formae speciales. Diese Erscheinung zeigt, daß wir es mit den Rostpilzen als einer Pilzklasse zu tun haben, die in der Gegenwart noch in lebhafter Fortbildung u. Anpassung begriffen sind.

In den Zellen finden sich meist orangerote Öltröpfchen, dadurch sehen die Flecken mit den Pykniden, Aecidien u. Uredosporen rotgelb aus. Die Teleutosporen haben meist ± dunkelbraun gefärbte Membranen.

Bestimmungstabelle der Gattungen.

A. Teleutosporen durch reihenf. Abschnürung
in längeren, in die Einzelsporen zerfallenden
Ketten gebildet (Endophyllaceae). **1. Endophyllum.**

B. Teleutosporen ungestielt, zu flachen od.
polsterf. Lagern od. säulenf. Körpern fest
vereinigt od. lose im Gewebe der Nährpflanzen eingelagert (Melampsoraceae).

  a) Teleutosporen durch wiederholte Bildung reihenweise an denselben Hyphen
stehend, Lager die Epidermis nicht durchbrechend.

    I. Teleutosporenlager polsterf. **2. Chrysomyxa.**
    II. Teleutosporenlager säulenf. **3. Cronartium.**

  b) Teleutosporen nicht in Längsreihen, Lager
von der Epidermis bedeckt bleibend.

    I. Basidien nicht aus den Teleutosporenzellen hervortretend, sondern nur
durch Vierteilung des Sporeninhaltes
angedeutet.

      1. Uredosporen reihenweise gebildet. **4. Coleosporium.**

2. Uredosporen einzeln an der Spitze der Sterigmen stehend.   **5. Ochropsora.**

II. Basidien aus den Teleutosporenzellen frei hervortretend.

  1. Teleutosporen einzellig.

    α) Teleutosporen in einschichtigen Lagern.

      § Teleutosporenlager außerhalb der Zellen der Wirtspflanze.

       † Aecidien u. Uredo ohne Peridie.   **6. Melampsora.**

       †† Aecidien u. Uredo mit Per.die.   **7. Melampsoridium.**

      §§ Teleutosporen in den Epidermiszellen gebildet.   **8. Melampsorella.**

    β) Teleutosporen in Lagern, die in der Mitte 4—5-schichtig sind.   **9. Schroeteriaster.**

  2. Teleutosporen aus 2—4 nebeneinander stehenden Zellen bestehend.

    α) Teleutosporen in dichten Krusten in den Epidermiszellen od. darunter.

      § Teleutosporen mit gebräunter Membran. Aecidien u. Uredo mit Peridie.   **10. Pucciniastrum.**

      §§ Teleutosporen farblos. Aecidien unbekannt, Uredo mit od. ohne Peridie. Nur auf Farnen.   **11. Hyalopsora.**

    β) Teleutosporen einzeln mitten im Blattgewebe liegend, Uredo mit Peridie. Nur auf Farnen.   **12. Uredinopsis.**

C. Teleutosporen ± gestielt, isoliert bleibend od. in einzelnen, vom Gewebe der Nährpflanze trennbaren Lagern vereinigt (Pucciniaceae).

  a) Teleutosporen sehr lg. gestielt, in einer Gallertmasse eingebettet u. große, auffallende, senkrecht abstehende Keulen bildend. Auf Koniferen.   **13. Gymnosporangium.**

  b) Teleutosporen nicht in Gallerte eingebettet, nicht auf Koniferen.

    I. Teleutosporen einzellig.   **14. Uromyces.**

    II. Teleutosporen zweizellig.

      1. Aecidien mit Hülle.   **15. Puccinia.**

      2. Aecidien ohne Hülle.   **16. Gymnoconia.**

    III. Teleutosporen mehr als zweizellig.

1. Sporenzellen übereinanderliegend. **17. Phragmidium.**
2. Sporenzellen nebeneinander, im
   Dreieck liegend. **18. Triphragmium.**

1. Gattung: **Endophyllum** Léveillé [1]).

Frk. halbkuglig, mit Peridie. Teleutosporen in langen Reihen entstehend, einzellig, ohne deutliche Keimporen. Keine anderen Sporenformen vorhanden.

Frk. zerstreut. Teleutosporen warzig, gelbbraun, 20—35 μ. Auf den abnorm verlängerten Blättern von Sempervivum-Arten, zerstreut. (Fig 433.) **E. sempervivi** (Alb. et Schw.)

Frk. unterseitig, schüsself. Teleutosporen $16—26 \times 12—18\,\mu$. Auf Blättern von Euphorbia amygdaloides, mehr im Süden des Gebietes. **E. euphorbiae silvaticae** (DC.)

2. Gattung: **Chrysomyxa** Unger.

Pykniden vorhanden. Aecidien mit Peridie. Uredosporen in Reihen gebildet. Teleutosporen in Polstern, aus einfachen od. verzweigten Zellreihen bestehend, sofort nach der Reife typisch keimend, mit sterilen Tragzellen.

1. Teleutosporen auf Ericaceen. 2.
   Autözisch. III. in den Nadeln von Picea excelsa, nicht selten, bes. im Gebirge. **C. abietis** (Wallr.)
2. Autözisch. Uredosporen in Ketten. III. unterwärts, klein. Auf den Blättern von Pirola-Arten, zerstreut. **C. pirolae** (DC.)
   Heterözisch. I. auf Fichtennadeln. II., III. auf den Blättern von Ledum palustre, sehr zerstreut. **C. ledi** (Alb. et Schw.)
   Heterözisch. I. auf Fichtennadeln. II., III. auf Rhododendron ferrugineum u. hirsutum, in den Alpen. (Fig. 434.)
   C. rhododendri (DC.)

3. Gattung: **Cronartium** Fries.

Pykniden flach. I. mit blasiger weiter aufreißender Peridie (Peridermium). II. mit Peridie, die sich am Scheitel mit Porus öffnet; Uredosporen einzeln, gestielt. III. ohne Peridie, aus den einzelnen Teleutosporen zusammengesetzt u. haarf. od. zylindrische Säulchen bildend. Keimung gleich nach der Reife.

I. auf Pinus silvestris (Peridermium pini) an jüngeren Ästen hervorbrechend, Verdrehungen erzeugend. II., III. auf Paeonia officinalis u. a. Arten u. Cynanchum vincetoxicum, zerstreut.
C. asclepiadeum (Willd.)

I. auf Pinus strobus (Perid. strobi). II., III. auf Ribes-Arten, nicht selten. (Fig. 435.) **C. ribicola** Dietr.

---

[1]) Ich bezeichne im Folgenden mit I Aecidienlager, II Uredolager, III Teleutosporenlager.

4. Gattung: **Coleosporium** Léveillé.

Pykniden flach kegelf. I. mit blasenf., durch Riß sich öffnender Peridie. Uredosporen kurz kettenf. III. flach wachsartig. Teleutosporen einzellig, bald 4-zellig (Basidie), jede Zelle an langem Sterigma eine Basidienspore hervorbringend.

I. auf Pinus silvestris (Perid. oblongisporium). II., III. als spezialisierte Formen auf den Blättern von sehr verschiedenen Kräutern.

Auf Anemone pratensis u. vulgaris, zerstreut.

C. pulsatillae (Str.)

Auf Melampyrum pratense u. a., häufig.

C. melampyri (Rebent.)

Auf Euphrasia u. Alectorolophus, häufig. (Fig. 436.)

C. euphrasiae (Schum.)

Auf Campanula-Arten, häufig.	**C. campanulae** (Pers.)
Auf Inula-Arten, zerstreut.	**C. inulae** (Kze.)
Auf Tussilago farfara, häufig.	**C. tussilaginis** (Pers.)
Auf Petasites-Arten, zerstreut.	**C. petasitis** de By.
Auf Senecio-Arten, häufig.	**C. senecionis** (Pers.)
Auf Sonchus-Arten, häufig.	**C. sonchi** (Pers.)

I. auf Pinus montana. II., III. zerstreut auf Adenostylis albifrons, Cacalia, im Gebirge.   **C. cacaliae** (DC.)

5. Gattung: **Ochropsora** Dietel.

I. auf Anemone nemorosa (Aec. leucospermum) unterseits auf den Blättern, weiß. II. mit Paraphysenkranz umgeben. III. bleich gelblich, krustig, Teleutosporen dünnwandig, nach der Reife sofort keimend.

I. häufig. II., III. auf Sorbus aucuparia, Aruncus silvestris, zerstreut. (Fig. 437.)   **O. sorbi** (Oud.)

6. Gattung: **Melampsora** Castagne.

Pykniden flach, halbkuglig. I. ohne Peridie (Caeoma). Uredosporen einzeln, mit kopfigen Paraphysen untermischt. Teleutosporen einzellig, dicht krustig zusammenstehend in einzelliger Lage, außerhalb der Zellen der Nährpflanze entstehend. — Die meisten Arten auf Salix u. Populus sind spezialisierte Arten, die sich nur durch Kultur sicher unterscheiden lassen. Die morphologischen Unterschiede sind nur schwach oder nicht ausgeprägt.

1. III. nicht auf Salicaceen. Autözisch.   2.

     III. auf Salix (früher meist als M. salicina bezeichnet).   3.

     III. auf Populus (früher meist als M. populina bezeichnet). 11.

2. I., II., III. auf Saxifraga granulata, aizoides, sehr zerstreut.

M. saxifragarum (DC.)

     II., III. auf Linum-Arten, nicht selten.   **M. lini** (Pers.)

     I., II., III. auf Euphorbia-Arten (außer dulcis), nicht selten.
III. rotbraun, zuletzt schwarz, einzeln stehend.

M. helioscopiae (Pers.)

I., II., III. auf Euphorbia dulcis, nur in den Alpen. III. sehr dicht gedrängt, blaß gelbbraun, dann dunkler, nie schwarz.

M. euphorbiae dulcis Otth

I., II., III. auf Hypericum-Arten, zerstreut.

M. hypericorum (DC.)

3. Uredosporen länglich, am oberen Ende glatt. 4.
Uredosporen kuglig, ohne glatte Stelle. 8.
4. Teleutosporen unter den Epidermiszellen entstehend. 5.
Teleutosporen zwischen Epidermis u. Cuticula entstehend. 7.
5. Heterözisch. 6.
Autözisch. I., II., III. auf Salix amygdalina u. pentandra.

M. amygdalinae Kleb.

6. I. auf Larix europaea u. sibirica. II., III. auf S. pentandra, fragilis u. dem Bastard beider. **M. larici-pentandrae** Kleb.
I. auf Allium schoenoprasum, oleraceum, cepa, ursinum u. vineale. II., III. auf S. alba. **M. allii-salicis albae** Kleb.
7. I. auf Allium vineale, sativum, ursinum, schoenoprasum, cepa, ascalonicum. II., III. auf S. fragilis, pentandra u. dem Bastard beider. **M. allii-fragilis** Kleb.
I. auf Galanthus nivalis. II., III. wie vor. Art.

M. galanthi-fragilis Kleb.

8. Teleutosporen am Scheitel ohne starke Membranverdickung. Keimporus nicht auffällig. 9.
Teleutosporen am Scheitel mit stark verdickter Membran, zwischen Epidermis u. Cuticula gebildet. Keimporus auffällig. I. auf Larix. II., III. auf S. caprea.

M. larici-caprearum Kleb.

9. Teleutosporen unter den Epidermiszellen gebildet. 10.
Teleutosporen zwischen Epidermis u. Cuticula gebildet. I. auf Ribes grossularia, rubrum, nigrum u. a. II., III. auf S. viminalis.

M. ribesii-viminalis Kleb.

10. I. auf Larix europaea. II., III. auf S. purpurea, nigricans, retusa, aurita, viminalis, caprea u. a. **M. larici-epitea** Kleb.
I. auf Orchis latifolia u. maculata. II., III. auf S. repens, aurita.

M. orchidi-repentis (Plowr.)

I. auf Evonymus europaea. II., III. auf S. aurita, cinerea, caprea, incana. **M. evonymi-caprearum** Kleb.
I. auf Saxifraga oppositifolia. II. III. auf S. herbacea, im Hochgebirge. **M. alpina** Juel
I. auf Ribes grossularia, aureum, alpinum, sanguineum. II., III. auf S. purpurea, viminalis.

M. ribesii-purpureae Kleb.

I. auf Ribes nigrum, alpinum, aureum, grossularia. II., III. auf S. aurita. **M. ribesii-auritae** Kleb.
11. Uredosporen $\pm$ kuglig, am oberen Ende nicht glatt. 12.
Uredosporen länglich, am Scheitel glatt. 13.

12. I. auf Larix. II., III. auf Populus tremula, alba.
M. larici-tremulae Kleb.
I. auf Pinus silvestris, montana. II., III. ebenda.
M. pinitorqua Rostr.
I. auf Chelidonium majus u. Corydalis solida. II., III. ebenda.
M. Magnusiana Wagn.
I. auf Mercurialis perennis. II., III. ebenda.
M. Rostrupii Wagn.
13. I. auf Larix. II., III. auf P. nigra, italica, canadensis, balsamifera, oberseitig. **M. larici-populina** Kleb.
I. auf Allium ascalonicum, schoenoprasum, vineale, cepa, ursinum, sativum. II., III. auf P. nigra, canadensis, balsamifera, unterseitig. **M. allii-populina** Kleb.

7. Gattung: **Melampsoridium** Klebahn.

Aecidien mit blasenf. Peridie. Uredolager mit Peridie, die sich lochf. öffnet, ohne Paraphysen.
Heteröcisch. I. auf Larix. II.. III. auf Betula verrucosa, pubescens, nana, häufig. (Fig. 438.) **M. betulinum** (Pers.)
I. unbekannt. II., III. auf Carpinus betulus, zerstreut.
M. carpini (Nees)

8. Gattung; **Melampsorella** Schroeter.

Aecidien u. Uredo mit Peridie. Teleutosporen in den Epidermiszellen, farblos, einzellig, dünnwandig.
I. auf den Nd. von Abies pectinata, perennierend, hexenbesenbildend, (Aec. elatinum). II., III. auf Stellaria-, Cerastium-Arten, Moehringia, Arenaria serpyllifolia, Alsine media, nicht selten. (Fig. 439.)
M. caryophyllacearum (DC.)
I. auf Abies pectinata, nicht hexenbesenbildend. II., III. auf Symphytum-Arten, zerstreut. **M. symphyti** (DC.)

9. Gattung: **Schroeteriaster** Magnus.

Uredo ohne Peridie u. Paraphysen. Teleutosporen einzellig, zu kleinen, 4—5-schichtigen Lagern vereinigt, gegen den Rand wenigerschichtig.
II.. III. auf Rumex alpinus im Gebirge.
S. alpinus (Schroet.)

10. Gattung: **Pucciniastrum** Otth.

Aecidien u. Uredo mit Peridie. Teleutosporen einschichtig, Krusten bildend, die unter od. in den Epidermiszellen entstehen, durch eine od. zwei über Kreuz stehende, vertikale od. etwas schräge Längswände in 2—4 Zellen geteilt.
1. Teleutosporen unter den Epidermiszellen entstehend. 2.
Teleutosporen in den Epidermiszellen entstehend. 3.

2. I. auf Nd. von Abies pectinata. II., III. auf Epilobium-Arten,
bes. E. angustifolium, nicht selten. **P. epilobii** (Pers.)
   I. unbekannt. II., III. auf Circaea lutetiana, intermedia, alpina,
häufig. (Fig. 440.) **P. circaeae** (Schum.)
3. Teleutosporen auf Rosaceen. 4.
   Teleutosporen auf Ericaceen. 5.
   I. unbekannt. II., III. auf Galium-Arten, Asperula odorata,
nicht selten. **P. galii** (Link)
4. I. auf Zapfenschuppen von Picea. II., III. auf Prunus padus u.
virginiana, zerstreut. **P. padi** (Kze. et Schm.)
   I. unbekannt. II., III. auf Agrimonia-Arten, nicht selten.
P. agrimoniae (DC.)
5. I. auf Abies pectinatá. II. unbekannt. III. auf Vaccinium vitis
idaea, Myzel perennierend u. Verdickungen der Zweige erzeugend.
Zerstreut. (Fig. 441.) **P. Goeppertianum** (Kühn)
   I. unbekannt. II., III. auf Vaccinium vitis idaea, myrtillus,
oxycoccus, uliginosum, intermedium, seltner. Myzel nicht perennierend. **P. vacciniorum** (Link)
   1. unbekannt. II., III. auf Arctostaphylos alpina in den Alpen.
(Fig. 442.) **P. sparsum** (Wint.)

11. Gattung: **Hyalopsora** Magnus.

Aecidien unbekannt. Uredo ohne Peridie. Teleutosporen in
1—2-schichtigen Krusten, farblos, durch ein- od. zwei kreuzweis ge-
stellte Wände in 2—4 Zellen geteilt. Auf Farnen.
   Auf Phegopteris dryopteris u. Robertiana zerstreut. (Fig. 443.)
H. polypodii dryopteridis (Moug. et Nestl.)
   Auf Cystopteris fragilis, selten. **H. polypodii** (Pers.)
   Auf Asplenium septentrionale, selten. **H. Feurichii** (Magn.)

12. Gattung: **Uredinopsis** Magnus.

Aecidien unbekannt. Uredo von einer aus schlauchartigen Zellen
gebildeten halbkugligen Peridie umgeben. Teleutosporen im Blatt-
gewebe zerstreut liegend, 2—4-zellig, farblos.
   Auf Phegopteris vulgaris, selten. **U. filicina** Magn.
   Auf Scolopendrium officinale, Blechnum spicant, selten.
U. scolopendrii (Fuck.)

13. Gattung: **Gymnosporangium** Hedwig f.

Pyknidien ± krugf., mit kegelf. Mündung. Aecidien mit derber
Peridie, krug- od. flaschenf. (Roestelia). Aecidiensporen mit mehreren
Keimporen. Teleutosporen 2-zellig, auf sehr langen, verquellenden
Stielen, zu Polstern, Säulen, Hörnern vereinigt, die gallertig auf-
quellen. Uredo fehlt. Alle heterözisch, I. auf Rosaceen, III. auf
Taxaceen.

1. III. auf Juniperus communis u. nana.   2.
   III. auf J. sabina u. virginiana.   4.

2. Teleutosporen mit farblosen Papillen über den Keimporen. I. auf Sorbus aucuparia, aria, torminalis, Amelanchier vulgaris. Häufig. (Fig. 444.)   **G. juniperinum** (L.)
   Teleutosporen ohne solche Papillen.   3.

3. Einzelne Zelle der Teleutosporen lg. gestreckt, über doppelt so lg. wie br. I. auf Crataegus-Arten, Sorbus aucuparia u. torminalis. Häufig. (Fig. 445.)   **G. clavariiforme** (Jacq.)
   Einzelne Zelle etwa so hoch wie br., ke₃elf. I. auf Sorbus aria, chamaemespilus (u. ihrem Bastard), Pirus malus. Häufig (nur auf J. communis). (Fig. 446.)   **G. tremelloides** Hart.
   Teleutosporen ebenso. I. auf Amelanchier spicata.
        G. amelanchieris E. Fisch.

4. Obere Teleutosporenzelle meist sehr deutlich halbkuglig od. gerundet. I. auf Crataegus monogyna, oxyacantha, Cydonia vulgaris, Mespilus germanica, zerstreut. (Fig. 447)
        G. confusum Plowr.
   Obere Teleutosporenzelle mehr stumpf-spitz, kegelf. I. auf Pirus communis, häufig. (Fig. 448.)   **G. sabinae** (Dicks.)

14. Gattung: **Uromyces** Link.

Pykniden eingesenkt, krugf. Aecidien mit Peridie, Aecidiensporen ohne deutliche Keimporen. Uredosporen einzeln, gestielt, mit mehreren Keimporen. Teleutosporen einzellig, gestielt, mit einem scheitelständigen Porus, zu lockeren Häufchen od. festeren Polstern vereinigt. Auch hier finden sich viele spezialisierte Formen, die morphologisch nicht zu unterscheiden sind.

1. III. auf Monokotyledonen.   2.
   III. auf Dikotyledonen.   10.

2. III. auf Gramineen.   3.
   III. auf Cyperaceen.   6.
   III. auf Liliaceen.   7.
   III. u. II. auf Juncus-Arten, I. auf Pulicaria dysenterica. Teleutosporen eif. bis keulig, glatt, braun. Häufig. (Fig. 449.)   **U. junci** (Desm.)

3. III. auf Festuca, I. auf Ranunculus bulbosus.   4.
   III. nicht auf Festuca.   5.

4. T.[1]) glatt, 20—33 × 17—22 μ. Auf Fest. ovina u. rubra, selten.   **U. festucae** Sydow
   T. durchschnittlich länger, bis 40 μ. Auf F. ovina, sehr selten.   **U. ranunculi-festucae** Jaap

---

   [1]) In den Diagnosen von Uromyces u. Puccinia wird „Teleutosporen" mit T. abgekürzt.

5. III. länglich. T. kuglig bis eif., glatt, 20—30 × 18—25 μ.
I. auf Seseli glaucum, II., III. auf Melica ciliata, selten, in den
Alpenländern. (Fig. 450.) **U. graminis** (Niessl)

III. klein, länglich, unterseitig. T. glatt, 18—30 × 14—20 μ.
I. auf Ranunculus acer, bulbosus, polyanthemus, glacialis u. a.,
II., III. auf Dactylis glomerata, häufig. (Fig. 451.)
U. dactylidis Otth

III. ebenso. T. länglich bis birnf., glatt, 17—28 × 14—20 μ.
I. auf R. auricomus, bulbosus, repens, cassubicus, Ficaria ranunculoides. II., III. auf Poa-Arten, häufig. **U. poae** Rabh.

6. T. fast kuglig bis ellipsoidisch, oben meist abgerundet, mit Papille,
22—34 × 18—24 μ, Stiel von Sporenlänge. I. auf Phyteuma
orbicularis, betonicifolia. II., III. auf Carex sempervirens, in den
Alpen. (Fig. 452.) **U. caricis sempervirentis** E. Fisch.

T. eif., länglich od. keulig, beidendig verjüngt, oben verdickt,
26—45 × 15—24 μ, Stiel meist etwas länger als die Spore. I. auf
Glaux, Hippuris, Berula, Daucus, Oenanthe, Pastinaca, Sium
latifolium. II., III. auf Scirpus maritimus, nicht selten. (Wahrscheinlich in mehrere Arten zu zerlegen). **U. scirpi** Cast.

7. T. glatt. 8.
T. warzig od. gestrichelt. 9.

8. T. eif., fast kuglig, länglich od. birnf., oben abgerundet, nicht verdickt, 20—35 × 17—24 μ, Stiel bis 30 μ lg. II., III. auf Allium
rotundum, schoenoprasum, scorodoprasum, sphaerocephalum,
zerstreut. **U. ambiguus** (DC.)

T. fast kuglig bis eif. od. länglich, mit Scheitelpapille, 26 bis
40 × 18—28 μ, Stiel kürzer als die Spore. III. auf Gagea lutea,
nicht häufig. (Fig. 453.) **U. gageae** Beck

9. T. mit geraden, gebogenen u. bisweilen anastomosierenden Linien
besetzt, kuglig bis eif., oben abgerundet, mit Scheitelpapille,
22—42 × 16—25 μ, kurz gestielt. I., III. auf Erythronium dens
canis, bes. im Süden des Geb. **U. erythronii** (DC.)

T. fein u. locker warzig, kuglig bis ellipsoidisch, oben abgerundet
od. etwas verjüngt, mit kleiner Papille, 22—32 × 18—24 μ, kurz
gestielt. I., III. auf Allium victorialis in den Alpenländern.
(Fig. 454.) **U. reticulatus** (v. Thüm.)

T. warzig, fast kuglig bis länglich, mit langer Scheitelpapille,
25—48 × 20—32 μ, Stiel kürzer als die Spore. III. auf Gagea
arvensis, pratensis, saxatilis, Muscari racemosum, sehr zerstreut.
U. ornithogali Lév.

10. Auf Choripetalen. 11.
Auf Sympetalen. 35.
11. Auf Polygonaceen. 12.
Auf Chenopodiaceen u. Amarantaceen. 14.
Auf Caryophyllaceen. 15.
Auf Ranunculaceen. 18.
Auf Rosaceen. 19.

Auf Geraniaceen. 20.
Auf Euphorbiaceen. 21.
Auf Leguminosen. 25.
12. Auf Rumex-Arten. 13.
    I., II., III. auf Polygonum aviculare, Bellardi u. a. nicht selten.
T. fast kuglig od. eif., oben abgerundet, verdickt, glatt, 22 bis
38 × 14—22 µ, Stiel dick, bis 90 µ lg.   **U. polygoni** (Pers.)
13. T. glatt od. fast glatt, fast kuglig bis ellipsoidisch, bis birnf.,
    mit Scheitelpapille, 24—35 × 18—24 µ, zart gestielt. II., III. auf
    Rumex-Arten (außer acetosa u. acetosella), nicht selten.
                                            U. rumicis (Schum.)
    T. mit feinen, reihenf. gestellten Wärzchen, kuglig bis länglich,
oben nicht verdickt, mit sehr kleiner Papille, 21—26 × 20—24 µ,
zart gestielt. I., II., III. auf Rumex acetosa, acetosella u. arifolius,
zerstreut.   **U. acetosae** Schroet.
14. T. fast kuglig bis länglich, beidendig abgerundet, 25—35 × 18
    bis 28 µ, Stiel bis 80 µ lg. I., II., III. auf Salicornia herbacea,
    selten.   **U. salicorniae** (DC.)
    T. unregelmäßig, kuglig, eif., verlängert od. fast keulig, oben
abgerundet od. verjüngt, ± verdickt, 24—46 × 14—25 µ, Stiel
bis 150 µ lg. I., II., III. auf Suaeda maritima, zerstreut.
                                        U. chenopodii (Duby)
    T. kuglig bis eif., oben abgerundet, mit sehr kleiner Papille,
22—34 × 18—25 µ, kurz gestielt. I., II., III. auf Beta-Arten,
nicht selten. (Fig. 455.)   **U. betae** (Pers.)
15. T. glatt. 16.
    T. warzig od. punktiert. 17.
16. T. fast kuglig od. eif., oben meist abgerundet, stark verdickt,
    25—35 × 30—27 µ, Stiel dick, bis 75 µ lg. I., III. auf Silene
    alpina, Elisabethae, inflata, maritima, zerstreut.
                                        U. behenis (DC.)
    T. wie bei vor. Art, 25—38 × 18—26 µ, Stiel bis 80 µ lg. I.,
II., III. auf Silene italica, nemoralis, Niederi, nutans, bes. im
Süden des Geb. Von vor. Art eigentlich nur durch das Vorhandensein von II. zu unterscheiden. **U. inaequialtus** Lasch
    T. fast kuglig, eif. od. länglich, oben abgerundet, meist leicht
verdickt, 22—32 × 14—21 µ, Stiel dick, bis 60 µ lg. II., III. auf
Spergularia rubra, salina, selten.
                                        U. sparsus (Kze. et Schm.)
17. T. kuglig bis ellipsoidisch, mit niedriger Scheitelpapille, sehr zart
    u. dicht punktiert, 20—31 × 18—24 µ, kurz gestielt. II., III.
    auf Arenaria, Dianthus, Gypsophila, Saponaria, Tunica, häufig.
                                        U. caryophyllinus (Schr.)
    T. kuglig bis eif., mit winziger Scheitelpapille, sehr zart grubig-
warzig, 18—25 × 17—22 µ, gestielt. II., III. auf Cucubalus,
Melandrium, zerstreut.   **U. verruculosus** Schroet.

    T. kuglig bis eif., nicht verdickt, mit großen flachen Warzen bedeckt, 21—28 × 18—24 μ, kurz gestielt. II., III. auf Viscaria viscosa, selten.   **U. cristatus** Schroet. et Niessl

18. T. fast kuglig bis eif., oben mit kleiner Scheitelpapille, 22—38 × 18 bis 26 μ, gestielt. III. auf Ficaria verna, häufig. (Fig. 456.)
                                      U. ficariae (Schum.)

    T. kuglig bis länglich, oben mit kleiner Papille, 22—35 × 17 bis 25 μ, kurz gestielt. I., III. auf Aconitum-Arten, bes. in den Alpen.   **U. aconiti lycoctoni** (DC.)

19. T. kuglig bis ellipsoidisch, nicht verdickt, grob warzig, 20—38 × 20 bis 28 μ, gestielt, zwischen den T. die Uredosporen eingemischt, also nicht in eigenen Lagern. III. auf Alchimilla alpina, Hoppeana, pentaphylla, saxatilis in den Alpen.
                                 U. melosporus (Therry)

    Besondere II. vorhanden. T. wie bei vor. Art, 26—40 × 20 bis 30 μ. II., III. auf A. fissa, montana, vulgaris u. a., bes. in den Alpen. (Wahrscheinlich in mehrere spezialisierte Formen zu spalten). (Fig. 457.)   **U. alchimillae** (Pers.)

20. T. fast kuglig, mit Scheitelpapille, 22—35 × 18—25 μ, kurz gestielt. I., II., III. auf Geranium-Arten, häufig.
                                       U. geranii (DC.)

    T. mehr länglich, mit Scheitelpapille, 25—42 × 16—25 μ, kurz gestielt. I., II., III. auf G. pyrenaicum, selten.
                                   U. Kabatianus Bub.

21. III. auf einem lokalisierten Myzel. I. ganze Sprosse überziehend. II. den III. ähnlich.   22.

    III. auf einem perennierenden, ganze Sprossen durchziehenden Myzel. I. unbekannt. Uredosporen nur in III. vorkommend od. fehlend.   23.

22. T. eif. od. ellipsoidisch, seltner bis kuglig, mit flacher, kegelf. od. verdickter Papille, warzig, 18—28 × 13—20 μ, kurz gestielt. I., II., III. auf Euphorbia chamaesyce im Süden des Geb.
                                   U. proëminens (DC.)

    T. kuglig od. ellipsoidisch, Papille fehlend od. seltner flach, warzig, 20—30 × 18—24 μ, gestielt. I., II., III. auf E. exigua, zerstreut. (Fig. 458.)   **U. tuberculatus** Fuck.

23. T. sehr fein od. grob warzig.   24.

    T. glatt, eif. od. etwas länglich od. kuglig, meist mit Scheitelpapille, 22—30 × 16—23 μ, dünn gestielt. III. auf E. Gerardiana, bes. in den Alpen.   **U. laevis** Körn.

24. T. kuglig, ellipsoidisch od. länglich, oft eckig u. unregelmäßig, mit schwer sichtbaren, feinen Wärzchen, 22—23 × 17—25 μ, gestielt. I., III. auf E. verrucosa, bes. in den Alpen.
                                   U. excavatus (DC.)

    T. eif., ellipsoidisch, od. fast kuglig, dicht feinwarzig, 24 bis 38 × 18—28 μ, gestielt. III. auf E. cyparissias in den Alpen.
                                   U. alpestris Tranzsch.

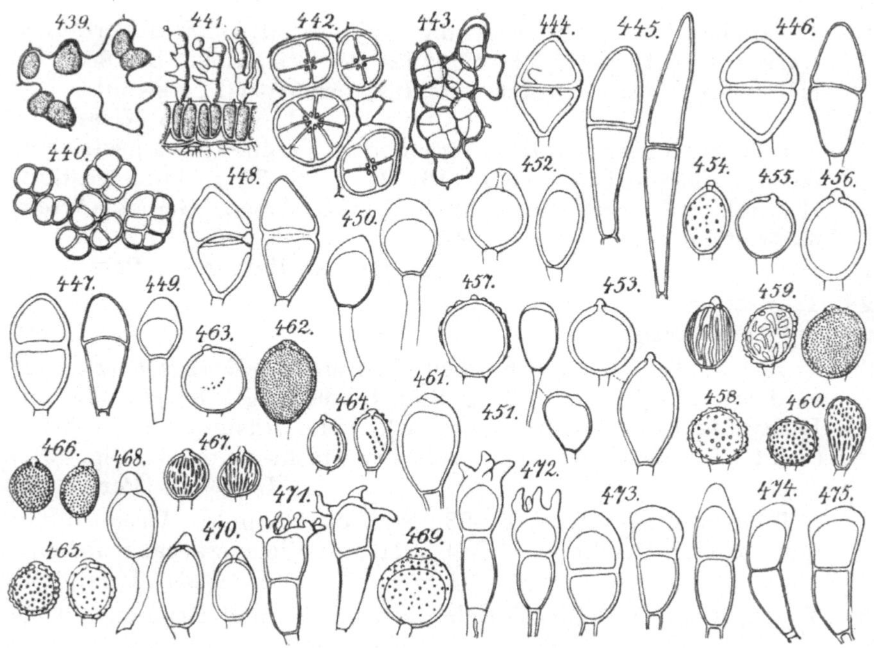

T. mit Uredosporen untermischt, kuglig bis länglich, sehr wechseln, mit groben, oft in Längsreihen zusammenfließenden Warzen, 15—40 × 15—27 μ, gestielt. I., II., III. auf E. cyparissias, virgata, esula, lucida, häufig. (Fig. 459.)

U. scutellatus (Schr.)

25. Auf Astragalus.   26.

     Auf Cytisus, Caragana, Genista, Sarothamnus, Colutea.   27.

     Auf Lathyrus, Vicia, Pisum.   28.

     Auf Trifolium (vgl. auch 33).   31.

     Auf Anthyllis, Ervum od. Hedysarum.   32.

     Auf Lotus, Medicago od. Onobrychis.   33.

     Auf Ononis od. Phaseolus.   34.

26. II. vorhanden, Uredosporen mit 3—4 Keimporen. T. kuglig bis eif., mit kleiner Scheitelpapille, dicht mit reihenf. angeordneten Warzen bedeckt, 14—24 × 14—21 μ, kurz gestielt. I. auf Euphorbia cyparissias. II., III. auf Astragalus-Arten (außer den nachhergenannten) nicht selten.   **U. astragali** Opiz

     II. vorhanden, Uredosporen mit 6—8 Keimporen. T. ebenso, aber die Scheitelpapille kleiner u. die Wärzchen feiner u. dichter, 15—22 × 14—20 μ. II., III. auf A. exscapus, selten.

U. Jordianus Bub.

     II. fehlt. T. kuglig bis eif., abgerundet, mit sehr niedriger Papille, glatt, 21—30 × 20—24 μ, kurz gestielt. I., III. auf A. alpinus, australis in den Alpen.   **U. carneus** (Nees)

15*

27. T. länglich bis keulig, beidendig verjüngt od. oben abgerundet. stark verdickt, glatt, 32—42 × 12—19, Stiel dick, bis 80 μ lg. III. auf Cytisus capitatus, hirsutus, prostratus, zerstreut.

U. pallidus Niessl

T. kuglig bis eif., mit winziger Scheitelpapille, ganz gestrichelt od. im oberen Teil warzig, 16—28 × 14—20 μ, kurz gestielt. II., III. auf Caragana, Colutea, Cytisus-Arten, Genista-Arten, Sarothamnus, häufig. (Fig. 460.)

U. genistae tinctoriae (Pers.)

28. T. glatt. 29.
   T. feinwarzig. 30.

29. T. fast kuglig bis länglich, oben abgerundet od. abgestutzt, sehr verdickt, 25—38 × 18—27 μ, Stiel bis 90 μ lg. I., II., III. auf Lathyrus-Arten (außer montanus), Lens, Pisum, Vicia-Arten (wohl in mehrere Arten zu zerlegen), nicht selten. (Fig. 461.)

U. fabae (Pers.)

T. ebenso, 25—38 × 18—28 , Stiel bis 100 μ lg. Uredosporen mit dickerer Membran. I., II., III. auf Vicia cracca, zerstreut.

U. orobi (Pers.)

30. T. fast kuglig bis ellipsoidisch, oben mit kleinen Papillen, 20 bis 28 × 14—22 μ, Stiel kurz. I. auf Euphorbia cyparissias, esula. II., III. auf Lathyrus-Arten, nicht selten. (Fig. 462.)

U. pisi (Pers.)

T. fast ·kuglig bis ellipsoidisch, mit kleiner Scheitelpapille, 24—30 × 19—25 μ, Stiel kurz. I. auf Euphorbia cyparissias. II., III. auf Vicia cracca, selten.

U. Fischeri Eduardi Magn.

31. I., II. vorhanden. T. kuglig bis länglich od. eif., oben abgerundet u. mit winziger Scheitelpapille, glatt od. mit einzelnen sehr kleinen Warzen, 18—30 × 16—25 μ, kurz gestielt. I., II., III. auf Trifolium repens, zerstreut. **U. trifolii repentis** (Cast.)

I. fehlt. II. vorhanden. T. ebenso wie vor., 18—30 × 16 —25 μ. II., III. auf T. fragiferum, hybridum, medium, ochroleucum, pannonicum, pratense, nicht selten. (Fig. 463.)

U. trifolii (Hedw.)

I. vorhanden, II. fehlt. T. ebenso, 15—25 × 14—18 μ. I., III. auf T. montanum, ambiguum, pratense, nicht selten. (Fig. 464.) **U. minor** Schroet.

32. T. kuglig bis eif., mit winziger Scheitelpapille, warzig, 16—22 × 15 bis 20 μ, kurz gestielt. II., III. auf Anthyllis vulneraria, maritima, zerstreut. (Fig. 465.) **U. anthyllidis** (Grev.)

T. fast kuglig bis länglich, oben abgerundet u. verdickt, glatt, 20—28 × 14—20 μ, Stiel ebenso lg. od. doppelt so lg. wie Spore. I., II., III. auf Ervum hirsutum, zerstreut.

U. ervi (Wallr.)

T. eif. bis länglich, mit ziemlich großer Scheitelpapille, dicht warzig, 18—28 × 12—18 µ, kurz gestielt. I., II., III. auf Hedysarum obscurum, zerstreut. (Fig. 466.)
U. hedysari obscuri (DC.)

33. T. kuglig od. eif., mit winziger Scheitelpapille, mit meist in Längsreihen stehenden Wärzchen, 17—25 × 14—21 µ, kurz gestielt. I. auf Euphorbia cyparissias. II., III. auf Lotus corniculatus, tenuifolius, zerstreut.
U. loti Blytt

T. kuglig bis eif., mit winziger Scheitelpapille u. Längsstrichen, 18—24 × 15—20 µ, kurz gestielt. I. auf Euphorbia cyparissias II., III. auf Medicago-Arten sowie auf Trifolium agrarium, arvense, filiforme, minus, nicht selten. (Fig. 467.)
U. striatus Schroet.

T. kuglig bis länglich, mit kleiner Scheitelpapille, fein warzig punktiert, 20—24 × 17—21 µ, Stiel kurz. II., III. auf Onobrychis-Arten, zerstreut.
U. onobrychidis (Desm.)

34. T. kuglig bis eif., mit sehr niedriger Scheitelpapille, warzig, 18—26 × 15—24 µ, kurz gestielt. II., III. auf Ononis-Arten, nicht selten.
U. ononidis Pass.

T. fast kuglig, eif. bis länglich, oben abgerundet, mit ziemlich großer Scheitelpapille, glatt od. bes. am Scheitel mit einigen kleinen Wärzchen, 24—35 × 18—25 µ, Stiel etwa von Sporenlänge. I., II., III. auf Phaseolus-Arten, häufig. (Fig. 468.)
U. appendiculatus (Pers.)

35. Auf Primulaceen.   36.

 Auf Plumbaginaceen.   37.

 Auf Scrophulariaceen.   38.

 Auf Valerianaceen u. Campanulaceen.   39.

 Auf Kompositen.   40.

36. T. fast kuglig bis länglich, mit br. Scheitelpapille, warzig, 25 bis 35 × 22—28 µ, dünn gestielt. III. auf Primula minima, selten.
U. apiosporus Hazsl.

T. fast kuglig bis ellipsoidisch, mit br. Scheitelpapille, warzig, 26—40 × 22—28 µ, dünn gestielt, I., II., III. auf P. auricula, pedemontana u. a., nicht häufig. (Fig. 469.)
U. primulae Fuck.

T. fast kuglig bis ellipsoidisch, mit br. Scheitelpapille, warzig, 26—35 × 22 —28 µ, zart gestielt. I., III. auf P. integrifolia, viscosa in den Alpen.   U. primulae integrifoliae Niessl

37. T. kuglig bis eif., oben abgerundet, verdickt, glatt, 24—36 × 21 bis 32 µ, Stiel meist kürzer als die Spore, abfallend. I., II., III. auf Armeria alpina, maritima, vulgaris u. a., zerstreut.
U. armeriae (Schlecht.)

T. fast kuglig, länglich od. keulig, oben abgerundet od. verjüngt, verdickt, unten meist abgerundet, glatt, 24—50 × 14 bis 25 µ, Stiel bis 80 µ lg., bleibend. I., II., III. auf Statice-Arten, zerstreut.   U. limonii (DC.)

38. T. eif. od. ellipsoidisch, oben abgerundet, seltner etwas zugespitzt, leicht verdickt, unten meist verjüngt, glatt, 18—35 × 11—18 µ, Stiel von Sporenlänge. I., III. auf Scrophularia-Arten, nicht selten. **U. scrophulariae** (DC.)

T. eif. od. länglich, oben abgerundet, seltner etwas zugespitzt, wenig verdickt, unten meist verjüngt, glatt, 18—35 × 11—18 µ, Stiel bis 40 µ lg. I., III. auf Scrophularia-Arten, zerstreut. **U. thapsi** (Opiz)

39. T. kuglig bis länglich, mit sehr niedriger Scheitelpapille, glatt, 20—28 × 16—21 µ, kurz gestielt. I., II., III. auf Valeriana-Arten, nicht selten. **U. valerianae** (Schum.)

T. fast kuglig bis länglich, oben abgerundet, wenig verdickt, glatt, 21—35 × 16—24 µ, Stiel bis 40 µ lg. III. auf Phyteuma-Arten, in den Alpenländern häufiger. **U. phyteumatum** (DC.)

40. T. eif. od. ellipsoidisch, oft auch unregelmäßig, leicht verdickt u. mit kegelf. Scheitelpapille, glatt, 22—36 × 14—22 µ, Stiel von Sporenlänge. III. auf Adenostylis-Arten, im Gebirge. (Fig 470.) **U. cacaliae** (DC.)

T. ellipsoidisch od. länglich eif., ± abgerundet, stark verdickt, unten meist verjüngt, glatt, 21—38 × 14—21 µ, Stiel von Sporenlänge od. länger. III. auf Solidago virgaurea, zerstreut. **U. solidaginis** (Sommf.)

15. Gattung: **Puccinia** Persoon.

Wie Uromyces, aber die Teleutosporen aus 2 übereinanderstehenden Zellen bestehend, jede Zelle mit einem Keimporus. — Man hat diese Gattung (ebenso wie Uromyces) in eine Anzahl von Untergattungen geteilt, je nach dem Vorhandensein der verschiedenen Sporenformen. Da diese Einteilung biologische Anpassungsmerkmale mit phylogenetischen vermischt, wird sie heute wohl allgemein aufgegeben. Trotzdem seien die Unterschiede hier genannt, weil man häufig die Namen noch findet: Eupuccinia (vorhanden I., II., III., meist auch Pykniden), Pucciniopsis (I., III.), Brachypuccinia (Pykniden, II., III.), Hemipuccinia (II., III.), Micropuccinia (III., erst nach Überwinterung keimend), Leptopuccinia (III., sofort keimend). Für die Bestimmung ist die Kenntnis der Nährpflanze unerläßlich; auch der Aecidienwirt muß bei den spezialisierten Formen bekannt sein. Im allgemeinen wird man viele von diesen Formen nicht sicher bestimmen können, ohne daß man Kulturversuche anstellt. Es handelt sich aber dabei nur um wenige Artenkreise; bei den meisten läßt sich eine sichere Bestimmung durchführen.

1. III. auf Monokotyledonen. 2.

III. auf Dikotyledonen. 27.

2. Auf Gramineen, T. glatt. 3.

Auf Cyperaceen. 19.

Auf Juncaceen. 21.

Auf Iridaceen od. Amaryllidaceen. 22.

Auf Liliaceen. 23.

3. T. an der Spitze mit Zähnchen od. zahnf. Auswüchsen. 4.

T. an der Spitze ohne Zähne. 5.

4. T. keulig, oben flach, mit dunkleren Zähnchen, 35—60 × 12—22, kurz gestielt. I. auf Rhamnus frangula, II., III. auf Agrostis alba, vulgaris, Holcus lanatus, mollis, Calamagrostis lanceolata, arundinacea, Phalaris arundinacea, Triticum repens, Dactylis glomerata, Festuca silvatica, häufig. (Es wurden mehrere spezialisierte Formen unterschieden.) (Kronenrost.)

P. coronata Corda

T. ähnlich, 35—60 × 12—22 μ. I. auf Rhamnus cathartica, II., III. auf Lolium perenne, Avena sativa, Holcus mollis, lanatus, Festuca elatior, Alopecurus pratensis u. a., häufig. (Auch hier mehrere spezialisierte Formen.) (Kronenrost.) (Fig. 471.)

P. lolii Niels.

T. zylindrisch-keulig, 40—60 × 15—23 μ, Stiel 15—25 μ lg. I. auf Lonicera-Arten. II., III. auf Festuca ovina, rubra, duriuscula, zerstreut. (Fig. 472.) **P. festucae** Plowr.

T. keulig, obere Zelle 24—37 μ lg., untere 32—37 μ lg., beide 9—11 μ br., kurz gestielt. II., III. auf Melica nutans, selten.

P. melicae (Eriks.)

5. Auf Getreidearten (daneben auch auf anderen Gramineen). 6.

Nicht auf Getreidearten (vgl. auch P. graminis). 7.

6. III. schwarz. T. keulig od. länglich keulig, an der Spitze abgerundet, verdickt, 35—60 × 12—22 μ, Stiel bis 60 μ lg. I. auf Berberis vulgaris, Mahonia aquifolium. II., III. auf Avena, Hordeum, Secale, Triticum u. sehr vielen anderen Gramineen, häufig. (Schwarzrost.) (Wahrscheinlich in viele Formen zu spalten.) (Fig. 473.) **P. graminis** Pers.

II. gelb, lg. reihenf. III. dunkelbraun. T. keulig, oben abgerundet, abgestutzt od. kegelf. verjüngt, verdickt, 30—70 × 12 bis 24 μ, fast ungestielt. I. unbekannt. II., III. auf Secale, Triticum, Hordeum u. a., häufig. (Gelbrost.)

P. glumarum (Schm).

II. braun, zerstreut, klein. III. schwarz. T. keulig od. länglich keulig, kaum verdickt am Scheitel, 40—50 × 12—20 μ, kurz gestielt. I. auf Anchusa-Arten, II. III. auf Secale cereale, montanum, häufig. (Braunrost.) **P. dispersa** Eriks. et Henn.

II. gelblich, kuglig, III. schwarz. T. wie bei vor. Art, 30 bis 45 × 12—20 μ. I. unbekannt, II., III. auf Triticum vulgare, spelta, compactum, dicoccum, häufig. (Braunrost.)

P. triticina Eriks.

II. gelblich, klein, III. schwarz, von der Oberhaut bedeckt. T. keulig, oben abgerundet od. kegelf. verjüngt, verdickt, 40 bis 54 × 15—24 μ, kurz gestielt, dazwischen viele einzellige T.

I. unbekannt. II., III. auf Hordeum vulgare, distichum, hexastichum, zeocrithon, secalinum, häufig. (Braunrost.)

P. simplex (Koern.)

7. Auf wilden Triticum-Arten. 8.
    Auf Bromus, Holcus. 9.
    Auf Phalaris arundinacea. 10.
    Auf Phragmites communis. 11.
    Auf anderen Gramineen. 12.

8. T. keulig od. länglich keulig, oben abgerundet od. schief verschmälert, kaum verdickt, 36—56 × 13—18 μ, kurz gestielt. I. unbekannt. II., III. auf Triticum repens, zerstreut.

P. agropyrina Eriks.

T. zylindrisch keulig, oben meist abgestutzt, verdickt, 40 bis 80 × 11—22 μ, kurz gestielt. I. auf Clematis-Arten. II., III. auf Triticum glaucum, junceum, nicht selten.

P. agropyri Ell. et Ev.

T. zylindrisch od. keulig, oben abgerundet, abgestutzt od. schief verschmälert, wenig verdickt, 50—60 × 15—20 μ, kurz gestielt. I. auf Thalictrum-Arten. II., III. auf T. repens, nicht selten. (Fig. 474.) P. persistens Plowr.

T. länglich bis keulig, oben abgerundet od. abgestutzt, verdickt. 32—45 × 14—26 μ, kaum gestielt. I. auf Actaea spicata. II., III. auf T. caninum, selten.

P. actaeae-agropyri E. Fisch.

9. T. keulig bis länglich keulig, oben abgerundet, seltner stumpf u. schief verschmälert, nicht verdickt, 36—50 × 14—18 μ, kurz gestielt. I. auf Symphytum officinalis u. Pulmonaria montana. II., III. auf Bromus-Arten, nicht selten. P. bromina Eriks.

T. ellipsoidisch-keulig od. keulig, oben abgerundet od. stumpf u. schief verschmälert, nicht verdickt, 34—54 × 16—24 μ, kurz gestielt. I. unbekannt. II., III. auf Holcus lanatus u. mollis, zerstreut. P. holcina Eriks.

10. T. länglich od. länglich keulig, oben abgerundet od. abgestutzt, wenig verdickt, 35—52 × 15—22 μ, kaum gestielt. I. auf Convallaria majalis, Majanthemum bifolium, Paris, Polygonatum-Arten. II., III. auf Phalaris arundinacea, häufig.

P. sessilis Schneid.

T. ebenso. I. auf Orchis-Arten, Platanthera, Gymnadenia, Listera. P. orchidearum-phalaridis Kleb.

T. ebenso. I. auf Allium ursinum. P. Winteriana Magnus

T. ebenso. I. auf Arum maculatum.

P. phalaridis Plowr.

T. ebenso. I. auf Leucojum-Arten.

P. Schmidtiana Diet.

11. III. zerstreut od. dicht verteilt, länglich od. fast strichf., flach, fest. T. länglich bis keulig, oben meist abgerundet, verdickt, 32—55 × 16—26 μ, Stiel dick, so lg. wie die Spore. I. auf

Ranunculus repens u. bulbosus. II., III. auf Phragmites communis, häufig. **P. Magnusiana** Koern.

III. zerstreut od. durch Zusammenfließen groß, länglich bis strichf., gewölbt. T. länglich, beidendig abgerundet, oben verdickt, 45—65 × 16—25 μ, Stiel dick, 100—200 μ lg. I. auf Rumex-Arten, nicht acetosa. Häufig.

P. phragmitis (Schum.)

III. zerstreut, durch Zusammenfließen groß, länglich bis strichf., oben verdickt, 50—60 × 20—23 μ, Stiel dick, 75—100 μ lg. I. auf Rumex acetosa. Zerstreut. **P. Trailii** Plowr.

III. zerstreut od. durch Zusammenfließen sehr lg., pustelf., dick. T. meist ellipsoidisch, beidendig abgerundet, oben kaum verdickt, 40—54 × 20—28 μ, Stiel dick, bis 200 μ lg. I. auf Ligustrum vulgare. Zerstreut. **P. obtusata** (Otth)

12. Auf Trisetum, Agrostis, Alopecurus.   13.
    Auf Andropogon, Anthoxanthum, Arrhenatherum.   14.
    Auf Brachypodium, Cynodon, Koeleria.   15.
    Auf Molinia.   16.
    Auf Phleum, Poa, Sesleria.   17.
    Auf Stipa, Zea.   18.

13. T. länglich keulig od. keulig, oben abgerundet od. stumpf u. schief verschmälert, wenig verdickt, 32—48 × 16—23 μ, kurz gestielt. I. unbekannt. II., III. auf Trisetum flavescens, selten.

P. triseti Eriks.

T. ± keulig, oben abgerundet od. leicht zugespitzt, wenig verdickt, 38—48 × 12—20 μ, kaum gestielt. I. auf Aquilegia vulgaris, alpina u. a. II., III. auf Agrostis alba u. vulgaris, nicht selten. **P. agrostidis** Plowr.

T. meist länglich keulig od. keulig, oben abgerundet, abgestutzt, od. seltner schief kegelf. zugespitzt, kaum verdickt, 36—56 × 18—24 μ, kaum gestielt. I. auf Ranunculus acer. II., III. auf Alopecurus pratensis, nicht selten.

P. perplexans Plowr.

14. T. br. ellipsoidisch, beidendig abgerundet, oben verdickt, 30 bis 40 × 22—28 μ, Stiel kurz, von Sporenlänge. I. unbekannt. II. auf Andropogon gryllus u. ischaemum, selten.

P. Cesatii Schroet.

T. ellipsoidisch, länglich od. fast keulig, oben abgerundet, verdickt, 28—48 × 16—22 μ, Stiel von Sporenlänge. II., III. auf Anthoxanthum odoratum, zerstreut.

P. anthoxanthi Fuck.

T. länglich ellipsoidisch od. länglich keulig, oben abgerundet, gestutzt, verdickt, 30—45 × 18—24 μ, kurz gestielt. I. auf Berberis vulgaris. II., III. auf Arrhenatherum elatius, zerstreut.

P. arrhenatheri (Kleb.)

15. T. ellipsoidisch od. etwas keulig, oben stumpf od. abgestutzt, wenig verdickt, 25—35 × 15—25 μ, fast ungestielt. II., III. auf Brachypodium silvaticum, pinnatum, zerstreut.

P. Baryi (Berk. et Br.)

T. ellipsoidisch od. länglich, abgerundet od. kegelf. zugespitzt, oben sehr verdickt, 30—60 × 15—25 μ, Stiel dick, bis 70 μ lg. II., III. auf Cynodon dactylon, selten.

P. cynodontis Desm.

III. strichf. T. keulig od. fast spindelf., seltner ellipsoidisch-länglich, oben abgerundet, seltner abgestutzt od. leicht verschmälert, sehr verdickt, kurz gestielt. I. auf Sedum acre, boloniense.

II., III. auf Koeleria cristata, glauca, gracilis, zerstreut.

P. longissima Schroet.

16. T. ellipsoidisch, beidendig gerundet, oben verdickt, 32—46 × 20—30 μ, Stiel ziemlich dick, bis 120 μ lg. I. auf Melampyrum-Arten. II., III. auf Molinia coerulea, zerstreut.

P. moliniae Tul.

T. ellipsoidisch od. länglich, beidendig abgerundet, oben wenig verdickt, 24—27 × 20—23 μ, Stiel bis 70 μ lg. I. auf Sedum reflexum. II., III. auf Molinia serotina, nur im südlichen Teil des Gebietes. **P. australis** Körn.

17. T. keulig, oben abgerundet od. kegelf. zugespitzt, verdickt, 38—52 × 14—20 μ, Stiel bis 60 μ lg. II., III. auf Phleum pratense, nodosum (auch Festuca elatior) zerstreut.

P. phlei pratensis Eriks. et Henn.

T. länglich eif. od. länglich keulig, oben abgerundet, gestutzt od. kegelf. zugespitzt, leicht verdickt, 30—45 × 16—22 μ, kurz gestielt. I. auf Tussilago farfara. II., III. auf Poa-Arten, nicht selten. (Fig. 475.) **P. poarum** Niels.

T. länglich od. keulig, oben abgerundet od. kegelf. zugespitzt, verdickt, 30—45 × 16—24 μ, Stiel bis 70 μ lg. II., III. auf Sesleria coerulea, Kerneri, varia in den Alpenländern.

P. sesleriae Reich.

18. T. länglich bis keulig, oben abgerundet od. stumpf kegelf. zugespitzt, stark verdickt, 38—80 × 18—25 μ, Stiel bis 140 μ lg. I. auf Thymus-Arten, Salvia silvestris u. pratensis. II., III. auf Stipa-Arten, selten. **P. stipae** (Opiz)

T. länglich, ellipsoidisch bis keulig, oben abgerundet, mäßig verdickt, 28—48 × 13—25 μ, Stiel dick, etwa von Sporenlänge. II., III. auf Zea mays, selten. **P. maydis** Bér.

19. III. auf Carex-Arten.   20.

T. länglich od. etwas keulig, oben abgerundet, abgestutzt od. schmal spitz, verdickt, 30—60 × 12—24 μ, Stiel 25—45 μ lg. I. auf Limnanthemum nymphoides. II.,III. auf Scirpus lacustris, Tabernaemontani, nicht selten. **P. scirpi** DC.

20[1]). I. auf Urtica dioica u. urens. II., III. auf sehr vielen Carex-Arten, häufig. T. keulig, oben abgerundet u. verdickt, 35 bis 66 × 14—23 μ, lg. gestielt. (Fig. 476.)

P. caricis (Schum.)

I. auf Ribes-Arten. II., III. ebenda. Mehrere spezialisierte Formen, nur durch Kultur unterscheidbar: **P. Pringsheimiana** Kleb., **P. ribis nigri-acutae** Kleb., **P. Magnusii** Kleb., **P. ribesii-pseudocyperi** Kleb., **P. ribis nigri-paniculatae** Kleb.

I. auf Cirsium-Arten. II., III. auf C. alba, Davalliana, dioica, ornithopoda. T. etwas kleiner. **P. dioicae** Magn.

I. auf Cirsium heterophyllum, spinosissimum. II., III. auf C. frigida in den Alpen. **P. caricis frigidae** E. Fisch.

I. auf Serratula tinctoria. II., III. auf C. flava, vulpina.

P. Schroeteriana Kleb.

I. auf Taraxacum officinale, Crepis biennis, Lappa officinalis, Senecio-Arten. II., III. auf Carex-Arten. T. keulig, oben meist abgerundet u. stark verdickt, 35—55 × 12—18, Stiel bis 40 μ lg. (Fig. 477.) **P. silvatica** Schroet.

I. auf Senecio jacobaea. II., III. auf C. arenaria, ligerica.

P. Schoeieriana Plowr. et Magn.

I. auf Lactuca muralis, scariola. II., III. auf C. muricata.

P. Opizii Bubák

I. auf Centaurea jacea. II., III. auf C. muricata.

P. tenuistipes Rostr.

I. auf Centaurea scabiosa. II., III. auf C. montana, in den Alpen. **P. caricis montanae** E. Fisch.

I. auf Chrysanthemum leucanthemum. II., III. auf C. montana, besonders in den Alpen. (Fig. 478.)

P. aecidii leucanthemi E. Fisch.

I. auf Bellidiastrum Michelii. II., III. auf C. firma, in den Alpen. **P. firma** Diet.

I. auf Tanacetum vulgare. II., III. auf C. vulpina.

P. vulpinae Schroet.

I. auf Pedicularis silvatica, palustris. II., III. auf C. vulgaris, stricta, fulva. **P. paludosa** Plowr.

I. auf Lysimachia vulgaris, thyriflora. II., III. auf C. limosa.

P. limosae Magn.

I. auf Parnassia palustris. II., III. auf C. vulgaris.

P. uliginosa Juel

I. unbekannt. II., III. auf C. vesicaria. T. länglich od. fast linear, 35—60 × 12—17. viel häufiger einzellige T.

P. microsora Körn.

---

[1]) Die auf Carex-Arten sich findenden Puccinien lassen sich morphologisch nur schwierig unterscheiden. Nur die Kenntnis des Aecidienwirtes läßt die sichere Bestimmung zu. Ich zähle deshalb die Arten nach den Nährpflanzen auf.

21. Uredosporen kuglig od. ellipsoidisch. T. länglich, oben abgerundet, seltner abgestutzt od. kegelf. zugespitzt, 30—48 × 14
bis 20 μ, Stiel bis 30 μ lg. I. auf Bellis perennis. II., III. auf
Luzula campestris, pilosa, silvatica, pallescens, Forsteri, zerstreut.
(Fig. 479.)   **P. obscura** Schroet.
    Uredosporen länglich eif., birnf. od. keulig. T. keulig, abge-
rundet od. ± schmal zugespitzt, oben stark verdickt, 44 bis
80 × 16—24 μ, Stiel etwa von Sporenlänge.   I unbekannt.
II., III. auf L. campestris, maxima, nivea, pilosa, seltner.
(Fig. 480.)   **P. oblongata** (Link)
22. III. strichf. T. keulig od. länglich, abgerundet, abgestutzt od.
zugespitzt, oben stark verdickt, 30—52 × 14—22 μ, Stiel ungefähr von Sporenlänge. II., III. auf Iris-Arten, zerstreut.
                                         P. iridis (DC.)
    III. rundlich. T. ellipsoidisch od. länglich, beidendig abge-
rundet, nicht verdickt, 30—48 × 20—24 μ, kurz gestielt. III. auf
Galanthus nivalis im Südosten des Gebietes.
                                         P. galanthi Ung.
23. Auf Allium.   24.
    Auf Ornithogalum.   25.
    Auf anderen Liliaceen.   26.
24. III. staubig, Paraphysen fehlen. T. länglich, oben meist abgerundet, nicht verdickt, 28—45 × 20—26 μ, kurz gestielt. I., II.,
III. auf Allium-Arten, häufig. (Fig. 481.)   **P. porri** (Sow.)
    III. fest, Paraphysen zahlreich. T. länglich keulig od. keulig,
oben abgerundet, stumpf verschmälert od. abgestutzt, verdickt,
35—80 × 17—30 μ, kurz gestielt. II., III. auf Allium-Arten,
selten. (Fig. 482.)   **P. allii** (DC.)
25. T. glatt, länglich, oben nicht verdickt, 40—75 × 22—35 μ,
gestielt. I., III. auf Ornithogalum-Arten, Muscari comosum,
zerstreut, im Süden häufiger. (Fig. 483.)
                                         P. liliacearum Duby
    I. warzig, länglich od. eif., 40—65 × 22—35 μ, kurz gestielt.
III. auf Ornithogalum-Arten, Muscari recemosum, selten, im
Süden häufiger. (Fig. 484.)   **P. Lojkaiana** v. Thüm.
26. I., II., III. auf Asparagus officinalis, häufig. T. glatt. (Fig. 485.)
                                         P. asparagi DC.
    I., III. auf Asphodelus-Arten, nur im Süden. T. warzig.
                                         P. asphodeli Moug.
    III. auf Tulipa Gesneriana, suaveolens, selten. T. warzig.
                                         P. tulipae Schroet.
    II., III. auf Veratrum-Arten, im Gebirge. T. warzig.
                                         P. veratri Niessl
27. Auf Choripetalen.   28.
    Auf Sympetalen.   70.
28. Auf Santalaceen.   29.
    Auf Aristolochiaceen.   31.

29. T. glatt. 30.

T. warzig, ellipsoidisch, beidendig abgerundet, nicht verdickt, 35—45 × 25—32 μ. Uredosporen warzig. I., II., III. auf Thesium ebracteatum, intermedium, montanum, zerstreut. (Fig. 486.) **P. Passerinii** Schroet.

30. T. ellipsoidisch od. länglich, oben abgerundet od. spitz, verdickt, 30—35 × 14—20 μ, Stiel abfällig, kurz. Uredosporen stachlig. I., II., III. auf Thesium alpinum, in den Ostalpen. (Fig. 487.) **P. Mougeotii** v. Lagh.

T. länglich, oben abgerundet u. stark verdickt, 35—54 × 16 bis 24 μ, Stiel bleibend. bis 95 μ lg. Uredosporen warzig. I., II., III. auf Thesium-Arten (außer alpinum u. ebracteatum), zerstreut. (Fig. 488.) **P. thesii** (Desv.)

31. T. ellipsoidisch, unregelmäßig, beidendig abgerundet, nicht verdickt, 30—44 × 19—28 μ, Stiel kurz. I., II., III. auf Aristolochia clematitis, zerstreut. **P. aristolochiae** (DC.)

T. ellipsoidisch bis länglich, oben kegelf. spitz, stark verdickt, 30—45 × 14—24 μ. III. auf Asarum europaeum, zerstreut. (Fig. 489.) **P. asarina** Kze.

32. Auf Rumex. 33.

Auf Polygonum. 34.

II., III. auf Oxyria digyna in den Alpen. T. ellipsoidisch bis länglich, oben abgerundet u. kaum verdickt, 30—46 × 15 bis 25 μ, kurz gestielt. (Fig. 490.) **P. oxyriae** Fuck.

33. T. glatt, oben abgerundet, stark verdickt, 38—60 × 17—28 μ, Stiel bis 35 μ lg. II., III. auf Rumex scutatus, nicht selten. (Fig. 491.) **P. rumicis scutati** (DC.)

T. fein warzig, länglich, eif. od. fast keulig, beidendig abgerundet, nicht verdickt, 30—46 × 19—26 μ, Stiel bis 35 μ lg. II., III. auf Rumex acetosa, acetosella, arifolius, zerstreut. (Fig. 492.) **P. acetosae** (Schum.)

34. T. ohne Scheitelpapille. 35.

T. mit Scheitelpapille. 36.

35. T. ellipsoidisch bis keulenf., abgerundet od. gestutzt, stark verdickt, 35—52 × 16—22 μ, Stiel etwa von Sporenlänge. I. auf

Geranium pratense, palustre, silvaticum. II., III. auf Polygonum amphibium, lapathifolium u. verwandten Arten, nicht selten.
P. polygoni amphibii Pers.

T. ebenso, 32—45 × 18—21 μ, Stiel kürzer als die Spore. I. auf Geranium pusillum. II., III. auf P. convolvulus, dumetorum, persicaria u. verwandten Arten, nicht selten.
P. polygoni Alb. et Schw.

T. ellipsoidisch bis keulenf., beidendig meist abgerundet, nicht verdickt, 28—42 × 16—25 μ, Stiel kurz. I. auf Carum carvi, Angelica silvestris. II., III. auf P. bistorta, viviparum, zerstreut.
P. cari-bistortae Kleb.

T. ebenso, 20—28 × 14—18 μ, Stiel kurz. I. auf Angelica silvestris. II., III. auf P. viviparum. seltner. (Fig. 493).
P. polygoni vivipari Karst.

36. T. ellipsoidisch, beidendig meist abgerundet, unverdickt, oben mit Scheitelpapille, mit einzelnen Höckerreihen besetzt, 24 bis 35 × 18—21 μ, Stiel kurz. I. auf Meum mutellina, II., III. auf P. viviparum u. bistorta, zerstreut.,
P. mei-mamillata Semad.

T. länglich unregelmäßig. seltner ellipsoidisch, sonst wie vor., 24—42 × 17—21 μ. I. auf Angelica silvestris. II., III. auf P. bistorta, selten. **P. angelicae-mamillata** Kleb.

T. eif. od. ellipsoidisch, glatt, sonst wie vor., 28—48 × 13—23 μ, sehr kurz gestielt. I. auf Thalictrum alpinum. II., III. auf Polygonum viviparum in den Alpen.
P. septentrionalis Juel

37. Auf Spergula, Spergularia, Silene, Herniaria.					38.

Nicht auf diesen Gattungen, sondern III. auf Agrostemma, Alsine, Arenaria, Cerastium, Cucubalus, Dianthus, Gypsophila, Malachium, Melandrium, Moehringia, Sagina, Saponaria, Stellaria, Tunica, häufig. T. länglich spindelf. od. keulig, oben abgerundet od. spitz, $\pm$ verdickt, 30—50 × 10—20 μ, Stiel 60 bis 80 μ lg. (Fig. 494.)					**P. arenariae** (Schum.)

38. T. spindelf. od. keulig, oben spitz od. abgerundet, stark verdickt, 32—54 × 11—16 μ, Stiel 33—60 μ lg. III. auf Spergula-Arten, Spergularia rubra, zerstreut.					**P. spergulae** DC.

T. ellipsoidisch bis länglich, beidendig abgerundet, oben schwach verdickt, 25—40 × 16—26 μ, kurz gestielt. I., II., III. auf Silene inflata, nutans, zerstreut.					**P. silenes** Schroet.

T. spindelf., oben meist abgerundet, seltener verjüngt, wenig verdickt, 33—44 × 12—16 μ, Stiel meist länger als die Spore. III. auf Herniaria glabra, hirsuta, selten.
P. herniariae Ung.

39. Auf Anemone.					40.

Auf Atragene.					42.

Auf Caltha.					43.

Auf anderen Ranunculaceengattungen.					44.

40. T. warzig. 41.
   T. glatt, keulig, oben abgerundet od. abgestutzt, verdickt,
   50—70 × 15—21 μ, sehr kurz gestielt. III. auf Anemone-Arten
   der Pulsatilla-Gruppe, zerstreut. (Fig. 495.)
   P. de Baryana v. Thüm.

41. T. ellipsoidisch bis keulig, oben abgerundet od. wenig verjüngt,
   an der Scheidewand schwach eingeschnürt, 35—52 × 21—26 μ,
   Keimporus der oberen Zelle scheitelständig, gestielt. III. auf
   Anemone ranunculoides, nicht selten. (Fig. 496.)
   P. singularis Magn.
   T. aus 2 fast kugligen Zellen bestehend, an der Scheidewand
   stark eingeschnürt, 32—45 × 21—25 μ, gestielt. III. auf Anemone nemorosa, häufig. (Fig. 497.) **P. fusca** Relh.
   T. wie bei vor., aber die untere Zelle mehr länglich, 32 bis
   56 × 21—25 μ. III. auf Anemone-Arten der Gruppe Pulsatilla,
   nicht selten. (Fig. 498.) **P. pulsatillae** (Opiz)

42. III. fest. T. keulig, oben abgerundet, abgestutzt od. spitz,
   stark verdickt, 44—82 × 15—24 μ, kurz u. dick gestielt. III. auf
   Atragene alpina in den Alpen. **P. atragenicola** (Bub.)
   III. staubig. T. länglich, oben mit Scheitelpapille, 35 bis
   60 × 22—30 μ, Stiel bis 120 μ lg., dünn. III. auf A. alpina,
   in den Alpen, selten. **P. atragenes** Hausm.

43. T. glatt, keulig od. spindelf., 30—44 × 13—22 μ, Stiel bis 75 μ
   lg. I., II., III. auf Caltha palustris, zerstreut.
   P. calthae Link
   T. feinwarzig, länglich, beidendig abgerundet, 35—60 × 20
   bis 35 μ, kurz gestielt. I., II., III. ebenda seltner. (Fig. 499.)
   P. Zopfii Wint.

44. I., II., III. auf Aconitum lycoctonum, selten. T. länglich od.
   ellipsoidisch, mit Scheitelpapille, glatt, 25—45 × 20—28 μ, kurz
   gestielt. **P. lycoctoni** Fuck.
   III. auf Thalictrum-Arten, zerstreut. T. in der Mitte stark
   eingeschnürt, warzig, obere Zelle ± kuglig, untere länglich od.
   fast kuglig, schmäler, 26—52 × 18—30 μ. (Fig. 500.)
   P. thalictri Chev.
   III. auf Trollius europaeus, selten. T. glatt, länglich od. ellipsoidisch, mit Scheitelpapille, 28—52 × 16—25 μ, kurz gestielt.
   (Fig. 501.) **P. trollii** Karst.

45. T. glatt. 46.
   T. fein warzig. 47.

46. T. länglich, oben abgerundet od. selten verschmälert, 30 bis
   46 × 14—19 μ, gestielt. III. auf Dentaria bulbifera, ennea-
   phyllos, glandulosa. selten. **P. dentariae** (Alb. et Schw.)
   T. länglich od. fast keulig, oben abgerundet od. verjüngt,
   30—50 × 14—18, Stiel bis 70 μ lg. III. auf Arabis- u. Thlaspi-
   Arten, selten. **P. thlaspeos** Schub.

47. T. ellipsoidisch od. länglich, oben abgerundet, nicht verdickt, 22—40 × 16—26 μ, Stiel bis 60 μ lg. III. auf Draba-Arten, bes. in den Alpen. (Fig. 502.) **P. drabae** Rud.

T. länglich, beidendig abgerundet, oben kaum verdickt od. mit Scheitelpapille, 24—40 × 10—17 μ, Stiel ziemlich lg. III. auf Cardamine alpina, gelida, resedifolia, in den Alpen.

P. cruciferarum Rud.

48. T. eif. bis länglich, oben kegelf. verdickt, mit Längsstrichen versehen, 26—45 × 14—20 μ, gestielt. III. auf Saxifraga-Arten, bes. im Gebirge. (Fig. 503.) **P. saxifragae** Schlecht.

T. länglich, beidendig abgerundet, oben nicht mit Papille, warzig, 28—40 × 16—21 μ, Stiel von Sporenlänge. III. auf Saxifraga aizoon, elatior, longifolia, in den Alpen.

P. Pazschkei Diet.

T. länglich, beidendig abgerundet, selten oben verjüngt, kaum verdickt, warzig, 22·—40 × 16—22 μ, Stiel von Sporenlänge. III. auf Ribes grossularia, nigrum, petraeum, prostratum, rubrum, zerstreut. (Fig. 504.) **P. ribis** DC.

T. länglich, fast spindelig od. keulig, oben abgerundet od. spitz, verdickt, glatt, 25—45 × 10—15 μ, Stiel bis 30 μ lg. III. auf Chrysosplenium-Arten, selten.

P. chrysosplenii Grev.

49. T. länglich bis eif., grob warzig, Teilzellen kuglig, untere kleiner, 30—45 × 18—25 μ, kurz gestielt. II., III. auf Prunus-Arten, Amygdalus, Persica, im Süden häufiger. (Fig. 505.)

P. pruni spinosae Pers.

T. länglich od. fast spindelig, beidendig verjüngt, selten oben abgerundet, verdickt, 35—75 × 12—26, Stiel bis 150 μ lg. III. auf Malva-Arten, Althaea, Lavatera usw.. häufig. (Fig. 506.)

P. malvacearum Mont.

50. T. warzig, ellipsoidisch, beidendig abgerundet, nicht verdickt, 22—38 × 14—22 μ. gestielt. III. auf Geranium silvaticum, zerstreut. (Fig. 507.) **P. geranii silvatici** Karst.

T. glatt, länglich bis länglichkeulig, oben abgerundet od. verjüngt, sehr verdickt, 40—65 × 18—24 μ, Stiel bis 80 μ lg. III. auf Ger. silvaticum, pratense, macrorrhizum, in den Alpen.

P. Morthieri Körn.

51. T. länglich od. länglichkeulig, abgerundet, nicht verdickt, glatt, 55—90 × 20—35 μ, Stiel bis 160 μ lg. III. auf Buxus sempervirens, bes. im Süden des Gebietes. (Fig. 508.)

P. buxi DC.

T. ellipsoidisch od. eif., mit einzelnen hyalinen Spitzchen besetzt, glatt, 25—38 × 12—22 μ, kurz gestielt. II., III. auf Impatiens nolitangere, parviflora, zerstreut. (Fig. 509.)

P. argentata (Schultz)

55. T. glatt. 53.

T. punktiert. 54.

53. T. ellipsoidisch od. eif., oben abgerundet od. leicht zugespitzt, wenig verdickt od. mit kleiner Scheitelpapille, 22—34 × 16—22 μ, kurz gestielt. I., II., III. auf Viola cornuta, lutea, tricolor, zerstreut. **P. depauperans** (Vize)

T. unregelmäßig, meist länglich, beidendig verjüngt, oben kegelf. verdickt, 26—45 × 12—18 μ, Stiel bis 30 μ lg. III. auf V. palustris, epipsila, selten.

P. Fergussoni Berk. et Br.

54. T. länglich, oben abgerundet, oft mit Scheitelpapille, 30 bis 52 × 16—24, sehr kurz gestielt. III. auf V. biflora, bes. in den Alpen. **P. alpina** Fuck.

T. ellipsoidisch od. länglich, beidendig abgerundet, oben verdickt, zart punktiert, 20—40 × 15—23 μ, Stiel ziemlich lg. I., II., III. auf Viola-Arten (außer lutea, tricolor, palustris, epipsila, biflora), häufig. (Fig. 510.) **P. violae** (Schum.)

55. Auf Epilobium-Arten. 56.

III. auf Circaea-Arten, nicht selten. T. meist spindelf., oben stark verdickt, glatt, 25—45 × 9—14 μ, Stiel bis 45 μ lg. (Fig. 511.) **P. circaeae** Pers.

56. T. glatt. 57.

T. länglich, beidendig abgerundet, nicht verdickt, an der Wand stark eingeschnürt, zart warzig, 27—48 × 16—25 μ, Stiel 10—16 μ lg. III. auf Epilobium alpinum, alsinifolium, anagallidifolium, origanifolium, palustre, roseum, nicht selten. (Fig. 512.)

P. epilobii DC.

57. T. ellipsoidisch od. eif., beidendig abgerundet, oben verdickt, 24—35 × 14—20 μ, zart gestielt. I., II., III. auf E. adnatum, angustifolium, collinum, Dodonaei, hirsutum, montanum, parviflorum, roseum, tetragonum, virgatum, nicht selten. (Fig. 513.)

P. epilobii tetragoni (DC.)

T. eif. od. ellipsoidisch, beidendig abgerundet od. unten verjüngt, oben leicht verdickt od. mit Scheitelpapille, 28—35 × 17 bis 21 μ, Stiel bis 30 μ lg. I., III. auf E. Fleischeri, in der Schweiz. (Fig. 514.) **P. epilobii Fleischeri** E. Fisch.

T. länglich keulig od. spindelf., beidendig verjüngt, seltner oben abgerundet, stark verdickt, 38—55 × 10—19 μ, Stiel von Sporenlänge. III. auf E. angustifolium, in der Schweiz.

P. gigantea Karst.

58. T. ganz glatt. 59.

T. mit netziger Zeichnung od. seltener etwas warzig. 65.

59. Auf Peucedanum-Arten (daneben auch auf anderen, aber nicht den nachstehenden Gattungen). 60.

Auf Aegopodium, Angelica, Archangelica, Apium od. Astrantia. 61.

Auf Bupleureum, Chaerophyllum, Conium od. Conopodium. 62.

Auf Falcaria, Ferula, Imperatoria od. Libanotis. 63.

Auf Petroselinum, Aethusa, Anethum od. Sanicula. 64.

60. T. länglich od. oblong, beidendig abgerundet, oben nicht verdickt, 28—42 × 18—32 µ, Stiel dünn. II., III. auf Cenolophium
Fischeri, Cnidium venosum, Laserpitium prutenicum, Peucedanum
alsaticum, Selinum carvifolia, pyrenaicum, Seseli-Arten, Silaus
pratensis, Thysselinum palustre, Tordylium maximum, häufig.
(Fig. 515.) **P. bullata** (Pers.)

T. eif.-ellipsoidisch bis länglich, beidendig abgerundet, nicht
verdickt, 32—45 × 18—24 µ, kurz gestielt. II., III. auf Peucedanum cervaria, zerstreut. **P. athamanthae** (DC.)

T. länglich od. keulig, oben abgerundet od. gestutzt, verdickt, 44—55 × 20—28 µ, Stiel bis 45 µ lg. I., III. auf Peucedanum Chabraei, Schottii, in den Ostalpen.
P. carniolica Voss

61. T. eif. bis länglich, manchmal unregelmäßig eckig, oben abgerundet od. verjüngt, mit Papille versehen, 28—48 × 15—22 µ,
Stiel kürzer als die Spore. III. auf Aegopodium podagraria,
häufig. (Fig. 516.) **P. aegopodii** (Schum.)

T. länglich, beidendig abgerundet, nicht verdickt, 30—50 ×
16—24 µ, kurz gestielt. II., III. auf Angelica silvestris, Archangelica officinalis, zerstreut. (Fig. 517.)
P. angelicae (Schum.)

T. länglich od. etwas eif., beidendig abgerundet, nicht verdickt, 30—50 × 15—23 µ, dünn gestielt. I., II., III. auf Apium
graveolens, häufig. **P. apii** Desm.

T. eif. bis länglich, oft eckig, beidendig abgerundet od. verjüngt, mit winziger Scheitelpapille, 24—52 × 15—24 µ, Stiel
höchstens 25 µ lg. III. auf Astrantia major u. minor, bes. in
den Alpen. **P. astrantiae** Kalchbr.

62. T. ± länglich, beidendig abgerundet, nicht verdickt, 25 bis
44 × 16—30 µ, dünn gestielt. I., II., III. auf Bupleurum-Arten,
bes. in den Alpen. **P. bupleuri falcati** (DC.)

T. unregelmäßig, meist länglich, beidendig verjüngt od. an
einem Ende abgerundet, 28—52 × 14—24 µ, kurz gestielt.
III. auf Chaerophyllum Villarsii, in den Alpen. (Fig. 518.)
P. enormis Fuck.

T. eif. od. länglich eif., meist beidendig abgerundet, kaum
verdickt, 30—48 × 20—28 µ, kurz gestielt. II., III. auf Conium
maculatum, zerstreut. **P. conii** (Str.)

T. ellipsoidisch bis mehr eif., beidendig abgerundet, nicht
verdickt, 26—36 × 14—26 µ, kurz gestielt. III. auf Conopodium
denudatum, selten. **P. tumida** Grev.

63. T. ellipsoidisch od. ± eif., beidendig abgerundet, nicht verdickt,
28—45 × 18—26 µ, kurz gestielt. I., II., III. auf Falcaria
Rivini, häufig. (Fig. 519.) **P. falcariae** (Pers.)

T. ellipsoidisch bis länglich, oft unregelmäßig, beidendig meist
abgerundet, 30—45 × 15—26 µ. kurz gestielt. I., II., III. auf
Ferula communis, im östl. Alpengebiet. **P. ferulae** Rud.

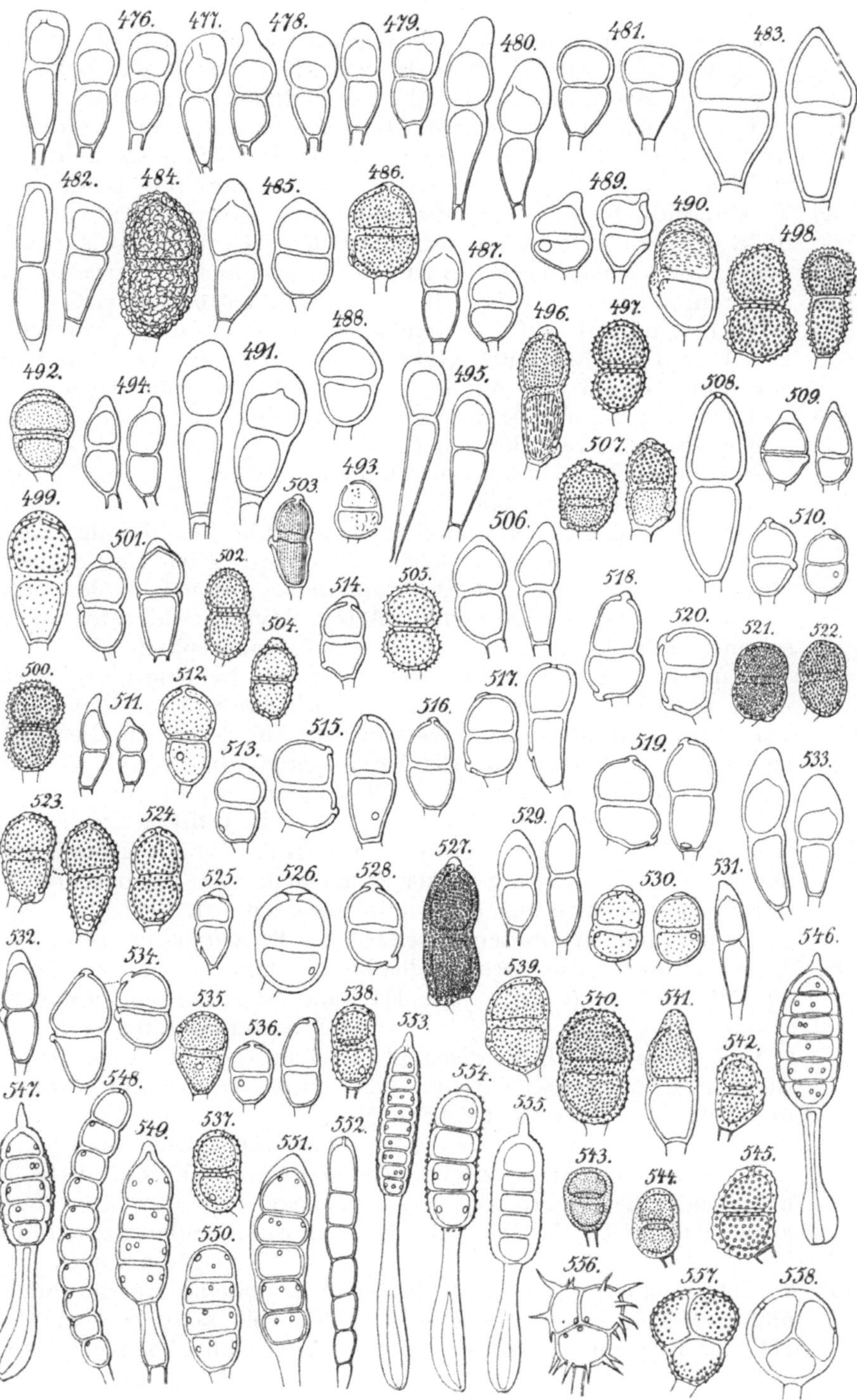

T. eif. bis länglich, beidendig abgerundet od. verjüngt, 30 bis 48 × 18—24 µ, Stiel halb so lg. wie die Spore. III. auf Imperatoria ostruthium, in den Alpen. **P. imperatoriae** Jacky

T. ellipsoidisch bis länglich, oben abgerundet, nicht verdickt, 32—50 × 15—24 µ, kurz gestielt. II., III. auf Libanotis montana, sibirica, selten. **P. libanotidis** Lindr.

64. T. ellipsoidisch od. mehr eif., beidendig abgerundet, nicht verdickt, 28—48 × 18—25 µ, kurz gestielt. II., III. auf Aethusa cynapium, cynapioides, Anethum graveolens, Petroselinum sativum, zerstreut. (Fig. 520.) **P. petroselini** (DC.)

T. länglich od. eif., beidendig abgerundet, nicht verdickt, 26—45 × 18—26 µ, kurz gestielt. I., II., III. auf Sanicula europaea, bes. in den Alpen. **P. saniculae** Grev.

65. Auf Chaerophyllum, Anthriscus u. Myrrhis. 66.

Auf Athamantha. Bunium od. Cicuta. 67.

Auf Eryngium, Heracleum od. Peucedanum. 68.

Auf Pimpinella od. Siler. 69.

66. T. netzig skulpiert, eif. länglich bis länglich, beidendig abgerundet, nicht verdickt, 24—36 × 16—25 µ, Stiel von Sporenlänge. I., II., III. auf Chaerophyllum aureum, coloratum, hirsutum, temulum, Anthriscus-Arten, Myrrhis odorata, nicht selten. (Fig. 521.) **P. chaerophylli** Purt.

T. netzig, ellipsoidisch bis eif. ellipsoidisch, beidendig gerundet, nicht verdickt, 26—36 × 19—24 µ, Stiel von Sporenlänge. Von vor. Art durch die Aecidien verschieden, bei denen die Peridialzellen sich früh trennen; die Uredosporen sind etwas kleiner. I., II., III. auf Chaerophyllum bulbosum, selten. **P. retifera** Lindr.

T. wie bei vor. Art, 26—34 × 19—24 µ. Die Peridialzellen der Aecidien hängen nur locker zusammen, von T. chaerophylli durch etwas dickwandigere P. unterscheiden. I., II., III. auf Chaerophyllum aromaticum, selten. **P. aromatica** Bub.

67. T. netzig, br. ellipsoidisch, beidendig abgerundet, nicht verdickt, 30—36 × 24—30 µ. I., II., III. auf Athamantha cretensis, selten. **P. athamanthina** Syd.

T. fein netzig, ellipsoidisch bis eif. ellipsoidisch, oben abgerundet, nicht verdickt, 25—42 × 14—24 µ. I., III. auf Bunium bulbocastanum, zerstreut. (Fig. 522.) **P. bulbocastani** (Cum.)

T. netzig od. fast warzig od. fast glatt, ellipsoidisch od. länglich, beidendig abgerundet, nicht verdickt, 28—46 × 18—30 µ, kurz gestielt. I., II., III. auf Cicuta virosa, maculata, zerstreut. **P. cicutae** Lasch

68. T. netzig, ellipsoidisch od. mehr länglich, beidendig abgerundet, nicht verdickt, 32—48 × 24—30 µ, Stiel bis 90 µ lg. I., II., III. auf Eryngium campestre u. and. Arten, im Süden des Geb. **P. eryngii** DC.

T. netzig, ellipsoidisch, beidendig abgerundet, 26—37 × 18 bis 27 μ, kurz gestielt. I., II., III. auf Heracleum sphondylium, sibiricum, zerstreut. **P. heraclei** Grev.

T. fein warzig, ellipsoidisch od. länglich eif. od. fast keulig, oben abgerundet, nicht verdickt, 28—45 × 16—25 μ, zart gestielt. II., III. auf Peucedanum oreoselinum, nicht selten. (Fig. 523.) **P. oreoselini** (Str.)

69. T. netzig, ellipsoidisch, beidendig abgerundet, nicht verdickt, 28—37 × 19—25 μ, gestielt. I., II., III. auf Pimpinella-Arten, häufig. (Fig. 524.) **P. pimpinellae** (Str.)

T. netzig, ellipsoidisch, beidendig abgerundet, nicht verdickt, 30—40 × 22—30 μ, zart gestielt. I., II., III. auf Siler trilobum, bes. in den Alpen. **P. sileris** Voss

70. Auf Primulaceen.   71.

   Auf Gentianaceen.   72.

   Auf Apocynaceen od. Convolvulaceen.   73.

   Auf Labiaten.   74.

   Auf Scrophulariaceen.   79.

   Auf Globulariaceen od. Adoxaceen.   80.

   Auf Rubiaceen.   81.

   Auf Valerianaceen od. Campanulaceen.   84.

   Auf Compositen.   85.

71. T. eif. od. ellipsoidisch, beidendig gerundet, nicht verdickt, 24—32 × 16—22 μ, sehr kurz gestielt. III. auf Androsace alpina, glacialis in der Schweiz, selten. **P. Dubyi** Muell.

T. eif. ellipsoidisch, beidendig abgerundet, oben etwas verdickt, 22—30 × 15—18 μ, kurz gestielt. I., II., III. auf Primula-Arten, zerstreut. (Fig. 525.) **P. primulae** (DC.)

T. ellipsoidisch bis länglich, mit Scheitelpapille, 35—55 × 20 bis 34 μ, Stiel bis 50 μ lg. I., II., III. auf Soldanella-Arten, in den Alpen. **P. soldanellae** (DC.)

72. T. ellipsoidisch od. eif., beidendig br. gerundet, nicht verdickt, 28—38 × 20—26 μ, mit ziemlich lg. Stiel. I., II., III. auf Gentiana-Arten, zerstreut. (Fig. 526.) **P. gentianae** (Str.)

T. ± kuglig, nicht verdickt, 30—48 × 20—30 μ, ziemlich lg. gestielt. I., II., III. auf Swertia perennis, zerstreut. **P. swertiae** (Opiz)

73. T. ellipsoidisch od. eif., meist beidendig gerundet, oben meist mit kleiner Papille, netzf. warzig, 35—54 × 18—27 μ, ziemlich lg. gestielt. II., III. auf Vinca-Arten, zerstreut. (Fig. 527.) **P. vincae** (DC.)

T. länglich, keulig bis ellipsoidisch, unregelmäßig, oben gerundet od. verjüngt, ± verdickt, 38—66 × 18—30 μ, Stiel bis 35 μ lg., dazwischen einzellige T. I., II., III. auf Convolvulus-Arten. **P. convolvuli** (Pers.)

74. Auf Betonica, Glechoma od. Teucrium.   75.

Auf Mentha, Calamintha, Clinopodium, Melissa, Melittis, Nepeta, Satureja, Origanum, Thymus. 76.
Auf Salvia. 77.
Auf Stachys. 78.

75. T. eif. od. ellipsoidisch, beidendig gerundet, oben mit kleinem Spitzchen, 27—45 × 15—24 μ, Stiel etwa von Sporenlänge. III. auf Betonica officinalis, zerstreut. (Fig. 528.)
P. betonicae (Alb. et Schw.)

T. ellipsoidisch bis länglich, oben mit warzenf. Papille, unten gerundet, 30—48 × 15—24 μ, Stiel bis 75 μ lg. III. auf Glechoma hederaceum, nicht selten. **P. glechomatis** DC.

T. länglich, oben gerundet, abgestutzt od. verjüngt, stark verdickt, 30—54 × 14—21 μ, Stiel bis 80 μ lg. III. auf Teucrium-Arten, zerstreut. (Fig. 529.) **P. annularis** (Str.)

76. T. ellipsoidisch, eif. od. ± kuglig, beidendig gerundet, oben mit br. Scheitelpapille, warzig, 26—35 × 19—23 μ, Stiel länger als die Spore. I., II., III. auf Arten der Gattungen Calamintha, Clinopodium, Melissa, Melittis, Mentha, Nepeta, Origanum, Satureja, häufig. (Fig. 530.) **P. menthae** Pers.

T. ellipsoidisch, beidendig gerundet, nicht verdickt, glatt, 24—33 × 15—24 μ, dünn gestielt. III. auf Thymus-Arten u. Origanum, nicht selten. **P. caulincola** Schneid.

77. T. ellipsoidisch bis länglich, beidendig gerundet, oben verdickt, 34—52 × 18—30 μ, Stiel meist länger als die Spore. I., II., III. auf Salvia verticillata, nicht selten.
P. nigrescens Kirchn.

T. ellipsoidisch od. länglich, oben mit Scheitelpapille, unten gerundet, 30—52 × 15—24 μ, Stiel bis 75 μ lg. III. auf S. glutinosa, zerstreut. **P. salviae** Ung.

78. III. klein, gerundet. T. länglich od. ± eif., beidendig gerundet od. seltner verjüngt, oben stark verdickt, 35—52 × 16—28 μ, Stiel bis 60 μ lg. II., III. auf Stachys recta, zerstreut.
P. stachydis DC.

III. weit ausgedehnt, staubig. T. ellipsoidisch od. etwas eif., beidendig abgerundet, oben schwach verdickt, 20—36 × 14—24 μ, kurz gestielt. III. auf Stachys recta, zerstreut.
P. Vossii Körn.

79. III. klein, meist kreisf. gestellt. T. spindelf., oben meist gerundet, verdickt, unten verjüngt, 28—36 × 10—12 μ, Stiel höchstens von Sporenlänge. III. auf Veronica montana, nicht häufig. (Fig. 531.) **P. veronicae** Schroet.

III. klein, kreisf. gestellt. T. länglich od. fast spindelf., beidendig verjüngt, oben stark verdickt, 28—50 × 14—19 μ, Stiel von Sporenlänge. III. auf V. longifolia, officinalis, spicata, urticifolia, nicht selten. **P. veronicarum** DC.

III. oft auf dem Stengel od. das ganze Blatt einnehmend. T. ellipsoidisch od. länglich, beidendig meist gerundet, oben verdickt. 24—38 × 14—22 µ, Stiel bis 40 µ lg. III. auf Veronica alpina, in der Schweiz. **P. Porteri** Peck

80. T. länglich od. länglich spindelf., beidendig meist verjüngt, oben stark verdickt, 35—60 × 12—21 µ, Stiel meist gleich od. länger als die Spore. III. auf Globularia-Arten, bes. in den Alpen. (Fig. 532.) **P. grisea** (Str.)

T. ellipsoidisch, eif. od. fast spindelf., beidendig verjüngt, oben mit Scheitelpapille, 30—45 × 14—24 µ, kurz gestielt I., II., III. auf Adoxa moschatellina, nicht selten.

P. adoxae Hedw. f.

81. Uredosporen vorhanden. 82

Uredosporen fehlend. 83.

82. T. ellipsoidisch od. länglich, oben wenig verdickt, 26—40 × 17 bis 26 µ, ziemlich kurz gestielt. II., III. auf Asperula taurina, in der Schweiz. **P. helvetica** Schroet.

T. ellipsoidisch, länglich od. keulig, oben abgerundet, abgestutzt od. kegelf. ausgezogen, stark verdickt, 30—56 × 14—24 µ, Stiel gleich od. länger als die Spore. I., II., III. auf Asperula- u. Galium-Arten, häufig. (Fig. 533.)

P. punctata Link

T. ellipsoidisch, eif. od. keulig, oben gerundet od. schief u. stumpf ausgezogen, stark verdickt, 42—66 × 18—26 µ, Stiel bis 50 µ lg. II., III. auf Galium cruciata, selten.

P. Celakovskyana Bub.

83. T. ellipsoidisch bis keulig, oben stark verdickt, unten verjüngt, 35—55 × 15—25 µ, Stiel oft länger als die Spore. III. staubig. I., III. auf Asperula aparine, zerstreut.

P. ambigua (Alb. et Schw.)

T. meist ± spindelf. verlängert, beidendig verjüngt, oben stark verdickt, 35—65 × 12—17 µ, Stiel bis 80 µ lg. III. fest, auf Galium-Arten, zerstreut. **P. valantiae** Pers.

84. T. länglich, spindelf. od. fast keulig, oben abgerundet od. etwas kegelf., mäßig verdickt, unten meist verjüngt, 40—60 × 20—35 µ, ziemlich lg. gestielt. I., III. auf Valeriana officinalis, tripteris, sambucifolia, zerstreut. **P. commutata** Syd.

T. länglich od. ellipsoidisch, oben papillenartig verdickt, unten meist gerundet, 26—45 × 12—22 µ, Stiel von Sporenlänge. III. auf Campanula pusilla, rapunculus, rotundifolia, trachelium. zerstreut. **P. campanulae** Carm.

85. T. ganz glatt. 86.

T. warzig, punktiert, niemals ganz glatt. 95.

86. Auf Achillea. 87.

Auf Artemisia. 88.

Auf Aster. 89.

Auf Cirsium. 90.

Auf Senecio u. Adenostylis. 91.

Auf Bellidiastrum, Centaurea od. Chrysanthemum. 92.

Auf Cichorium, Doronicum od. Helianthus.   93.
Auf Homogyne, Solidago od. Sonchus.   94.

87. T. länglich keulig od. keulig, oben gerundet, seltner etwas spitz,
    verdickt, unten meist verjüngt, 35—50 × 13—19 μ, Stiel ca.
    40 μ lg. III. auf Achillea millefolium, nicht selten.
                                          P. millefolii Fuck.
    T. keulig, oben gerundet, stark verdickt, unten verjüngt,
    36—54 × 17—24 μ, Stiel ca. 40 μ lg. III. auf A. ptarmica,
    zerstreut.   **P. ptarmicae** Karst.

88. T. keulig, oben meist gerundet, stark verdickt, untere Zelle
    blasser, 14—19 μ br., obere 19—27 μ br., im ganzen 40—60 μ lg.,
    Stiel bis 70 μ lg. III. auf Artemisia campestris, austriaca,
    selten.   **P. artemisiicola** Syd.
    T. länglich, oben meist gerundet, verdickt, unten gerundet od.
    verjüngt, 35—49 × 14—21 μ, Stiel bis 70 μ lg. III. auf A.
    vulgaris, selten.   **P. artemisiella** Syd.

89. T. länglich keulig od. keulig, oben gerundet, stark verdickt,
    unten meist verjüngt, 35—60 × 14—24 μ, Stiel bis 100 μ lg.
    III. auf Aster-Arten, häufig.   **P. asteris** Duby
    T. länglich od. länglich keulig, beidendig gerundet, stark ver-
    dickt, 40—54 × 19—25 μ, Stiel bis 60 μ lg. III. auf Aster
    alpinus, in der Schweiz.   **P. asteris alpini** Syd.

90. T. länglich od. länglich keulig, oben gerundet od. keulig zuge-
    spitzt, stark verdickt, unten meist verjüngt, 40—54 × 16—22 μ,
    Stiel etwa von Sporenlänge. III. auf Cirsium heterophyllum, in
    den Alpen.   **P. Andersoni** Berk. et Br.
    T. keulig, oben meist gerundet, stark verdickt, 38—56 × 14
    bis 21 μ, Stiel bis 50 μ lg. III. auf Cirsium oleraceum, lanceo-
    latum, zerstreut.   **P. cirsii oleracei** Pers.

91. T. eif. od. br. ellipsoidisch, beidendig br. gerundet, oben mit
    kleiner Scheitelpapille, 30—40 × 19—30 μ, sehr kurz gestielt.
    III. auf Adenostylis u. Senecio-Arten, in den Alpen. (Fig. 534.)
                                          P. expansa Link
    T. eif. od. br. ellipsoidisch, beidendig br. gerundet, nicht ver-
    dickt, meist mit kleiner Scheitelpapille, 24—30 × 18—21 μ, fast
    ungestielt. III. auf Senecio Fuchsii, nemorensis, sarracenicus,
    zerstreut.   **P. senecionis** Lib.

92. T. länglich, oben gerundet od. kegelf., verdickt, unten gerundet
    od. schwach verjüngt, 30—46 × 16—22, zart gestielt. III. auf
    Bellidiastrum Michelii, selten.   **P. bellidiastri** Wint.
    T. keulig, oben gerundet od. kegelf. zugespitzt, stark verdickt,
    unten verjüngt, 40—68 × 11—24 μ, Stiel dick, bis 70 μ lg.
    III. auf Centaurea-Arten (nicht cyanus), nicht selten.
                                          P. verruca v. Thüm.
    T. ellipsoidisch od. länglich, beidendig abgerundet, verdickt,
    glatt od. bes. am Scheitel warzig, 38—54 × 24—32 μ, Stiel

dick, bis 110 µ lg. II., III. auf Chrysanthemum corymbosum, parthenifolium, zerstreut. (Vergl. unter 97.)

P. pyrethri Rabh.

93. T. ellipsoidisch od. eif. ellipsoidisch, beidendig gerundet, oben verdickt, 27—38 × 19—25 µ, kurz gestielt. II., III. auf Cichorium intybus, zerstreut. (Fig. 535.) **P. cichorii** (DC.)

T. keulig od. länglich keulig, oben gerundet od. gestutzt, stark verdickt, unten verjüngt, 38—54 × 16—24 µ, Stiel bis 55 µ lg. III. auf Doronicum austriacum, in den Alpen, selten.

P. doronici Niessl

T. ellipsoidisch od. länglich, beidendig gerundet, oben bisweilen stumpf zugespitzt, verdickt, 35—52 × 20—27 µ, Stiel dick, bis 110 µ lg. II., III. auf Helianthus annuus, tuberosus, zerstreut. **P. helianthi** Schw.

94. T. länglich, beidendig meist verjüngt, kaum verdickt, 25—43 × 14—21 µ, fast ungestielt. III. auf Homogyne alpina im Gebirge. (Fig. 536.) **P. conglomerata** (Str.)

T. länglich, keulig od. spindelig, oben gerundet, abgestutzt od. verjüngt, stark verdickt, unten verjüngt, 30—56 × 12—20 µ, Stiel halb so lg. wie die Spore. III. auf Solidago virgaurea, zerstreut. **P. virgaureae** (DC.)

T. eif. bis länglich, oben gerundet, gestutzt od. seltener verjüngt, verdickt, unten meist gerundet, 30—60 × 20—30 µ, ziemlich lg. gestielt. II., III. auf Sonchus-Arten, nicht selten.

P. sonchi Rabh.

95. Auf Centaurea.   96.

Auf Chrysanthemum.   97.

Auf Cirsium.   98.

Auf Crepis.   99.

Auf Lactuca.   100.

Auf Tanacetum.   101.

Auf Artemisia, Carduus od. Carlina.   102.

Auf Carthamus, Chondrilla od. Doronicum.   103.

Auf Echinops, Hieracium od. Hypochoeris.   104.

Auf Lampsana, Lappa od. Leontodon.   105.

Auf Mulgedium, Picris od. Podospermum.   106.

Auf Prenanthes, Scorzonera od. Serratula.   107.

Auf Taraxacum od. Tragopogon.   108.

96. T. br. ellipsoidisch. beidendig abgerundet, nicht verdickt, warzig, 35—48 × 21—32, kurz gestielt. II., III. auf Centaurea montana, phrygia, zerstreut. **P. montana** Fuck.

T. ebenso, sehr feinwarzig, 30—35 × 22—27 µ. II., III. auf C. cyanus, häufig. **P. cyani** (Schleich.)

T. ellipsoidisch od. br. ellipsoidisch, beidendig gerundet, nicht verdickt, feinwarzig, 24—40 × 16—27 µ, Stiel meist sehr kurz. II., III. auf Centaurea-Arten (außer montana u. cyanus), nicht selten. (Fig. 537.) **P. centaureae** Mart.

97. II., III. auf Chrysanthemum corymbosum, parthenifolium. (vgl. unter 92.) **P. pyrethri** Rabh.

T. selten, ± ellipsoidisch, beidendig gerundet, schwach verdickt, fein warzig, 35—43 × 20—25 μ, Stiel dick, 35—60 μ lg. Uredosporen ± kuglig, stachlig, meist allein vorhanden. II., III. auf Chrysanthemum indicum in Gewächshäusern (aus Japan eingeschleppt). **P. chrysanthemi** Roze

98. T. ellipsoidisch, beidendig meist gerundet, nicht verdickt, punktiert, 30—40 × 22—25 μ, Stiel kurz. I., II., III. auf Cirsium lanceolatum, eriophorum, nicht selten.
P. cirsii lanceolati Schroet.

T. ellipsoidisch od. eif. ellipsoidisch, beidendig abgerundet od. unten etwas verjüngt, nicht verdickt, fein warzig, 26 bis 42 × 17—25 μ, kurz gestielt. Pykniden nach Honig riechend. I., II., III. auf Cirsium arvense, häufig.
P. obtegens (Link)

T. ellipsoidisch od. eif. ellipsoidisch, beidendig gerundet, nicht verdickt, fein warzig, 25—38 × 17—25 μ, sehr kurz gestielt. II., III. auf Cirsium-Arten (außer den oben genannten), nicht selten. (Fig. 538.) **P. cirsii** Lasch

99. T. ellipsoidisch od. eif., beidendig abgerundet, nicht verdickt, fein punktiert, 20—30 × 17—22 μ, Stiel sehr schlank. I., II., III. auf Crepis tectorum, virens, zerstreut.
P. crepidis Schroet.

T. ellipsoidisch od. eif., beidendig gerundet, nicht verdickt, sehr fein warzig, 33—48 × 22—30 μ, Stiel kurz. I., II., III. auf Crepis grandiflora, paludosa, zerstreut. **P. major** Diet.

T. ellipsoidisch bis eif. od. länglich, beidendig gerundet, nicht verdickt, fein warzig, 27—37 × 15—22 μ, sehr kurz gestielt. I., II., III. auf Crepis praemorsa, selten.
P. intybi (Juel)

T. ellipsoidisch od. eif., meist beidendig gerundet, nicht verdickt, punktiert, 27—34 × 18—26 μ, sehr kurz gestielt. II., III. auf Crepis alpina, blattarioides, foetida, setosa, taraxifolia, sehr zerstreut. **P. crepidicola** Syd.

100. T. ellipsoidisch, beidendig gerundet, nicht verdickt, sehr fein warzig, 26—36 × 16—24 μ, sehr kurz gestielt. I., II., III. auf Lactuca muralis, häufig. **P. prenanthis** (Pers.)

T. ebenso, gröber warzig, 30—43 × 22—30 μ. I., II., III. auf L. perennis, nicht selten. (Fig. 539.)
P. lactucarum Syd.

101. T. ellipsoidisch od. länglich, beidendig gerundet, oben verdickt, fein warzig, bes. am Scheitel, 32—44 × 16—24 μ, Stiel dick, bis 120 μ lg. II., III. auf Tanacetum vulgare, häufig.
P. tanaceti DC.

T. ellipsoidisch bis länglich, beidendig abgerundet, verdickt, fein warzig, 35—58 × 23—33 μ, Stiel von Sporenlänge od. länger. II., III. auf Tanacetum balsamita, zerstreut. (Fig. 540.)

P. balsamitae (Str.)

102. T. länglich bis ± keulig, oben abgerundet, verdickt, unten allmählich verjüngt, obere Zelle punktiert od. warzig, untere bisweilen glatt, 38—62 × 20—27 μ, Stiel dick, bis 80 μ lg. II., III. auf Artemisia-Arten, häufig. (Fig. 541.)

P. absinthii DC.

T. eif., ellipsoidisch bis länglich, beidendig gerundet, nicht verdickt, warzig, 25—38 × 17—24 μ, kurz gestielt. II., III. auf Carduus-Arten, häufig. (Fig. 542.)

P. carduorum Jacky

T. ellipsoidisch od. länglich eif., oben gerundet, nicht verdickt, unten gerundet od. verjüngt, fein warzig, 26—40 × 16 bis 22 μ, Stiel kurz. II., III. auf Carlina acaulis u. vulgaris, zerstreut. **P. carlinae** Jacky

103. T. br. eif. od. ellipsoidisch, beidendig gerundet, nicht verdickt, punktiert-warzig, 28—46 × 21—32 μ, sehr kurz gestielt. II., III. auf Carthamus tinctorius, selten.

P. carthami (Hutz.)

T. ellipsoidisch od. eif. ellipsoidisch, beidendig gerundet, nicht verdickt, sehr fein warzig, 32—42 × 19—27 μ, Stiel bis 40 μ lg. II., III. auf Chondrilla juncea, zerstreut.

P. chondrillina Bub. et Syd.

T. ellipsoidisch od. eif. ellipsoidisch, beidendig gerundet, nicht verdickt, sehr fein warzig, 26—38 × 16—22 μ, kurz gestielt. II., III. auf Doronicum austriacum in den Alpen, selten.

P. doronicella Syd.

104. T. ellipsoidisch bis länglich, beidendig gerundet, nicht verdickt, fein warzig, 32—46 × 18—27 μ, kurz u. sehr zart gestielt. II., III. auf Echinops-Arten, selten. **P. echinopis** DC.

T. ellipsoidisch od. eif. ellipsoidisch, beidendig gerundet, nicht verdickt, sehr fein warzig, 25—40 × 16—24 μ, sehr kurz gestielt. II., III. auf Hieracium-Arten, häufig. (Fig. 543.)

P. hieracii (Schum.)

T. ellipsoidisch bis eif. ellipsoidisch, beidendig gerundet, nicht verdickt, fein warzig, 30—46 × 18—24 μ, kurz gestielt. II., III. auf Hypochoeris-Arten, nicht selten.

P. hypochoeridis Oud.

105. T. ellipsoidisch od. eif., beidendig gerundet, nicht verdickt, sehr fein punktiert, 22—33 × 17—26 μ, Stiel kurz, oft schief angesetzt. I., II., III. auf Lampsana-Arten, zerstreut. (Fig. 544.)

P. lampsanae (Schultz)

T. ellipsoidisch, beidendig abgerundet, nicht verdickt, fein warzig, 30—42 × 22—27 μ, kurz gestielt. II., III. auf Lappa-Arten, häufig. **P. bardanae** Cda.

T. ellipsoidisch, eif. od. länglich, beidendig gerundet, nicht verdickt, fein warzig, 30—42 × 21—27 μ, kurz gestielt. II., III. auf Leontodon-Arten, nicht selten.

P. leontodontis Jacky

106. T. eif. od. länglich, beidendig gerundet, nicht verdickt, sehr fein warzig, 27—38 × 19—24 μ, kurz gestielt. I., II., III. auf Mulgedium-Arten, nicht selten. **P. mulgedii** Syd.

T. ellipsoidisch od. eif. ellipsoidisch, beidendig gerundet, nicht verdickt, fein warzig, 27—35 × 18—24 μ, Stiel etwa 16 μ lg. II., III. auf Picris hieracioides, zerstreut.

P. picridis Hazsl.

T. kuglig-ellipsoidisch od. ellipsoidisch, beidendig gerundet, nicht verdickt, warzig, 27—40 × 22—30 μ, kurz gestielt. I., II., III. auf Podospermum-Arten, zerstreut.

P. podospermi DC.

107. T. ellipsoidisch od. eif., beidendig gerundet, nicht verdickt, sehr fein warzig, .24—37 × 16—24 μ, kurz gestielt. I., II., III. auf Prenanthes-Arten, häufig. **P. prenanthis purpureae** (DC.)

T. ellipsoidisch od. eif., oben gerundet, nicht verdickt, unten gerundet od. verjüngt, fein warzig, 27—38 × 17—26 μ, kurz gestielt. I., II., III. auf Scorzonera-Arten, nicht selten.

P. scorzonerae (Schum.)

T. ellipsoidisch bis länglich, beidendig gerundet, nicht verdickt, fein warzig, 27—42 × 19—27 μ, Stiel bis 14 μ lg. II., III. auf Serratula tinctoria, zerstreut. **P. tinctoriae** Magn.

108. T. ellipsoidisch od. eif. ellipsoidisch, beidendig gerundet, nicht verdickt, sehr fein warzig, 25—38 × 16—24 μ, kurz gestielt. II., III. auf Taraxacum-Arten, nicht selten.

P. taraxaci (Rebent.)

T. ± ellipsoidisch, beidendig gerundet, nicht verdickt, warzig, 26—45 × 18—32 μ, kurz gestielt. I., II., III. auf Tragopogon-Arten, häufig. (Fig. 545.) **P. tragopogi** (Pers.)

16. Gattung: **Gymnoconia** v. Lagerheim.

Pykniden kegelf. Aecidien ohne Peridie, ohne Paraphysen, nicht regelmäßig (Caeoma). Teleutosporen 2-zellig, jede Zelle mit einem Keimporus u. an ihnen etwas vorgezogen u. mit kleinen Papillen versehen. Uredo fehlt.

Autözisch. Auf der Blattunterseite von Rubus saxatilis u. a. Arten, sehr zerstreut. **G. interstitialis** (Schlecht.)

17. Gattung: **Phragmidium** Link.

Pykniden flach. Aecidien ohne Peridie, von Paraphysen umgeben (Caeoma), Aecidiensporen mit vielen Keimporen. Uredolager von Paraphysen umgeben, Sporen einzeln, mit zahlreichen Keimporen. Teleutosporen aus 3 u. mehr übereinanderstehenden Zellen zusammengesetzt, gestielt, höckerig od. stachlig. Autözisch, auf Rosaceen.

1. Auf Rosa. 2.
   Auf Sanguisorba. 3.
   Auf Potentilla. 4.
   Auf Rubus. 6.
2. Aecidiensporen mit locker stehenden, kleinen Wärzchen besetzt. III. in kleinen schwarzen Gruppen unterseits, Teleutosporen 6- bis 8-zellig, oberste Zelle im Längsschnitt gleichschenklig ‘dreieckig, oben gerundet. I. auf Zweigen, Rippen, Blattstielen, Früchten, II., III. auf der Blattunterseite von Rosa-Arten (nam. von kultivierten), häufig. (Fig. 546.) **P. subcorticium** (Schrank)
   Aecidiensporen mit ziemlich dicht stehenden, groben, würfel- od. prismenf. gestalteten Warzen. Sonst wie vor. Art, aber die Endzellen der Teleutosporen stets halbkuglig, meist nur 5- bis 6-zellig. Auf R. canina, cinnamomea, arvensis, selten. (Fig. 547.) **P. tuberculatum** Müll.
   Aecidiensporen mit feinen Stacheln besetzt. Telentosporen 8—13-zellig. Auf R. alpina, im Hochgebirge. **P. rosae alpinae** (DC.)
3. Teleutosporen kettenf. 3—22-zellig, oben abgerundet, kurz gestielt. Auf Sanguisorba officinalis, nicht selten. (Fig. 548.) **P. carbonarium** (Schlecht.)
   Teleutosporen meist 4-zellig, oben meist mit Papille od. Schnabel. Auf S. minor u. media, nicht selten. (Fig. 549.) **P. sanguisorbae** (DC.)
4. Teleutosporen am Scheitel kegelf. verjüngt od. mit Papille. 5.
   Teleutosporen am Scheitel halbkuglig abgerundet, 4-zellig. I.—III. auf der Blattunterseite von Potentilla fragariastrum, alba, sterilis, verna u. a., zerstreut. (Fig. 550.) **P. fragariae** (DC.)
5. Teleutosporen 3—6-zellig, am Scheitel meist mit Papille. Auf P. argentea, aurea, verna u. a., nicht selten. (Fig. 551.) **P. potentillae** (Pers.)
   Teleutosporen 2—7-zellig, am Scheitel kegelf. verjüngt, Keimporus der obersten Zelle scheitelständig. Auf P. tormentilla, recta, reptans, procumbens u. a., nicht selten. (Fig. 552.) **P. obtusum** (Str.)
6. Auf Rubus fruticosus u. a. Arten, nicht auf R. idaeus. 7.
   I. oberseitig. II., III. unterseitig. Teleutosporen 7—8-zellig, mit Scheitelpapille, warzig. Auf Rubus idaeus, nicht selten. (Fig. 553.) **P. rubi idaei** (Pers.)
7. II. gelblich bis weiß, Uredosporen fein warzig. Teleutosporen keulig, hell, meist 5—6-zellig (aber bis 13 u. 2 Zellen), glatt. Auf Rubus fruticosus u. caesius, selten. **P. albidum** (Kühn)
   Uredosporen locker warzig-stachlig. Teleutosporen meist 4-zellig, warzig, braun, mit Endpapille. Auf R. fruticosus u. a., nicht selten. (Fig. 554.) **P. violaceum** (Schultz)

Uredosporen locker stachlig. Teleutosporen meist 6-zellig,
braun, warzig, mit Scheitelpapille. Auf R. fruticosus, caesius,
saxatilis u. a., nicht selten. (Fig. 555.)   **P. rubi** (Pers.)

18. Gattung: **Triphragmium** Link.

Aecidien unbekannt. Uredosporen einzeln, gestielt. Teleutosporen aus 3, in Form eines Dreiecks verbundenen Zellen bestehend,
gestielt.

1. Teleutosporen glatt od. warzig, auf Rosaceen.   2.
   Teleutosporen mit langen Stacheln besetzt. Auf Meum atha-
   manticum u. mutellina, zerstreut. (Fig. 556.)
                                         T. echinatum Lév.
2. Teleutosporen meist mit locker stehenden, kleinen Wärzchen
   besetzt, stets aber an den Keimporen. Auf Filipendula ulmaria,
   zerstreut. (Fig. 557.)   **T. ulmariae** (Schum.)
   Teleutosporen entweder ganz glatt od. an den Keimporen mit
   einzelnen Wärzchen. Auf F. hexapetala, selten. (Fig. 558.)
                                         T. filipendulae Lasch

---

Außer den oben genannten Arten gibt es noch eine größere
Zahl, welche man als unvollständige od. besser als heute noch unvollständig bekannte Rostpilze bezeichnen könnte. Es handelt sich
dabei um viele isolierte Aecidien- u. Uredoformen, für die die
zugehörigen Teleutosporen noch nicht gefunden worden sind. Ihre
Zahl vermindert sich von Jahr zu Jahr, so daß sie vielleicht bald
alle mit Teleutosporen in Verbindung gebracht sein werden. Obwohl
einige dieser isolierten Formen auffällig sind, kann hier nicht näher
darauf eingegangen werden, weil die Beschreibung dieser Formen
für den Anfänger allzu verwirrend wirken würde.

Verzeichnis der Gattungen, Arten und Abbildungen des systematischen Teiles.

Die in Klammern stehenden Ziffern bezeichnen die Figurennummern. Die Abbildungen sind den Werken von Lister, Rehm, Winter, den natürlichen Pflanzenfamilien, den Beiträgen zur Kryptogamenflora der Schweiz (bes. Uredineen von E. Fischer), der Kryptogamenflora der Mark Brandenburg und einigen anderen wichtigeren Arbeiten entnommen.